自主创新丛书
Indigenous Innovation Series

THE BUSINESS OF SYSTEMS INTEGRATION

系统集成之道

[意] 安德烈亚·普伦奇佩　[英] 安德鲁·戴维斯
[英] 迈克尔·霍布迪　编

孙喜　刘玉妍　马小漫　赵鸿麟　等　译

孙喜　译校

**Andrea Prencipe　Andrew Davies
Michael Hobday**

中国出版集团
东方出版中心

图书在版编目（CIP）数据

系统集成之道 / (意) 安德烈亚·普伦奇佩, (英) 安德鲁·戴维斯, (英) 迈克尔·霍布迪编; 孙喜等译 . 一上海: 东方出版中心, 2022.10
ISBN 978‑7‑5473‑2082‑2

Ⅰ. ①系… Ⅱ. ①安… ②安… ③迈… ④孙… Ⅲ. ①系统集成技术–研究 Ⅳ. ①TP311.5

中国版本图书馆 CIP 数据核字(2022)第 188547 号

版权合同登记号 09‑2021‑0546

系统集成之道

The Business of Systems Integration

编　　者　[意] 安德烈亚·普伦奇佩　[英] 安德鲁·戴维斯　[英] 迈克尔·霍布迪

译　　者　孙　喜　刘玉妍　马小漫　赵鸿麟　等

译校者　孙　喜

丛书策划　刘　忠

责任编辑　戴浴宇

装帧设计　钟　颖

出版发行　东方出版中心有限公司
地　　址　上海市仙霞路 345 号
邮政编码　200336
电　　话　021‑62417400
印刷者　山东韵杰文化科技有限公司

开　　本　890mm×1240mm　1/32
印　　张　16.125
字　　数　371 千字
版　　次　2022 年 10 月第 1 版
印　　次　2022 年 10 月第 1 次印刷
定　　价　98.00 元

出 版 者 的 话

党的十八大明确提出:"科技创新是提高社会生产力和综合国力的战略支撑,必须摆在国家发展全局的核心位置。"进入新发展阶段,面对中华民族伟大复兴战略全局和世界百年未有之大变局,面对日趋复杂激烈的"贸易战"和"技术战",如何突破"卡脖子"技术,实现科技自立自强,已成为事关我国生存和发展的关键问题。

党的十九届五中全会通过的《中共中央关于制定国民经济和社会发展第十四个五年规划和二〇三五年远景目标的建议》进一步提出,"坚持创新在现代化建设全局中的核心地位,把科技自立自强作为国家发展的战略支撑"。

策划出版这套"自主创新丛书",旨在为我国科技的自立自强和创新型国家建设提供强有力的智力支持和精神动力。丛书包括政策研究、理论研究、创新实务、创新普及四个系列,通过系统介绍经典和前沿的理论、方法、工具和优秀案例,为政府创新政策制定者和实施者、大学工程技术及科技与经济管理专业师生、科研院所研究人员、企业管理者和研发人员等广大读者提供权威的指南和实务参考。

我们认为,在经济全球化的背景下,我国的自主创新必须也必然是开放合作条件下的自主创新。丛书将在系统推出国内创新成果的同时,积极引进出版国际上经典和前沿的创新著作。

随着中国进入现代化建设新阶段,我国经济已进入高质量发展时期。改革开放四十多年的实践产生了一批具有中国特色的优秀创新管理理论成果,中国特色的创新制度体系和理论体系正逐步形成并在全球产生日益重要的影响。同时,越来越多的优秀创新型企业以其卓越的产品和服务向世界展示中国的崭新形象。认真而系统地组织和筛选优秀理论成果和实践案例,向世界讲好中国的创新故事,是我们的责任。

为确保丛书的出版水平,我们邀请了中国科学院科技战略咨询研究院研究员顾淑林,中国科学技术发展战略研究院院长、研究员胡志坚,浙江大学社会科学学部主任、教授吴晓波等国内从事创新政策、创新理论研究的知名学者以及优秀青年学者、企业家,组成了丛书编辑委员会,进行丛书的选题论证策划和学术把关,以期能够高质量地满足读者的需要。

作为中国出版的"国家队"——中国出版集团的一员,我们将竭尽所能高质量地做好丛书的编辑和出版工作。

期待丛书的出版能为我国的现代化建设和新时期高质量发展,为我国科技自立自强和创新型国家建设,起到助推的作用,竭尽一份绵薄之力。

东方出版中心

2021 年 3 月

作者简介 |

迈克尔·H. 贝斯特(Michael H. Best)是马萨诸塞大学洛厄尔分校产业竞争力研究中心研究员,剑桥大学嘉治商学院(Judge Institute)国际商业和管理中心准成员,曾于2002—2003学年访问牛津大学赛德商学院。他近期出版的著作包括:《新的竞争优势:美国工业的复兴》[*The New Competitive Advantage: The Renewal of American Industry*,牛津大学出版社(Oxford University Press),2001年];《马来西亚电子产业的转型》[(*Transition in Malaysian Electronics*),与拉惹·拉西亚(Rajah Rasiah)合著,联合国工业发展组织(United Nations Industrial Development Organization),2002年];以及《能力视角:提高北爱尔兰的工业竞争力》[*The Capabilities Perspective: Advancing Industrial Competitiveness in Northern Ireland*,北爱尔兰经济委员会(Northern Ireland Economic Council),2001年]。

亨利·切萨布鲁夫(Henry Chesbrough)是加州大学伯克利分校哈斯商学院战略管理中心的行政主任。他是《开放式创新》(*Open Innovation*)一书的作者(该书于2003年由哈佛商学院出版社出版)。他在耶鲁大学获得文科学士学位(BA)、在斯坦福大学获得工商管理硕士学位(MBA)、在加州大学伯克利分校获得博士学位(PhD)。他曾是哈佛商学院的教授。在进入学术界之前,他曾在磁盘驱动器行业的美国昆腾公司(Quantum Corporation)任职高管。他曾在《研究政策》(*Research Policy*)、《产业与公司变革》(*Industrial and Corporate Change*)、《商业史评论》(*Business History Review*)、《演化经济学杂志》(*The Journal of Evolutionary Economics*)上发表学术研究成果。他还曾在《哈佛商业评论》(*Harvard Business Review*)、《加州管理评论》(*California Management Review*)和《斯隆管理评论》(*Sloan Management Review*)上发表管理类文章。

安德鲁·戴维斯(Andrew Davies)是萨塞克斯大学科技政策研究所(SPRU)的高级研究员,也是萨塞克斯大学复杂产品系统(CoPS)创新中心的高级研究员。他的学位包括政治经济学方向的哲学博士学位(DPhil),技术变革的社会影响方向的文科硕士学位(MA)(一等学位),以及萨塞克斯大学地理(经济)方向的文科学士学位(BA)(一等荣誉学位)(1st Hons)。安德鲁(Andrew)曾在 SPRU 工作,专注于(a)电信政策(1987—1991 年)和(b)复杂产品系统(CoPS)的创新管理。他还曾担任鹿特丹管理学院的客座研究员(1998 年),以及阿姆斯特丹大学的博士后研究员(1991—1994 年)和电信业咨询师(1994 年)。他撰写了大量关于电信政策、大型技术系统、企业战略、创新管理,以及组织能力的文章,包括《电信和政治学》(*Telecommunications and Politics*, 1994 年),以及一系列发表在诸如《产业与公司变革》(*Industrial and Corporate Change*)、《研究政策》(*Research Policy*)等期刊上的文章。他的工作包括为欧盟委员会、经合组织、政府和私营企业提供咨询服务。最近,他由于在瑞典的几所顶尖大学讲授复杂产品系统(CoPS)方面的课程而获得了瑞典科研与教育国际合作基金会(STINT)颁发的卓越教学奖学金。

乔瓦尼·多西(Giovanni Dosi)是比萨圣安娜高等学校的经济学教授。他是欧洲大陆《产业与公司变革》(*Industrial and Corporate Change*)的编辑。多西(Dosi)教授是创新经济学、产业经济学、经济变迁的演化理论和组织研究领域的多部著作的作者和编辑,包括《技术变革与产业转型——半导体工业的理论和应用》[*Technical Change and Industrial Transformation—The Theory and an Application to the Semiconductor Industry*,麦克米伦(Macmillan) ,1984;圣马丁出版社(St Martin Press) ,1984 年];《技术进步与经济理论》[*Technical Change and Economic Theory*, 哥伦比亚大学出版社(Columbia University Press) ,1988 年];《创新的来源、过程与微观经济效应》["Sources, Procedures and Microeconomic Effects of Innovation",载于《经济文献杂志》(*Journal of Economic Literature*) ,1988 年);《组织能力的性质和动力》(*The Nature and Dynamics of Organizational Capabilities*,牛津大学出版社,2000 年);《创新、组织与经济动力:论文选集》[*Innovation, Organization and Economic Dynamics: Selected Essays*,爱德华·埃尔加(Edward Elgar) ,2000 年]。

藤本隆宏(Takahiro Fujimoto)是东京大学经济学院教授,经济、贸易和产业研究所教职研究员、哈佛商学院高级研究员。研究领域为技术与运营管理。他毕业于东京大学,1979 年加入三菱研究院。1989 年,他从哈佛商学院获得博士学位。他的主要英文出版物包括:与金·B. 克拉克(Kim B. Clark)合著的《产品开发绩效:世界汽车工业的战略、组织和管理》(*Product Development Performance: Strategy, Organization, and Management in the World Auto Industry*,1991 年)和《丰田制造系统的演变》(*The Evolution of a Manufacturing System at Toyota*, 1999 年)。

尤金·戈尔茨(Eugene Gholz)是美国肯塔基大学帕特森外交与国际商务学院的助理教授。他是国际商务课程的带头人,为重视国际技能的政府、非营利部门与私营部门的工作岗位培养硕士研究生。他讲授全球化、经济治国方略和国防治国方略等方面的课程。他的研究涉及以下方面:政府如何决定购买什么武器,以及何时刺激创新,如何管理高技术"企业—政府"的关系和美国对外军事政策。他曾在乔治梅森大学任教,并在哈佛大学奥林战略研究院担任国家安全研究员。他在麻省理工学院政治学系获得博士学位(PhD)。

迈克尔·霍布迪(Michael Hobday)是萨塞克斯大学科技政策研究所(SPRU)的复杂产品系统(CoPS)创新中心主任。迈克尔·霍布迪自1984年以来一直在萨塞克斯大学科技政策研究所工作,专注于(a)复杂产品系统的创新管理和(b)东亚和南亚创新研究。他在半导体行业、生产、规划和营销管理方面具有实际的行业经验(德州仪器,英国,1969—1978年)。他的学位包括哲学博士学位(DPhil,电信政策)、经济学方向的文科硕士学位(MA)和经济学方向的文科学士学位(BA)(一等荣誉学位)。霍布迪教授研究了高技术和高价值资本货物的创新如何有助于提高英国和其他国家的竞争力。他的著作《东亚的创新》(*Innovation in East Asia*,1995年)是对东亚企业创新战略的首次全面分析,包括对新加坡、韩国、中国台湾和中国香港企业的详细案例研究。他的国际工作包括为政府、私企和国际机构提供广泛的咨询服务,这涉及世界半导体、电信和电子工业的研究。他有一百多项学术成果,包括三本书、许多关于技术管理的文章以及关于产业创新、竞争力和项目评估的主要咨询报告。

斯蒂芬·B.约翰逊(Stephen B. Johnson)是北达科他大学空间研究系的副教授,从事太空历史和经济学的教学。他是《1945—1965年美国空军与创新文化》(*The United States Air Force and the Culture of Innovation*,1945—1965,2002年)和《阿波罗计划:美国和欧洲空间计划中的系统管理》(*The Secret of Apollo: Systems Management in American and European Space Programs*,2002年)的作者。他还是《探索:航天史(季刊)》(*Quest: The History of Spaceflight Quarterly*)的编辑。他目前的研究涉及认知心理学和人工智能的发展、空间工业经

济学和空间科学技术史。在加入北达科他大学之前，他在航空航天业工作了 15 年，管理计算机模拟实验室，设计航天探测器，并开发工程工艺。他于 1997 年获得明尼苏达大学科学技术史博士学位，当时也是巴贝奇计算史研究所的副所长。

路易吉·马伦戈（Luigi Marengo）是意大利特拉莫大学的经济学教授。他于 1991 年在萨塞克斯大学（SPRU）获得博士学位，在意大利特伦托大学任研究员、副教授，2001 年移居特拉莫。他还曾担任奥地利国际应用系统分析学会（IIASA）的研究员，以及法国斯特拉斯堡第一大学的特邀教授。他的主要研究兴趣涉及组织经济学、有限理性与学习模型、决策理论、实验经济学和博弈论。

莫琳·麦凯尔维（Maureen McKelvey）是瑞典查尔姆斯理工大学创新经济学教授。她的学术学位包括莱斯大学（德克萨斯州休斯顿）政治学和经济学双专业文科学士学位（BA）（1987 年）、隆德大学研究政策研究所科技政策方向的文科硕士学位（MA）（1989 年）、林雪平大学技术与社会变革方向的博士学位（1994 年），在林雪平大学获得技术与社会变革方面的特许任教资格（habilitation degree，1996 年）。1996 年，国际熊彼特学会因其牛津手册丛书中《演化创新：生物技术的商业》（*Evolutionary Innovations: The Business of Biotechnology*）一书而授予她最佳科学作品奖。她一直积极建立一个具有强大国际联系的研究小组以及未来的本科教育。她的研究兴趣集中在创新过程上。

马西莫·保利（Massimo Paoli）是意大利佩鲁贾大学和意大利比萨圣安娜高等学校的创新管理教授。他在 1981 年获得比萨大学的经济学专业的文科学士学位（BA），并于 1984 年获得比萨圣安娜高等学校创新管理专业的博士学位（DPhil）。在加入学术界之前，他曾于 1983—1987 年在欧洲领先的半导体软件公司工作。他的研究工作集中于技术和组织创新之间的联系，特别是多技术系统中知识的性质与变革动力之间的关系。他有四十种公开发表的作品,包括四本书和许多关于创新战略管理的文章。

基思·帕维特(Keith Pavitt)曾是萨塞克斯大学科学技术政策教授。他先后在剑桥大学和哈佛大学学习工程学、产业管理以及经济学,随后在巴黎就职于经济合作与发展组织(OECD)。在科技政策研究所(SPRU)的30年间,他发表了大量关于技术管理和科技政策的文章。他的主要研究兴趣是技术的性质、来源和计量,以及国家、企业和产业的技术变革速率和方向各不相同的原因。他在经济学和管理学期刊以及与科技政策相关的期刊上发表了大量文章。帕维特教授就技术变革政策向许多国家和国际机构提供建议。他曾任普林斯顿大学访问讲师,奥尔堡大学、里昂大学、尼斯大学、帕多瓦大学、巴黎第九大学、雷丁大学和斯特拉斯堡大学的访问教授,以及斯坦福大学访问学者,他曾是《研究政策》(Research Policy)的主编。

安德烈亚·普伦奇佩(Andrea Prencipe)是萨塞克斯大学科技政策研究所(SPRU)的研究员,也是意大利邓南遮大学的经济学和创新管理系的副教授。他的学位包括萨塞克斯大学技术与企业战略方向的哲学博士学位(DPhil)、比萨圣安娜高等学校的创新管理方向的文科硕士学位(MA)、萨塞克斯大学的技术创新管理方向的理学硕士学位(MSc)(一等学位),以及意大利邓南遮大学经济学与工商方向的文科学士学位(BA)(一等荣誉学位)。普伦奇佩博士在1994—1995年获得了萨塞克斯大学科技政策研究所年度最佳硕士论文的罗斯韦尔奖。他曾为意大利国家研究委员会工作,也曾在几个由欧盟资助的项目中工作。在与安永的合作中,他就专利的经济价值向欧洲专利局提供了建议。他的研究领域涵盖了技术和企业战略、企业资源基础理论、模块化,以及组织记忆。他还曾在《管理科学季刊》(Administrative Science Quarterly)、《产业与公司变革》(Industrial And

Corporate Change)、《管理研究杂志》(*Journal of Management Studies*)、《管理与治理杂志》(*Journal of Management and Governance*)和《研究政策》(*Research Policy*)等期刊上发表论文。

酒向真理(Mari Sako)是牛津大学赛德商学院管理学研究(国际商务)的 P&O 教授。在牛津大学读完哲学、政治和经济学之后,她攻读了伦敦政治经济学院的经济学理学硕士学位(MSc)、约翰斯·霍普金斯大学的经济学文科硕士学位(MA)以及伦敦大学的经济学博士学位(PhD)。1987 年至 1997 年间,她在伦敦政治经济学院担任劳资关系讲师(后成为高级讲师)。她出版了许多关于比较商业系统和人力资源的书籍和文章。她是国际机动车项目(IMVP)的首席研究员,该项目资助了本书中报告的研究。她还是《全球网络》(*Global Networks*)、《国际商业研究杂志》(*Journal of International Business Studies*)和《政治季刊》(*Political Quarterly*)的编委会成员。

哈维·M. 萨波尔斯基(Harvey M. Sapolsky)是麻省理工学院政治学系公共政策与组织学教授、麻省理工学院安全研究项目主任。萨波尔斯基博士在波士顿大学获得学士学位,并在哈佛大学获得公共管理硕士(MPA)和博士学位(PhD)。他曾在许多公共政策领域工作,尤其是卫生、科学和国防领域,并专门研究体制结构和官僚政治对政策结果的影响。在国防领域,他曾担任多家组织机构的顾问,例如政府采购委员会、国防部长办公室、海军战争学院、海军研究办公室、兰德公司、德雷珀实验室和约翰斯·霍普金斯大学应用物理实验室,并曾在所有的军事学院发表演讲。他目前的研究主要集中在三个方面:不同军种间的关系和军民关系,伤亡对美国动用武力的影响;国防工业的未来结构。萨波尔斯基教授最近出版的国际相关书籍《科学与海军》(*Science and the Navi*),主要研究学术研究中的军事支持。为了服务于更广泛的国防研究界,萨波尔斯基教授组织了一个名为"军事创新研究联盟"(Consortium on Military Innovation Studies)的跨组织课程开发小组。

爱德华·W. 斯坦缪勒(W. Edward Steinmueller)是萨塞克斯大学科技政策研究所(SPRU)的信息与通信技术政策教授。他在斯坦福大学获得博士学位(PhD),并曾受雇于斯坦福大学。他的研究领域包括信息与信息技术产业经济学、科技政策经济学以及新技术生产和应用过程中社会、组织和技术因素之间的关系。他在集成电路、计算机、电信和软件行业的工作享誉国际。他目前致力于研究信息、网络和知识之间的关系及其对科学进步和技术创新的影响。

武石彰(Akira Takeishi)是一桥大学创新研究所的副教授。他于1998年在麻省理工学院斯隆管理学院获得管理学博士学位(PhD)。他目前的研究领域包括企业间创新分工管理、商业系统架构以及移动通信和计算领域的创新。他的研究成果发表在《战略管理杂志》(Strategic Management Journal)和《组织科学》(Organization Science)上。最近,他与藤本隆宏(Takahiro Fujimoto)和青岛矢一(Yaichi Aoshima)联合编辑了《商业架构:产品、组织和工艺的战略设计》(Business Architecture: Strategic Design of Products, Organizations, and Processes)这本书,并由有斐阁(Yuhikaku,日本)出版。

弗雷德里克·特尔(Fredrik Tell)是瑞典林雪平大学管理与经济系讲师,曾于斯坦福大学、萨塞克斯大学和伦敦政治经济学院担任访问研究员与讲师。他的研究和著作涉及组织学习、产业史和演化经济学等多个领域。在组织层面,他的研究主要集中于知识管理领域,尤其是基于项目的组织(PBO)中的知识管理。同时,他还研究电气制造历史中组织能力的演化,而网络技术(例如电力系统)中技术标准的动力是其另一个研究重点。弗雷德里克·特尔在萨塞克斯大学科技政策研究所复杂产品系统(CoPS)创新中心担任副研究员。

译者序 |

非常感谢东方出版中心组织出版自主创新丛书,并把近 20 年前英文首版的 *The Business of System Integration* 纳入其中,这才有了读者手中的这本《系统集成之道》。在 2021 年 5 月达成初步出版意向之后,我们的翻译工作就缓慢启动了;整个工作的高潮是当年 11 月初签订合同之后的三个月:我与 6 名年轻学生把上课之外的几乎全部精力都投入其中,并在除夕夜将全书初稿交给了责任编辑。[1]

虽然,从时髦的眼光来看,花费巨大精力去翻译一本学术论文集是极不划算的"买卖":于公,它无益于应付教育部的评估填表;于私,也就无益于个人的评聘晋级;如果考虑到国内出版市场为这类学术作品留下的逼仄空间,这类翻译工作压根儿就不能叫"学雷锋",分明就是"神经病"。这简直是一定的!

那么,我们为什么要翻译?又为什么要翻译《系统集成之道》这本书?

我们为什么需要对得起良心的翻译工作?

我想以我个人的经历来回答这个问题。2005—2008 年,我在山

---

[1] 全书的翻译分工如下:各章节译文初稿由何西杰(作者简介、第六章、第十五章)、霍雪珊(第二章、第十四章)、李明(第八章、第十三章)、刘玉妍(序言、第一章、第七章、第十章、第十六章)、马小漫(第三章、第九章、第十二章、第十六章)、赵鸿麟(第四章、第五章、第十一章、第十六章)完成,孙喜负责完成了全书的定稿与校对。

东大学管理学院读研。但就算在山大这样的百年名校,资料不凑手也是常有的事。我清楚地记得,我是在泉城路书店的旮旯里,而不是在山大的图书馆里发现了路风教授的第一版《走向自主创新》(广西师范大学出版社,2006 年);社科院数量经济所钟学义先生翻译的《技术进步与经济理论》(经济科学出版社,1992 年)是从山东经济学院的图书馆里借出来的;而《经济变迁的演化理论》的中文版(商务印书馆,1997 年)则是请在北京交通大学读书的高中同学复印之后背回济南的。

虽然今天再去看这些中译本,会觉得其中充满了各种理解偏差和术语误译,但对刚刚起步的硕士生来说,这已经是很好的精神食粮了;即便当时就能读出很多不通顺的问题,也不过是黑面包里多掺了一把麸皮而已。毕竟有了这些基础,我这山猪也能吃细糠:硕士论文答辩之后的一个多月,在山大数学院后面的小树林里、磕磕绊绊地读着新鲜热乎的 *Technology*, *Institutions*, *and Economic Growth*(Richard Nelson 的第二部自选集,哈佛大学出版社,2005 年),等待着博士入学。

2008 年考进中国科学院研究生院(现中国科学院大学)读博之后的十几年间,我已经习惯了英文文献阅读,甚至还在从教之后,长期开设外文文献阅读课程。不过,十多年的学习与教学实践也一直提醒我,这种基于原文的理论训练的门槛之高远超很多人的想象。因为对大多数学生来说,英文阅读并不这么"亲民",所以"啃原著"的训练往往是一过性的,而绝不会像母语阅读那样反复进行;而要确保一过性训练能够取得预期效果,理论训练的组织者,即任课教师的水平就成了关键:文献遴选、阅读指导、讨论引导、现实关照,各个环节必须极其"懂行"。否则,这个理论课不只是浪费时间,更是误人子弟:因为它轻则伤害青年学生对理论学习的兴趣,重则将他们引向畸形的科研价值观,把他们变成"学术流氓"。我个人的理论训练是在北大、中科院和清华三个顶尖学府完成的,且恰逢路风、顾淑林、高旭东、李纪珍等顶尖学者都在开设相应的课程与研讨班。但对绝大多数中国学生来说,这无疑是一种极其奢侈的,甚至可望而不可即的经历。对他们来说,一部扎实精准的译著甚至比一个不靠谱的理论课教师更值得信任。

　　不幸的是,现行的高校评价体系并不觉得扎实精准的学术译著很重要。由此导致的直接后果就是,我们在现实世界中走进了一个"三输"困境:一方面,高水平学术翻译越来越像是"用爱发电",费力不讨好并因此日渐稀少,翻译者往往只能以鲁迅"会朽的腐草"聊以自慰,但以此为业怕是连群租房都住不起;另一方面,对绝大多数"伯乐不常有"的研究生来说,"腐草"少了,他们长成"鲜花"的难度就大了,通过母语阅读学习多元化理论知识,并最终"读书百遍、其义自见"的可能性就变小了;更重要的是,对很多致力于跻身世界一流的中国企业来说,高水平学术译著的缺位也在一定程度上剥夺了他们掌握先进理论工具、理解自身发展逻辑的权力,他们就不得不下血本、去买各路管理(学)大师的"神学课程"。[1] 放眼当今中国,能够如此同时抑制教育公平和经济转型的"大招",着实不多。

　　之所以陷入这样的"三输"困境,归根结底是因为有些人忘了我们还是一个发展中国家啊!我们还有很多高校和学科没有足够顶尖的师资,来为所有学生提供高质量理论训练;我们还有很多企业和企业家需要通过学习解决问题,需要广泛地吸收借鉴东西方各种文明

---

[1]　流行于20世纪60年代美国企业界的那句口头禅,可以帮助我们理解高水平学术著作的实践意义:"(大公司)与其花上十万美元让麦肯锡来做一次咨询,还不如花2.95美元买一本钱德勒的《战略与结构》。"

的成果,古为今用、洋为中用。对于我们这样的发展中国家,明末的徐光启一言以蔽之地说明了"翻译"的重要性:"欲求超胜,必须会通;会通之前,先须翻译"。

那么,我们为什么要翻译《系统集成之道》?

读博的时候曾与同办公室的工科博士讨论一个问题:与国外学生相比,中国学生的优劣势是什么?我是个 24K"纯土鳖",这位老兄则喜提国家留学基金委资助、在欧洲做过一年的访问学生。我们的共同结论是:勤奋从来都是中国学生的优[1],但缺乏高质量的指导则是中国学生面临的最大困难;至于国外学生的优势,无非是在关键的起步阶段、把最关键的几本书和极少数里程碑式作品读明白了。时至今日,这个结论可能依然成立;而我们为您奉上的这部《系统集成之道》,正是 21 世纪以来创新管理学科"最关键的几本书"之一。

我对本书的第一印象始于 2009 年冬天的北大。在路风教授"创新管理与经济发展"的课堂上,有一组文献的主题就叫"系统集成",而这组文献的代表性作者正是以安德烈亚・普伦奇佩(Andrea Prencipe)、安德鲁・戴维斯(Andrew Davies)、迈克尔・霍布迪(Michae Hobday)为骨干的 SPRU 团队,也就是《系统集成之道》的编纂团队。路老师也曾在课堂讨论中提到这部论文集:"我本人和我的博士生们从这一支理论和这本书中获益良多。"在这个课堂上,这可以说是对一部学术著作的最高评价。

受此影响,我在课程期间就借来了路老师的复印本去复印。由于经过了两次复印,我的印本里已经有很多变形,甚至还有缺页;即便如此,也能让人读得废寝忘食。此后,由于毕业、入职等一系列缘

---

[1] 所以,在改革应试教育的时候否定勤奋,等于把孩子和洗澡水一起泼掉。这正是当下教改的问题所在。

故,直到2015年1月,我才有机会第一次系统梳理这部论文集。当时,陈琛(微博工业"大V""机工战略"的早期"实控人")邀我到机械工业信息研究院做一个报告,为他们的"机工战略·青年智库"打头阵,并点名要求讲"系统集成"。受人之托,我只能硬着头皮把五年前翻过的书再读一遍,耗时近一个月,准备了题为《系统集成——在价值链竞争中找回产品》的报告。整个报告最终的落脚点是建议大家重视系统集成的理论视角,并以此解放思想、清理迷信。因此,我在最后一张幻灯片一口气列了五个"清理迷信",它们是:(1)清理对"服务化"的迷信;(2)清理对"承接产业转移"的迷信;(3)清理对"小政府"和"市场化"的迷信;(4)清理对"跨越式发展"的迷信;(5)清理对"国有企业改革"的迷信。当时这五条讲完之后,参会的一位哥们儿拍照发了一条微博、评语极其简洁:"以上观点我都完全同意!"

　　系统集成理论能有这样的"药力",原因就藏在当时报告的题目里:这支理论的本质,其实是在全球价值链时代,将"产品"重新拉回到工业创新研究的核心位置。伴随着信息与通信技术(ICT)向整个经济体系广泛渗透,越来越多的产品表现出多技术、多部件的特征。而系统集成理论恰恰是在系统层面理清了多技术、多部件产品的开发逻辑,并从根本上说明了这种产品开发能力的重要性。由于这种产品开发能力极其昂贵,而且已经在一定程度上与制造能力相分离(Pisano and Shih, 2012),所以通过国际产业转移——不管是像富士康那样承接制造环节,还是引入更多跨国公司研发中心——来获得这种能力的想法不过是个迷梦,它既不存在商业上的合理性,也不存在技术上的可能性。当"国际产业转移"这条路被堵死之后,中华人民共和国前三十年建成的那些已经跨过产品开发"门槛"的老牌装备企业就成为整个工业体系转型升级、向价值链高端爬升的重要起点和能力源泉；一个在产业政策上更加激进的中国政府就成了更多中国企业建立产品开发平台（路风，2018）、形成系统集成能力的终极天使投资人。而从商业模式的角度来看，由于重新确立了"产品"的核心地位，由优质产品引致用户增值服务需求的逻辑变得顺理成章。这意味着，工业与生产性服务业的关系绝不是三次产业理论想象的那种从低级到高级的兴替关系，它应该也只能是一种因果关系、源流关系——用一位做过智能机床系统集成的老工程师的话说："做不出像样的机床，什么润滑、维保、融资租赁，都是瞎扯。"

　　历史地看，系统集成是产品开发在特定技术经济背景下的特殊表现，系统集成商则是大工业时代那些纵向一体化大型工业企业或大型服务提供商在这一时代背景下的演进形态。他们都不是从石头缝里蹦出来的"天降猛男"。但技术积累只是大工业时代为系统集成商留下的众多历史遗产之一：这些旗舰企业因此可以"知道的比他们做的多"（Brusoni, Prencipe and Pavitt, 2001）。然而，当年的一体化巨人逐渐分解成诸多专业化企业，系统集成商率领一众商业伙伴擎起价值链竞争的大旗，这个过程背后的社会资本同样耐人寻味：系统集成商的供应链治理能力，就在这群"打断骨头连着筋"的一母同胞身上慢慢练出来了。而随着 ICT 的进一步渗透以及用户需求的进一步细分，为系统集成商提供配套模块和差异化服务的外部供应商越来越多，供应链治理的难度越来越大，系统集成商的能力体系也要随之升级，此前半封闭的供应链平台最终走向更加开放的行业级平台，这才有了今天在中国学界与业界横扫如卷席的"口水词"、创新生态系统和平台型企业（Gawer, 2014）。这意味着，系统集成不仅是纵向一体化大工业的衣钵传承，更是数字化转型的历史先声：今天很多平台型企业的系统集成能力——产品与服务集成、软件与硬件集成、创新平台与交易平台集成（Cusumano, Gawer and Yoffie

2019）——已经充分体现了这一演进脉络。而要在更大范围内确立这一共识，无疑是新时期"清理对'跨越式发展'的迷信"的新任务。

更重要的是，永不止息的产业演进始终构成了理论进步的不竭动力；而作为世界第一大工业经济体，中国的产业转型实践无疑构成了我们理解和发展系统集成理论的"富矿"。极其丰富的应用场景、独一无二的大国体量和 ICT 应用中的后发优势，不仅极大地方便了中国企业的系统集成，也让我们有机会去打破西方人定义的产业边界和系统层次、在更多产业创造出更复杂的"系统之系统"，甚至大型技术系统（Hobday, Davies and Prencipe, 2005）。这种变化已经在高铁（路风，2019）、特种装备（孙喜，2018）和智慧家居（王彦敏等，2017）等多个领域发生，也必将在更多的领域（如新零售、工业软件、智慧交通）发生。它们不仅能够改变中国企业的发展视野、成长边界和扩张逻辑，而且势必从根本上改变数字时代的全球产业格局、竞争态势和力量对比，并为系统集成理论的发展演进注入强大的时代特征与中国元素。从这个意义上讲，我们每个中国人都可以成为当下这场产业巨变的参与者和塑造者，成为中国故事的书写者与讲述者，成为中国理论的贡献者与践行者。如果本书能够为这场历史洪流提供些许参考与洞见，将是我们作为引介者的最大光荣。

孙喜

2022 年 9 月 5 日于北京

参考文献

路风. 冲破迷雾——揭开中国高铁技术进步之源［J］. 管理世界，2019,35（09）：164－194+200.

路风. 论产品开发平台［J］. 管理世界,2018,34（08）：106－129+192.

孙喜. 知识分工、学习战略与产业领导权——中国企业重塑价值链的案例研究[J]. 科学学与科学技术管理,2018,39(11)：31－46.

王彦敏 慕容素娟 蔡锦江 智慧产品圈编著. 中国智慧家庭——产业创新启示录[M]. 电子工业出版社,2017.

BRUSONI S, PRENCIPE A, PAVITT K (2001). Knowledge specialization, organizational coupling, and the boundaries of the firm: why do firms know more than they make?. *Administrative science quarterly*, 46(4): 597－621.

CUSUMANO M A, GAWER A, YOFFIE D B(2019). *The business of platforms: Strategy in the age of digital competition, innovation, and power.* Harper Business.

GAWER A (2014). Bridging differing perspectives on technological platforms: Toward an integrative framework. *Research policy*, 43 (7): 1239－1249.

HOBDAY M, DAVIES A, PRENCIPE A(2015). Systems integration: a core capability of the modern corporation. *Industrial and corporate change*, 14(6): 1109－1143.

PISANO G P, SHIH W C(2012). Producing prosperity: Why America needs a manufacturing renaissance. Harvard Business Press.

序　言 |

　　飞机、汽车、电力系统、生产微处理器的工艺过程、医院,上述这些都是复杂系统。也就是说,上述每个系统都包含许多不同的部件或元素,而且为了实现有效的性能,所有组件或元素都必须结合在一起,协同工作。本书作者将这种使"各方良好地协同工作"称为"系统集成业务"。本书主要关注的是复杂产品系统,以及它们的设计、生产、集成和供给方法。

　　尽管个人电脑、机场登机手续等许多当代产品系统都有一些很恼人的特性,但总的来说,我们拥有的系统运行得相当好。这个小奇迹是怎么发生的呢?

　　一定程度上,这是因为亚当·斯密(Adam Smith)所谓"看不见的手"运作良好。汽油生产商有强烈的动机,使汽油能与当代汽车中的发动机配合使用。轮胎制造商会设计他们的产品,以使其产品适应当代汽车的车轮。在许多情况下,市场机制倾向于创造标准,让需要配合的组件或元素能够相互配合;对这些组件或元素的生产企业来说,他们与客户也能因此共同受益。

　　一定程度上,这是阿尔弗雷德·钱德勒(Alfred Chandler)的"看得见的手"的结果。企业通常自己生产关键组件,这些组件必须能与他们所销售的系统产品或服务相匹配。事实上,钱德勒对大型现代公司崛起的历史的讨论,在相当大的程度上是在讲述销售系统产品的公司如何进行纵向一体化,以便控制组件乃至整个系统的设计和生产。

　　一定程度上,能产生有效系统的机制涉及市场机制和内部协调的混合。很多时候,行业内的企业会为了制定标准而成立行业协会。政府机构有时也会参与这一进程。以往那些设计和销售大型复杂系统的公司,现在已经将其中许多部件的生产外包出去,同时他们仍然在内部生产某些关键组件。

　　显然,系统集成业务既涉及工程设计,也涉及组织和管理。如果一家公司打算通过合同形式或完全的市场方式来采购所用的诸多部件,那它就无法在设计环节的同时兼顾系统整体设计以及所有部件的细节设计。如果设计和生产组件的公司非常强大,那么系统组装者就要承受或多或少的压力,被迫依赖它们来设计大部分组件,并只能围绕这些可获得的组件构建系统设计。

　　本书许多章节的中心主题是,近年来,系统的技术方面变得更加复杂,开发和集成它们的公司(本书称之为系统集成商企业)的组织和管理也变得日益复杂。为使系统中的组件能有效地协同工作,系统集成商企业对组件的要求也变得更加苛刻。因此,人们可能会期望,系统集成商企业能在内部承担更多的组件设计工作。但这种情况并没有发生(尽管有几个特例)。相反,在许多系统产品领域,系统集成商企业正在日益依赖合同与市场,而更少地依赖内部的系统设计和生产。

　　这是一个引人入胜的新发展。本书的一个主要动机就在于此,并且,针对事情的前因后果,本书的作者提出了相当多的洞见。

　　本序言并非是总结本书,而是为了吊起读者的胃口。读者会发现,本书的确引人入胜。

理查德·R.纳尔逊

于哥伦比亚大学

2003 年 8 月 6 日

目 录 |

第一章 | 导言

第二章 | 发明系统集成

第三章 | 系统集成与复杂系统中技术问题的社会解决方案

第四章 | 电力系统的一体化：从个人能力到组织能力

第七章 | **企业战略和系统集成能力：管理复杂系统
行业中的网络**

第八章 | **技术标准在协调复杂系统产业分工中的作用**

第十一章 | 系统集成的地理维度

第十二章 | 模块化与外包：全球汽车工业产品架构和
组织架构协同演进的本质

第一章 |
导 言

迈克尔·霍布迪(Michael Hobday)、安德烈亚·普伦奇佩(Andrea Prencipe)、安德鲁·戴维斯(Andrew Davies)

一、系统集成：一种新出现的工业组织模式

在过去十年左右的时间里，一种新型的系统集成已成为各行业（如计算机、汽车、电信、军事系统和航空航天）中大企业取得运营、战略和竞争优势的关键因素。过去，系统集成仅限于技术性的运营任务——这其实是系统工程这一更广泛领域的一部分。今天，系统集成是指一项战略任务，它广泛渗透企业管理（从工程到高级管理决策）的各个层面。本书展示了这种新型系统集成是如何以及为何演变成一种新兴的工业组织模式的。在这种模式下，企业和企业集团将不同类型的知识、技能和活动，以及硬件、软件和人力资源结合起来，从而面向市场，生产出新产品。

类似于科恩(Cohen)和利文索尔(Levinthal)(1989)所强调的研发的两面性，系统集成在技术层面同样有"两面性"。第一个侧面是指企业的内部活动，即他们整合生产新产品所需的投入要素。第二个侧面近年来变得更加重要，是指企业的外部活动，他们整合来自其

他公司(包括供应商、用户和合作伙伴)的组件、技能和知识,以交付越来越复杂的产品和系统。系统集成的这两个"侧面"现在都远远超出了工程层面,已经成为许多世界范围内龙头企业的业务层战略和竞争优势的核心,这些企业包括通用电气、戴尔、福特、IBM、惠普、大东电报局、西门子、诺基亚、劳斯莱斯和波音。

系统集成业务对企业的能力有根本性的影响。在许多情况下,企业已经完成了角色的转变:从自己进行纵向一体化(几乎在企业内部把所有的事情做完),过渡到整合他人活动的集成者。虽然这些变化在早几年就已初露端倪,但近年来呈现加速态势,不仅对主承包商和主要系统集成商提出了新的挑战,而且还对他们的网络关系(即在生产与创新方面的供应商、合作伙伴)提出了新的挑战。

驱动企业转向系统集成的因素有很多,包括产品和系统日益复杂化、技术变革的步伐加快,以及生产、交付消费品和资本品所需的知识更加宽广。此外,为了更好地向下游发展,很多跨工业领域经营的大型企业开始利用"模块化"设计战略,大规模地运用外包策略、启用次级供应商,以便为他们的客户提供更有利可图的服务和解决方案。这一趋势的背后,体现了持续变化的竞争环境,包括市场自由化和去管制化、全球化、服务密集型客户需求的日益复杂。

二、研究目标和研究方法

到目前为止,正式研究成果并不能提供必要的理论基础、分析基础和经验基础来帮助我们理解和解释新的系统集成。因此,本论文集提供了一种跨学科比较的视角来理解系统集成的演进。立足于众多国际顶尖学者的贡献,本书旨在从不同的角度(企业的、历史的和创新的)系统地探索系统集成的"再造"。本书深入研究了全新形式的系统集成的性质、维度和动态演变，应用了企业理论、技术史、产业组织、区域分析、战略管理和创新研究等多学科的分析技术。目的是借助美国、欧洲和日本最近的经验，展示系统集成如何演变为一种核心的工业活动，从而对系统集成的性质形成深入而新颖的见解。本书还指出了在未来的持续发展中，系统集成可能的未来趋势。

本书分为三个主要部分。第一部分从系统集成的军事起源开始，追溯了系统集成的历史，并对比了几个早期的工业案例。第二部分介绍了系统集成的新兴理论观点，这种观点将系统集成视为一种经济和商业活动，试图对其基本来源和方向予以情境化，并加以理解和解释。第三部分论述了系统集成如何塑造现代企业的竞争战略和优势，并就企业战略、能力建设和其他关键工业过程提供了产业和企业层面的证据。每一部分都使用了经验证据来强调在跨产业领域的背景下系统集成的具体特征，并强调这种特征对飞机、IT 系统、工程建设和电信设备等复杂资本品(有时也叫"复杂产品系统")的重要性(Hobday，1998)。

本章下面的内容将介绍每一章的主要贡献、识别这一领域中的关键争论，并说明各章之间的关系。我们还指出了一系列有待解决的问题和我们知识基础中的缺口，以确定未来的重要研究主题。

(一)第一部分：系统集成的历史

第一部分的四个章节分析了系统集成的历史。在第二章中，萨波尔斯基(Sapolsky)描绘了系统集成在美国的起源，即军事和冷战需要，这也使得美国成为第一个发展正式系统集成过程并将其制度化的国家。美国政府需要的不仅仅是财政投资、有效的战略和发动冷战的决心。它还需要发明一种制度,能够长期维持和协调用于军事目的的技术和工业投入。在近乎全面社会动员的基础上,第二次世界大战产生了发动冷战所需的绝大部分武器技术,却并未形成新的组织系统,从而确保在旷日持久、半战半和的冷战时期能够部署和更新这些技术。事实证明,当社会中的"大多数"已经准备好接受军事纪律并以军事为优先时,现存的能够指挥协调的军事结构已经不足以管理随后发生的"不完全动员"。萨波尔斯基描述了各种特殊的组织、技能的创建和制度化的过程,这些组织和技能使军方能够在冷战期间有效地管理复杂武器系统的设计和开发。其中最重要的是构建和操作复杂武器所需的系统分析和集成技能,包括新的、基于项目的组织结构。

在第三章中,约翰逊(Johnson)继续探讨了构建和部署可靠系统的主题,并强调了系统生产商所面临的巨大的技术和社会挑战。想构建可靠、复杂、高技术的系统,生产者面临的困难是多方面的,但大多数困难的核心都是设计工程师之间要对异质化的信息和知识展开交流。反过来,这个问题的出现又是由于成千上万组件的制造和集成工作很难确保万无一失。约翰逊指出,大多数技术故障归根结底是由人为错误或沟通不畅造成的,而且,包括系统集成在内,针对这些问题的解决方案在本质上都具有社会性的一面。综合运用工程学和历史分析的方法,约翰逊不仅强调了这些失败的社会基础,而且强调了可信赖性和可靠性的社会根源。

第四章进一步考察了在复杂技术网络生命周期的不同阶段,与组织、技术和市场有关的、不同程度的复杂性如何塑造了各种形式的系统集成(和集成者组织)的"能力需求"。特尔(Tell)以电力系统制造为例,将产品生命周期的演变划分为三个阶段,在每一个阶段,"系统集成"对参与其中的供应商公司都有着不同意涵。在第一阶段,新成立的电力公司的发明家和工程师可以自行系统集成。在第二阶段,由于企业内部形成了部门间劳动分工,并通过精细的管理层级、对划分后的知识进行集成,系统集成成为电气制造商和电力设备商等大型工业企业的"看得见的手"。第三阶段始于 20 世纪 70 年代中期,随着公用设施去管制化和私有化的浪潮在世界各地蔓延,新的战略和结构开始出现。正如特尔所说,在这个阶段,从事系统集成的电气制造商,为了完成特定任务,不得不成为在业务和项目上"松散耦合"的联盟。当下这种放松管制、缩减规模和私有化的趋势很可能影响其他基础设施部门(例如电信、航空交通管理、铁路、天然气供应和航空旅行),而且这些部门也会被类似趋势影响。

在第五章中,帕维特(Pavitt)以宽广的历史视角,解释了专事于系统集成的企业所扮演的日益重要的角色。基于一种强大的底层逻辑,即将系统集成作为产业专业化的一种形式,帕维特指出,进行系统集成既有必要性,也有拦路虎,这对企业在特定领域中的发展既提供了激励,也形成了限制。技术变革有两个共同特性,这两个共同特性不仅塑造了工业组织的历史形式,而且孕育了专门从事系统集成的企业。第一个特性是人工制品和知识的生产专业化程度不断提高。第二个特性是重大创新呈现周期性浪潮。例如,19 世纪下半叶的重大创新,导致 20 世纪出现了研发实验室。这些设立在大型制造企业内部的实验室成为技术变革的主要推动者。然而,近年来知识专业化和产品复杂性的增长,以及信息技术的进步,为"脱钩"创造了机会——这种脱钩既包括产品开发环节内部的分工深化,也包括产品开发活动和制造活动之间的分工深化。这使得专事于系统设计和集成的企业日渐发展,并足以挑战大型制造企业。但帕维特认为,彻底的劳动分工仍面临着约束,因为在快速变化的领域交流、整合知识时,市场交易关系往往是一种低效的手段。他还指出,与流行的观点相反,这些专业化企业并不是"后工业"或"服务"企业。它们并非关注制造本身,而是专注于工业活动中的知识密集型要素。

(二)第二部分:系统集成的理论观点与概念化视角

在深入研究了系统集成的起源和历史之后,第二部分提出了一系列基本理论问题:"我们如何才能将系统集成商的活动完全概念化?""系统集成如何关联到,并在某些情况下作用于企业和区域层面的竞争优势?""在复杂系统工业中,技术进步的性质如何塑造建立全行业标准所需的制度和治理结构?"这些问题的背后是一些基本议题:关于系统集成的认知基础,以及系统集成在经济系统中的职能。

为了探讨系统集成的经济学,第六章首次尝试将系统集成的概念置于演化经济学的情境下,认为系统集成商(作为企业)和系统集成(作为在企业内部以及企业间进行的活动)作为许多现代工业活动的"看得见的手"发挥着核心作用,尤其是在复杂产品和系统领域。通过描述企业"所知"与"所做"之间令人困惑的分歧,多西(Dosi)等人揭示了系统集成与"知识积累—组织边界"协同演化机制之间关系的一些新方面。他们认为,在许多复杂的工业活动中,企业需要知道的比当前生产任务表面需要的更多。此外,与最近有关模块化的解释相反(Langlois,2001),本章认为,组件层面上日益深入的"模块化"以及随之而来的企业间的专业化,并不会导致管理这只"看得见的手"的消失,反而会要求企业必须掌握额外的整合性知识。因此,在许多工业领域,系统集成商将继续是此类知识的重要储存者。由于产品复杂性将会持续存在(并且可能会增长),所以掌握不同组件之间接口和兼容性所需的知识也将会持续存在,这在那些单一关键组件的创新无法决定产品(或系统特性)的情形中尤其如此。在这些情况下,协调不同零部件供应商的学习轨道,很可能导致系统集成商去扩展未来所需的知识基础。根据这种解释,系统集成商代表了"钱德勒式"组织那只始终存在的"看得见的手",这只"手"一直苦心孤诣地协调着"斯密式"供应商多样的学习轨道。

在多西等人提出的框架的基础上,普伦奇佩在第七章中从战略管理的角度探讨了系统集成的性质,揭示了系统集成是怎样与竞争优势相联系的。普伦奇佩指出,在多技术、多组件的产品中,系统集成有两种不同类型,也即"共时系统集成"和"历时系统集成"。共时系统集成涉及若干静态的(同代的)技术能力,这些能力用于设定产品概念设计、将其分解为模块、协调供应商网络,然后在给定的技术体系中重新组合产品。相比之下,历时系统集成指的是动态(代际的)的技术能力,以此设想并逐步发展出能够应用于多个新产品系列的多样化、可替代的产品架构路径。新产品的演化动力来自各种技术领域的相互作用,因此,系统集成商企业面临的最重要的战略问题是它们如何在这些跨组织边界的不同技术领域中建立主导地位。

第八章从理论上解释了一个问题:在复杂产品和系统——尤其是那些涉及软件、集成电路和电信的产品和系统——的开发过程中,标准化在影响、塑造和支持劳动分工中的作用。斯坦缪勒(Steinmueller)识别并讨论了系统集成的三个基本方面,即协调、谈判和记忆。关于协调的讨论集中在对组织间分工可行性的评估上;而对谈判的讨论则强调,技术兼容性标准提供了激励相容的手段,从而解决了系统集成商和外部供应商之间的交易问题。斯坦缪勒强调,在复杂产品网络化开发的一众参与组织中,系统集成创造了一种具有自身独特轨道的专业能力的分布式记忆。

在第九章中,保利(Paoli)转而研究系统集成的认知基础,他认为要从战略上控制复杂的多技术平台(即产品系列)的技术和商业演变,需要对系统集成过程进行完全控制。保利定义了系统集成的认知属性的关键要素,并对成功的系统集成所涉及的个人和社会知识进行了认识论上的思考。本章认为,系统集成的元过程首先是对知识的集成。基于个人和社会知识的新概念,本章认为企业必须在内部保留和支配大量知识的生成情境,以控制系统集成。在这里,"情境"的概念是产生知识的基础,而这些知识可用于支持企业的系统集成能力。

在第十章中,切萨布鲁夫(Chesbrough)基于硬盘驱动器产业中产品模块化和系统集成的动态特性,提出了一个技术进步的周期性模型。他认为,尽管我们对技术变革和组织结构之间相互作用的理解取得了许多进展,但这些相互作用的普遍概念在本质上仍然是静态的。为了捕捉磁盘驱动器和其他高技术产业中系统集成的动态,我们需要更加动态化地将这种关系概念化。切萨布鲁夫的研究表明,在那些没有与它们自己的技术恰当结合的企业中,可能会出现组织"陷阱";而且这类企业往往很难适应技术变革。路径依赖行为会加剧这些陷阱。系统集成的上述动态特征验证了组织结构和技术变革的早期解释,为进一步的实证研究提供了丰富的议程。

(三)第三部分:竞争优势和系统集成

第三部分介绍了关于系统集成的实证研究,确定了关键的工业趋势,并准确展示了系统集成是如何作为一种新的工业组织模式出现的,以及为什么这种模式需要特殊的企业能力形态和新的能力建设战略。这一部分的六章研究并(在某些情况下)比较了汽车、硬盘驱动器、国防、建筑和工程、医疗保健、生物技术、电信、铁路、飞行仿真、工程基础设施和企业 IT 网络中的系统集成过程。

第十一章超越了企业层面,展示了系统集成是如何与区域集群和区域创新模式的动力学相联系的。贝斯特(Best)提出了一个基于系统集成原则的技术管理和区域创新的新模型。系统集成的原则体现在企业的组织能力上,单个企业和网络中的企业共同促进了快速的技术进步。其结果是创业型企业网络或集群的出现,在此期间,设计在企业内部及企业网络内部分散和扩散。个人企业家和高技术企业利用密集的、区域性的"知识—技能"库——这样一个库的存在绝不会源自任何单个企业的一己之功。这一区域模型非常适合以产品为主导的竞争战略和技术创新,尤其是那些高技术的复杂产品和系统。我们可以看到,创业型企业和企业间网络的结合促进了一系列动态的集群过程;反过来,这些过程又成为硅谷发展起来和波士顿128号公路意外复苏的基础。

第十二章则向我们展示了在汽车工业中,为因应系统集成需求而出现的一个重要的全球性反应。在汽车工业中,供应商已经转向"模块化"战略,以此应对技术变革、运营效率需求和新的市场需求。酒向(Sako)以汽车行业为经验背景,阐明了产品架构中模块化的概念。酒向识别出模块化的三个领域:设计、生产和使用,并在每一个领域都提出了有关汽车企业边界选择的替代性商业标准。本章阐述了推动产品架构向模块化发展的战略驱动因素,其中包括营销需求、运营效率、财务压力和技术变革。酒向认为,这些驱动因素的不同组合迫使汽车企业选择不同的模块化边界,以及导致外包模块的不同决策路径。本章考虑了这些不同路径对产业动态的影响,特别是客户和供应商之间的权力平衡以及供应链管理。

第十三章研究了汽车工业的模块化对交织关联、层级繁复的产品、生产和供应商系统的影响,从而进一步探讨了前述主题。武石(Takeishi)和藤本(Fujimoto)表明,世界汽车工业的模块化已经将日本、欧洲和美国汽车工业中每一个产品、系统的架构变化卷入其中，而各国发展汽车工业的目的和方向都不相同。为了理解这些多面性的过程，本章给出了一个概念框架，将开发和生产活动解释为产品、工艺和企业之间交织、繁复的层级结构。基于这一框架，本章利用案例研究和问卷调查数据考察了汽车工业中正在展开的模块化进程。武石和藤本认为，这三个层次之间存在着张力，这可能会导致产品、生产和供应商系统的架构在未来发生进一步的变化。

系统集成能力对于复杂产品和系统的生产至关重要，这是萨波尔斯基（第二章）和约翰逊（第三章）着重说明的道理；但除此之外，系统集成能力对这些系统在更广泛的基础设施环境中的使用也至关重要。在第十四章中，戈尔茨通过对美国国防工业的案例研究表明，许多不同类型的组织拥有特定类型的技能和专门知识，并分担了系统集成的总体任务。这些组织包括制造武器系统的大型"主承包商"、营利性和非营利性的技术顾问、政府实验室、管理武器采购的组织以及军方用户。正如戈尔茨指出的，这些团体所说的"系统集成"往往表示不同的含义，这搅浑了有关国防投资的辩论，并给国防政策制定带来了重大问题。对于制造武器的主要承包商来说，系统集成是那些为实现高效生产而控制供应商网络的能力。对于授予开发和生产合同的采购规划方而言，他们需要系统集成方面的专门知识，以便确定技术指标要求，并对主承包商进行评标。对军方的规划者和文件撰写者来说，他们需要关于系统集成的技术建议，以便在理解多种武器平台的能力和约束的前提下做出权衡。本章通过描述各种类型的系统集成能力的供需结构，阐明了系统集成的含义，并考虑了衡量系统集成能力质量的各种技术。

麦凯尔维（McKelvey）在第十五章中深化了第十四章的论点，并提出通过分析系统集成的需求方来拓展系统集成的概念。麦凯尔维从创新系统的角度分析了制药产业和开源软件产业的系统集成现象。她认为，创新系统的边界以及系统集成商企业的角色都会随着时间的推移而变化。从动态的角度看，系统集成可以通过多种协调方式加以实现。网络参与者的活动，既可以通过系统集成商企业的活动进行，也可以通过更分散的协调机制（如市场交易）进行，从而借助价格信号来影响众多分散的个体，还可以通过开发者社区或非正式关系等协调方式进行。当一个系统的边界发生变化时，这些不同的协调方式的类型和相对重要性也会发生变化。

相比于麦凯尔维将供需双方联系起来分析、评估系统集成，戴维斯（Davies）在第十六章具体研究了供应商组织如何利用"整体解决方案"战略，从而在市场上满足用户需求、获得竞争优势。正如戴维斯所展示的，一些世界领先的企业正在改变战略重点，通过销售整体解决方案，而非单个产品或服务（线）来展开竞争。因此，一种新型的供应商企业正在形成，即"整体解决方案提供商"，它们创造了一种以整体解决方案为中心的新型商业模式，以此满足大型企业或政府客户的广泛需求。为了提供真正的整体解决方案，复杂系统供应商正在产业价值链中占据新的位置，并开发新的能力组合。但这并不意味着，企业会统一地向"下游"进军，从制造业转向服务业。相反，供应商正在从下游和上游开始转移，试图占据位于制造业和服务业之间的具备更高价值的领域。为了实现这一目标，企业正在将产品、系统与服务结合起来，以便在系统的整个生命周期内提供方案设定、交付、融资、维护、支持和运营等各项业务。本章所提供的证据覆盖五个大型解决方案供应商在不同产业内的战略，这些产业分别是铁路、移动通信系统、企业网络、飞行仿真和建筑环境。

三、未来的研究重点

　　这里介绍的十六个章节提供了有关系统集成业务的大量新鲜的见解和信息,其中涉及系统集成的起源、历史和概念化,并突出强调了关键的工业趋势、新的企业战略和该领域中的重要辩论。最重要的是,这些研究表明,系统集成已经超出了它以往所属的纯技术领域(系统工程学科),进入了战略业务领域。系统集成业务对当今许多现代企业的战略至关重要。它对正在发展的区域和国家经济也具有深远的意义,在这些经济中,它作为一种新的产业组织原则发挥着关键作用。

　　虽然书中涉及了许多重要方面,但这一领域仍然存在缺口,还有一系列重大问题有待研究、解决。在理论层面上,一方面我们迫切需要尝试整合现有的理论线索,开发一个或多个合乎逻辑的系统集成模型。另一方面,更广泛地研究系统集成对演化经济学、战略管理和创新研究的影响也很重要。虽然这里的章节表明了系统集成的重要性,但到目前为止,系统集成作为一种核心工业活动的意义还没有被上述任何学科所广泛接受,其中的部分原因是相关研究仍处于早期阶段。也许,正如本书所提议的那样,系统集成最好被放在演化经济学中。然而,由于系统集成领域内的学者正在努力研究企业行为的内部动力,因此系统集成的相关研究也可能对现代企业理论的资源基础观产生深刻影响。

　　此外,本书对系统集成"战略管理"的论述只是点到即止。但是,如果大型企业,尤其是那些生产复杂产品和系统的企业,正在越来越多地充当其他企业活动的集成者,那么系统集成就应该成为现代战略管理讨论的核心,而非处于现实中这样的边缘地位。企业如何成功地利用系统集成来获得竞争优势?如果企业不能站在为买方提供解决方案的高度构筑起集成系统和服务所需的能力,那么它们将面临怎样的未来?来自产业和政府的买家应当如何应对外包的挑战?虽然本书对这些问题都进行了分析,但仍有必要将目前的工作扩展到尚未涉及的工业和服务业领域,以检验本书所列的命题,并从重要性的角度将系统集成与工业竞争力的其他关键驱动因素进行比较。

当前研究中存在的主要缺陷是,几乎没有从用户的角度来探讨系统集成问题的。随着产业和政府用户(如机场、通信服务提供商、能源供应商、空中交通管制机构和军事组织)越来越多地将系统的设计和生产外包出去,他们需要确保在内部保留足够的系统集成能力,以便有效地进行外包。这是私营部门和政府通过建立"政府和社会资本合作(PPP)"关系,建设和安装未来的经济和社会基础设施时所面临的一个主要挑战。这就涉及那些长期存在不确定性的领域(如运输、交通和系统开发)中复杂的金融交易结构。这反过来又要求系统集成商深入理解正在安装的系统、其中涉及的财务风险以及为用户/运营商所提供的服务性质的改变。

复杂产品和系统的企业用户(如铁路旅游公司、电信供应商和互联网服务提供商)往往必须解决彼此冲突的事项。在某些情况下,用户甚至可能不得不从零开始,建立一个正式的系统集成职能或实体(例如,在没有正式运行的系统集成功能的情况下,欧洲建立了自己的空中交通管制机构)。此时,系统集成的政治层面就成了焦点。比如前面欧洲空中交通管理的案例,未来的研究就可以帮助说明如何通过冲突和妥协的过程(如环境与能力增长之间的冲突和妥协)来调和各相关机构的不同目标。

一般来讲,某些系统集成角色(及其主要目标)的演变不可能是一个必然的结论,而取决于哪个或哪些行为主体掌握了对集成商的控制权。这一结果很可能使其中某一轨道(如增长)获得相较于其他轨道(如环境保护)的优势地位。在许多情况下,考虑到系统的演变或更广泛的社会利益,系统集成不可能保持"中立",而必须表现出政治性的一面,并由占据主导地位的组织或集团的利益所驱使。政治经济学家很可能会发现这一利益问题在军事系统、铁路、航空和公路运输,以及大坝、核电站和机场等大型基础设施项目中广泛存在,而这些项目往往在环境、能源、增长、创新和可持续性等选项间存在冲突。

从供应商方面来看,本书清楚地展示了系统集成的出现和随之而来的外包过程(系统集成的"硬币的另一面"),而这也成为产品和服务组织生产的关键因素。然而,将系统集成作为一种产业组织模式的观点需要进一步检验。事实上,我们需要理解我们能在多大程度上可以将一个经济部门的经验教训转移到其他部门。为了实现这一目标,我们需要在其他行业进行更深入的经验研究,以便能够进行跨部门的比较。此外,我们还需要进行更有针对性的分析工作,以正确定义系统集成的领域、定义多方学者和产业从业者所使用的术语。本书汇集了现阶段的思想和证据,从而成为新的系统集成业务发展的早期里程碑。

参考文献

COHEN, W. and LEVINTHAL, D. A. (1989). "Innovation and Learning: The Two Faces of R&D", *The Economic Journal*, 99: 569–596.

HOBDAY, M. (1998). "Product Complexity, Innovation and Industrial Organization", *Research Policy*, 26/6: 689–710.

LANGLOIS, R. N. (2001). "The Vanishing Hand: The Modular Revolution in American Business", invited paper for DRUID's Nelson - Winter Conference, June.

WISE, R and BAUMGARTNER, P. (1999). "Go Downstream: The New Profit Imperative in Manufacturing", *Harvard Business Review*, September-October: 133 - 141.

第二章 |
发明系统集成

哈维·M. 萨波尔斯基(Harvey M. Sapolsky)
麻省理工学院

一、引　言

20 世纪,美国的世界地位发生了翻天覆地的变化,从一个幅员辽阔和内部快速成长的工业大国变成了世界领先的经济和军事强国,尽管它尚未意识到这种全球统治地位的局限性。这一新地位要求美国政府在社会中的影响和作用发生重大变化,尽管美国公民对此的理解和追求都还不甚了了。对于美国的全球主导地位而言,其中最重要的是军队在技术发展中所发挥的作用。反过来,技术也改变了,并将继续改变军队。

在 20 世纪上半叶的两次世界大战中,美国都是后进入者。然而,美国在相对较短的时间内形成并投放了强大的军事力量,这种无可匹敌的能力在远离美国海岸的冲突中起着决定性的作用。美国军队是在民兵基础上建立的,他们通过征兵来填补空缺(Flynn, 1993)。武装、训练和运输大型远征军所需的装备是通过动员工作迅速生产出来的,其产出也超过了所有其他参与者(Harrison, 2000: 103)[1]。

这一壮举在很大程度上是一项工业成就：政府向私营企业分配资源，企业按照预先选定的、通常是从盟国引进的设计去生产大量武器（Holley，1983）。虽然同一时期对科学家和工程师们的动员也取得了载入史册的辉煌成就（如原子弹），但战争的胜利是在生产军队、飞机和船舰的装配线上取得的。

20 世纪 50 年代初，关于战争摧残之后欧亚地区的未来走向的争论引发了美苏之间的一系列冲突，也使得美国重建了战后遣散的军队。由此产生的冲突演变成一场长期的意识形态斗争，进而导致了两方面需求：一是社会动员的需求，这种需求即使不是全方位的，但也是足够持久的；二是军事战略的需求，以此抵消苏联及其盟国相比于美国的巨大人力优势。在使用核武器加速结束第二次世界大战之后，美国顺其自然地形成了一种以技术为核心的战略，即用武器开发投资代替大规模组建和维护庞大的军队。

冷战所需的大多数武器都可以在第二次世界大战的武器实验或计划清单中找到，其中包括喷气式飞机、直升机、长续航潜艇、巡航导弹、弹道导弹以及核武器。但是，为了在冷战期间有效开发和使用这些武器，美国需要在组织和管理实践上进行重大改革。在美国的坚持下，冷战变成了一场展示先进技术武器创造实力的竞赛，在这场竞赛中，苏联最终不得不走向垮台。美国之所以避免了同样的命运，是因为它更有效地将复杂的技术融入了武器系统，并将先进的武器系统整合到其野战部队之中（Sapolsky，Gholz and Kaufman，1999）。

本章介绍了促进美国军方开发和部署先进武器系统的创新性的组织结构和行政流程。其中最主要的是制造和操作复杂武器所需的系统分析和集成技能（Johnson，本书第三章；Gholz，本书第十四章）。

二、对协调的追求

第二次世界大战让美国背上了全球霸主才会有的所有担忧。政治领导人为国家管理远距离冲突的能力而担忧,武装部队为履行新兴的国家任务而焦虑。技术人员可以预见到潜在的安全威胁,并以此证明应该支持他们最雄心勃勃的项目。甚至在战争还未进入最后阶段,政府的战争管理部门就已经制定了国家的长期安全计划(Friedberg,2000)。其中关注的重点是和平时期部队的扩张,以及履行新职责的活动。要想取得胜利,美国军队需要在全球范围内保持警觉。

但人们也必须承认战争中的不利之处。通常情况下,不同军种之间很难,甚至不可能合作。在欧洲战场上,海军和陆军航空队就远程飞机的控制权发生了争执,而远程飞机在对抗 U 型潜艇的战斗中起着重要作用。在太平洋战区,美军建立了三个独立的司令部,去调解各军种相互冲突的计划和目标。

但分配稀缺资源(如人力和航运)的优先权从未完全协调一致。政府分配生产优先级的权力几乎一直在变化(Gropman,1996)。虽然美国参战的基本战略非常明确:欧洲战场的地位高于太平洋战场,但执行机构经常与之相违背(Greenfield,1982)。因此,战后重组国防机构的建议引起了广泛的关注,而这些建议都承诺解决上述协调问题。

重大改组的理由是:美国需要建立一个连贯的体系来管理其不断扩大的全球安全责任(Caraley,1965;Kinnard,1980),开发和整合广泛的情报、政治分析和军事评估的机制,即便这些机制存在也很不健全,而很多人认为这套机制是制定国际安全政策的重要保障。更重要的是,鉴于美国政府的分权性质,重要事务的跨部门协调只能通过烦琐的委员会层层推进,而大部分委员会缺乏人员和连续性。在国家安全事务或其他任何议题上,如果不能引起总统的注意,就无法确定各部门可执行的优先事项。

改革的主要立法表现是 1947 年的《国家安全法》,该法设立了一些实体机构,包括国家安全委员会(NSC)、中央情报局(CIA)和国防部(DOD)(Hoffman,1999)。国家安全委员会的成员包括总统、副总统、国务卿和国防部长,由中央情报局局长和参谋长联席会议主席担任顾问。中央情报局局长领导中央情报局,并协调其他情报机构的活动。国防部将陆军、海军和新独立的空军整合起来,并在此基础上协调武器采购和部队训练,通过统一的战区和职能指挥部调度野战部队。在形式上,总统应在国家安全委员会的框架下形成国家安全政策,并向国防部、中央情报局和其他机构发布指令。这种防务议题的集权控制策略,旨在避免以往那种带有战争痕迹的政策冲突和混乱,进而建立一种系统化的决策方法,从而制定综合有效的策略来应对未来似乎必然出现的困难。

然而,冷战初期的挑战反而导致了更严重的官僚主义冲突。虽然武装部门和其他机构能够在遏制苏联扩张的战略上轻易达成共识,但这并未缓解他们争夺高质量国防任务的迫切要求。无论是朝鲜战争、德国未来之争,还是人造卫星危机、轰炸机和导弹恐慌,每一次真实的或想象中的威胁都导致了对抗苏联以及可能的官僚主义敌人的想法。与财政预算同步增长的,是各个机构担心被官僚体系中的竞争对手完全吞并的恐惧感。通过更多的重组来协调政府的尝试仍在继续,但基本上没有成功。

任务的激烈竞争很可能是有益的。与苏联军队相比,美国军队显然不太拘泥于旧的军事技术和理论,更愿意采用新的技术和理论。虽然在政策问题上经常存在分歧,但与声誉相比,军方无法抵御大众干预和创新理念(Owens,2000)。只有当官僚体系内部的利害冲突随着冷战的结束和苏联威胁的减弱而减弱时,国防改革者的中央集权倾向似乎才能站稳脚跟(Sapolsky,Gholz and Kaufman,1999)。

三、建立项目组织

早前,出于完全不同的组织目的所开展的有效协调,需要在完全不同的组织层面上才能实现。事实证明,军队技术部门僵化的职能结构不足以开发冷战所需的飞机和导弹。军队的武器研究实验室和军火库网络的技术能力和管理反应能力也是如此。通过断断续续的探索,军方学会了将武器作为系统来考虑,并找到能够加快最复杂类型武器开发的组织安排。如今这种制度化的构思武器的方式已经上升到组织层级,并有可能彻底改变战争(MacGregor,1997)。

军队通常将武器的采购和供应活动与作战部队的管理活动相分离。在美国军队中,这些获得独立性的采购和供应活动的权威几乎不受挑战。他们与强大的国会委员会的关系确保其管辖权受到保护,免受负责作战行动的一线军官的干涉。陆军的技术部门是按职能划分的(如军需、军械、信号、工程师、医疗等),并管理着它们各自的仓库、军火库和野战部队。而在海军,从19世纪40年代初开始,所谓的岸上机构(管理造船、军械和工程活动的技术部门)和舰队之间存在明显的界限。

军队改革的建议——各军种实施严格的等级制度并整合其供应和运营活动——迟迟没有被采纳。20世纪初陆军开始建立总参谋部。陆军参谋长逐渐地控制技术部门,但直到第二次世界大战,陆军勤务部队才将所有技术部门联系起来,统一指挥。第二次世界大战之前,整个海军部队都没有统一的指挥官,当时美国舰队总司令的职位并入海军作战司令(CNO),但即便如此,物资局局长(以及所有的海军军官)仍然不在海军作战司令的汇报体系之内,而延续着百年来的传统,直接向海军部长报告。在军队军备中增加飞机,其最终结果只是在飞机制造业导致了独立的采购和供应活动,在陆军航空队建立了独立的物资单位,并在海军建立了独立的部门。1947 年当空军脱离陆军独立时,它带走了相应的配套设施和部队。

武器采购项目通常也是按职能管理的,项目办公室被指定为各军种指挥部的下属单位,也是各职能条线(或办公室)的组成部分。机身与发动机、火炮和炸弹的采购相互独立。因为协调开发很少能被组织起来,也很难维持,所以错配和失望经常发生,但只是由于冷战初期人们对先进武器的强烈追求,这一问题才变得尖锐起来。至少对美国人来说,第二次世界大战是一场武器生产竞赛,而冷战是一场武器开发竞赛,对后者而言,技术性能比数量更重要(Jones,1990:315)。

第二次世界大战期间,英国和德国在喷气机领域大大领先于美国,而后美国开发涡轮喷气飞机的努力证明了变革的必要性。空气动力学的进步削弱了往复式发动机的效用,迫使人们采用更系统的方法进行飞机设计。为了在喷气机方面取得优势,美国空军发现必须协调人类生理学、机组训练、武器设计、航空电子学、作战战术和其他几个领域的工作,才能实现涡轮喷气技术快速进步的全部效益(Young,1997)。

然而,正是由于急于开发像弹道导弹这样的竞争性技术,才导致了武器采购流程和组织的实质性重组。弹道导弹是一种破坏性技术,这里所谓的"破坏性技术"不仅仅是克莱顿·克里斯坦森(Clayton Christensen)在他的重要著作《创新者的窘境》中所界定的那种"破坏了现有技术的市场的新技术"。德国在火箭技术方面的进步显示了远距离进攻而不必担心防御的可能性。在经过改进并携带核弹头之后,这类武器将迫使战略轰炸机群退役。但是,它们也在冷战期间阻止了苏联和美国军队之间的直接冲突。因为核武器的破坏性太大,所以没有人敢冒险开战。而正是这种武器的发展改变了飞机制造业,使其转变为航空航天工业。

但是,弹道导弹的开发工作需要开辟一些新的技术领域,而现行武器采购结构并不能很好地适应这一需求。几乎从第一次提议启动弹道导弹开发项目开始,为了获得建立项目的批准,各军种内部及其彼此之间就在批准立项问题上展开了激烈的竞争。大家对此都高度重视。毕竟项目数量有限,而且成本很高,可用的专家资源也很有限。一旦获得部署弹道导弹,相应的军种(某一个或多个军种)在国家安全战略中的核心地位就得到了保证。而且,因为这些项目可能会挤占其他国防活动的资源,所以一旦被排除在开发工作或部署工作之外,就有可能使自身的经费预算受损(Sapolsky,1972;Neufeld,1990:88)。

对于空军来说,开发弹道导弹是空军的一项任务,因为它们是先前存在的巡航导弹项目、无人驾驶飞机的延伸,只是体积更大、射程更长、速度更快。对陆军来说,弹道导弹是具有更大冲击力的炮弹,而这显然是拥有火箭经验的军械部的发展领域。同时拥有军械局和航空局的海军发现它既有内部竞争也有外部追求。这一系列项目启动之后,争取官方批准的斗争变为一场公共事件,并且竞争十分激烈,这是美国官僚政治的缩影,而对其态度取决于人们的政策视角[2]。

空军项目由空军研发司令部(AFRDC)管理,但具体实施却在一个独立部门中,与上级组织几乎隔着一个大洲,并且有着特殊的合同授权,使它能够绕过大多数标准采购和报告程序(Neufeld,1992:4-5)。为了帮助、指导和保护此后的空军研发司令部弹道导弹部,美国建立了最高级别的咨询和监督委员会,尽管它本质上是一个独立的特别项目指挥部,但管理整个弹道导弹的开发、采购和基地建设。对于弹道导弹项目来说,职能组织让位于系统经理结构。

海军是另一个获得远程弹道导弹开发授权的军种,它通过不同途径建立了与空军大致相同的管理结构。由于军械局和航空局都在争夺海军内部的管理权,因此它决定建立一个具有局级地位的独立办公室,负责开发和部署潜艇舰队弹道导弹,即后来的北极星导弹系统。海军特别项目办公室(后来的战略系统项目办公室)管理整个北极星系统,包括开发专门的潜艇导航设备、导弹制导和发射子系统、导弹本身、船员培训设施、特殊通信设施和供应基地。与空军一样,海军也建立了一个致力于增强美国核威慑力的系统管理组织(Sapolsky,Gholz and Kaufman,1999)。

拥有两个单独管理的弹道导弹项目很可能会加速技术进步。由于对利用挥发性液体燃料制造舰载导弹的前景感到不满,海军在火箭发动机固体燃料的开发上投入了大量资金,这项技术最初是由空军支持开发的。海军在开发更安全的燃料发动机方面的成功不仅导致了北极星导弹在潜艇上的部署,也使空军决定放弃开发使用液体燃料的阿特拉斯导弹,转而使用更灵活、反应更快的民兵导弹系统。各项目的独立判断在其他方面也产生了类似的有益影响,例如弹头设计、指挥和控制技术以及导弹维护程序。它还使得系统中的某些特殊需求获得了特别关注,其中包括防御、机组人员培训和支持等。

四、合同型国家

　　创建独立的项目组织来管理复杂系统的开发,只是解决系统协调问题的部分方案。项目组织处理不合作机构的方式主要是避开它们。他们可以向上级主管部门寻求帮助,但更多的时候,他们会在政府外部复制一个备份,以供不时之需。在武器开发方面,已经开始依赖外部承包商。在弹道导弹计划成功后,项目管理办公室的形式得到了更广泛的利用,也促进了上述转变的加速实现。当一个人所寻求的合作可以通过授予合同来实现时,为什么要冒着向上级上诉被驳回的风险?

　　在传统上,美国军方依靠政府拥有和管理的军械库和造船厂来开发武器。虽然它们的工作节奏很慢,但他们可以在战争间隙培育新的军事技术,而在这个时期政府对军事装备的采购量太小,无法引起许多商业供应商的兴趣。当战争爆发时,设备需求急剧增加,军方将雇用承包商来填补这些需求。当战争结束时,订单枯竭,承包商再次转向商业业务,而军火库则继续尝试新的武器设计,但很少制造武器。这就是第二次世界大战之前的一般模式。

　　航空业是一个主要的例外。尽管联邦政府确实成立了一个民口机构,即国家航空咨询委员会从事航空研究,而海军也有自己的飞机厂,或曰"航空兵工厂"来设计和制造飞机,但军方还是让私营部门在航空发展中发挥主导作用。飞行的浪漫与一些投资者的信念交织在一起,投资者认为飞机将是下一个汽车、下一个大众消费品,即使被购买的飞机很少,刚刚起步的飞机制造商也能获得资金。事实上,军方利用了投资者对航空业的热情,在制造商赢得军机设计和生产合同时,并不会全额支付费用(Holley, 1964)。

第二次世界大战后,武装部门越来越多地依靠承包商提供武器。许多在第二次世界大战期间被征召的承包商希望继续从事国防工作。冷战预示着大额国防预算将继续存在,而且这一额度之大足以使军备成为一项有吸引力的投资业务。军方认为,与军火库和军事实验室相比,承包商能更快响应他们的指令,技术上也更能胜任。承包商也热衷于开发军队想要掌握的先进技术。他们还可以向科学家和工程师支付比体制内更高的报酬。承包商愿意为项目进行游说,而军火库和造船厂倾向于相信他们的未来是有保障的。

管理上的一大挑战是找到合同机制,适当补偿承包商在国防工作中的风险。这是一个政治敏感问题,因为战时压力使武装部门以有利可图的非竞争性合同换取武器生产的迅速扩张,这种做法导致战后对政府监督不力和承包商牟取暴利的指控。冷战时期对先进军事技术发展的强调意味着从事这项工作的合格承包商非常少,而且许多工作在结果、进度和成本方面都是不可预测的。虽然大多数政府采购的标准是固定价格、竞争性合同,其中失败的风险(未达到绩效、进度或预算目标)完全由承包商承担,但这显然不足以令承包商开发冷战武器。虽然这种做法回避了丑闻,但它不利于两方面的竞争:一是选拔公司,二是与获胜者协商成本加成合同,并因此几乎无法激发企业控制成本的努力。项目被技术故障、延迟和超支所困扰,主要是因为目标过于野心勃勃,但纪律和责任难以到位的问题也难辞其咎(McNaugher, 1989)。

由于对承包商的依赖性增加,纪律和责任成为武器项目中的问题。摆脱军火库和政府实验室的束缚,意味着政府自己的专家较少参与设计和项目管理决策。此外,对于许多正在探索的技术,最有知识的专家绝不是公务员或军事官员,而是承包商或大学的科学家和工程师。一旦一个公司在某些专业领域获得了深厚的专业知识,它就会经常获得后续合同,因为尝试替换他们的成本很高,而且会破坏精心制定的生产和部署计划。

相应的政策是将武器开发的详细管理责任转移到有很强意愿的主承包商或武器系统经理身上。主承包商将通过分包商网络,确定为政府开发和生产复杂的武器系统所需的技术和子系统的组合。虽然是政府去选择分包内容和分包给哪些公司,但主承包商将显而易见地对此类决策产生重大影响,因为它拥有系统知识,并与项目办公室有着必然的特殊关系。政府需要外援来确定复杂武器系统的内外部参数,也需要合适的方法来协调开发这些系统所需的各种人才和技术。他们可以通过那些能够吸引优秀科学家和工程师的主承包商获得这种帮助,并通过分包合同经费来实现合作,寻找协调方法。

正如唐·K. 普莱斯(Don K. Price)所指出的,合同型国家将美国社会中的公共和私人紧密联系在一起。政府通过成本加成合同吸收开发新技术的风险,接替了私营部门企业家的角色。冷战期间,联邦政府以国防为主要理由进行大量研发投资。反过来,承包商成为重要的公共项目、武器设计和采购的管理者(Price, 1954)。承包商的财务可行性依赖于政府客户的持续善意,这个客户也是唯一一个能够合法购买价值 10 亿美元外来武器系统的买家;而政府则依赖于其承包商的能力和诚实的评价。由于这个政府买家就是军方,所以承包商通过服务于军事优先事项来释放善意。这意味着赢得和维持合同的不是成本因素,而是确保武器系统的性能(Gholz, 2001)。由于大多数官员的技术培训有限,在根据主承包商和其他承包商的建议作出判断时,这些政府买家必须多方求证,否则就会面临灾难。

五、非营利性解决方案

主承包商的首要任务是系统集成。武器被认为是复杂系统,需要设计和同时开发平台、传感器、武器和推进系统等一系列部件子系统,这些子系统既要相互兼容,又要优化整体系统的性能(Johnson,本书第三章;Gholz,本书第十四章)。为了满足标准和实现预期的系统特性,必须在各组件子系统之间进行权衡。系统的可靠性、维护的便利性和机组人员的需求也必须加以考虑。主承包商帮助鉴定和监督分包商,并为系统提供必要的证明文件。担任项目监督员的军官会经常轮岗,但主承包商必须确保工作的连续性,因为没有他们,系统就无法运行。对于已投入使用的系统,主承包商要经常管理其备用配件的供应,并定期进行彻底检修和升级。因此,这种整合是跨学科和跨时间的。

高级官员存在着两种担忧。一个是承包商是否有能力充分了解所有相关的技术。最有可能成为主承包商的显然是大型制造商,特别是飞机制造商。在飞机这类相对熟悉的武器领域,系统思维随经验积累而演进,因此,把合同交给波音公司或洛克希德公司的风险就会很低。此前,曾有多家企业在管理重大项目方面有着足够的背景,这为政府完成系统集成任务提供了机会。但对于弹道导弹、预警和核动力潜艇等较新的系统,没有一家企业拥有足够的经验使他们可以游刃有余地处理系统集成工作。

另一种担忧是,那些被指派去集成新系统,或动态演进系统的企业会滥用它们的地位。主承包商对系统和政府的偏好有深入的了解,它可以为自己保留最有利可图和最重要的技术,或者它可以利用从分包商那里获得的信息,在适当的时候进入分包商的业务或其他项目上与之竞争。专有信息可能会受到侵害。大型企业的参与可能会阻碍另一家公司提供相关服务。而小企业可能会害怕大企业。而且,由于制造环节通过供应备件和购买原始设备来实现利润最大化,因此制造主承包商有关设计权衡和系统分配的判断也并不可信。

空军项目最清晰地展现了这些问题。空军率先提出了武器系统经理的概念,并倾向于在弹道导弹、预警系统和卫星等新兴竞争领域上采用相同的项目模式。尽管空军仍专注于组建其轰炸机群,但它也有责任开发陆基洲际弹道导弹。20世纪50年代初,面对苏联在远程导弹方面取得进展的报道,主张加快弹道导弹项目研发的文职官员和科学家们怀疑美国空军主要机构和标准程序是否有能力完成这项工作,即便此时美国已经启动了一项旨在确保自身领先优势的应急计划。当这一项目很快获得批准之后,他们还在重申有关重新设计项目管理安排的建议。美国空军对此的回应是选择一家工程咨询公司[拉莫-伍尔德里奇(Ram-Wooldridge)公司]作为负责弹道导弹开发工作的伯纳德·A.施里弗(Bernard A. Schriever)将军的代理人,并让该公司负责整个项目的系统工程和技术指导。因此,拉莫-伍尔德里奇公司成为空军指挥结构的一部分,对从事弹道导弹项目的其他承包商进行直线控制。它将成为空军弹道导弹的系统集成商(Neufeld, 1990: 102-105,111)。

有几个承包商反对拉莫-伍尔德里奇公司的有利地位。尽管空军已经禁止拉莫-伍尔德里奇公司参与硬件合同的竞争,但他们仍然认为该公司获得了太多的回报,掌握了太多内部信息。空军的担忧随着拉莫-伍尔德里奇与汽车零部件制造商汤普森公司(Thompson Productions)的合并而进一步加剧,这次合并产生了汤普森-拉莫-伍尔德里奇公司(Thompson-Ramo-Wooldridge, TRW),即现在的天合汽车公司(TRW)。在国会的压力下,空军要求 TRW 将其弹道导弹工程集成业务分拆出来,成立了名为空间技术实验室(STL)的子公司,并将其设置在一个特许从事空军业务的非营利组织中。很快,STL 更名为航空航天公司(Aerospace Corporation)(Neufeld,1990:210-212)。

空军的另一个重大项目——构建一个穿越加拿大北部和阿拉斯加的雷达预警系统——用类似方案解决了类似的问题。远程预警线(DEW Line)雷达旨在探测和跟踪对美国执行核武攻击任务的苏联轰炸机。这种系统的概念和设计源自各类科学咨询委员会和林肯实验室[由 MIT(麻省理工学院,下文简称为 MIT)管理的雷达研究机构]进行的研究(Needell,2000:199-258)。在决策部署阶段,空军视 MIT 为系统集成商,认为它会协调这个大型网络所需的各种雷达、计算机和通信组件的高阶开发和现场工程。但 MIT 并不愿意过多地卷入项目工程细节之中,也不愿意直接监督 IBM、通用电气和 AT&T 这些可能成为组件承包商的企业。反过来,考虑到所涉及的先进技术,这些公司不愿意接受其他任何一家公司作为系统集成商。此后,空军协助从 MIT 分离出来的林肯实验室进入一家名为 MITRE 的独立的非营利组织,以此承担远程预警项目所需的系统工程和技术指导工作。MITRE 将继续为空军其他的指挥和控制项目做系统集成和设计咨询(Trainor 1966;Wats 1970;技术评估办公室 1995;国防科学委员会 1997)。

航空航天公司和 MITRE 是美国科技体制中所谓的联邦资助的研发中心(FFRDC),这类非营利组织致力于服务联邦机构的技术利益,并通常与其签订长期服务合同。有些则以政策为重点,如兰德公司(RAND)和海军分析中心;其他是以基础研究和应用工程为导向,上面提到的林肯实验室就属于这一类。航空航天公司和 MITRE 是仅有的,致力于提供系统工程支持的联邦资助的研发中心。虽然兰德公司管理着空军、陆军、国防部长办公室和卫生与公众服务部的四家联邦资助的研发中心,但大多数联邦的资助研发中心都只能为单一机构工作。其中最大的一家是为空军工作的联邦资助的系统工程研发中心(Neufeld,1997)。

至少到 20 世纪 60 年代,政府更多地是在海军而非空军中开发和提供了系统集成的技能。与空军相比,海军拥有更多的内部工业基础和工程传统。当核动力作为潜艇的一种推进方式出现时,海军建立了自己的工程团队来管理开发工作。海军渴望建造真正意义上的潜艇,一艘不需要浮到水面上给电池充电的潜艇。负责该项目的海军上将海曼・G. 里科弗(Hyman G. Rickover),担心核反应堆事故对海军部署核潜艇能力产生不良的政治后果,因此对项目进行了严格的全方位控制,以避免问题发生。他为海军舰队船舶局(现为海军海洋系统司令部的海军反应堆局)的核动力部门招募了能干的助手,并坚持要求所有分配到潜艇的指挥官具有核反应堆操作资格。在参与该项目的承包商和造船商的相处中,里科弗将军表现得十分专制,要求承包商和造船商严格遵守他的指示,完全致力于建造核舰队的任务,他也因此成为国会的英雄(Duncan,1990)。然而,海军上将里科弗在原子能委员会(AEC,现在的能源部)有双重任命,该委员会是一个负责开发和制造核武器以及促进核能和平应用的民间管理机构。通过原子能委员会,他可以进入原子能委员会非常出色的国家实验室网络,其中包括两个致力于满足他在设计和开发海军核反应堆方面的需求而设立的实验室,即西屋公司在宾夕法尼亚州经营的贝蒂斯(Bettis)原子能实验室和通用电气在纽约州经营的诺尔(Knolls)原子能实验室(Hewlett and Duncan,1974)。

尽管上述管理是有效的,但无论是在海军还是在原子能委员会,海军上将里科弗的办公室并没有全面控制核潜艇系统。海军岸上机构的其他部分拥有对船体、武器和传感器设计的管辖权。作为一个有效的武器系统,核潜艇的发展是渐进的。第一艘核动力潜艇是1954 年服役的鹦鹉螺号。第一艘采用高效水滴型外壳的潜艇是大青花鱼号(Albacore),这是一艘 1953 年的柴油动力潜艇,但直到 1959年鲣鱼号(Skipjack)服役,核动力舰队才采纳了这种设计。北极星导弹于 1960 年首次出海。而作为一种有效的反潜武器,MK－48 型鱼雷直到 20 世纪 70 年代中期才开始服役(Cote, 2003)。

开发北极星弹道导弹的特别项目办公室(下文简称为 SPO)还有一番大手笔。SPO 的建立是为了开发海军弹道导弹能力。最初,这种能力被认为是陆军的液体丘比特(liquid Jupiter)导弹的一个类别。当时,陆军的开发计划已经获批,而海军却没有。由于它与陆军的"丘比特"项目合作,SPO 选择了"丘比特"的主承包商克莱斯勒(Chrysler)公司作为自己的合作伙伴,将导弹嫁接到潜艇或水面舰艇等海军平台上。但是,一旦海军被允许去开发一种独立于陆军的新型固体燃料弹道导弹,SPO 决定不再雇用主承包商,而是选择在组织内部进行大部分系统设计和集成。像海军核反应堆的建造一样,SPO 引入一些能干的工程师来监督那些负责子系统开发的承包商,就北极星而言,这些子系统包括导弹、潜艇、导弹制导和火控系统,发射器、潜艇导航系统,以及所需的基地和通信系统。只有潜艇的反应堆和导弹的弹头不在 SPO 的管理范围内。

特别项目办公室的直接任务是定义并确保系统接口的兼容性,以及每个子系统的边界要求。项目的技术总监利弗林·史密斯(Levering Smith)上尉(后来的海军中将)负责监督整个过程。像里科弗一样,史密斯以控制细节和对任务的投入而著称,为海军获得了至关重要的新能力。但与里科弗不同的是,史密斯不愿意把项目系统集成和监控的工作完全交给项目公务员和海军军官,尽管他知道他们能够胜任。他转而引入了两个承包商来提供建议和帮助,一个是非营利性的,另一个是商业实体。其中之一是约翰斯·霍普金斯大学的应用物理实验室,这家联邦资助的研发中心通过开展系统权衡研究,提出组件边线方案,分析系统测试结果。Vitro公司记录并监测系统界面。洛克希德(Lockheed)公司作为负责系统关键部件、导弹的承包商,提供额外的员工服务,如报表准备和公关工作,但这些公司和实验室完全称不上是武器系统经理或项目系统集成商。反而史密斯将它们与特别项目办公室员工组建为团队来完成这些工作(Sapolsky,1972:82)。

美军在冷战期间所采取的重大技术步骤需要许多学科和组织的协调。尽管一些国防承包商有管理政府复杂飞机项目的经验,但人们认为,新技术所提供的财政机会似乎太诱人了,不能再让他们负责。政府本身可以控制局面,但许多人担心很快就会出现招聘和保留问题。

军队之外的那些政府事业部门在美国社会缺乏地位。有一些非常能干的军官可用于管理这些项目,但是否有足够的军官来维持所需的努力呢?[3] 这个问题的答案在于建立一套新的机构,即致力于政府服务,又能够支付有竞争力的薪水来吸引人才的非营利组织。这些组织在功能上与行业有重叠,但他们能够承接的政府合同类型却受到严格限制。MITRE、航空航天公司、林肯实验室、应用物理实验室和原子能委员会的国家实验室合在一起,是帮助美国赢得冷战的社会发明。在不同程度上,武装部门不得不依靠专门创建的非营利性系统设计和集成组织来建立战略威慑、预警、侦察以及指挥和控制系统,这些系统使美国保持领先,也使苏联在追赶与竞争中疲于奔命。

六、对政策和战争的系统性思考

　　系统思维最早出现在军事作战领域,但其传播速度比在武器开发领域的速度要慢。第二次世界大战期间,运筹学技术的先驱工作被应用于多个战线。在大西洋战役中,美国、英国和加拿大的科学家们计算了首选的护航船队路线以及舰船和飞机的搜索模式,以挫败德国 U 型潜艇对盟军航运的高破坏性攻击(Tidman,1984:17 - 94)。早些时候,英国科学家已经证明了运筹学在军事领域的有效性:在英伦保卫战中,他们努力地提高了战斗机的拦截率,从而使得英国皇家空军顶住了德国的空袭。所有这些都是为了提高作战效率和装备设计水平,从而以跨学科的努力将科学方法应用于解决军事问题[4](Tidman,1984:12 - 16)。

　　战后,尽管这一前沿领域的从业人员几乎遍布美军各个部门,但运筹学对战争的影响似乎不如它在第二次世界大战中所表现得如此突出。军队将领抵制严重缺乏作战经验的科学家涉足他们的领域。对他们中的许多人来说,面对战场上的巨大混乱和恐怖时,战争的成功最终只能归因于健全的专业训练和判断(Rau,2000)。此外,由于难以在战争之外开展真实实验,因此很难获得分析军事问题所需的可靠定量信息。

　　一旦科学家仿效他们在核武问题上的做法,将调查范围扩大到政策问题时,军方的抵制就会变得更加强烈。高级官员担心科学家的和平主义/军备控制倾向会影响公众,并干扰快速扩张核力量的计划[5](Needell,2000:241 - 245)。令他们恼火的是,科学家们在政府内外开发的、分析核武器问题的系统分析框架确实获得了合法性地位,后来被文职官员使用,特别是在 20 世纪 60 年代,时任国防部长罗伯特·麦克纳马拉(Robert McNamara)会以此限制核武器和非核武器的军事请求。麦克纳马拉部长用系统分析方面的专业知识驳回了军方对专业知识的要求,而这是科学家们青睐的以定量为导向的解决国防政策问题的方法(Kantor, 1979;Rosen, 1984)。

尽管政治和专业的判断仍然主导着政策制定,但系统分析提供的理性科学方法在官方的政策讨论中受到了广泛关注,而政治和个人议程很难在这一讨论中得到充分表达。在这些政策讨论中,处于不利地位的军方建立了自己的系统分析能力和支持组织。兰德公司、海军分析中心和其他为单一军种服务的 FFRDC 公司往往是研究的发起者,在面对部长随员或其他军种的挑战时,这些研究促进了服务项目的发展。由于其对政策假设和措施的依赖性,系统分析很容易达到预期的结果,并因此成为官僚机构争夺项目和预算的另一种武器(Esell, 1968;Lucas and Dawson, 1974;Lehman, 1988;Donohue 等人, 1993;Vistica, 1997)。

麦克纳马拉部长通过利用各部门的自然竞争力来保持主动权。他将各部门对立起来,有选择地提供机会或施加惩罚,避免各部门形成统一战线来反对他的政策。麦克纳马拉更倾向于将支持功能进一步集中化,联合武器开发,限制核力量和协调行动(Hitch, 1967;Johnson, 2000)。在他任内,他关闭兵工厂和船厂,从而大大降低了政府自主设计和制造装备的能力(负责人事、储运的海军助理部长,1978)。承包商被要求对武器的整体采购进行投标,这种所谓的整体采购计划在购买 C - 5A 运输机时首次使用,但结果并不理想(McNaugher, 1989:176)。各军种被迫购买相同的飞机,而且不管是哪个军种开发的(Art, 1968;Hallion, 1994)。最终,在一场不受欢迎的战争,即与越南的拉锯战中,麦克纳马拉部长黯然下台。他的许多具体改革并没有持续很长时间,例如,海军在他离开后的几个小时内就取消了与空军联合采购 F－111 飞机的计划,但他有关各军种过于本位主义、忽视共同利益的批判却被显而易见地保留下来(McNaugher,1989:176)。从那时起,几乎所有的军事失败,从武器采购中的失误到战场上的灾难,都被归咎于各军种的本位主义和军种之间缺乏整合(Hoffman,1999)。麦克纳马拉有关在采购和军事行动中应该有更多联合的建议成了福音。长期以来一直保护军种利益的国会,在 1986 年将这些建议写入了《戈德华特-尼科尔斯法案》,该法案是对 1947 年《国家安全法》的修订案,它提高了军队联合组织的权力。甚至像 F－111 这种多军种联合开发飞机的想法也以三军联合攻击战斗机 F－35 的形式再次出现(Brinkley,2000)。各军种也接受了联合性,他们相信彼此之间更多的协调未必意味着更多的整合。他们借助《戈德华特-尼科尔斯法案》的授权,利用联合参谋部和联合司令部在美国军事结构中日益重要的地位,就任务分担达成共识。当资源出现问题时,他们很少公开打破等级。联合项目越来越普遍,但对各军种之间的预算份额或任务分配没有产生多大影响[6]。但我们会看到,真正整合的希望就在前方。通信和计算机的进步使许多人相信一场军事实践的革命即将发生。人们憧憬着网络化的战区,在那里,测量传感器识别目标并将信息传递给分散的武器平台,这些平台根据需要进行交战,同时持续关注友军位置和状态。自太空或无人驾驶飞机以来,这些武器都高度精确。平台、军种和指挥部之间无缝连结。在这些设想中,战争是由利用"系统之系统"的军队进行的(Owens,2000)。据相关文件所述,美军正在努力将自己转变为这样的一种军事力量(Flournoy,2001)。

七、发 现 局 限

冷战期间,美国军方借助一大批大型复杂武器项目,确保了技术进步的节奏。在其内部竞争结构的刺激下,军方学习并帮助他人学习了系统集成技能,即构思、设计和管理涉及多学科、多组织的大型系统的开发和部署的艺术。这些技能成为部分航空航天公司、政府机构和专门为公共服务的非营利组织工作的核心。他们创造复杂武器系统的效率削弱了苏联的信心,从而为冷战的结束作出了自己的贡献。

系统集成技能狭隘地集中在武器方面。它切实保障了美国相对于别国的军事实力优势。但是,如果我们认为政策制定同样可以达到类似的整合水平,或者认为战争可以变成一个可管理的系统问题,这就成了一种幻想。重组强化了美国国防部内部的集权,但其信息处理能力、有效决策能力以及执行过程中的全面落实能力并没有得到相应的提高。此外,对美国人的安全来说,有太多重要的事情超出了国防部或武器的影响范围。

危险源自对从事系统集成这种前沿技术的人们期望过高[7]。在为冷战建立武器系统方面取得的成功,使人们过于相信系统思维的有效性和军队管理复杂行动的能力。至少今天的一些将领可以从他们的前辈的怀疑态度中有所收获,当年的这些怀疑主要针对第二次世界大战后运筹学家和其他科学家的某些主张。技术已经在很大程度上改变了战争的方式,但它还没有拨开战争的迷雾。

然而,对于工程师来说,需要不断尝试将系统方法应用于军民各个领域。正如在系统集成领域享有盛名的拉莫-伍尔德里奇公司的西蒙·拉莫(Simon Ramo)所说,"系统就在那里。无论设计与否,分析与否,它都一直存在"(1969:106)。对于拉莫来说,系统方法/系统集成是解决混乱的方法。大多数组织非常希望理顺它们所处的环境,因此无法抵制工程师的上述主张。然而,结果总是产生另一个片面的系统,这或许向前迈进了一步,但它不可避免地成为进一步探索更多秩序的前因,而永远不可能彻底消除混乱。

注释

1. 战时生产的逻辑曲线拟合:五个案例。

2. 聚焦于此的导弹计划的研究清单很长。可以从阿马科斯特(Armacost)(1969)开始。

3. 显然,美国空军仍在努力解决这个问题。见西蒙(Simon)(2002)。

4. 阿里斯(Aris)(2000)第一次将系统工程/系统设计应用于商业领域。

5. 关于英国的类似情况,请参见玛丽·乔·奈(Mary Jo Nye)对英国地球物理学家布莱克特(P. M. S. Blackett)的评价,他是运筹学的领导者(Nye 2002)。

6. 辛迪·威廉姆斯(Cindy Williams)(2001)探讨了国防预算中总额保持不变、份额随任务竞争而变化的情况。

7. 有关系统方法能够对解决社会问题作出巨大贡献的看法,早已出现,但也让人失望。参见韦布(Webb)(1969)、塞尔斯(Sayles)和钱德勒(Chandler)(1971),特别是亚尔迪尼(Jardini)(2000)。

参考文献

ARIS, J. (2000). "Inventing Systems Engineering", IEEE Annals of the History of Computing, July–September: 4–15.

ARMACOST, M. H. (1969). *The Politics of Weapons Innovation: The Thor — Jupiter Controversy.* New York: Columbia University Press.

ART, R. J. (1968). *The TFXDecision: McNamara and the Military.* Boston, MA: Little, Brown.

ASSISTANT SECRETARY OF THE NAVY FOR MANPOWER, RESERVE AFFAIRS, AND LOGISTICS (1978). *Naval Ship Procurement Process Study, Final Report.* Washington, DC: Department of the Navy.

BRINKLEY, C. M. (2000). "Jones Not Committed to Future Jump Jet", Marine Corps Times, 25 December: 12.

CARALEY, D. (1965). *The Politics of Military Unification.* New York: Columbia University Press.

CHRISTENSEN, C. (1997). *The Innovator's Dilemma: When New Technolog. es Cause Great Firms to Fail.* Boston, MA: Harvard Business School Press.

COTE, Jr. , O. (2003). *The Third Battle of the Atlantic.* Newport, RI: The Naval War. College Press.

DEFENSE SCIENCE BOARD (1997). *Report on Federally Funded Research and Development Centers (FFRDC) and University Affiliated Research Centers (UARC) Independent Advisory Task Force.* Washington, DC: Office of the Under Secretary of Defense for Acquisition and Technology.

DONOHUE, G. , LORELL, M. , SMITH, G. , and WALKER, W. (1993). "DOD Centralization: An Old Solution for a New Era?", *RAND Issue Paper.* Santa Monica, CA: RAND Corporation.

DUNCAN, F. (1990). *Rickover and the Nuclear Navy: The Discipline of*

Technology. Annapolis, MD: The US Naval Institute Press.

ESELL, E. (1968). " The Death of the Arsenal System?", paper presented at the Annual meeting of the Organization of American Historians, Dallas, Texas, 18 April.

FLOURNOY, M. A. (ed.) (2001). *QDR 2001 Strategy-driven Choices for America's Security.* Washington, DC: National Defense University Press.

FLYNN, G. Q. (1993). *The Draft, 1940 - 1973.* Manhattan, KS: University of Kansas Press.

FRIEDBERG, A. L. (2000). *In the Shadow of the Garrison State: America's Anti-statism and its Cold War Strategy.* Princeton, NJ: Princeton University Press.

GHOLZ, E. (2001). "The Curtiss-Wright Corporation and Cold War-era Defense Procurement: A Challenge to Military - Industrial Complex Theory", *Journal of Cold War Studies,* 2/1: 35 - 76.

GREENFIELD, K. R. (1982). *American Strategy in World War Ⅱ: A Reconsideration.* Malabar, FL: Robert E. Krieger Publishing Company.

GROPMAN, A. L. (1996). *Mobilising US Industry in World War Ⅱ* (*McNair Paper 50*). Washington, DC: National Defense University Press.

HALLION, R. P. (1994). " A Troubling Past: Air Force Fighter Acquisition since 1945", *Airpower Journal,* Winter: 30 - 40.

HARRISON, M. (2000). " Wartime Mobilization: A German Comparison", in J. Barber and M. Harrison (eds.), *The Soviet Defence - Industry Complex from Stalin to Khrushchev.* London:

Macmillan Press, 99 - 117.

HEWLETT, R. G. and DUNCAN, F. (1974). Nuclear Navy 1946 - 1962. Chicago, IL: University of Chicago Press.

HITCH, C. J. (1967). *Decision-making for Defense.* Berkeley, CA: University of California Press.

HOFFMAN, F. (1999). "Goldwater - Nichols after a Decade", in W. Murray (ed.), *The Emerging Strategic Environment.* Westport, CT: Praeger, 156 - 182.

HOLLEY, I. B. , Jr. (1964). *Buying Aircraft: Materiel Procurement for the Army Air Forces.* (*United States Army in World War II , Special Studies*). Washington, DC: Department of the Army. (1983). Ideas and Weapons. Washington, DC: Office of Air Force History.

JARDINI, D. R. (2000). "Out of the Blue Yonder: The Transfer of Systems Thinking From the Pentagon to the Great Society", in A. C. Hughes and T. P. Hughes (eds.), *Systems, Experts, and Computers: The Systems Approach in Management and Engineering, World War II and After.* Cambridge, MA: MIT Press, 311 - 358.

JOHNSON, S. P. (2000). "From Concurrency to Phased Planning: An Episode in the History of Systems Management", in A. C. Hughes and T. P. Hughes (eds.), *Systems, Experts, and Computers: The Systems Approach in Management and Engineering World War II and After.* Cambridge, MA: MIT Press, 93 - 112.

JONES, W. D. , Jr. (1990). *Arming the Eagle: A History of US Weapons Acquisition Since 1775.* Fort Belvoir, VA: Defense Systems Management College Press.

KANTOR, A. (1979). *Defense Politics: A Budgetary Perspective.*

Chicago, IT. : University of Chicago Press.

KINNARD, D. (1980). *The Secretary of Defense.* Lexington, KY: University of Kentucky Press.

LEHMAN, J. (1988). *Command of the Sea: Building the 600 Ship Navy.* New York: Scribner.

LUCAS, W. A. and DAWSON, R. H. (1974). *The Organizational Politics of Defense (Occasional Paper No. 2, International Studies Association).* Pittsburgh, PA: Center for International Studies, University of Pittsburgh.

MACGREGOR, D. A. (1997). *Breaking the Phalanx: A New Design for Land Power in the 20th Century.* Westport, CT: Praeger.

McNAUGHER, T. L. (1989). *New Weapons Old Politics: America's Procurement Muddle.* Washington, DC: The Brookings Institution.

NEEDELL, A. A. (2000). *Science, Cold War and the American State: Lloyd V. Berkner and the Balance of Professional Ideals.* Amsterdam: Harwood Academic Publishers.

NEUFELD, J. (1990). *Ballistic Missiles in the United States Air Force 1945 - 1960.* Washington, DC: GPO.

第三章｜
系统集成与复杂系统中技术问题的
社会解决方案

斯蒂芬·B. 约翰逊(Stephen B. Johnson)
美国北达科他大学空间研究系

随着 20 世纪中叶大规模复杂系统的出现,系统集成问题已成为许多工程师,尤其是航空航天和计算机行业从业者的关注焦点。我们可以将复杂系统定义为共同执行特定功能的人和技术的组合,任何个人都无法从总体上对此加以理解。例子不胜枚举,其中包括核电站、现代喷气式飞机和弹道导弹、基于计算机的指挥和控制系统等等。在 20 世纪 50 年代的美国,军官、科研人员和产业领袖以弹道导弹和防空计划作为主要依托,创建了系统工程(Johnson, 2002a; Sapolsky,本书第二章)。从这些项目开始,这些方法传播到其他行业和国家,并被纳入美国军方[1]及其盟友[2]的程序中(Gholz,本书第十四章),成为军用技术开发和众多其他技术开发的行业标准。相关学科因此成为发达国家和发展中国家经济发展的重要因素。

20 世纪 80 年代之后,伴随着创新经济学、复杂系统的政治和社会学以及技术史的研究,系统集成引起了社会科学家的注意。正在研究系统集成的这些社会科学家还在采用他们受训的工具和方法,却不太可能采纳工程研究人员和设计师的见解和辩论。此外,如果不了解工程师面临的技术和社会问题，社会科学家不太可能形成系统集成的真实图景。如果企业从系统集成中获得竞争优势，经济学家和组织理论家就必须了解系统集成的技术和社会问题。为此，我们必须将注意力转向系统工程，它是系统集成的学科根基。

近半个世纪以来，系统工程一直是工程师们的热门话题，因为工程从业者和研究人员一直在争论它是"真正的"工程，还是"管理"而已。理解这场争论需要我们及时回到创建系统工程的 20 世纪五六十年代。在那 20 年间，工程师们第一次面对深层次、异质性技术的复杂问题，并与军官、管理人员和科学家共同创建了系统管理来处理他们遇到的许多问题。众多技术失败将这些问题暴露出来，由此需要新的社会技术方法来解决这些问题。对于工程师和社会科学家来说，了解系统工程的社会性质是必不可少的。

本章从工程的角度定义和剖析系统集成，描述它的历史演变，理解失败在这种演变中的作用，并最终使用这些技术和人文方法提出新的办法，并改进未来的系统集成。为此，本章将分为四个部分，分别分析以上四个问题。

一、系统集成和系统工程

系统集成是"系统工程"的一个组成部分，其中后者的历史可以追溯到 20 世纪 40 年代至 60 年代，是开发复杂的航空航天和计算机系统时所采用的一种协调和控制手段。系统工程重点用于解决以下过程和议题：对可能的未来系统进行早期分析和权衡研究（系统分析）；为特定概念制定要求和规范；硬件、软件和操作概念的渐进式设计和开发；对不同工程和其他组织制造的组件进行集成；对这些组件分别进行测试和验证,并逐步将它们集成到原型中;以及将设计部署到制造和运营中[3]。

当系统工程师提到系统集成时,他们通常只涉及组件的集成,以及这些组件和系统的测试和验证。因此,系统集成只是创建和开发一个复杂系统——这个更大的过程的一部分。正如英国的国防评估和研究局(1997)在其系统工程实践手册中就提到了系统集成。

集成和验证过程。在集成和验证过程中,被试子系统/组件由系统开发过程或次一级的组件开发过程完成交付,进而作为指定子系统项进行组装(可能有供应商支持)和测试,以便继续交付给更高级别的系统开发过程或系统获得进程。集成和验证是系统开发过程中的最后一个阶段。(见第六章)

美国国防部(DOD)在其工程管理标准中给出了系统集成的类似定义。

系统元件的集成和验证。系统元件应逐步(自下而上)集成到提供终端使用功能的系统中。在每个层面,为了确保满足其功能要求,都要对最终的设计要求、物理结构和物理界面进行验证。应建立和控制功能间相关元件之间的相关性。那些用于开发、生产、测试/验证、部署/安装、操作、支持、培训和处置的技术和程序数据,一旦适用就应被确定、记录和实施。为了提供令人满意的解决方案集,应对每个结构项进行评估,以验证其是否满足性能、功能和设计要求以及用户需求/要求[4]。

在这两个定义以及随后的规定和程序中,系统集成不仅意味着要将组件组装在一起,而且还要求在组装时对组件进行测试,以确保其运行符合事前宣传。因此,系统集成是该技术的倒数第二次测试,以确定它是否会像最初设想的那样发挥作用。当系统交到最终用户手中、投入运行时,就是最后一次的测试。

　　系统集成虽然对系统的成功至关重要,但它也只是技术生命周期中的一个要素。项目经理和工程师认为,开发任何复杂技术,其成功都需要全生命周期的规划和控制,即"从子宫到坟墓"。对他们来说,关键问题不是系统集成,而是系统工程。如果一个项目从一开始就没有得到很好的计划和协调,他们相信,整合后的失败几乎无可避免。我也将主要提到系统工程和系统工程师,而不只是系统集成这个最后阶段。

　　系统工程师早就认识到他们的学科与技术管理之间的联系。系统工程充当了负责设计和测试技术的工程师与负责监督流程和资金分配的经理之间的流程和学科纽带。20 世纪 50 年代,"项目管理"作为一个新学科成为系统工程的管理典范,自此之后,项目经理和系统工程师一起工作、并肩战斗,共同创造复杂的新技术(Johnson,1997)。

　　大约 50 年来,系统工程一直是工程师群体中激烈争论的话题。这场争论的中心议题是系统工程未能转变为基于物理学模型的数学形式。这使得系统工程在学术界基本上没有学科基础,并招致了那些严重依赖数学方法的学术工程师的批评,他们认为任何"真正的"学科都必须有这样的基础。他们认为系统工程不过是管理或官僚体制。而经常使用系统工程方法的设计工程师则批评系统工程是"任何优秀的工程师都会做的事情"。这些人批评系统工程不是因为系统工程缺少数学,而是由于他们自己也会偶尔使用这种方法——这意味着,与电气或机械工程等其他工程学科相比,系统工程没有独特的属性。[5]

　　由于他们的工作性质涉及对其他工程师与组织的协调和指导,系统工程师总是不得不在某种程度上处理社会问题。一个值得关注的问题是,很少有经理或商业理论家在理解系统工程的功能、效用或理论时遇到困难。虽然大多数系统工程师都从技术管理的角度考虑了这些社会互动,但一些非传统的工程师认识到,这些社会问题的作用比大多数人所认为的要更微妙、更重要。

社会环境给系统工程从业人员设定了许多基本义务,其中既有法律要求的形式,也有社会规范的形式。这些规定会对现有机会的可获得性和解决方案的可接受性产生深远影响。它们既能带来限制,如健康和安全立法、行为标准、蒙特利尔议定书、就业条例、国际贸易协定/限制;也能带来机遇,如环保产品、符合社会趋势的系统、政治上有利的国际合作。

这些具有压倒性优势的社会力量会最为直接地塑造从事系统工程的企业和项目环境。这意味着,在与系统工程相关的节能、产品美学、处置标准、系统安全等领域的活动和决策中,这些社会力量不仅发挥着显而易见的作用,而且具有更具挑战性的隐性作用。

根据前文提到的国防评估和研究局(DERA)的文件:"系统工程实践因此受到社会环境的影响。这种影响可能是根本性和决定性的,系统工程师需要习惯于社会因素的存在及其影响。"[6]

这一说法明确承认了社会因素在技术设计中的重要影响,并因此具有非典型性。这里,社会环境被认为是一种外部影响,它可能会增强或抑制系统工程师的工作,或者可能会影响系统的要求和目标。尽管这种说法比大多数说法更进一步,但它与一般的工程观点一样,对工程师和经理本身在工程设计过程中可能发生的社会互动完全保持沉默。这根源于一个简单的事实,即工程师既不是因为爱好,也不是通过经受训练去理解自己工作中固有的社会性。即使他们意识到沟通和协调很重要,他们也很难充分考虑自己工作的社会性质的技术含义。

大量工程师所做的工作在产业和政府中被明确定义为系统工

程。尽管一些工程师对系统工程的学科地位仍持有怀疑态度,但系统工程的功能显然还是存在的。系统工程师协调并在一定程度上控制项目的整体技术方向。他们在这一过程中所使用的流程、方法和工具引起了工程界的一些关注,由此诞生了相关的书籍(1957)和标准(1969),并最终(1990)形成了它自己的专业组织——国际系统工程委员会(INCOSE)。[7]为了更好地理解这些不同出版物和组织所支持的系统工程,我们必须回到20世纪四五十年代,回到系统工程创始人所面临的问题。

二、早期系统工程师的艰辛

在第二次世界大战期间,科学家和工程师开发了大量新技术,其中许多新技术对军事胜利至关重要。在盟军方面,雷达和原子弹是最突出的新发明。人们常说,雷达赢得了战争,而原子弹结束了战争。其他不太知名的技术也非常重要,例如组织轰炸和反潜行动的运筹学、防空炮弹和海军鱼雷的近炸引信,以及用于密码分析和高射炮的原始计算机。德国人部署了第一批弹道导弹、喷气发动机和潜艇通气管。到战争结束时,科学家和工程师获得了巨大的声望,美国军方决心继续快速发展新技术,以此作为保障国家安全的手段。

对于20世纪40年代的航空工程师来说,上述许多技术都很新鲜。直到20世纪30年代后期,航空设计的主要内容是设计高效的空气动力学结构和液压先导控制。通常,工程师会开发一种新的机身设计,陆军航空队或海军会接受这种设计并进行制造。军方在每架飞机上都安装了无线电和武器(一般是炸弹或机枪)。因此,飞机设计师自己并不需要关心电子设备或武器(Holley,1964)。在第二次世界大战期间,因为武器和电子设备在结构上被集成到了飞机中,这种情况开始发生变化。航空公司必须学习新技能,尤其是那些与电子和喷气发动机相关的技能,因为这些部件必须从一开始就设计到飞机上(van der Muelen, 1995:11-29)。对于导弹来说,这一点更为明显,因为导弹需要在没有飞行员或地面干预的情况下实现自动控制。对于20世纪30年代机械导向的飞机设计师来说,飞机和导弹变得过于复杂。来自许多学科的工程师和科学家团队现在不得不为"武器系统"的设计作出贡献。这些不同专家之间的协调成为一个重要问题,这在弹道导弹中最为明显(Johnson, 2002a:6-7, 46-54)。

在冷战的大部分时间里,核武器及其运载工具主导着军事思想。从1945年到1953年,重型轰炸机——B-29、B-36以及最后喷气式的B-52等——成为首选运载装置。然而,1953年热核聚变炸弹的首次成功试验改变了这种主导地位。尽管自1944年纳粹德国部署V-2以来,美国军方就一直对弹道导弹感兴趣,但由于弹道导弹自重大、爆炸力相对较小,因此无法携带有效的裂变弹头。换句话说,弹道导弹击中的地方离目标太远,导致裂变弹头无法摧毁目标。聚变武器改变了这一点,因为与其质量相比,它们的爆炸力非常巨大,即使误差几英里,仍然能够摧毁目标。这使得在飞行时无法被摧毁的弹道导弹成为首选的运载装置(Neufeld, 1990)。

弹道导弹给20世纪40年代末和50年代的工程师带来了许多艰巨的挑战。因为其中应用了许多新技术,但大多数航空工程师对这些技术并不了解。其中最突出的新技术是火箭发动机、无线电通信、自动制导和控制以及高速空气动力学。以火箭发动机为例,它使用到了流体动力学方面的新专业知识,还需要超洁净的制造设施,因为一点点灰尘都可能堵塞燃料阀,导致灾难性爆炸。这些技术的结合带来了全新的问题,例如,火箭发动机的近似随机振动与其对敏感电子元件的有害影响(破坏电线、焊料和外壳)之间的相互作用。另一个例子是电子信号的相互作用,除非屏蔽彼此的电磁辐射,否则它们会相互干扰。很少有弹道导弹一路直入太空真空,这对地球工程师来说是一个完全陌生的环境。因为许多地面热设计是用空气对流来分配热能的,所以缺乏空气意味着必须设计新的方法来将热量从热的电子元件中带走(Johnson, 2002a: 4 - 7)。

最后,在 20 世纪 50 年代,导弹设计师已经很难驾驭导弹的复杂性。在 20 世纪 30 年代,飞行运载装置上部件的数量只有几百或上千个;但到了 50 年代,部件数量开始成倍增加,直到过万,部件类型与相应的学科多样性也随之增加。50 年代的一个常见问题是运载器的图纸设计与制造成品之间有出入。工程师们认为,每个导弹从生产到飞行都是按照设计图纸进行的,有着明确的组件构成与连接。但不幸的是,由于设计或制造环节的某些修改,等到导弹真正上天的时候,其零部件往往与设计图纸有所出入。由于每枚导弹只飞行一次,导弹测试就需要一条完整的装配线,在工程师们努力制造这种全新设备时,装配线也必须跟上这些变化。因此,导弹的"配置"成为一个关键问题(Johnson, 2002a: 10 - 11, 89 - 102)。

与之同等重要的是各零部件之间的界面。每一个额外附加到导弹上的零部件都需要与导弹的其他部分之间建立新的联结。而零部件及其种类的激增极大地增加了相邻部件恰当匹配连接的难度,也加大了所有零部件的整体性能符合工程师期望的难度。分析这些接口,并确保其一致性就成为一项关键任务(Johnson, 2002b: 13 - 14)。

针对这些问题,工程师采取了多种策略。为了应对太空新环境和火箭发动机振动问题,工程师开发了新的环境测试;对于大气之外的真空环境,工程师创建了热真空室,它模拟了在没有空气调节的情况下,太阳辐射的加热效果和背阴时的冷却效果。振动问题可以通过制造随机振动或使用"振动台"来发现。当测试这些新设备时,工程师可以检测到热问题和连接不良的电气组件,因为不良的热设计和机械设计会表现为过热或过冷,以及电气连接中断(Johnson,2002b: 9 - 12)。

　　测试还提供了一种检测组件和子系统之间意外互动的方法。当工程师连接一个新组件时,他们会进行"功能测试",以确保正确的电气和机械连接。系统测试尽可能地复制了运载器在其执行任务期间将经历的事件和环境,而无需通过实际飞行运载器。这些测试经常发现一些事件的时机和顺序问题,例如多级分离,以及热、电、推进和机械子系统之间的意外互动(Johnson, 2002a: 95;2002b: 86, 127 - 129)。虽然测试可以发现许多问题,但系统测试和追溯性的重新设计则是一个昂贵的选项。防微杜渐则最好不过。问题预防要求工程师能创造更好的设计,工厂工人能提高制造质量,以及所有相关人员之间的沟通从一开始就要变得更加有效。许多(如果不是大多数)设计问题最终都源于以下两种情况之一:工程师或组织错误传达连接组件所需的信息;用于检测可能的设计缺陷的信息并未从掌握信息的人流向需要它的人。换句话说,大多数工程问题不是由于工程师缺乏对现象或人工制品的了解,而是工程师没有理解局部的设计决策对整个系统的影响。

　　这就需要更好的协调配合。最常见的方法是"设计冻结",然后进行严格的"变更控制"。通过"冻结"设计,负责工程师(通常称为总工程师或系统工程师)将阻止任何其他工程师更改"冻结"部分的系统。因为在早期设计阶段,设计方案会不断变化,随着工程师解决了各种问题,设计方案会慢慢稳定下来,所以只有那些已经足够成熟的设计才能被"冻结"。一旦冻结,只有获得系统工程师的批准,其他工程师才能进行设计变更。一旦有人提出变更,系统工程师会与所有可能牵涉其中的各方形成"变更委员会",并就此展开沟通。这使得所有各方都可以确定该变更对他们自己的设计的影响,然后向系统工程师提交他们的变更设计。系统工程师通常只允许那些绝对必要的更改。对性能改进超过最低要求的更改经常被驳回(Johnson;2002*a*:94 - 97;2002*b*:90 - 92)。

制造质量控制需要不同的方法。导弹(以及后来的计算机)的许多困难源于将组件连接在一起的过程。工厂工人非常了解如何压接连接器或焊接电线。问题是每次都要处理成千上万的连接器和电线。这类重复性任务出问题,往往只是因为工人的注意力不集中。仅仅一个连接不良就可能伤害到整个运载器,因此需要一些方法来保证正常工作。一种解决方案是设置质量控制检查员,反复检查,然后在每个接口或焊接头签字。为了确保正常运转,要检验每个组件,然后严格跟踪以确保只有这些组件才能进入导弹(Johnson;2002*a*:131, 135;2002*b*:125 - 127)。

一个类似的部件跟踪系统与工程变更控制紧紧联系在一起,从而解决了图纸设计与制造成品不匹配的问题。该系统被称为配置控制体系,是确保工程构想与制造现实一一对应的主要工具。该体系将跟踪每个设计元素,直至其成为特定的制造组件,反之亦然。变更控制委员会管理着工程变更。一旦获得批准,变更控制委员会就会发布新的设计文件,并要求组装和制造环节以及组件都进行相应的修改。当运载器准备就绪时,检查员将对当前设计图纸和实际硬件组件进行对照检查(Johnson;2002*a*:96 - 98)。

到 20 世纪 60 年代初,管理人员获得了对这些流程的控制权。项目经理们意识到,首席系统工程师可以通过变更控制委员会对其他工程师施加控制,于是他们也参与流程,并要求工程师不仅提供有关变更的技术信息,还要提供成本和进度的信息,否则项目经理就会否决变更提议。当项目经理不能理解技术数据的确切含义时,成本和进度数据就能成为他们理解技术数据的一个替代性指标。通过监控定期更新的成本和进度预测,管理人员将配置控制转换为配置管理,这就是后来被称为"系统管理"的关键工具(Johnson, 2002u: 100 - 102)。

系统管理需要正式的文件记录。工程师必须制定比以前更详细的规范,以便将具体规范与特定的设计属性相匹配。到 20 世纪 60 年代初,航空航天公司(The Aerospace Corporation)已将其发展为一套正式的程序,称之为系统需求分析(SRA)(Johnson, 2002a: 97 - 98)。开发完成后,工程师必须证明他们的设计符合规范中详细规定的性能要求。他们通过检查、测试或分析来验证每个规范。此外,规范、设计和测试都要经过一系列的正式设计审查环节,从确保规格有效性的初步设计审查(PDR)到交叉核对设计的关键设计审查(CDR),再到确认运载器部件和配置符合设计要求和规格的飞行就绪审查(FRR)。在上述每一次审查中,外部专家都会评估设计和测试团队的表现(Johnson, 2002b: 127, 142, 148 - 149)。为了保证对接口的特别关注,需要创建接口控制文件(ICD),以此记录关于组件和子系统边界的所有相关信息,以确保兼容性(Johnson, 2002b: 128 - 129)。

所有这些新过程的共同点是它们的社会性质。工程师们并未通过寻找技术方法来解决质量控制和设计复杂性的问题。相反,他们依赖于沟通和控制的社会过程。回想起来,这并不奇怪,因为根本问题源自工程师之间的沟通,以及制造过程中人类注意力不集中的心理特征。虽然在某些制造业场景中,机器换人是可能的,但对于工程设计来说,这种可能性要小得多,因为工程设计本质上是一个创造性过程。哪怕机器可以成为人与人沟通的中介,但它无法从根本上解决沟通问题。包含所有这些过程的系统工程,本质上是一个社会事业：它关系增强沟通和控制的社会过程,而正是这个过程创造了新的人工制品和新的人机系统。

三、失 败 的 作 用

失败在技术发展中起着关键作用(Petroski 1982)。我们通常从技术的角度考虑失败,然而,进一步分析就会发现,这个概念其实是一种社会建构。失败是由建设者和用户的期望定义的。如果一个系统没有执行建设者或用户想要的功能,那么它就失败了(Campbell 等人,1992：3)。这个定义中隐含的意思是,要使系统正常运行,必须将用户意图和设计者意图传达给所有参与设计的人。这在很大程度上解释了为什么系统工程最终是关于信息协调和沟通的工程。

工程师们经常利用现有技巧储备来实现更好的性能,并借此创造新技术。这本质上是对未知事物的探索,以一种新的、意想不到的方式把现有的方法、技术和想法重新组合起来。而在新旧元素的非结构化互动过程中,洞察力由此产生。这意味着设计师需要从严格的规则中解放出来,争取一定程度的自由(Gorman and Carlson,1990)。创造力需要非结构化的思考和修补,与此相反,对失败的恐惧会助长官僚程序。在复杂技术场景中尤其如此,因为此时人类很难确定危险或风险(Perrow,1984；Weick,1987)。1986 年 1 月挑战者号航天飞机的故障就是一个例子。最终,这次失败被归咎于运载器运行温度过低——低于固体火箭助推器 O 形环安全运行温度的下限。即使对于最了解助推器的瑟奥科尔公司(Thiokol)工程师以及操作航天飞机的 NASA 工程师和管理人员来说,他们当时也不清楚这一事实(Vaughan,1996)。为了有效管理航天飞机的风险,工程师和管理人员尝试通过全方位的流程来检查可能的故障。在挑战者号的案例中,这个过程出现了异常,但是由系统复杂性决定的数据复杂性,使得对数据的解释变得异常困难,而又难免出错。

发展于 20 世纪五六十年代的系统工程,部分是为了促进创造力所需的交流,也同样是为了确保新系统的正常运行。弹道导弹、防空系统和航天系统需要进入新环境(高海拔和太空真空)的新技术,这些新技术无论是单独运行还是形成整体,都需要比现有技术更高的性能(高速计算、高精度制导、更坚固的结构),并试图利用极其强大而危险的力量(核弹头、低温推进剂)。一些工程师开始意识到他们并不了解所有这些集体创新的后果。

工程师起初并没有意识到这些复杂的新系统需要新的社会过程。其实,如果他们能意识到这一问题才是咄咄怪事,因为他们接受的训练主要是技术、物理和数学理论,而几乎不涉及社会和认知问题。失败是行动的主要动力,因为旧的方法不能解决问题,工程师们不断尝试新的方法来处理临时出现的问题。弹道导弹和实时计算系统的最初发展需要极具洞见力和创造力的过程,这一过程培养了按需成立/解散的小团队。这些团队在很大程度上忽视了军事和工业法规,转而极大地借鉴了学术界的创新流程。来自不同学科的专家聚集在委员会中共享知识、解决问题。他们还共享决策权,因为没有一个团体或个人具备所需的专业知识。这导致了有趣的(有时是非法的)组织发展,例如由拉莫-伍尔德里奇公司(Ramo-Wooldridge)来反复检查空军承包商,或者由麻省理工学院林肯实验室,而非军方指挥机构来非正式地协调空中国防发展计划;与之类似,加州理工学院的喷气推进实验室(JPL)则为陆军军械所开发了弹道导弹计划。[8]

测试一旦开始,非正式性就随之消失,因为测试表明这些早期系统并不能很好地工作。早期弹道导弹系统的可靠性在40%至60%的范围内徘徊,防空计算系统的原型机每次只运行几个小时就会出现故障(Johnson, 2002a：92‑93, 135‑136)。这并没有让许多项目经理感到惊讶,因为他们早已意识到测试会发现许多问题。到目前为止,绝大多数失败都超越了特定的人工制品和学科。一般来说,多部件之间的相互作用和制造过程的一致性是问题最为集中的领域,而这背后是设计和制造各部件的人员之间的互动以及人类对工作绝对一致性的无能。这些问题需要社会解决方案。根据前文讨论的各种社会反应,如配置控制、组件跟踪以及环境和系统测试,航空航天经理和工程师创建了大量其他社会流程和组织,以改善人们对技术开发的沟通和控制。最明显的改变是创建了以协调其他工程任务为己任的组织。其中包括：由空军创建的航空航天公司和 MITRE 公司等非营利性公司[它们充当了空军的系统工程师和机构记忆(Johnson, 2002a：174‑197)],以及 JPL 于 1959 年底创建的系统部门(Johnson, 2002b：94)。1963 年末,乔治·穆勒(George Mueller)重组了 NASA 载人航天办公室,在 NASA 总部和现场中心创建了系统工程、计划控制、测试以及可靠性和质量保证部门(Johnson, 2002b：134)。欧洲航天局从 20 世纪 60 年代开始引进美国的管理和工程方法,最终于 1979 年创建了自己的系统工程部门(Johnson, 2002b：206‑207)。

并非所有的工程师都愿意被认为是次等的。一些承包商抱怨说,空军在拉莫—伍尔德里奇公司的新的系统工程师只是寻找"错误、过失和故障"(Johnson, 2002a：88)。为了确保工程师和项目经理不会干扰交叉检查,一些组织将故障报告与正常的指挥链相分离。通过将技术监控功能委派给航空航天公司和 MITRE 公司,空军实现了将技术监控与承包商相分离的目的。1962 年,在徘徊者号探测器发生一系列令人尴尬的失败后,喷气推进实验室也将质量保证职能从项目经理的权力中分离了出来(Johnson, 2002b：103)。

项目经理可能对外部监督怀有敌意,但他们往往也期望调查自己的工人和承包商。在 NASA 的马歇尔太空飞行中心(MSFC),经理沃纳·冯·布劳恩(Wernher von Braun)使用"周一笔记"系统从低他两级的管理人员那里获取数据,而他的直接下属无法编辑这些数据(Tompkins,1993:62－66)。他还亲自去了解了许多工人的情况,以便能够评估他们报告的可信度。正如冯·布劳恩所说:

> (MSFC)就像从事地震预测业务一样。你拿出传感器。你希望它们足够敏感,但又不想被噪声淹没。即使在工业中,我们也有足够的传感器。有很多关于问题的输入。有些过度的敏感致使反应过度。其他人可能会低估(这些问题)。你想知道那个人的名字。他是常年制造恐慌的人之一吗?还有人总是大声呼救。你需要在系统中保持平衡,以对关键的事情作出反应。与外界接触会教你学会如何反应。有些人制造问题,然后自豪地宣布他们已经把问题解决了。而其他人制造很多噪声只是为了引起顽固者的注意。(Tompkins,1993:58)

其他人在搜索问题的时候采用不同方式以"渗透"进组织。当喷气推进实验室意识到休斯飞机公司勘测者项目问题的严重性时,JPL的管理人员指派了数百名工程师进行调查(Johnson,2002b:104－105)。马歇尔太空飞行中心也经常这样做。1967 年,他们将 700 多名工程师分配到远程站点收集信息(Tompkins,1993:68－70)。NASA 在每个主要承包商那里都设立了驻地经理办公室,以保持对承包商的监视。而不太成功的是,在阿波罗计划中,NASA 的局长詹姆斯·韦伯(James Webb)用承包商来监控 NASA 的现场中心(Johnson,2002b:124－125)。

重大问题引发了重大的组织反应。在问题初露端倪之际,经理们可以组建一支"老虎队"进行紧张的短期审查。或许最早的"老虎队"是阿特拉斯技术总监查尔斯·特胡恩(Charles Terhune)上校在该项目早期阶段派往圣地亚哥康维尔公司收集信息的小组。经过两周的紧张工作,特胡恩向康维尔公司总裁和阿特拉斯公司经理揭露了40个缺点。这引起了康维尔公司的注意。特胡恩后来派出了一个类似的小组来调查马丁公司的泰坦计划(Johnson, 2002a: 108-109)。当阿波罗计划的主任塞缪尔·菲利普斯(Samuel Phillips)在北美第二阶段项目中遇到问题时,他召集了一支 NASA 老虎队赶赴出问题的工厂去"恐吓承包商"。其结果就是臭名昭著的《菲利普斯报告》,这个报告在随后国会对阿波罗 204 号火灾的调查中被公布出来(Grey, 1992; Johnson, 2002b: 143-145)。

　　对失败最具破坏性的社会反应是国会调查。徘徊者计划连续六次失败导致国会对喷气推进实验室进行调查。其结果是,尽管喷气推进实验室是加州理工学院的机构,在这次调查后也不得不失去大部分的组织独立性,而更加附属于 NASA 总部(Koppes, 1982: 156-177; Johnson, 2002b: 99-104)。国会调查还跟踪了勘测者的测试问题和成本超支问题,以及 20 世纪 60 年代初期阿特拉斯和泰坦的失败及载人飞行灾难。所有这些都导致了官僚程序的明显收紧、管理的进一步集中化,以及为了降低风险而采取的技术修复(Lambright, 1995: 142-188; Johnson, 2002b: 104-106, 146-149)。

　　由于调查员是技术外行,所以工程师和技术经理往往对这些外部调查不屑一顾。项目人员认为,调查人员充其量只会妨碍技术问题的解决,最坏的情况是调查人员完全误解了这些问题。虽然这些信念有一定的道理,但调查人员对组织的强调并没有错。由于技术故障的根本原因通常是社会性的,因此关注组织至关重要。事实上,调查导致的组织和流程变化在很大程度上对这些项目的技术成果是有利的,因为在某种程度上,它们引起了对沟通障碍的关注并改善了沟通障碍。[9]

到 20 世纪 70 年代,系统管理已经是一个成熟的流程。空间和导弹系统的技术故障率已经下降到 5% 和 10% 左右,与 50 年代和 60 年代初 40%～60% 的故障率形成了鲜明对比。但这并没有终结有关系统管理或系统工程效用的争论。大部分争论都与所涉及的成本有关。批评者抱怨说,系统管理是一个过度官僚化的过程,消耗的纸张和资源远超所需。这些批评者指出了一些其他技术,这些技术的开发方法相对没那么烦琐。[10]

有些人主张采用"臭鼬工厂(Skunk Works)"的方法:与典型的系统管理相比,赋予一个相对较小的团队更大的主动性和权威性(Rich and Janos, 1994)。其他人则钦佩日本的管理技术,这些技术以相对较低的成本制造出高度可靠的汽车和电子系统。他们大力推销全面质量管理(Total Quality Management)或"Z 理论"主张的团队方法。[11] 到 20 世纪 80 年代末 90 年代初,因为许多航空航天公司和政府组织试用了这些技术,这些批评者和改革者在航空航天领域取得了进展。

尝试新方法最公开的案例是 NASA 的"更快、更好、更便宜"(FBC)计划,由丹·戈尔丁(Dan Goldin)局长大力推动。戈尔丁曾在汤普森-拉莫-伍尔德里奇有限公司担任高管,他在开发机器人航天器方面经验丰富,而他当时使用的团队规模比 NASA 载人计划的团队规模还要小。在执掌 NASA 后,戈尔丁发现 NASA 的主要问题是载人飞行计划成本过大,而国会又不愿给 NASA 提供更多资金。由于航天飞机的成本不太可能降低,而空间站的成本又因为政治和技术原因无法控制,NASA 不得不在其他地方省钱。首要目标就是空间科学(McCurdy, 2001: 48－52)。

戈尔丁加入了 NASA 批评者的行列,鼓励机器人航天器项目承担更多风险。他不是去运行少数几个开支浩繁的大型项目,而是去推广大量的小项目。这些小项目中任何一个的失败都不会是一场灾难,其他小项目还将继续进行。实施 FBC("更快、更好、更便宜")计划的想法实际上来自国防部,而 NASA 已经有了一些小型卫星计划。戈尔丁将这些作为"发现计划"的基础,该计划旨在向工业界和学术界征集新的计划想法,并要求这些新想法中的航天器成本不高于 1.5 亿美元(按 1992 年美元计算)。而很多正在推进中的研究(如倡议的飞越冥王星计划)面临着降低成本的巨大压力(McCurdy,2001: 52 - 59)。[12]

该倡议激发了新的降低成本的想法,例如使用安全气囊实现火星着陆,并取消了严重超出预算的项目。每个项目经理都承担了各种风险。然而,这些往往需要经过程序性的反复检查。系统工程和系统集成在这些措施中发挥首要功能。一些有风险项目得到了回报,而另一些则没有。FBC 计划在 1998 年表现良好,并在以下一系列项目中成效显著:月球勘探者(Lunar Prospector)、火星探路者(Mars Pathfinder)、近地小行星交会(Near Earth Asteroid Rendezvous)和火星全球勘测者(Mars Global Surveyor)。然而,1999 年的结果就很不好,广域红外探测器(Wide Field Infrared Explorer)、火星气候轨道器(Mars Climate Orbiter)、火星极地着陆器(Mars Polar Lander)和"深空 2 号"微型探测器(Deep Space 2 micro-probes)都遭遇了失败。其中许多失败表明太多的项目偷工减料(McCurdy,2001:6 - 7, 57 - 59)。

虽然对这些项目的详细比较分析有待完成,但大多数分析家和知情观察家认为,NASA 的成本削减工作走得太远了。项目经理取消了太多用于确保可靠性的程序性检查和测试,故障率的增长超出了可接受的范围。钟摆现在开始向反方向摆动：降低风险，重新落实太空计划早期的一些历史教训。虽然某些项目的系统管理有可能在缺少社会控制的情况下取得成功，但这样做无法保证高成功率。这并不奇怪，因为 1955 年至 1965 年期间的改革就是为了确保可靠性。

FBC 计划的历史将大约二十年前由工程师亨利·彼得罗夫斯基（Henry Petroski）描述的过程具体化了。罗夫斯基在他对机械和电气工程的研究中观察到，每一个成功的设计都会带来一个社会和工程问题。我们能否更有效地建造这座桥或大教堂？因此，设计的下一次迭代经常削减设计的某些方面，使桁架更轻，减少安全余量，等等。如果新设计取得成功，这个过程就会重复，直至在某一时刻削减幅度过大，失败接踵而至（Petroski，1982）。丹·戈尔丁向 NASA 提出了同样的问题。NASA 能否在削减了确保系统可靠性的程序之后，仍能成功抵达外星球？FBC 计划揭示了削减程序检查的可能性和局限性。NASA 再次表明，失败是工程学习的重要组成部分。

四、走向系统工程的社会理论

美国宇航局的早期系统工程师及其后继者的历史表明，失败是社会发明之母，至少在工程方面如此。要构建大规模的复杂系统，关键问题是，在执行简单而重复的任务时、在个体和群体之间进行交流时人类能力的有限性。因为这些问题主要是社会性的，所以解决方案也是社会性的。这对社会科学家来说是个好消息，因为他们总是倾向于寻求社会性的问题和解释。但社会问题与技术问题密不可分，而许多社会科学家对技术问题的陌生与工程师对社会理论的陌生旗鼓相当。社会科学家和系统工程师都不可能产生最佳解决方案,因为他们都没有完全掌握关键的社会技术问题。用社会学语言重新定义系统工程的过程会如何改变系统工程的实践？在本节中,我将介绍一些可能的新方法来运用这些知识。

对于复杂系统,主要问题之一是跨学科的知识共享。我们可以从统计学角度来看待这个问题：比如说,某一领域中的专家能够掌握其他领域中正确知识的概率要低得多,可能只有70%,而这个正确率要远远低于他自己熟悉的领域。处理跨学科问题仍然需要专家的审查,但是如果有两个或更多的学科没有相应的、足量的专家,就可能需要更严格和正式的手段,这也是我们在界面控制文件(ICD)的创建和使用设计审查过程中所看到的那样。根据信息流和这些信息流中的错误率来考虑这个系统工程问题,系统工程师可以修改他们的知识共享和知识验证过程,以降低整个系统的错误率。

系统工程的历史表明,许多复杂的系统问题都与组织和工程师之间的沟通有关。其中,两种沟通问题居于主导地位：沟通不畅和缺乏沟通。在第一种情况下,由于学科、个性和文化差异,每个参与者对同样问题的看法都有些不同。这些差异导致了尝试性沟通中的误解。在第二种情况下,不同的个人对其各自领域具有正确(或接近正确)的知识,但信息共享受到组织或其他问题的限制,使得相关信息无法流向需要它的其他人。

这两种情况的最终结果是一样的,即系统的预期性能与实际性能不匹配。这是因为无论是硬件、软件还是程序,人工制品都会融入创作者的知识。如果该知识有缺陷或不完整,那么人工制品将反映这些知识的不足。当单独的人工制品集成在一起时,沟通的不足往往会变得明显,因为嵌入其中的逻辑和知识开始产生直接互动,独立于先前人们对它们应该做什么的解释。技术人工制品是信息存储库,其方式远比自然语言交流或工程图纸精确。

在设计过程启动之际,几乎没有方法可以检测到错误的沟通,因此很多错误都被忽视了。存在的只是有关最终产品的愿景,但此时还没有最终产品。及早检测错误沟通的唯一方法是让工程师彼此交换他们的概念化信息。通过使用自然语言或形式语言(如数学、计算机语言、符号逻辑)编写的规范以及设计图纸进行交流,工程师们得以对概念进行规范化和交流。缺陷的检测依赖于工程师之间的信息沟通能力以及共同分析信息的能力。

如果我们将信息流和错误率的概念与人工制品嵌入知识的认识相结合,就会形成一些基本原则。也许最重要的是"冗余原则",它既适用于人工制品,也适用于沟通交流。工程师通常会开发多余的软件、硬件,以便在其中一个出现故障时,其他组件可以继续运行。但这并不是该原则的唯一用途。[13]

冗余的一种常见用途是确定系统中是否存在错误。许多系统具备内部主动监视功能来发现错误,并自动检测和纠正这些错误。这些系统有各种名称,如冗余管理、集成诊断、运载器健康管理或故障保护,其中一个关键议题是确定传感器读数是否正确,或者传感器本身是否存在故障。[14]确定传感器是否正常的唯一方法就是使用冗余信息。

一种常见的技术是"投票"。在这种方法中,通常使用至少三个相同的传感器来测量同一对象,或者使用三台计算机计算相同的数据。此时,一个以上的传感器同时出现故障的可能性非常小(除非所有这些传感器都存在一些共同的问题,称为"共模故障"),如果其中一个传感器的数值与另外两个明显不同,它就会被这两个传感器淘汰。该系统使用三个传感器中的中值传感器。当两个传感器测量同一对象时,如果两者出现分歧,确定哪个传感器有问题就会更难。此时,有故障的传感器通常表现出其他形式的错误行为。例如,如果温度传感器在某一时刻的测量读数是 100 度,然后几微秒后读数为零,但是工程师通过物理定律知道温度不会变化那么快,那么这个传感器就被判定为存在故障。在所有情况下,反复检查潜在错误读数的唯一方法是将其与其他具备起码合理性的信息进行比较。[15]

复杂系统的另一个典型设计问题是"干净接口"的工程问题。其背后的需求是希望组件之间的连接尽可能简单。许多工程师认为这是一个很好的做法,因为接口的简化减少了出错的机会。这通常是正确的,但工程师一般不会详细说明其原因。

"干净接口"之所以成为一种良好实践,有其社会性的原因。因为人工制品由不同的组织设计完成,所以人工制品之间的简单联系导致组织之间的简单沟通。制品接口也是组织接口,而简化制品之间的连接就等于简化了组织之间的沟通,从而减少了出错的机会。换言之,从社会而非技术的角度来看,简化接口的原因变得显而易见。这同样适用于"面向对象的编程"和其他软件工程方法,这些方法的目的都是一致的。一旦系统工程师使用信息复杂性作为主要设计标准,他们就可以利用这些知识为他们的系统创建更好的"架构"。

如果从社会角度而非技术角度考虑,系统工程将得到显著改进。从个人和个人之间的信息、沟通和错误率的角度分析系统集成可能会导致工程实践的变化。

五、结　　论

系统集成是设计任何复杂技术的重要元素。它包含了在设计和验证过程中以多种方式相互关联的社会和技术元素。系统集成的一个关键要素是希望揭示系统中人与技术之间的交互,尤其是那些与设计者预期不符的交互。这种困难催生了系统集成中新的测试技术,也导致了我们称之为系统工程和系统管理的社会过程。工程师在创造大规模技术时面临的复杂问题,从根本上说是由于缺乏人的能力。人们不太擅长长时间地执行重复的过程,且会经常出现沟通不力的问题。这是由人们的社会性决定的。解决这两个问题主要需要社会性方案,且通常需要基于冗余原则。在这两种情况下,人们必须找到反复检查设计和制造项目的方法,而在此期间所使用的信息应该能够充分反映被检查工艺或产品的情况。

将复杂系统的工程活动视为一个完整、准确地沟通大量异质性信息的过程,会大有裨益。设计的早期阶段需要传达系统应该如何在最高级别运行的愿景,随后在最终必须集成为一体的较低级别组件之间传达众多愿景。当愿景变成人工制品时,一旦这些组件相互连接,任何沟通问题或设计中的简单错误就会变得显而易见。设计师在创造人工制品时使用的所有信息——无论是隐性的还是显性的——都成为该制品的元素。与人不同,人有可能意识不到信息不足或信息错误的影响。人工制品一旦被连接并作为整体操作,它们彼此之间的相互作用就开始了。正因如此,系统集成成为暴露社会误解的终点。

了解系统集成问题和系统集成解决方案的社会属性,不仅对那些试图理解技术和组织问题的社会科学家有益,而且对实际开发复杂系统的工程师有益。有了更好的理解,社会科学家可以帮助形成更好的组织和沟通,而工程师可以使用这些新的更好的流程来构建更可靠的技术。

注释

1. 国防部 MIL – STD – 499A 文件"工程管理",www. incose. org/stc/

mil499A. htm. 2002 年 6 月 7 日访问。

2. 国防评估和研究局(DERA),DERA 系统工程实践参考模型。

3. 根据系统工程国际委员会的说法,"系统工程是一种跨学科的方法和手段,可以实现成功的系统。它侧重于在开发周期的早期定义客户需求和所需功能,记录需求,然后进行设计综合和系统验证,同时考虑一系列问题:运营、性能、测试、制造、成本和进度、培训和支持、处置。系统工程将所有学科和专业小组整合到一个团队中,形成一个从概念到生产再到操作的结构化的开发过程。系统工程考虑所有客户的业务和技术需求,目标是提供满足用户需求的优质产品。"系统工程国际委员会,"什么是系统工程"网页:www. incose. org/whatis. html,2002 年 6 月 7 日访问结果。

4. 国防部空军系统司令部 MIL－STD－499B 文件"工程管理(1991 年 5 月 15 日稿)"。标准 499B 已发展成为电子工业联盟 632 的行业标准,标准:系统工程过程。参见 INCOSE 网站和雷尼(Rainey)(2003),第 2 章。

5. 我在此转述了作者在 20 世纪 90 年代初期与美国国家航空航天局(NASA)马歇尔太空飞行中心的一组工程师的会面。会上推进领域的顶尖工程师基于这些理由驳回了系统工程。我和许多其他系统工程师经常遇到这种观点。需要注意的是,"系统理论"的发展与大多数系统工程师的工作同步前进但又有些不同。在这一传统下工作的理论家肯定已经注意到复杂技术的困难。但在大多数情况下,这些理论与实战派工程师乏味的任务以及系统工程师实践中的标准制定仍然是分开的。为此,我将不再赘述。系统理论最初是从几个来源发展起来的。其中包括罗斯·艾希比(Ross Ashby)和贝塔朗菲(Ludwig von Bertalanffy)作品中的生物学根源,以及由诺伯特·维纳(Norbert Wiener)和海因茨·冯·福尔斯特(Heinz von Foerster)开发的控制论。在比尔(Beer)(1979)的书籍中可以找到对复杂系统的这些想法的有趣阐述。

6. DERA 系统工程实践参考模型。

7. 专门讨论系统工程的第一批书籍是古德(Goode)和马乔尔(Machol)(1957)和霍尔(Hall)(1962)的作品。第一个标准是于 1969 年公布的国防部 MIL – STD – 499 标准。空军系统管理标准 AFSC 375 – 5 于 20 世纪 60 年代初公布。它是 MIL – STD – 499 标准的起源。INCOSE 的成立日期是非正式成立时间,而不是 1992 年的挂牌日期。我从 1992 年 2 月的文件 " 'NCOSE 简介(美国国家系统工程委员会)',无作者 " 中得到上述信息。我相信这来自 1992 年 NCOSE 本身。这篇论文包含了当时该组织的简要历史。

8. 关于 JPL 及其与陆军军械的关系,参见科普斯(Koppes)(1982)。关于拉莫-伍尔德里奇,参见约翰逊(Johnson)(2002a)第 3 章和第 5 章以及戴尔(Dyer)(1998)。关于林肯实验室,参见约翰逊(2002a,第 4 章)以及雷德蒙德(Redmond)和史密斯(Smith)(2000)。

9. 值得注意的是,调查是一个宝藏,有助于以后研究这些组织的真实情况。

10. 我认为,当我们考虑额外官僚机构的开支,并将其同重建和重启失败系统的费用进行比较时,系统管理可能是具有成本效益的。对大多数空间运载器来说,附加过程的成本通常远低于重建和重新发射的重置成本(Johnson,2002b: 221 – 225)。

11. 关于全面质量管理的书有几百本,我这里只注意到一些有代表

性的作品——石川馨（Ishikawa）（1985）；威廉姆森（Williams）
（1994）；刘易斯（Lewis）（1985）。

12. 在冥王星计划中,这些想法包括将动力源从核能转向太阳能和
    电池。考虑到太阳系外可利用的太阳能非常少,这些想法近乎
    荒谬。这一信息来自作者在 1993 年至 1996 年期间参与该方案
    的经验。

13. 工程师们使用冗余的时间如果没有一百年也有几十年了。我在
    这里把它提升为原则,而且是比通常我们对它的认识更重要的
    原则。

14. 冗余管理是 NASA 人类飞行计划中使用的一个术语。集成诊断
    是一个典型的国防部名称。运载器健康管理（或集成 VHM）是
    NASA 的研究人员和运载器设计人员使用的术语。故障保护是
    NASA 喷气推进实验室用于深空探测器的术语。由于没有标准
    术语或方法集,术语的多样性本身就表明了该领域的碎片化。
    这一信息的来源是作者 1990 年至 1996 年在该领域的经验。

15. 斯维瑞克（Siewiorek）和斯沃兹（Swarz）（1982）很好地介绍了其中
    一些实践。

参考文献

BEER, S. (1979). *He Heart of Enterprise.* New York: John Wiley & Sons.

CAMPBELL, G., JOHNSON, S., PUENING, R. L., and OBLESKI, M. (1992). *System Health Management Design Methodology.* Martin Marietta Space Launch Systems Company, Purchase Order # F435025, 14 July.

DEFENCE EVALUATION and RESEARCH AGENCY (1997). DERA

Systems Engineering Practices Reference Model DERA/LS (SEC-FH)/PROJ/018/G01, 13 May. Farnborough, Hampshire: DERA, paragraph 6. 5. 1.

DYER, D. (1998). *TRW: Pioneering Technology and Innovation since 1900.* Boston, MA: Harvard Business School Press.

GOODE, H. H. and MACHOL, R. E. (1957). *Systems Engineering.* New York: McGraw-Hill.

GORMAN, M. E. and CARLSON, W. B. (1990). "Interpreting Invention as a Cognitive Process: The Case of Alexander Graham Bell, Thomas Edison, and the Telephone", *Science, Technology & Human Values*, 15/2: 131 - 164.

GREY, M. (1992). *Angle of Attack: Harrison Storms and the Race to the Moon.* New York: Penguin.

HALL, A. D. (*1962*). *A Methodology for Systems Engineering.* Princeton, NJ: D. Van Nostrand.

HOLLEY, I. B. , Jr. (1964). In S. Conn (ed.), *Buying Aircraft Materiel Procurement for the Army Air Forces. United States Army in World War II , Vol. 1.* Washington, DC: Office of the Chief of Military History, Department of the Army.

ISHIKAWA, K. (1985). *What is Total Quality Control? The Japanese Way* (trans. David J. Lu). Englewood Cliffs, NJ: PTR Prentice Hall.

JOHNSON, S. B. (1997). "Three Approaches to Big Technology: Operations Research, Systems Engineering, and Project Management", *Technology and Culture*, 38/4: 891 - 919.

——(2002a). *The US Air Force and the Culture of Innovation, 1945 -*

1965. Washington, DC: Air Force History and Museums Program.

——(2002*b*). *The Secret of Apollo: Systems Management in American and European Space Programs*. Baltimore, MD: Johns Hopkins University Press.

KOPPES, C. (1982). *y/3L and the American Space Program: A History of the Jet Propulsion Laboratory*. New Haven, CT: Yale University Press.

LAMBRIGHT, W. H. (1995). *Powering Apollo: James E. Webb of NASA*. Baltimore, MD: Johns Hopkins University Press.

LEWIS, J. , Jr. (1985). *Excellent Organizations: How to Develop and Manage Them Using Theory Z*. New York: J. L. Wilkerson Publishing Company.

McCuRDY, H. E. (2001). *Faster, Better, Cheaper. Low-cost Innovation in the US Space Program*. Baltimore, MD: Johns Hopkins University Press.

NEUFELD, J. (1990). *Ballistic Missiles in the United States Air Force 1945 – 1960*. Washington, DC: Office of Air Force History.

PERROW, C. (1984). *Normal Accidents*. New York: Basic Books.

PETROSKI, H. (1982). *To Engineer is Human: The Role of Failure in Successful Design*. New York: St. Martin's Press.

RAINEY, L. B. (ed.) (2003). *Space Systems Modeling and Simulation: Roles and Applications Throughout The System Life Cycle*. Reston, VA: American Institute of Aeronautics and Astronautics.

REDMOND, K. C. and SMITH, T. M. (2000). *From Whirlwind to MITRE: The R&cD Story of the SAGE Air Defense Computer*.

Cambridge, MA: MIT Press.

RICH, B. and JANOS, L. (1994). *Skunk Works: A Personal Memoir of My Years at Lockheed.* New York: Back Bay Books.

SIEWIOREK, D. P. and SWARZ, R. S. (1982). *The Theory and Practice of Reliable System Design.* Bedford, MA: Digital Equipment Corporation.

TOMPKINS, P. K. (1993). *Organizational Communication Imperatives: Lessons of the Space Program.* Los Angeles, CA: Roxbury.

van der MUELEN, J. (1995). *Building the B - 29.* Washington, DC: Smithsonian Institution Press.

VAUGHAN, D. (1996). *The Challenger Launch Decision: Risky Technology, Culture, and Deviance at NASA.* Chicago, IL: University of Chicago Press.

WEICK, K. E. (1987). "Organizational Culture as a Source of High Reliability", *California Management Review*, 29/2: 112 - 127.

WILLIAMS, R. L. (1994). *Essentials of Total Quality Management.* New York: AMACOM.

第四章 |
电力系统的一体化：从个人能力到组织能力

弗雷德里克·特尔(Fredrik Tell)
瑞典林雪平大学管理与经济系

一、引　　言

　　本章将主要讨论系统集成在一个大型技术系统——电力系统中所扮演的角色,以及创新活动是如何沿着系统的历史发展轨迹而组织起来的。换句话说,创新的外部环境是怎样随着大型技术系统的不断成熟而发生变化的? 由于网络中的各个组件都是紧密相连的,因此系统性是大型技术系统的一个突出特点(Hughes,1983;Davies,1996)。基于此,本章将一方面关注系统自身的整体发展,另一方面也会关注那些促成了系统内部"组件连接"的发明。系统技术的创新需要了解多方面的知识:特定组件的技术、系统的整体功能以及那些根据系统设计需要连接的组件。在下文对电力系统创新的历史回顾中,这些知识都是系统集成的关键。

　　本章指出,在走向复杂化的演变过程中,大型技术系统都遵循着一套历史发展的一般模式:从(a)系统初创阶段对个体的创造力、智慧、企业家精神以及远见的强调到(b)系统成熟之际,在组件、子系统、架构及其集成的过程中,企业主导的更加集体化、更加组织化的创新模式。本章试图说明一些发生在大型系统中、有关技术创新活动管理的关键问题,尤其是个体和组织在理解与解决复杂的技术和社会问题上的认知能力。这一分析所涉及的"集成"问题,不仅包括那些早已存在的系统的集成问题,而且包括那些在系统预想与发明过程中的集成问题。

本章的经验背景是电力系统的演变和电气设备制造业的出现[1]。电力系统由发电、输电和配电等子系统组成。在本章中,我们将格外关注输配电系统。当代电力系统的一个中心思想在于发电场所(处于某一中心位置)与用电场所在地理上的松绑,这就使输配电系统在电网中起着重要的连接作用。19世纪晚期,随着这种电力系统结构的逐渐成形,为这种电力系统提供设备的工业企业也随之发展壮大起来。

一大批发明家/企业家在电气制造业的起步阶段都表现活跃(Passer,1953;Tell,2004,彼时即将出版)。休斯(Hughes)(1983,1989)指出,他们之中的一些人尤其擅长进行"系统构建",如托马斯·阿尔瓦·爱迪生(Thomas Alva Edison)、维尔纳·冯·西门子(Werner von Siemens)和乔治·西屋(George Westinghouse)。电力系统本身的独特性和复杂性要求:行业参与者在理解系统的功能和使用时不但能够从特定组件的视角出发,而且还要具备整体思维。然而,电力系统在早期的快速发展却大都是在相当简单的制度和组织条件下取得的。就像爱迪生,他仅仅在一小群助手的帮助下就能够对电力系统中的相关组件进行开发和集成。当然,尽管他本人在爱迪生通用电气的创立和管理中具有很大的影响力,但当企业在1892年与汤姆森—休斯顿公司(Thomson-Houston)合并后,爱迪生就从公司的管理和发展活动中逐渐淡出了(David,1992)。在查尔斯·A.

柯芬(Charles A. Coffin),一位来自汤姆森—休斯顿公司的管理者的
领导下,通用电气投入了大量精力对企业进行重组,进而更好地将汤
姆森—休斯顿公司在技术和销售方面的优势与爱迪生通用电气的生
产能力相结合。在银行家亨利·维拉德(Henry Villard)的帮助下,柯
芬设计出了一套高度集权的企业结构模式,而工程部在 1900 年正式
成为一个单独的部门。因此,在 19 世纪与 20 世纪交替之际,通用电
气(GE)成为一家以管理层级为特征的现代工业企业。1890 年,在公
司首席咨询工程师查尔斯·普罗蒂厄斯·斯坦梅茨(Charles Proteus,
Steinmetz)的反复建议下,电化学研发实验室正式成立(Wise,1985:
75 - 77)。此时,发明活动在工业企业中的作用发生了变化,新发明
的生产环节开始受到更多的重视。而且,现有技术中的专利及其保
护也必须"塑造整个创新过程,而不是作为事后的想法附加"(Wise,
1985:139)。

底层技术日益增加的复杂与企业对创新活动和系统集成的组织
之间是如何相互作用的? 霍恩谢尔(Hounshell)(1989:122 - 123)认
为,"一个实验室在某项新兴技术发展上取得的成功与其在这项研究
上的投入是息息相关的"。因此,人们有理由怀疑,那些有待打磨的
技术的早期尝试与发展究竟有多少是由那些采取分隔式结构和聚焦
式学习的组织完成的(Levinthal and March,1993)。此外,我们还需
要关注电力系统的技术成熟度在多大程度上影响了系统集成组织这
一问题。

本章将重点关注那些在这一行业发展过程中起关键作用的企业
和发明者/企业家。这种划分方式将我们的分析限定于电气设备生
产企业,而忽略了那些为保障电力系统运行而兴建的大规模的新型
设施。休斯(1983)所指,正如塞穆尔·英萨尔(Samuel Insull)领导的
芝加哥爱迪生电气公司那样,公共设施的早期发展中也会出现系统

集成和控制方面的创新。这类设施确实在系统开发中有所贡献,但电气设备生产商才是创新的主力。而那些参与过系统设计与零部件定型的人往往都创建了具备组织能力的工业企业。本章将主要关注企业内部的系统集成,而非那些以此整合企业外部资源和知识的职能(Brusoni, Prencipe and Pavitt, 2001)。本章的主旨是,随着电力系统复杂性的发展,个体已经无法对系统的各个方面都了如指掌。因此,只有发展出相应的组织能力,企业才能够完全应付此类系统所体现的技术深度与广度(Prencipe, 2000; Wang and von Tunzelmann, 2000)。随着工程师群体的规模不断扩大,专业化程度不断提高,由此发明的子系统与组件也影响着整个电力系统的设计。在一个大型技术系统中,我们该如何从那些显而易见的系统集成需求来理解这种专业化?

本章的大致结构如下。下一节将概述托马斯·阿尔瓦·爱迪生在发明通用直流电(DC)系统方面的早期努力,该系统最初是为白炽灯服务的。第三节介绍了乔治·西屋是如何对这个系统进行修改和完善的,他不仅使用了新的交流电(AC)技术,而且还对创新活动采取了不同组织方式。第四节讨论了新兴的正式研发组织在电气制造业中的作用。第五节给出了系统更新的一个例子,即高压直流(HVDC)传输的引入。第六节对前文进行了讨论,并给出了一些结论。

二、发明白炽灯系统过程中的系统集成

白炽灯电力系统的出现标志着电力系统的设计开始步入正轨;具体而言,集中生产得到的电能,被配送到更大的区域,用于照明。

该系统是美国发明家托马斯·阿尔瓦·爱迪生的杰作。就其本身而言,这一堪称伟大发明的复杂系统及其必要的辅助设备几乎都是由爱迪生一手完成的。正如休斯(1983:18)所说,爱迪生是一个"整体概念者",凭借对系统内相互关系的理解,他依靠先进的装备成功开发了一整套从生产到利用的电能系统。爱迪生的兴趣和优势是整个系统的创造与发展,而绝不只关注一个庞大系统中的某一部分(Byatt, 1979:15)。人们完全可以把爱迪生视为配电系统的创新者,他只用了4年的时间——从1878年形成最初的想法到1882年纽约珍珠街发电厂的落成——就成功地开发出了白炽灯照明系统。

当时,对于自己的这一新发明,爱迪生将其概念描述为"光的再分配"(Friedel, Israel and Finn, 1986:23)。1878年8月下旬,在与宾夕法尼亚大学乔治·贝克(George Baker)教授的旅行告一段落后,爱迪生在接下来的两周时间内选择通过研究白炽灯来缓解旅行的疲劳。那他的动机是什么呢?1878年9月,在贝克的推荐下,爱迪生参观了华莱士父子(Wallace & Sons)位于康涅狄格州安索尼亚的工厂。在那里,他发现了自己想要模仿并应用于更大范围中的系统:由发明家威廉·华莱士发明的、可以同时给8个电灯供电的发电机。爱迪生想要打造一个惠及千家万户的分布式照明系统。而当时的燃气系统为所有的电力照明系统提供了一个天然的模型(Friedel, Israel and Finn, 1986:64)。但是,以燃气系统为原型,在照明系统中将电灯开发成为小型照明单元的想法,即光的再分配,在此前的讨论中已经被公认为一件不可能的事情(Jehl, 1937:197)。然而,这并没有阻止爱迪生继续朝这一方向探索。

据爱迪生的助手弗朗西斯·杰尔(Francis Jehl)(1937:215)说,爱迪生对自己将要开发的电力系统的目标是,不但要在简易性上对标燃气系统,而且还能满足商业、技术和自然等各类条件。但是如果真想替代燃气系统,这个设想中的电力系统还要解决一系列问题。爱迪生一如既往地各个击破了上述问题,但在这一过程中也从未放弃"系统"的整体视角。杰尔(1937:217)评论道:"(他)(快速成功)的秘诀在于早期远超于现实的先见之明。"他面对的第一个难点在于为白炽灯寻找到合适的发光单元。尽管此前许多发明家都研究过白炽照明的问题,但只有爱迪生预见到螺旋状的灯丝可以在加热后发出耀眼的白光。于是他着手写了一份文件,概述了这种白炽灯系统的设计,并认为其中主要的问题在于如何防止灯丝达到熔点。因此,在这份文件中,他描述了44种不同的温度调节装置(Friedel, Israel and Finn, 1986: 9‒13)。他对自己的新设计信心十足,认为其能够迅速解决以前所有的发明家都无能为力的问题。1878年9月16日,他在《纽约太阳报》上夸口说:"采用这种新方法,我可以仅仅用一台机器就制造出成千上万盏灯。事实上,这个数字可以说是无限的。也许再过几周,也可能在我彻底改进这一方法之后的第一时间,公众就能够认识到这些灯的亮度和成本,使用碳化氢气体照明的方法就将被彻底淘汰。"(Friedel, Israel and Finn, 1986: 13)

接下来,他又开始描述自己将如何用一台500匹马力的发动机,通过一套地下电缆系统将电力引入建筑物,进而照亮整个曼哈顿下城。多家纸媒都报道了这一故事,于是爱迪生的代表和朋友格罗夫纳·P. 劳里(Grosvenor P. Lowrey)开始为爱迪生筹备与一众金融家的商务会议,会议主题是如何利用这项发明。而一切都仅仅是基于爱迪生调研白炽灯后的一纸文件!得益于劳里的帮助——他召集了十几个人凑出了30万美元的启动资金(Passer, 1953: 84‒5),爱迪生电灯公司(Edison Electric Light Company)于1878年10月15日正式成立,此时的爱迪生从一个发明家正式成为创新者。虽然他的早期发明同样具有商业目的,但他终于可以通过自己的企业将新发明商品化,而 J. P. 摩根银行集团则是这家企业及其相关活动的资助方。

然而,仅凭白炽灯泡无法组建起一套完整的白炽灯照明系统。爱迪生和他的助理团队在 1878 年到 1880 年间的奋斗向我们讲述了一个充满启发性的故事,即为什么从整体视角对一个系统进行认识需要首先判断出"战线缺口(reverse salient)"(Hughes 1989:79)。[1] 要想真正搭建起一个电力照明系统,发明家不但需要对各种组件了如指掌,而且一旦碰到尚未面世的组件,还要牢记从组件到系统的集成方式,从而在此指导下将组件设计出来。在对白炽灯的设计中,爱迪生从一开始就将灯丝视为其中的关键问题。他尝试了一系列材料,包括铂、铱、铂铱合金、碳、铬、铝、硅、钨、钼、钯和硼。但这些灯丝材料实验屡屡碰壁。在灯丝材质问题一筹莫展的情况下,爱迪生选择先对系统的其他部分进行研究。在灯丝问题之外想要完成系统的搭建,还涉及诸如(a)规则和控制(b)并联布线(c)新的发电机(d)仪表(e)电动机等问题。而且,在发明和改进这些新事物的同时,爱迪生和他的团队还必须想办法将这些新器械整合进一个功能系统。

但弗里德尔(Friedel)、伊斯雷尔(Israel)和芬恩(Finn)(1986:31)对爱迪生此时是否着眼于系统整体提出了质疑——爱迪生或许认为灯丝对热量的自我调节功能才是照明系统成功的关键,"其他方面根本不重要"。这表明了爱迪生当时(1878)似乎对系统本身的需

---

[1] 译者注:此处原文为 reverse salient,直译为反向凸角,休斯(1989)用其描述那些阻碍整个技术系统共同演进的部件或者子系统,故如何辨别并解决这一问题是技术系统发展的关键。在此,我们借用傅大为在《STS 的缘起与多重建构:横看近代科学的一种编织与打造》(台大出版中心,2019)的译法,将其译为"战线缺口"。译者感谢中国科学技术大学科技史与科技考古特任教授王程韡就此提出的建议。

求并没有一个足够清晰的认识,但这也使他能够对系统中的关键组件进行分解与分析,进而逐一解决了这些问题。爱迪生的同事杰尔向我们描绘了一幅在某种程度上更加乐观和带有个人崇拜色彩的愿景:

> 爱迪生先用他富有创造力的大脑构想出一个全新的系统及其理想运行条件,随后一步一步地将这种设想变成现实。首先,他需要一盏能够满足系统要求的灯。其次,他还必须要有一台高效的发电机、一个记录电流的电表、一套对系统进行调节的模板,还有插座、开关、保险丝、地下导体等所有其他设备。这种工作对一个人来说简直是天方夜谭。(Jehl, 1937: 243)

到 1878 年底,所有关于灯丝的工作都暂时告一段落,取而代之的是系统中发电机的新型设计(Friedel, Israel and Finn, 1986: 43, 69)。由于串联或绕组的系统结构都无法实现一次熄灭一盏灯,所以这两种模式都不具备可行性,因此必须设计一个并联绕组系统。人们也认识到华莱士发电机(直流发电机)的设计无法支撑一个大型白炽灯系统。在 1879 年 4 月,门罗公园的工程师提出一个新的、改进后的设计——珍妮特(Jeanette),与华莱士的设计相比,它有着更低的内阻抗(Jehl, 1937: 301)。同年,电表被发明出来了。最后,一种新的电动机设计出现了:其电枢与磁铁呈平行而非横向的排列,且磁铁本身被制作成了一个单独的铸件。这些问题的解决令灯丝问题再次提上日程,此时爱迪生认为碳是迄今最适宜的灯丝材料。但它很难制成螺旋状,而用碳化纸板制成的马蹄形灯丝却为后续工作提供了基础(Friedel, Israel and Finn, 1986: 105)。经过进一步的实验,爱迪生成功地用竹子作为灯丝材料发明了第一盏白炽灯。在 1889 年的新年前夜,第一个功能正常的系统在门罗公园上线(Jehl, 1937:

421)。然而,随着这一系统的不断商业化,人们的注意力很快就从门罗公园的实验室上转移了(Hounshell,1989：126)。

　　爱迪生的电灯生产线在纽瓦克的门罗公园实验室一直运转到1880年底。此后他和一部分同事成立了爱迪生灯具公司(Edison Lamp Company)。1881年春,这家合伙企业签署了进一步的协议,成立爱迪生电灯公司(Edison Electric Light Company)。起初,企业的生产活动继续在门罗公园进行,但到1882年,生产车间转到了工人素质更高的哈里森。大约在同一时间,爱迪生还成了一家新兴公司——伯格曼(Bergmann and Company)公司的合伙人,成立这家企业的目的是为爱迪生系统提供零部件和配件。为了生产直流发电机,爱迪生于1881年成立了爱迪生机械厂(Edison Machine Works);为了生产地下导体,爱迪生在同年成立了电气管道公司(Electrical Tube Company)。正是这些进展的成功,尤其是1882年纽约珍珠街电站的落成,使人们可以将爱迪生视为配电系统的创新者。而为了安装珍珠街电力系统,纽约爱迪生照明公司(Edison Illuminating Company of New York)也随之成立。此外,爱迪生还需要大量的研发资金来发明完整的白炽灯照明系统,于是他发行了更多的股票。据帕瑟(Passer)(1953：88)估计,将白炽灯照明系统完全商业化的成本将近50万美元。

　　爱迪生的电力系统是一种适用于有限区域的直流电配电系统。由于它没有直流变压器,从而在长距离输电中无法通过增加电压来提高效率,因此随着配电需求规模的不断扩张,该技术无论是在负荷还是在覆盖范围上都存在着一些不易解决的问题。这一缺陷导致了它与竞争技术之间一场激烈的"系统之战"。接下来,我们将集中讨论直流电系统的竞争技术——交流电系统的开发工作。

三、电力传输系统中的系统集成——
"西屋风格"

下一代电力系统是基于交流电技术的,它大大增加了电力传输的距离。通过改进系统功能,交流电系统的发明使得整个电力系统的核心理念——集中发电与远程传输相结合——得到了进一步发挥。乔治·西屋看到了交流电系统更为广阔的应用空间,对这一系统的发展起到了关键作用。与爱迪生在创新和系统集成方面的策略不同,西屋并没有成为交流电系统中许多子系统的发明者,而是提供了系统设计的总体思路。在此基础上,西屋获取了必要的专利,并让工程师和外聘顾问来研究具体的问题和解决方案。

静态变压器(static transformer)的发明使交流电系统正式成为直流电系统的有力竞争者。它能使交流电的电压在从发电到输电的过程中逐级增加,然后在用电端逐级降低,这让高压输电系统与低压配电网络的连接成为可能。1867 年,为了销售他发明的一种铁路设备,21 岁的乔治·西屋成立了他的第一家公司。尽管这家公司在成立一年后就解散了,但到 1869 年,成功发明了空气制动器的西屋又成立了西屋空气制动器公司(Westinghouse Air Brake Company)。在此后的十年中,乔治·西屋将自己主要的精力都用于英国市场的开拓。正是在那里,他接触到了开关和信号装置,并决定进入这一行业。1881 年,西屋分别收购了位于宾夕法尼亚和马萨诸塞州的两家企业,并将它们合并为联合开关信号公司(Union Switch and Signal company)。在 1883 年,西屋还发现了利用天然气的手段,并于同年成立了费城公司(Philadelphia Company),以向匹兹堡地区的工厂和

居民分销天然气为主要业务(Leupp，1919)。在这些运营活动中,该
企业逐渐在远距离输气系统上发展出了相关的能力。西屋还巧妙地
从中发现了输气与输电系统之间的相似性。在燃气系统中,为了方
便远距离传输而增加的压力必须在降低后才能被用户所使用。在连
接进入输送区域较宽的管道之后,天然气压力得以降低,这与变压器
在电力系统中发挥的作用异曲同工(Passer，1953：131)。

　　早在 1883 年时,西屋就已经开始探索爱迪生所擅长的直流电系
统,他还雇用了一些员工来研究它,"但直到他预见到交流电替代直
流电的可能性,这种兴趣才被彻底激发起来"(Prout，1921：91)。西
屋意识到,交流电技术可以通过"升压"和"降压",为电力分配提供
一种更加经济的方案。尽管自己在电气工程领域的知识储备不足,
但这并不能阻挡西屋开发交流电配电系统的努力。相反,这一过程
十分顺利,以至于在 1886 年 1 月 9 日,联合开关信号公司的电气部门
正式独立为西屋电气公司(Westinghouse Electric Company),股本 100
万美元(Passer，1953：136)。

　　正如乌塞尔曼(Usselman)(1992)所指出的那样,爱迪生与西屋
在创新路径上有很大的不同。其中前者的发明更多是为了向公众展
示,而后者则对其实际的工业应用以及实业收益更感兴趣。此外,西
屋还将创新与随后的生产集成在一起,这种方式在几年后成为电气
制造业的标准(Chandler，1977；Wise，1985)。以变压器为基础的交
流电输电系统的发展过程,将这种集成战略体现得淋漓尽致。这一
发明是由法国人卢西恩·戈拉德(Lucien Gaulard)完成的,他在 1882
年与来自英国的约翰·吉布斯(John Gibbs)一起推出了交流电压转
换系统。1885 年时,西屋在一份英国的工程期刊上发现了基于变压
器的交流电输电方案(Hughes，1983：95)。

　　该方案的主要优点在于传输中产生的损耗会随着电压的增加而

减少,这会令远距离能源分配在成本上变得更加合理(Philipson and Willis,1999:55-56)。戈拉德和吉布斯最初设计了一个将变压器串联起来的系统,但西屋认为并联会是一个更好的主意,因为这样可以更方便地实现高低压转换(Passer,1953:135-136)。威廉·斯坦利(William Stanley)在为西屋工作时就曾提出过并联的解决方案(Prout,1921:110-111),美国的伊莱休·汤姆森(Elihu Thomson)亦然(Carlson,1991:251-253)。此外,西屋的另一重要提议在于该系统采用更大、更集中的发电站,以便向低压用户或配电网输送大量电力。变压器的使用引发了研究人员对交流电传输相关问题的研究。1886年,新成立的西屋电气公司(Westinghouse)在水牛城安装了第一个商用单相交流电照明系统(Passer,1953:277)。

　　与爱迪生的直流电系统一样,西屋的交流电系统同样面临许多亟待解决的问题,但西屋电气与其他参与其中的企业都巧妙地解决了其中大部分问题。西屋电气公司使用了几个全新的组件,并将它们全都集成到了系统之中,这使得交流电技术成为构建"通用系统"的有力竞争者。戴维(David)和邦恩(Bunn)(1990:135)向我们指出了其中的关键组件:(a)感应电机(b)交流电表和(c)旋转变流器。

　　大约是在同一时间(1888年),美国的尼古拉·特斯拉(Nikola Tesla)、意大利的伽利略·法拉利(Galileo Ferrari)和德国的迈克尔·奥斯波维奇·多里沃·多布罗沃斯基(Mikhail Osipovich Dolivo-Dobrovoliskii)都研发出了交流电多相感应电机。1888年7月,西屋电气拿到了当时看来最先进的特斯拉感应电机的专利权(Passer,1953:277-279)。以此为契机,西屋电气公司获得了在交流照明电路中试验电机工作方式的机会。但它的结果有些令人沮丧,因为工程师们发现特斯拉的电机无法用于交流电系统,也就无法被商用。这意味着西屋电气必须要研发出一套完整的电力系统,其中包括发电机、变压器和电动机。

因此,必须通过持续不断的开发,才能把通用的交流电系统变成现实。而此时的直流电技术还有很大的优势:直流系统内的仪表与照明部件、电机都是兼容的。此外,直流电机也非常适用于牵引用途(交通领域),因为可以很轻易地完成调速,而特斯拉发明的多相感应电机却做不到这一点。直到 1888 年,在西屋公司工作的奥利弗·B.沙伦伯格(Oliver B. Shallenberger)发明出了一个交流电表,这一问题才得到解决(Prout, 1921: 128 - 129; Passer, 1953: 138 - 139)。

美国发明家查尔斯·S. 布莱德利(Charles S. Bradley)发明了旋转变流器。这一设备不但可以在交流电和直流电之间进行转换,而且可以在同一技术路径下的不同技术(例如,单相交流电和多相交流电)之间进行转换(Prout, 1921: 99 - 100; Byatt, 1979: 108; Hughes, 1983: 121; David and Bunn, 1990: 137)。其本质是一个安装在一起的电动发电机组,当它被集成到系统中后,这种组件创新所导致的叠加效应却引人注目。几年后,交流电正式取代了直流电,这就是大名鼎鼎的"系统/电流之战"。

这也就意味着在大约 5 年内,原本使用低压直流电的工厂,特别是大型工厂,都逐渐转向了相对高压的交流电,高压传输之后经旋转变流器,在任何有需要的地区转换为任意电压的直流电。这无疑是革命性的(Prout, 1921: 133)[2]。

这不仅意味着用于电力系统的交流电技术得到了普遍认可,而且这种系统技术替代导致的另一个重要后果是:电力系统创新和集成的模式发生了根本性的变化,从单枪匹马的"整体概念者"(例如爱迪生)到发明家群体共同负责的模式,而这个发明家群体也越来越多地成为大型企业的一部分。因为爱迪生的直流电系统在很大程度上是在内部研发的,而交流电系统的复杂性和"集成度"大幅提高,这就势必需要一套全新的研发战略。而西屋处理这个问题的首选方式是从独立顾问那里购买专利和短期咨询服务（Wise, 1985：69）。与爱迪生相比，他更关注具体的实际问题（Usselman, 1992：275）。换言之，西屋并不在乎一项发明是否会对其个人荣誉有所裨益，相反，他会更加务实地去获取任何必要的东西（哪怕这一设计并非出于他自己的实验室），并亲自或者让聘请的顾问（如威廉·斯坦利）将其付诸实践。在这一过程中，最关键的是如何在技术和资金约束下改进发明，这就将工程工作变成了一种常规设计任务，即如温森蒂（Vincenti）（1990：7）所说，"从事此类设计的工程师在一开始就知道设备是如何工作的、它的习惯特征是什么，如果沿着这些路线进行适当的设计，设备就很有可能完成预期的任务"。相较于爱迪生在门罗公园的激进设计，这才是电力系统中的发明和系统集成的发展方向（Hughes, 1989）。

四、企业研发实验室：现代工业 企业中的系统集成

随着电气工业的发展，研发活动变得越来越制度化，"企业"发明家的数量也在不断增加，例如美国的查尔斯·P. 斯坦梅茨（Charles P. Steinmetz）、威利斯·惠特尼（Willis Whitney）、威廉·库利吉（William Coolidge）、欧文·朗缪尔（Irwing Langmuir），德国的弗里德里希·冯·海夫纳-阿尔泰涅克（Friedrich von Hefner-Alterneck）、迈克尔·多利弗德-多布罗沃尔斯基（Michael Dolivod - dobrowolski）以及瑞典的乌诺·拉姆（Uno Lamm）等。这些工程师工作的企业往往都建立了完善的等级制度，他们本人也大多服务于一个正式的研发

组织,与其他专业的科学家共同工作。正如钱德勒(Chandler)(1977,1990)所言,现代工业企业最大的特点就在于其规范的等级制度、基于多事业部制的组织分工以及职业经理人的出现。那么,上述特征对开发和集成电力系统的创新活动会产生什么影响呢?

作为龙头企业的通用电气(GE)是一个很好的例子。它在20世纪初就成立了有组织的中央研究实验室,并以商业利益为目的组织开展基础研究(Wise 1985)。GE从事工业研发的首要动因,是应付来自欧洲的白炽灯领域的创新威胁,否则这些新技术甚至会在世纪之交就把爱迪生灯泡挤出市场。但爱迪生本人对欧洲传统的教授及其基础研究不屑一顾,并继续把精力集中在偏向短期回报的应用上。更重要的是,爱迪生的继任者坚持并强化了这一政策导向:忽视纯科学和前沿开发工作,这显然有极大的风险(Reich, 1985: 53; Wise, 1985: 69)。

最初,通用电气培养研发能力的决定带有某种防御性。特别是在照明行业,企业的专利诉讼不断。除此之外,通用电气还受到独立发明家的威胁:具体而言,彼得·库珀·休伊特(Peter Cooper - Hewitt)在汞弧灯方面的工作得到了西屋电气的资助,后者因此被授予独家专利权(Reich, 1985: 64)。当然,实验室可以通过与专利持有人谈判达到自己的目的,例如,"拖延"策略可以让其有时间去"发明"那些报价过于昂贵的专利(Hughes, 1983: 166)。

最终,通用电气的董事会有条件地同意成立研发实验室,而条件就是确保能找到一名合适的实验室经理。而威利斯·惠特尼则成为首任实验室经理,他拥有莱比锡大学化学博士学位,当时正在麻省理工学院任教。实验室于1890年底开始运作,其研究范围不仅包括基础研究,也包括一些源自生产实际的次要改进,实验室还成功地捍卫了通用电气的灯丝专利。在成立后的头几年,通用电气实验室的几乎所有的时间和精力都耗在了这场应诉上,而防御性策略也因此成了该部门的工作指导方针。

在电力系统技术方面,通用电气聘请了发明家查尔斯·布拉德利(Charles Bradley),进而获得了他所掌握的专利和知识。这直接导致了 19 世纪 90 年代中期高效旋转变流器的发展(Reich, 1985: 60)。然而,柯芬将实验室的长期战略定位于多元化:与其在同一赛道上和西屋电气以及其他对手展开竞争,不如开发新的产品线来为公司增加利润(Wise, 1985: 115)。而一个集权的实验室一方面能促进新产品的开发,另一方面也能帮助提高生产效率。其中最典型的工艺创新当属威廉·库利吉在 1909 年发明的金属丝热模压法,实验室的很多发明直接带动了 20 世纪头十年的消费品创新。而实验室主任威利斯·惠特尼则致力于研究可用于炉灶和过滤器等消费品的加热装置,这同样是多元化战略的重要表现(Wise, 1985: 170 - 171)。

1907—1908 年间,惠特尼由于身心都遭受巨大打击而暂时离职;在此期间,拥有莱比锡大学物理学博士学位的威廉·库利吉暂代了实验室主任一职(Reich, 1985: 79)。随着惠特尼的回归,通用电气逐渐培养出了在电气领域进一步扩展和利用其知识基础以开发新产品的能力,这使得企业涉足的领域进一步多元化,如化学材料、X 射线技术和核能。而电力系统同样是一个复杂的产品,其中的许多部件都有着改进和创新的潜力,因此发电和输电系统本身就蕴藏着巨大的商机。而第三个趋势则是美国企业开始看到电力的应用前景,并着手为消费品市场开发新产品。1912 年,欧文·朗缪尔在实验室的技术成果使企业获得了进入无线电报业务的机会。到 1913 年年底,无线电报产业中就只有 AT&T 能与之争锋了。这些成就使得实验室在战略上实现了从防御到多样化的飞跃(Wise, 1985: 177)!

上述种种最终使得通用电气在战前就将多元化经营的触角伸向

更"轻"的电气工程领域。赖克(Reich)(1985：91)对企业的多样化有过详细的阐述："尽管捍卫通用电气在电力照明领域的市场地位可能是研发实验室最赚钱的业务，但直到研发成果在不同领域的商用呈现多点开花的局面，它(实验室)才充分发挥了自己的潜力。"这些新商机直接导致企业的产品线范围进一步扩大，从而使其专业化程度不断增加。在整个 20 世纪中，全新的技术和市场(如消费者市场)层出不穷，这也使得那些在整个 20 世纪占据行业龙头地位的大型工业企业的系统集成范围获得了显著扩张。

五、发生在成熟系统中的系统集成与更新

电力系统的持续发展进一步说明了创新和系统集成的主体已从个人转变为企业。系统之战使得交流电系统成为全球唯一的输电系统，几乎没有人认为直流电技术会在这一领域东山再起。然而，高压直流输电技术(HDVC)的发展让我们看清了新设计在成熟的大型系统中得以涌现的过程(Tell 2000)。它也充分体现了在整合各个子系统，甚至竞争性系统的过程中连接性技术的重要性。[3] 除此之外，HVDC 的发展还说明了资源协调分配的必要性，并引发我们去思考：什么样的工业企业才具备改变一个既定设计的能力？

高压电力传输的关键在于远距离输电的能力，因为发电厂往往与用电终端相距甚远，以水力发电为例，它就对公用电网的输电效率提出了较高的要求。提高电压是解决这一问题的有效途径，高压交流电(HVAC)技术也因此在交流电系统中最早出现，而超高压(UHV)技术也进入到实验阶段。但 HVDC 技术同样可以完美地适配这些需求，这使其可以对交流输电系统实现替代，于是"第二次系统

之战"一触即发（Fridlund and Maier, 1996：4）。这场竞争的中心是
此前在第一轮"系统之战"中发挥关键作用的一种设备：变压器（参
见 David and Bunn, 1990）。然而，它在这一时期却被赋予了一个新
的名称：整流器。那二者之间有什么区别呢？

1901 年，彼得·库珀·休伊特试图用交流电点亮石英灯（此前
是用直流电），他在这一实验中发现汞弧可以将交流电转换成直流
电。此后，人们发现这种方法在任何情况下都能实现交流电与直流
电的转换。库珀·休伊特得到了西屋电气公司的资助，这项发明的
用途也超出了交流电点亮石英灯的范围（Siemens, 1977：116 - 117；
Fridlund, 1995：43）。他与通用电气研究实验室的伊齐基尔·温特
劳布（Ezekiel Weintraub）在几乎同一时间发明了汞弧整流器—— 一
种静态的 AC/DC 转换器。

紧接着，一场长达 10 年的专利诉讼战开始了，库珀·休伊特赢
得了这场诉讼。但财务实力更胜一筹的通用电气获得了这项技术的
许可，并在 1921 年直接收购了休伊特的公司（Wise, 1985：100）。
1922 年，在通用电气的斯克内克塔迪实验室，欧文·朗缪尔开始与阿
尔伯特（Albert）一起研究放电与电离。20 世纪 20 年代，朗缪尔继续
和同事们一起就电弧放电展开研究，他们发现可以在被气体充满的
管道中通过格栅对放电进行控制。这种由格栅控制的电弧管被他们
称为"闸流管"（Anschiitz, 1985：23）。赫尔（Hull）的研究兴趣转向
了高压输电和远距离交流输电的稳定性问题。他讨论了采用直流输
电线路作为替代方案的可行性。为此，他与通用电气的另外两名同
事——C. W. 斯通（C. W. Stone）和 D. C. 普林斯（D. C. Prince）一
起，在斯克内克塔迪和梅卡尼维尔之间架设了一条小型线路，用于直
流电传输测试（Suits and Lafferty, 1970：223）。1935 年，通用电气进
行了 HVDC 的相关实验（Maier, 1993：128；Fridlund, 1999：158）。

尽管该实验证明了这一技术的潜力,但企业并未对此进行进一步的商业化开发和销售。西屋电气的乔瑟夫・斯莱皮恩(Joseph Slepian)开发了与之竞争的"引燃管"。相较于闸流管,引燃管最初的用途是在炼钢厂中将交流电转换为直流电。在欧洲,真空闸流管及其后续设计主要被用于车辆牵引、电化学工艺和轧钢厂(Anschütz, 1985: 27, 32 - 35)。

因此,第一批汞弧整流器的主要应用场景还是在较低的电压和/或电流中(Robinson, 1992: 3)。[4] 为了在输电环节进一步应用高压直流技术,人们还需要一个能同时适用于高电压和高电流的整流器。然而,整流器设计中有利于提高电压的特性通常不利于提高电流,反之亦然。此外,如果想要在高压直流传输中使用这一设备,它还必须能够在两个方向上进行整流,即从交流电到直流电(整流器)、从直流电到交流电(所谓的"逆变器")。为此,美国、英国、德国、瑞典和瑞士相关企业的研究部门中的电气工程师都在研究这一解决方案。

1941—1945 年期间最富雄心的工程,是德国的易北河-柏林输电线。这一项目最初由 AEG 负责,后来西门子和弗尔登纪尧姆公司(Felten & Guillaume)都参与其中。项目的中心任务是开发高压直流输电系统,其中军事方面的需求是重中之重:直流电传输可以通过架设地下电缆的方式代替架空传输线路,从而减少遭受盟军空袭的风险(Fridlund and Maier, 1996: 8)。此外,德国人也有意于斯堪的纳维亚地区的水电资源开发。为了尽快给出一个项目方案,这些德国的大厂商们对其共同资源进行了分配(von Wieher and Goetzeler, 1983: 99)。项目的进展情况极其骄人,仅仅 4 年时间,德国人就完成了易北河-柏林输电线高压直流系统的开发和测试工作。然而,面对盟军的步步紧逼,此时的第三帝国大势已去,位于柏林的大多数技术设备都随着苏军攻克柏林而被拆除(Adamson and Hingorani, 1960:

xvi；Siemens，1977：280 - 282）。

而在 20 世纪 20 年代的瑞典,由于自己的汞弧整流技术开发进度落后于人,ASEA 决定聘请匈牙利人贝拉·谢弗(Bela Schafer)作为技术顾问。早在 1911 年,这位匈牙利工程师就做出了安装附带钢罐的汞弧整流器,而利用他所提供的专业支持,ASEA 制造出了自己的整流器,但其中有很多严重的技术问题。直到 1929 年,乌诺·拉姆在其负责的项目中开发出了一项独特的设计。此后,他召集了一群工程师,并于 1932 年在企业内成立了一个整流器实验室。不出几年,ASEA 就凭借自己设计的低电流汞弧整流器在国际竞争中大获成功(Fridlund，1995：44 - 46）。

在此基础上,ASEA 开始开发和实验用于高电流/高电压场景的整流器,即所谓的离子阀(ion-valves）。由于这些开发过程中的设计工作需要进行大量实验,这项工作因此耗费巨大,尤其是要投入大量的电力资源。1934 年,ASEA 的研发成果使其离子阀产品成为全球市场中的有力竞争者。然而,劣质材料与运行泄漏的问题阻碍了它的进一步发展(Fridlund，1995：52）。在一种新型密封工艺的助力下,拉姆和他的同事实现了整流器内部的真空。1940 年,该公司利用这种新型密封工艺,成功开发了第一代的商用整流器(Fridlund，1999：159）。1943 年,公司与瑞典国家电力委员会(Vattenfall）签署一份协议,共同搭建一套 HVDC 试验装置。

1947 年,瑞典议会讨论了将哥特兰岛接入国家电网的可能性。ASEA 在与 Vattenfall 就项目本身进行调查后发现,由于传输过程中会产生巨大(约 30%）的能量损耗,交流电在这一项目中完全不具备使用价值。他们因此开始考虑高压直流传输方案,并于 1950 年选定了这一在经济和技术上都最具竞争力的方案。然而,它的发展前景直到双方签订合同时仍然扑朔迷离(Fridlund，1999：183）。ASEA 和

Vattenfall 的进一步合作,尤其是对输电系统中离子阀的开发,成为哥特兰岛并网项目取得成功的关键。由于当时离子阀的设计需求和物理原理还不能转化为数学形式(Robinson;1992:5;1999:164,180-181),因而开发工作十分艰巨,并要为此进行全尺度实验,这也使开发工作成为一场完全基于经验的冒险。1951 年,一个新的离子阀实验室投入使用,专门负责整流器的最终开发和测试。在几年的试运行后,新的电网传输系统于 1956 年被正式投入使用。而在北欧国家之外,第一个 HVDC 项目于 1961 年在英国和法国之间投入运行,而英国电气公司(English Electric)则获得了瑞典方面的技术许可。

完善的、基于汞弧整流技术的高压直流输电系统具有诸多优点。首先是在电力传输系统的距离、位置,以及无功功率方面。由于无功效应,交流电并不适用于地下和水下传输。而长距离的架空电力传输又对高电压有着苛刻的要求,一般而言,只能通过安装并联电抗器系统来解决交流电系统的稳定性问题。而直流电系统没有这些电感和电容效应,也就不需要安装额外的设施(Arrilaga,1998:258-259),在传输能源损耗方面的表现也更加优秀(Blalock,1998:318)。在节约成本方面,高压直流电技术采用接地回路,对电缆或电线的需求量也就更小(Arrilaga,1998:261),而 HVDC 更好的可控性也好处多多。在高压交流输电系统中,由于稳定性问题,想要改变输电方向是极其困难的。而在直流电系统中,方向切换的频率可以达到上百赫兹。这意味着人类终于能够以最低的成本使用能源[5]。而在区域电网中使用廉价电力也不再是无稽之谈了。而良好的控制性对于应用高压直流方案的另一个重要意义在于,可以通过"背靠背"式的变电站连接异步的或不同频率的交流电系统(Arillaga,1998:93-94)。

但这一技术的主要缺点在于变电站的建设成本高、涉及的技术也相对复杂,同时还需要更加频繁的维护。尤其是与类似的交流电系统相比,它对整流器的需求导致了更高的成本(Le Du,1996:125)。当然,尽管HVDC尚未取代交流电成为主流的输电技术,但全球范围内已经安装了数量可观的高压直流输电线路(Hauge,1987)。

该案例不仅阐明了技术竞争中有趣的动态性,也向我们展示了在完全不同的制度环境中如此激进和系统性的创新将会如何存续。发明家/企业家不再单打独斗,在大多数情况下,在专业的研发实验室中,受过不同程度专业训练的工程师,会与公共部门的用户合作,完成新系统的创新和概念化工作。因此,全新的、竞争性的能源输送系统就这样在现有系统框架下,由龙头企业开发完成。HVDC的案例表明,互联设备在整个系统中扮演着整合的作用,其发展对于这种激进式变革至关重要。企业必须苦练内功,将商业和技术机会相结合,才能完成对整流器的改进。

六、结论与思考

历史学家戴维·霍恩谢尔(David Hounshell)(1995)指出,大型工业企业的历史与大型技术系统的历史的交叉领域仍然有许多问题尚待研究。本章的主要贡献在于通过交叉的视角对电力系统与大型电气制造公司的历史进行了研究。随着电力系统的不断发展,电气厂商的新组织形式应运而生。新式组织形式中的若干关键因素与系统集成过程的管理需求息息相关。在技术系统发展的早期,单个发明家/企业家就可以完成系统集成的大多数工作,而在此之后的一系列转变指向同一目标:为设计和集成日益复杂的系统而建设必要的组织能力。

无论是白炽照明系统在爱迪生手中的飞速发展,还是HVDC系统漫长而乏味的迭代过程,有关能源系统技术创新的一众例子都表明,复杂系统技术的集成过程会涉及许多问题。必须要承认的是,本章重点关注了此类系统启动和创新的早期阶段,而有选择地忽视了执行与制造阶段的相关组织活动。尽管如此,上文的叙述还是反映出了一些显著的特点。如果回到最初的问题,即技术复杂性与研发活动组织之间的关系,人们必须接受霍恩谢尔(1989)聚焦于某些活动的观点。创新者必须能够将组织中负责创新的部门与融资、营销、制造等其他活动区分开来,从而将整个系统视作一个整体。例如,对研发实验室中的创新活动加以区分可以在某种程度上提供一个测试系统连接情况的机会。系统中各组件之间的关键连接将在此期间得到开发和测试。特别是在早期阶段,有关系统将向何处去的愿景仍处于概念化阶段,保持各类活动之间的独立性就显得至关重要。随着系统演进,这一性质在聚焦与分离方面的重要性逐渐下降。本章所谈论的案例充分表明,在进一步整合复杂系统的过程中,识别有可能阻碍系统进一步发展的关键子系统或组件极为重要(Hughes,1983)。为了确保系统的整体性,无论是灯丝、变压器、旋转变流器还是整流器,都值得以长期而特别的研究来获得一个可行方案。在某些情况下,这些特定创新所具备的"连接"特性会对整个系统产生影响。

有鉴于此,致力于创新的研发组织往往都面临着相似的困境。一方面,活动的分离有利于"深度"学习和解决关键的"战线缺口"。但另一方面,它也会对集成产生阻碍。这些与复杂技术系统有关的属性、组件和活动,在多大程度上是可分离的?乔治·西屋开发交流输电系统的策略或许能为我们提供一些思路。他似乎就能够很好地凭借深入的分离,来充分利用原本服务于其他目的的专利、组件和专业人才。虽然这背后有很多原因,但集体创新过程一定是其中的关键。在高强度的搜索过程中,为某一共同问题寻找解决办法的过程会导致技术社区的形成。对问题及可能解决方案的共识很有可能在彼此独立开发的设计与其他活动之间建立联系。然后,正如 HVDC 的案例所示,企业不仅要关注内部的系统开发,而且还要通过与外部参与者的互动,以及测试其他来源的解决方案来发展自身的"吸收能力"(Cohen and Levinthal,1990)。正如本书第七章所讨论的那样,这种对外界的关注可能会导致多技术企业发展起在当前业务之外的知识。这使我们在判断企业边界时,无法仅凭与其生产有关的知识就得出结论,而必须综合考虑它所具备的专业知识,这些专业知识使其可以保持足够的系统集成能力,以应对日益复杂的系统。

一个动态发展中的大型技术系统的复杂性就像一把双刃剑。首先,其复杂性会随着系统自身的成熟而降低,因为人们会逐渐理解其中的各个部分以及它们之间的联系。其次,由于新的应用被不断发现,用户也在更大程度上参与到设计之中,系统的复杂性也在不断增加。前者可以通过电气系统内的多样化来说明,除了发电、配电和照明,家用电器和电子产品在 20 世纪的发展都是其最好的体现。而居民生活的电气化则深刻影响了系统集成的范围和领域。这其中的哪些部分与系统有关,它们又在多大程度上得到了整合? 系统集成能力将逐渐成为决策评价的一个重要参数,涉及的决策范围包括自制-购买决策、收购、资产剥离和公司核心能力,等等。

此外,还体现在瑞典和德国的 HVDC 发展史中,大型系统与工业(国有)企业客户的互动在其中至关重要。对于电力公共产业中的企业而言,它们在内部发展出卓越的工程技能,并因此成为电力系统进一步发展的重要组成部分。然而,近年来在公共产业领域对电气设备供应商和电信运营商的"去管制化"趋势,有可能使这种上下游良性互动遭遇逆转(Davies 等人,2001)。因此,这种关于复杂性和系统集成的观点强调了公共政策的作用。例如,将来如何采购大型技术系统? 那些知识渊博的客户是否愿意在此过程中就系统集成的创新活动展开合作,抑或将其视为一个完全市场化的竞标项目? 如果电气设备供应商和其他的大型技术系统供应商继续通过系统集成来主导未来的创新,那么这可能意味着他们必须考虑到那些被认为处于系统边缘的活动,如融资、维护和运营。对于大型技术系统的制造商而言,目前的规制政策变化可能会使上述服务活动居于未来系统集成的核心位置(Davies, 2003,本书第十六章)。但是,对那些身处这些产业部门的大型工业、企业而言,这是否意味着一种新的组织形式的出现? 答案仍然有待考察。

致谢

本章的初稿发表于伦敦经济学院商业历史部的研讨会。请容许本人在此对部门主任特里·古尔维希(Terry Gourvish)和参与研讨会的各位就文章提出的意见与讨论表达真挚的感谢。此外,本章还从本书的编者安迪·戴维斯(Andy Davies)的深刻评论与建议中受益匪浅。如有纰漏,文责自负。最后,感谢简·沃伦德(Jan Wallander)和汤姆·赫德柳斯(Tom Hedelius)的社会科学研究基金会以及瑞典泰尔森滕纳吕银行基金会(Sweden Tercentenary Foundation)的财政支持。

注释

1. 在本章中,该行业将简称为电气制造业。
2. 有关这一时期电力技术的历史记录可参阅例如戴维(David)(1992)、弗里德隆德(Fridlund)(1999)、休斯(Hughes)(1983)、鲁普(Leupp)(1919)和普劳特(Prout)(1921)。

3. 戴维(David)和邦恩(Bunn)(1990)将这些技术描述为"网关创新"。

4. 例如工业驱动器中的低电压/低电流应用,以及雷达发射器中的高电压/低电流应用。

5. 对于这一横跨英吉利海峡的项目,其中一个赞成的观点是英国与法国的电力需求时间是错位的(见 Fridlund, 1999: 186)。

参考文献

ADAMSON, C. and HINGORANI, N. G. (1960). *High Voltage Direct Current Power Transmission*. London: Garraway Limited.

ANSCHUTZ, H. (1985). *Gescicbte der Stromricbtertecbnik mit Quecksilberdampfgefaßen*. Berlin: VDE-Verlag.

ARRILAGA, J. (1998). *High Voltage Direct Current Transmission* (*2nd edn.*). London: The Institution of Electrical Engineers.

BLALOCK, T. J. (1998). *Transformers at Pittsfield: A History of the General Electric Plant at Pittsfield*, Massachusetts. Baltimore, MD: Gateway Press.

BRUSONI, S., PRENCIPE, A., and PAVITT, K. (2001). "Knowledge Specialization, Organizational Coupling, and the Boundaries of the Firm: Why Do Firms Know More Than They Make?", Administrative Science Quarterly, 46: 597 – 621.

BYATT, I. C. R, (1979). *The British Electrical Industry 1875 – 1914: The Economic Returns to a New Technology*. Oxford: Clarendon.

CARLSON, W. B. (1991). *Elihu Thomson and the Rise of General Electric, 1870 – 1900*. Cambridge: Cambridge University Press.

CHANDLER, A. D. Jr. (1977). *The Visible Hand: The Managerial*

Revolution in American Business. Cambridge, MA: Belknap Press of Harvard University.

——(1990). *Scale and Scope: The Dynamics of Industrial Capitalism.* Cambridge, MA: Belknap Press of Harvard University.

COBINE, J. D. (1961). " Fundamental Phenomena in Electrical Discharges" (Introduction to Vol. 4), in C. G. Suits and H. E. Way (eds.), *The Collected Works of Irving Eangmuir* (Vol. 4: Electrical Discharge). Oxford: Pergamon Press, 154 – 161.

COHEN, W. M. and LEVINTHAL, D. A. (1990). " Absorptive Capacity: A New Perspective on Learning and Innovation ", Administrative Science Quarterly, 35: 128 – 152.

DAVID, P. A. (1992). " Heroes, Herds and Hysterisis in Technological History: Thomas Edison and ' The Battle of the Systems' Reconsidered", Industrial and Corporate Change, 1/1: 129 – 180.

—— and BUNN, J. A. (1990). " Gateway Technologies and the Evolutionary Dynamics of Network Industries: Lessons from Electricity Supply History ", in A. Heertje and M. Perlman (eds.), *Evolving Technology and Market Structure – Studies in Schumpeterian Economics.* Ann Arbor, MI: University of Michigan Press, 121 – 156.

DAVIES, A. (1996). " Innovation in Large Technical Systems: The Case of Telecommunications", Industrial and Corporate Change, 5/4: 1143 – 1180.

——(1997). " The Life Cycle of a Complex Product System ", International Journal of Innovation Management, 1/3: 229 – 256.

——, TANG, P. , BRADY, T. , HOBDAY, M. , RUSH, H. , and GANN, D. (2001). *Integrated Solutions: The New Economy between Manufacturing and Services.* Brighton: SPRU, University of Sussex.

FRIDLUND, M. (1995). "Ett svenskt utvecklingspar i elkraft: ASEAs och Vattenfalls FoU samarbete, 1910–1980", Sandvika: Senter for Elektrisitetsstudier, Handelshoyskolen BI.

——(1999). "Den gemensamma utvecklingen: Staten. Storföretaget och samarbetet kring den svenska elkraftteknikken ", Doctoral Dissertation. Stockholm: Brutus Östlings Bokförlag, Symposion.

——and MAIER, H. (1996). "The Second Battle of the Currents: A Comparative Study of Engineering Nationalism in German and Swedish Electric Power 1921 – 1961 ", Working Paper 96/2. Stockholm: Department of History of Science and Technology, Royal Institute of Technology.

FRIEDEL, R. , ISRAEL, P. , and FINN, B. S. (1986). *Edison's Electric Eight: Biography of an Invention.* New Brunswick: Rutgers University Press.

HAUGE, O. (ed.) (1987). *Compendium of HVDC Schemes throughout the World.* Paris, France: CIGRE Working Group 4 of Study Committee 14 (DC Links).

HOUNSHELL, D. A. (1989). "The Modernity of Menlo Park", in W. S. Pretzer (ed.), Working at Inventing. Thomas A. Edison and the Menlo Park Experience. Dearborn: Henry Ford Museum & Greenfield Village.

——(1995). " Hughesian History of Technology and Chandlerian

Business History: Parallels, Departures, and Critics", History and Technology, 12: 205 – 224.

HUGHES, T. P. (1979). "The Electrification of America: The System Builders", Technology and Culture, 20: 124 – 161.

——(1983). *Networks of Power. Electrification in Western Society 1880 – 1930*. Baltimore, MD: The Johns Hopkins University Press.

——(1989). *American Genesis: A Century of Invention and Technological Enthusiasm, 1870 – 1970*. New York: Viking Penguin.

JEHL, F. (1937). *Menlo Park Reminiscences (3 Vols.)*. Dearborn: Edison Institute.

LE Du, A. (1996). "Histoire de L'Interconnexion France-Angleterre de 2000 MW en Courant Continu", Bulletin d'Histoire de l'Électricité, 27: 125 – 147.

LEUPP, F. E. (1919). *George Westinghouse: His Life and Achievements*. London: John Murray.

LEVINTHAL, D. A. and MARCH, J. G. (1993). "The Myopia of Learning", Strategic Management Journal, 14 (Winter Special Issue): 95 – 112.

MAIER, H. (1993). "Erwing Marx (1893 – 1980)", Ingenieurwissenschaftler in Braunschweig, und die Forschung und Entwicklung auf dem Gebiet der elektrischen Energieiibertragung auf weite Entfernungen zwischen 1918 und 1950. Doctoral Dissertation. Stuttgart: Verlag fur Geschichte der Naturwissenschaften und der Technik (GNT).

PASSER, H. C. (1953). *The Electrical Manufacturers 1875 – 1900: A Study in Competition, Entrepreneurship, Technical Change, and*

Economic Growth. Cambridge, MA: Harvard University Press.

PHILIPSON, L. and WILLIS, H. L. (1999). *Understanding Electric Utilities and De-regulation.* New York, NY: Marcel Dekker.

PRENCIPE, A. (2000). "Breadth and Depth of Technological Capabilities in CoPS: The Case of the Aircraft Engine Control System", Research Polity, 29: 895–911.

PROUT, H. G. (1921). *A Life of George Westinghouse.* New York: The American Society of Electrical Engineers.

REICH, L. S. (1985). *The Making of American Industrial Research: Science and Business at GE and Bell, 1876–1926.* Cambridge: Cambridge University Press.

ROBINSON, T. S. (1992). *Mercury-arc Valves for HVDC Transmission. Stockholm Papers in History and Philosophy of Technology TRITA–HOT–9002.* Stockholm, Sweden: Royal Institute of Technology.

SIEMENS, G. (1977). *History of the House of Siemens (Vol. II).* New York: Arno Press.

SUITS, C. G. and Lafferty, J. M. (1970). *Albert Wallace Hull 1880–1966. National Academy of Sciences, Reprint from: Biographical Memoires,* New York: Columbia University Press.

TELL, (2000), *Organizational Capabilities–A study of Electrical Power Transmission Equipment Manufacturers, 1878–1990,* Doctoral Dissertation, Linkoping: Linkoping University.

——(2004) *Organization Capabilities and Technological change,* Cheltenham: Edward Elgar (forthcoming). [1]

---

[1] 译者注: 在 Edward Elgar 的数据库中未查到此书。

USSELMAN, S. W. （1992）. "From Novelty to Utility: George Westinghouse and the Business of Innovation during the Age of Edison", Business History Review, 66: 251 - 304. VINCENTI, W. （1990）. What Engineers Know and How They Know It. Baltimore, MD: The Johns Hopkins University Press.

VON WIEHER, S. and GOETZELER, H. （1983）. *The Siemens Company - Its Historical Role in the Progress of Electrical Engineering 1847 - 1980.* Berlin: Siemens Aktiengesellschaft.

WANG, Q. and VON TUNZELMANN, N. （2000）. "Complexity and the Functions of the Firm: Breadth and Depth", Research Policy, 29: 805 - 818.

WISE, G. （1985）. *Willis R Whitney, General Electric, and the Origins of US Industrial Research.* New York: Columbia University Press.

第五章 |
专业化与系统集成： 制造与服务的交集[1]

基思·帕维特（Keith Pavitt）

英国萨塞克斯大学科学技术政策系

一、引 言

在本章中，我将对企业系统集成活动的未来发展进行推测[1]。为此我将探索工业组织中发生的长期变化，这可能是当今技术变革趋势下的结果。考虑到20多年来有关今天所谓信息与通信技术（ICT）革命的性质与影响的预测屡屡失败，进行这一工作需要足够谦卑，因为最终结果往往都与此前的推测有所差异。

我的主要假设是：自工业革命以来，两种长期且相关的趋势构成了技术变革过程和组织的基础。其一就是亚当·斯密明确指出的专业化分工水平的不断提升，这在人工制品生产及其背后起支撑作用的知识生产中皆是如此。其二则是在若干快速变化的技术的基础

---

[1] 本文的早期版本是 DRUID（译者注：丹麦产业动力学研究组织，目前已发展成全球范围内最大的演化与创新经济学研究网络之一）夏季会议中的一篇广受欢迎的演讲文稿——《在新经济中，知识的进步对大型工业企业有什么影响?》，该演讲发表于 2002 年 6 月 6 日，那次夏季会议的主题为《新经济与旧经济的产业动态——谁拥抱谁?》。

上，出现了重大创新的周期性浪潮。只有综合考虑这两种趋势，我们才能更好地判断在技术方面最新的周期性巨变（ICT）将对产业实践和组织产生何等影响。

技术变革当然是嵌入在更宏观的经济、社会和政治变革过程之中，这是由它们之间复杂的互动关系决定的。这些非技术过程包括在竞争的世界中寻求盈利，工资的提高、品位的改变、城市化、空间"距离"概念的逐渐消失、地区和国家之间的不平衡发展，以及公司治理和监管方法的改变。但是，正如罗森博格（Rosenberg）（1974）和其他人所证实的那样，技术变革并不是完全由"社会建构"的。它有自己的认知逻辑，因此以技术问题或社会需求为目的进行的研发活动不会自动产出其解决方案。这一观点在对 20 世纪之前机械和医药发展史的对比中得到了充分体现。尽管在两个案例中都有着强烈的社会需求，但前者的发展要比后者大得多，因为前者的问题更容易被理解和解决。而这一结论在今天最鲜明的例证就是信息储存和能源储存技术截然不同的发展速度。因此，下面的讨论将集中关注技术知识的状态变化所产生的影响，但与此同时也会充分考虑到（一体化）组织解体过程的某些侧面，这一组织过程同样深受经济、社会和政治因素的强烈影响（Loasby，1998）。

我将在下文说明，适于生产和开发新技术知识的恰当组织过程会严重受限于技术变化本身的性质，这在那些市场化或一体化的组织过程中表现尤为明显。简而言之，19 世纪初盛行的组织解体趋势之所以被扭转，正是由于此后的技术变革对不同分工（产品的开发、生产与营销）之间的紧密协作提出了更高的要求。时至今日，产品开发环节内部，以及开发与生产环节之间又形成了新的解体压力。在得出关于系统集成未来角色的结论之前，我们必须明确这些压力的性质、成因和程度。

二、整合与分化中的技术

我们从亚当·斯密的大头针工厂讲起。这是一个关于生产流程创新的故事。工厂内部任务流程的专业化使得在重复性手工劳作领域引入机械化的条件渐趋成熟。同时,这种机械化还严重依赖于水力和(越来越多的)蒸汽动力,以及持续的、主要基于工艺的金属质量改进,及其切割和成型的精准性(Bernal,1953)。正如斯密所预料的那样,对这些机器的设计和制造将逐渐成为"一种特殊的业务"(Smith,1776:8)。这一趋势将随着特定机械化操作(如纺纱和织造)的普及、规范化和标准化而出现。更普遍的是,产品零部件的供应也因其自身的标准化和可互换性而逐渐成为一项专门业务。同时,随着专业中介,即专利代理人的发展,提供机械发明本身也成了一项专门的业务(Lamoureaux and Sokoloff,2002)。于是,工厂主、机器制造商与发明家之间的劳动分工开始逐渐形成。

然而,发生于19世纪中叶的一系列互补性的激进创新扭转了这种专业化趋势。钱德勒(Chandler)(1977,1990)、莫厄里(Mowery)和罗森博格(1989)等人都记录了其中的两类激进创新。第一类激进创新是大规模生产,其主要表现是通过对新能源(如煤、电、石油)和更好的材料(如钢铁)的广泛利用,在生产环节实现规模经济性和速度经济性,并降低运输成本。生产规模的扩大使得企业的职能专业化程度开始提高,也增加了在物资采购、生产和营销之间进行协调规划的需求。

第二,机械、化学和电气领域专业知识的发展,为包括机械和零部件、日常消费品、运输、材料和通信在内的各行各业的产品创新提供了新的重大机遇。开发这些新产品,一方面需要对跨学科的知识,包括隐性知识进行集成(如纯机械产品变成机电产品);另一方面需要对公司内部的研发职能与其他职能进行整合。在这种情况下,一体化比市场更为有效(Mowery, 1982)。

由此导致的一个重要后果是,20 世纪技术变革的主要来源变成了拥有内部研发实验室的大型工业企业与无数提供专业化资本品的小公司。在此期间,公司和技术的组合发生了变化,它反映了由专业知识的增长速度差异所导致的创新机会的增长速度的差异。然而,在过去 20 年中,新的力量开始重塑这种格局。

三、用模块化方法设计日益复杂且技术多元化的产品

首先,今天的产品正变得越来越复杂,其内部子系统和零部件的数量,以及所需专业知识的范围都在日益增加。产品(或系统)复杂性的增加是知识逐渐专业化的结果之一,这使得人们对因果关系的理解更加深刻,同时也获得了效果更好、成本更低的实验方法(Perkins, 2000; Mahdi, 2002)。这大大降低了技术搜索的成本,进而使得新产品或新服务中的零部件乃至分子数量都变得愈加复杂。而 ICT 自身的发展正在加速这一趋势:数字化为设计更复杂的系统创造了条件,而仿真技术则大大降低了实验成本(Pavitt and Steinmueller, 2001)。

知识生产活动的专业化也扩展了人们在产品设计中使用知识的范围。我们可以将最原始的大型织布机与当今的新机械进行对比,其中后者蕴含了许多专业领域(电气、空气动力学、软件、材料等)的知

识,而今天的汽车也必须将塑料与其他新型材料、电子与软件控制系统等各类知识进行更广泛的集成(Granstrand, Patel and Pavitt, 1997)。

此时,对于设计这些日益复杂的产品的公司而言,它们逐渐发现自己无法掌握蕴藏在与产品相关的领域内最先进的知识。因此,模块化的设计越来越重要,这意味着组件接口的标准化以及彼此之间依赖关系的解耦化。因此,厂商在整体产品(或系统)架构的约束下可以将组件和子系统的设计与生产进行外包(Ulrich, 1995;Sanchez and Mahony, 1996)。然而,正如本书其他章节所指出的那样,模块化并没有将系统集成的特点简化为单纯地定义架构、外包零部件的设计和生产,然后再组装它们。在复杂系统中,处理组件之间不可预测的相互作用(如机械系统中的共振和抖动)的能力,与处理不同组件和子系统技术发展速度不均衡(如电子和机械控制系统)的能力同样重要。这种能力包括在新架构下去设计和测试系统的能力,也包括掌握外包部件与子系统所包含的相关技术知识(Brusoni, Prencipe and Pavitt, 2001)。

四、生产中的技术融合与垂直分离

随着技术的进一步发展,除产品设计环节内部的专业化和解体之外,产品设计和生产之间的局部解体也有了新进展。正如我们所看到的那样,19世纪以来大型工业企业的兴起与规模经济和速度经济密切相关,而这背后则是以材料、机器和能源为代表的重大技术革新和以纵向一体化企业为代表的重大组织创新的深入结合(Chandler 1977)。当这些企业能够用相对简单的技术制造标准化商品的时候,垂直分离与专业机械制造部门就得以迅猛发展(Rosenberg, 1963)。

但是,当机械、交通、化学、电气电子产品方面的技术进步使规模经济和范围经济(即新产品)相结合的时候,解体就不那么频繁了。

莫厄里(1982)对美国的研究表明,在 20 世纪,越来越多的工业研发被整合进大型工业企业内部。直到大约 10 年前,所有经合组织(OECD)成员国内部的企业研发经费几乎都是由工业企业自己使用的。莫厄里对这种纵向脱钩的解释是,研发活动的不确定性和高度异质性决定了撰写外包合同的难度。今天,作者将更加强调集成在协调产品创新与工艺变革方面的优势,这一方面需要综合不同职能中那些专业且隐性的知识,另一方面此前的经验积累也至关重要(另见 Kogut and Zander, 1992)。

总之,一直以来,在产品设计与生产操作之间建立密切的合作与反馈,都被视为创新管理的最佳实践,其中往往涉及个体层面的互动与交流,以便更好地理解产品设计及其向制造环节转化的种种隐性元素(Tidd, Bessant and Pavitt, 2001)。许多案例表明,产品设计中的许多构想都会在制造环节遭遇技术难题(甚至无法制造),因此确保在产品和工艺设计过程中建立有效的非正式反馈过程至关重要(lansiti and Clark, 1994)。

然而自 19 世纪以来,即使是那些在产品创新中投入大量资金的行业,制造工艺创新的专业化分工与垂直分离现象也伴随着技术进步的不断积累而时有发生。罗森博格(1963)表明,专业机床企业之所以会在 19 世纪出现,就是因为金属切割和成形技术的进步导致了制造过程中许多常见操作的技术融合:比如在金属上镗出精确的圆孔就是制造小型武器和缝纫机的通用操作。尽管此类加工操作的技能通常是隐性且基于工艺的,但由此带来的成品却可以被编码和标准化。因此,这类通用操作的市场规模往往足以维持那些专门设计和制造这种机器的小型企业的增长。而大型工业企业则变成下游用户,只需购买最新改进的、整合了众多用户反馈的机器,进而专注于自身的本职工作。用今天的话来说,自主设计和制造这些机器已经无法给大型工业企业带来独特的竞争优势。

如表5.1所示,技术融合和垂直分离的过程从那时起就已经频繁发生。其中,新的技术融合的机会来自那些在不同产品类别的生产过程中都存在广泛使用前景的重大技术突破:材料成型与加工,材料的特性,持续的化学反应,不同业务部门(生产中的操作、设计)通用的信息存储与调用技术。这催生了许多新兴业务,如:专门从事材料分析和测试的合同研发企业(Mowery and Rosenberg, 1989)、为连续生产性行业制造测量和控制仪器的企业、起源于运输部门的计算机辅助设计和制造系统、金属制造中的机器人,以及涉及众多行业的专业应用软件和快速成型技术。而在重化工行业里,生产环节的垂直分离会走得更远。对化学流程的认识的不断加深使技术融合成为可能,这使得专业化的化学工程企业能够为一批产品设计和建造完整的大规模连续生产设施(Landau and Rosenberg, 1992; Arora and Gambardella, 1999)。

表5.1 技术融合与垂直分离的例子

潜在的技术突破	技术融合	垂直分离
金属切削与塑形	生产操作	机床制造商
化学与冶金	材料分析与测试	合约研究机构
化学工程	流程管控	仪器制造商 工厂承包商
电脑技术	设计 重复性操作	CAD制造商 机器人制造商

续 表		
潜在的技术突破	技 术 融 合	垂 直 分 离
新材料	建立原型	快速原型制造企业
ICT	操作软件 生产系统	KIBS（知识密集型 服务） 合约制造商

　　最近,我们已经看到了有关产品设计从随后的生产过程中进一步分离出来的迹象。与表 5.1 中的大多数情况不同,技术融合并不是发生在不同行业制造环节的相似要素之间的,而是发生在同一行业中不同产品设计的整个制造过程。斯特金(Sturgeon)(2002)记录了电子产品合同制造的兴起,顾名思义,这是指合约公司从甲方拿到电子产品的设计后完成进一步工程细化和制造的过程。[2] 他指出这种合同制造形式在其他行业同样有所发展,并强调了这种现象本身发展的重要性:

　　　　模块化生产网络(的发展很重要),因为每一个价值链里的中断点都对应着一部分高度正式的产品规格信息……在职能高度专业化的价值链节点中,其活动往往由于各种隐性联系而高度集成。然而,在这些节点之间,这种联系是通过编码信息的传递来实现的。

　　除了斯特金(2002),还有一批学者(如 Zuboff, 1988; D'Adderio, 2001; Balconi, 2002)分析了模块化和信息通信技术发展的性质及其对产品设计和制造之间联系的影响。这些研究表明,ICT 在如下两个方面促进了技术融合。

　　第一,它从根本上降低了识别标准化组件和亚组件(subsubsystems)

的搜索成本,这些组件在特定产品架构中承担着特定功能。

第二,它通过自动化(参见 Sturgeon,2002)以及适配更多标准化的软件工具(如 PDM 和 ERP 等集成企业软件系统,参见 D'Adderio 2002)大大提高了生产的标准化。

此外,ICT 的进步还降低了产品设计企业垂直专业化的成本。

仿真技术和建模使"干前学"的可能性大大提高(Pisano,1997),从而降低了后续生产中产生漏洞的风险以及相关技术困难(D'adderio,2001)[3]。

ICT 也使新产品的数字化信息能够更轻松地从产品设计师手中转移到生产者手中。这既减少了歧义,又搭建了一个共同的平台,方便了包括开发人员和生产人员在内的专门化小组的辩论和协商。

现在的 ICT 还能让产品设计人员实时监控后续生产。

尽管已经取得如此进展,ICT 并未如斯特金所言,已能完全满足模块化生产系统的要求。由于产品设计和生产之间的联系并非完全基于编码信息,因此它不像是写完论文后在电脑上按一下打印键这么简单。产品比语言更难做到形式化,设计人员所面对的产品通常都比拖车和办公桌这些乌尔里克(Ulrich)(1995)举出的模块化范例复杂得多,技术要求也高得多。

正如达达里奥(D'adderio)(2001)所谈,设计师们在将产品特征数字化的过程中涉及简化问题,而随后负责生产的部门必须能够重现这一数字化模型。因此,这仍然需要个体间的互动和隐性知识的转化。这意味着,知识分工与劳动分工绝不是一一对应的镜像关系,产品设计人员需要对生产有所了解,反之亦然。尽管二者是垂直分离的,但生产者和设计者之间必须要有所联系,而不能相互独立,否则这就与当年专用资本品工业中产品设计人员和生产商之间的专业化没有区别了。

总之,产品设计和制造的完全脱钩尚未实现,但近期模块化和信息与通信技术的进步显然已经开始在一些行业中推动了这一趋势。此外,这一现象也反映在技术市场的增长上(Arora, Fosfuri and Gambardella, 2001)。在下一节中,我们将探讨产品设计环节内部,以及设计和制造之间的两个脱钩过程在未来可能会走多远,以及朝着哪个方向发展。

五、分离会走多远?走向何处?

(一)劳动分工的限制:系统集成商并不是简单的插积木

企业的经济压力在推动产品设计和相关制造模块化和解体的过程中有着深远的影响。例如,卡朋特(Carpenter)、拉佐尼克(Lazonick)和奥沙利文(O'sullivan)(2002)就展示了来自股东价值的压力如何推进了光纤网络中的制造外包;布鲁索尼(Brusoni)和普伦奇佩(Prencipe)(2001)说明了飞机发动机和化工厂外包设计与生产活动的一系列经济诱因:螺旋式上升的发展成本、来自发展中国家的压力、国防预算的减少、利润率的缩小和(外包商)专业化的优势。在一篇关于汽车制造的特别报道中,《经济学人》(The Economist, 2002)指出,市场饱和、产品差异化和客户反应的不确定性,是厂商持续开展模块化组件和子系统实验、设立全新产品架构的背后因素。

但值得怀疑的是,我们是否正在朝着一个彻底的、相互独立的劳动分工的方向发展:产品设计师预测客户需求、确定模块化产品的架构和功能,外包公司在整体产品架构的约束下设计组件和子系统,然后制造企业负责生产这些部件和子系统。原因如下。

首先,不同产品间的技术融合在一些行业中是不明显的,这限制了垂直分离的发展。与电子产品的生产不同,这类产业中某些关键的生产操作可能难以被编码与被自动化。例如,巴尔科尼(Balconi)(2002)就一直强调技能密集型机械装配(包括焊接)实现自动化的难度,与电子产品相比,这类产品的组件通常更重,尺寸和形状也更多样化。

其次,企业会从保护自身战略核心能力的立场出发,始终将那些难以模仿且对企业整体竞争力至关重要的部件和子系统的设计与生产工作掌握在自己手中。因此,普伦奇佩(1997)表明,尽管生产的外包比重与日俱增,但航空发动机制造商们一直在设计并制造其核心部件与子系统。此外,当涉及新的、未经测试的技术时,产品设计企业往往会亲自上手,至少进行初期的生产。正如斯特金(2002)所指出的那样,外包商们也更倾向于专注在常规的生产操作中,例如,那些应用范围广泛的量大面广型产品的基本生产流程,或是能用于多种最终产品的基本组件,抑或面向多种最终用户的基础服务。在这种情况下,独立完成生产工作不会为产品设计者带来任何战略优势。

再次,虽然在产品设计、子系统和生产等各环节上,企业的专业化程度会有所提高,但这种专业化趋势不会延伸到企业知识基础的层面。正如我们所看到的那样,这是因为在将专业的、部分隐性的、经常快速变化的知识转化为日益复杂的产品系统时,完全的市场交易关系无法保障高效的知识交换与集成。这意味着企业之间至少要保持最基本的关系性的联系,这种关系性联系反映为能够就彼此重叠的技能和知识展开交流。它们可能还需要某种程度的“松散耦合”,比如在开发新产品架构期间偶尔的组织整合。如果产品(系统)本身非常复杂,彼此的相互依赖性不可预测,组件性能的技术变化速度也不均匀,企业之间就还需要进行彻底的一体化改革

（Brusoni，Prencipe and Pavitt，2001）。

最后,哪怕企业只是单纯地用相对容易制造和组装的标准化模块组件来设计产品,它们也可能在供应链物流管理、生产组装控制,以及面向客户的交付与售后(如戴尔的 PC 产品)等环节应用那些日益复杂的(通常基于 ICT 的)技术。

总之,在产品开发环节内部,以及开发和生产之间的分工可能会逐渐发展,但不会完全相互脱钩。对某些产品而言,统筹下的生产仍然是一种战略资源。专业化企业需要在特定的劳动分工之外维持和开发自己的技术能力。尤其是对那些专注于产品开发和系统集成的公司来说,他们需要在如下领域持续保持自己的竞争力:与自身产品相关的制造、零部件和子系统,以及在设计、物流、生产、客户支持、协调和控制等环节持续应用 ICT。

（二）制造业会继续向发展中国家转移吗?

上述趋势将如何影响制造业向发展中国家的转移? 45 年前,弗农（Vernon）（1966）的预测是正确的,他认为发展中国家凭借兴起的本土需求与劳动力价格优势,将会在全球工业生产中占据越来越多的份额。最近,芬斯特拉（Feenstra）（1998）写了一篇关于“全球经济中贸易一体化与生产脱钩”的文章,其中指出工业企业正在将越来越多的生产外包到国外。弗农（1966）最初认为,这一现象只会发生在处于产品生命周期第三阶段的产品,此时产品的特性和生产方法已经稳定,关键技能就是将稳定的(和廉价的)生产要素组合起来。斯特金（2002）认为,合约制造的出现与美国制造业的复兴有关,贝斯特（Best）（2001）对美国系统集成的发展也提出了类似的观点。

但一系列因素表明,发展中国家在产品生命周期第二阶段产品中的合同制造份额正在不断扩张。霍布迪(Hobday)(1995)表明,一些东亚国家和地区的企业通过代工处于成熟期(产品生命周期的第三阶段)的产品来实现自身的现代化,并且随后就证明了自己有能力为尚处第二阶段的新产品提供制造,甚至组件设计的服务。如今,ICT 的进步不但可以将相关的产品信息[4] 转移到大洋彼岸,还可以监测那里的生产状况(Ernst, 2002a, b)。这也导致了在生产操作中,与基于经验的工艺技能相比,正式教育的重要性不断上升(Balconi, 2002)。因此,ICT 的最新发展将使投资于教育和 IT 基础设施的发展中国家能够在"常规智力劳动力"(Learner and Storper, 2001)之上构筑新的优势。他们将能够把"更高阶"的发明和创新活动立即转化为生产制造活动。我们已经能够在跨国公司向"全球生产网络"(Ernst and Kim, 2002)的转变中察觉到这一趋势的某些蛛丝马迹。而处于这个网络核心位置的旗舰企业就类似于我们所说的"系统集成商"。

六、结 论 与 推 测

本文希望说明,产品和知识生产的日益专业化以及 ICT 应用的最新进展,是产品开发活动内部,以及开发和制造之间纵向解体与专业化程度不断提高的重要因素。

我们可以据此推断,这一趋势反映了一个重大迁移,即重大技术变革所带来的机会已经从过去的材料处理迁移到产品处理(组装),并进一步向服务性业务的信息处理迁移。因此,我们认为龙头企业基于创新的竞争着力点,将从离散的物理产品制造与生产环节的流程创新,转向日益复杂的产品和系统的设计、开发、集成和营销创新。

正如德鲁克(Drucker)(2001)[5] 所预见的那样,这可能会导致系

统集成商与制造企业之间日渐脱钩(但仍不彻底)。同时,它还可能
会促进制造业向某些低收入国家转移。但是,高收入国家所擅长的
高技能"服务"绝不是传统意义上的"无形活动"。其中包括高技术
机器(处理信息而不是材料),对制造基础知识的掌握,设计、集成和
支持复杂物理系统的能力(如对产品和工艺进行仿真和建模),对生
产和物流的运营、监控和控制,以及客户支持。换句话说,(西方)制
造企业仍然掌握着所有高技能活动,除了制造本身。一个容易被混
淆的事实是,这些活动中的大多数都被定义为"服务"。

　　从这个意义上说,专门从事系统设计和集成的公司并不是后工
业企业。它们只是工业系统在新时代的延伸:一个日益专业化和复
杂化的时代,一个对信息存储、传输和操控能力的要求不断提高的时
代。高收入国家可能发现自己确实越来越专注于"服务",但这种
"服务"不是对制造的替代,而是制造业中技术密集的部分。制造业
中那只"看得见的手"不会变成"看不见的手"(Langlois, 2001),它会
继续利用自己规模经济、速度经济和范围经济的优势。与此同时,系
统集成这个"看得见的脑"可能会成为发达国家商业组织的主导
形式。

注释

1. 就本章的目的而言,系统集成包括产品(或系统)设计,以及对组
   件、子系统和相关知识的集成。

2. 作者列举了服装和鞋履、玩具、数据处理、海上石油钻探、家居和
   照明、半导体制造、食品加工、汽车零部件、酿造、企业网络和制
   药。此外,普伦奇佩(1997)已经说明了飞机引擎部件生产外包的
   增加。

3. 另见"我们的全球愿景是,到 2005 年每个生产厂都会在正式生产

前采用先进的全仿真技术进行规划、建造、上线和运营。每个车型的数字模型都必须在真正的工厂批准之前经过数字工厂的质检：是否满足成本、质量和时间目标"（苏·昂格尔 Sue Unger，戴姆勒-克莱斯勒公司首席技术官，Manufacturing Daily，2002 年 8 月 28 日）。

4. 尽管 S. 布鲁索尼（S. Brusoni）坚持认为，作为一种国际（隐性）知识转移的有效手段，长途飞机旅行仍然很重要。

5. 见帕维特对通用和丰田未来截然不同的看法。

参考文献

ARORA, A. and GAMBARDELLA, A. (1999). "Chemicals", in D. Mowery (ed.), *US Industry in 2000: Studies in Competitive Performance*. Washington: National Academy Press, 45–74.

——, FOSFURI, A., and GAMBARDELLA, A. (2001). *Markets for Technology: The Economics of Innovation and Corporate Strategy*. Cambridge, MA: MIT Press.

BALCONI, M. (2002). "Tacitness, Codification of Technological Knowledge and the Organization of Industry", *Research Policy*, 31: 357–379.

BERNAL, J. (1953). *Science and Industry in the Nineteenth Century*. London: Routledge and Kegan Paul.

BEST, M. (2001). *The New Competitive Advantage: The Renewal of American Industry*. Oxford: Oxford University Press.

BRUSONI, S. and PRENCIPE, A. (2001). "Unpacking the Black Box of Modularity: Technologies, Products and Organizations", *Industrial and Corporate Change*, 10/1: 179–205.

——and PAVITT, K, （2001）. "Knowledge Specialization and the Boundaries of the Firm: Why do Firms Know More than they Make?", *Administrative Science Quarterly*, 46: 597－621.

CARPENTER, M. , LAZONICK, W. , and O'SULLIVAN, M. （2002）. "Corporate Strategy and Innovative Capability in the ' New Economy ' : The Optical Networking Industry ", Fontainebleu: INSEAD.

CHANDLER, A. （1977）. *The Visible Hand*. Cambridge, MA: Belknap Press.

——（1990）. *Scale and Scope: The Dynamics of Industrial Capitalism*. Cambridge, MA: Belknap Press.

D'ADDERIO, L. （2001）. "Crafting the Virtual Prototype: How Firms Integrate Knowledge and Capabilities across Organizational Boundaries", *Research Policy*, 30/9: 1409－1424.

——（2002）. *Bridging Formal Tools with Informal Practices: How Organizations Balance Flexibility and Control*. Edinburgh: Research Centre for Social Sciences （RCSS）.

DRUCKER, P. （2001）. "The Next Society: A Survey of the Near Future", *Economist*, 3 November.

ECONOMIST （2002）. "Incredible Shrinking Plants", 23 February.

ERNST, D. （2002a）. "Global Production Networks in East Asia's Electronics Industry and Upgrading Perspectives in Malaysia ", *Working Papers, Economics Series, No. 44*. Hawaii: East-West Centre.

——（2002b）. "Digital Information Systems and Global Flagship Networks: How Mobile is Knowledge in the Global Network

Economy", *Working Papers*, *Economics Series*, *No. 48*. Hawaii:
East-West Centre.

——and KIM, L. (2002). "Global Production Networks, Knowledge
Diffusion, and Local Capability Formation", *Research Policy*, 31/
8 – 9: 1417 – 1429.

FEENSTRA, R. (1998). "Integration of Trade and Disintegration of
Production in the Global Economy", *The Journal of Economic
Perspectives*, 12/4: 31 – 50.

GRANSTRAND, O., PATEL, P., and PAVITT, K. (1997). "Multi-
technology Corporations: Why They have 'Distributed' rather than
'Distinctive Core' Competencies", *California Management Review*,
39/4: 8 – 25.

HOBDAY, M. (1995). *Innovation in East Asia*. Aldershot: Edward
Elgar.

IANSITI, M. and CLARK, K. (1994). "Integration and Dynamic
Capability: Evidence from Product Development in Automobiles and
Mainframe Computers", *Industrial and Corporate Change*, 4:
557 – 605.

KOGUT, B. and ZANDER, I. (1992). "Knowledge of the Firm,
Combinative Capabilities and the Replication of Technology",
Organisation Science, 3: 383 – 397.

LAMOREAUX, N. and SOKOLOFF, K, (2002). "Intermediaries in the
US Market for Technology, 1870 – 1920", *Working Paper 9017*.
Cambridge, MA: NBER.

LANDAU, R. and ROSENBERG, N. (1992). "Successful
Commercialization in the Chemical Process Industries", in N.

Rosenberg, R. Landau, and D. Mowery (eds.), *Technology and the Wealth of Nations*. Stanford: Stanford University Press, 73 - 119.

LANGLOIS, R. (2001). "The Vanishing Hand: The Modular Revolution in American Business", *mimeo*. Storrs, CT: University of Connecticut. Richard. Langlois@ Uconn. edu.

LEAMER, E. and STORPER, M. (2001). "The Economic Geography of the Internet Age", *Working Paper 8450*. Cambridge, MA: NBER.

LORENZONI, G. and LIPPARINI, A. (1999). "The Leveraging of Interfirm Relationships as a Distinctive Organizational Capability", *Strategic Management Journal*, 20: 317 - 338.

LOASBY, B. (1998). "The Organization of Capabilities", *Journal of Economic Behaviour and Organization*, 35: 139 - 160.

LUNDVALL, B. A. (1988). "Innovation as an Interactive Process: From User-Producer Interaction to the National System of Innovation", G. Dosi et. al. (eds), Technical Change and Economic Theory.

L. Soete (eds.), *Technical Change and Economic Theory*. London: Pinter, 349 - 369.

MAHDI, S. (2002). "Search Strategy on Product Innovation Process: Theory and Evidence from the Evolution of Agrochemical Lead Discovery Process ", *SPRU Electronic Working Paper No. 79*. Brighton: SPRU, University of Sussex, www. sussex. ac. uk/SPRU/ publications/imprint/sewps/sewps79. pdf.

MANUFACTURING DAILY (2002). 28 August: 4. Provided from

Mailing@ manufacturingnews. com.

MOWERY, D. (1982). "The Relationship between Contractual and Intrafirm Forms of Industrial Research in American Manufacturing, 1900 – 1940", *Explorations in Economic History*, 20/4: 351 – 374.

——and ROSENBERG, N. (1989). *Technology and the Pursuit of Economic Growth*. Cambridge: Cambridge University Press.

PAVITT, K. and STEINMUELLER, W. E. (2001). "Technology in Corporate Strategy: Change, Continuity and the Information Revolution", in A. Pettigrew, H. Thomas, and R. Whit-tington (eds.), *Handbook of Strategy and Management*. London: Sage Publications, 344 – 372.

PERKINS, D. (2000). "The Evolution of Adaptive Form", in J. Ziman (ed.), *Technological Innovation as an Evolutionary Process*. Cambridge: Cambridge University Press, 159 – 173.

PISANO, G. (1997). *The Development Factory*. Boston, MA: Harvard University Press.

PRENCIPE, A. (1997). "Technological Competencies and Product's Evolutionary Dynamics: A Case Study from the Aero-engine Industry", *Research Policy*, 25: 1261 – 1276.

ROSENBERG, N. (1963). "Technological Change in the Machine Tool Industry, 1840 – 1910 ", *Journal of Economic History*, 23: 414 – 416.

——(1974). "Science, Invention and Economic Growth", *Economic Journal*, 84: 333.

SANCHEZ, R. and MAHONEY, J. T. (1996). " Modularity, Flexibility, and Knowledge Management in Product and Organization

Design", *Strategic Management Journal*, 17: 63 – 76.

SMITH, A. (1776). *An Inquiry into the Nature and Courses of the Wealth of Nations* (Dent edn. , 1910). London. W. Straham and T. Cadell.

STURGEON, T. (2002). "Modular Production Networks: A New American Model of Industrial Organization", *Industrial and Corporate Change*, 11/3: 451 – 496.

TIDD, J. , BESSANT, J. , and PAVITT, K. (2001). *Managing Innovation: Integrating Technological, Market and Organizational Change* (2nd edn.). Chichester: Wiley.

ULRICH, K. (1995). "The Role of Product Architecture in the Manufacturing Firm", *Research Policy*, 24: 419 – 440.

VERNON, R. (1966). "International Investment and International Trade in the Product Cycle", *Quarterly Journal of Economics*, 80: 190 – 207.

ZUBOFF, S. (1988). *In the Age of the Smart Machine: The Future of Work and Power*. Oxford: Heinemann.

第六章 |

系统集成经济学： 一种演化性解释

乔瓦尼·多西(Giovanni Dosi)
意大利比萨圣安娜高等学校

迈克尔·霍布迪(Michael Hobday)
英国萨塞克斯大学科技政策研究所

路易吉·马伦戈(Luigi Marengo)
意大利特拉莫大学

安德烈亚·普伦奇佩(Andrea Prencipe)
英国萨塞克斯大学科技政策研究所
意大利邓南遮大学

一、引　言

　　本章的目的是通过将系统集成概念置于演化经济学的背景下，探索系统集成(和解体)经济学的一些理论议题。我们认为系统集成商(作为企业)和系统集成(作为企业内部和跨企业的关键能力)作为许多现代工业活动的"看得见的手"发挥着核心作用，尤其在复杂产品系统领域。后者包括资本品的一个重要子集，如移动通信系统、军事系统、企业 IT 网络、高速列车、飞机、智能建筑、空中交通管制系统和定制软件包。

本章识别了系统集成和"知识积累-组织边界"共同演进机制之间关系的一些重要方面，也挑战了最近对模块化的一些解释（Langlois，2001）。我们指出，组件层面上日渐深入的模块化以及与之相伴而生的企业专业化分工，并不会导致管理这只"看得见的手"的消失，反而要求作为"集成者"的企业必须掌握额外的整合性知识。我们认为，系统集成商和系统集成能力，代表了"钱德勒式"组织那只始终存在的"看得见的手"，这只"手"一直努力协调着"斯密式"供应商多样且复杂的学习轨道。

与大批量生产商品相比，复杂产品系统（CoPS）在产品和生产特点以及创新模式、竞争战略、市场特点和管理限制等方面都有所不同（Hobday，1998）。例如，设计和实施往往是通过临时性企业联盟所主持的重大项目来完成的。而复杂产品系统多部件、多技术的本质特征，又要求制造商必须活跃于多个技术领域，才能完成设计、开发、整合和制造产品的任务。

对复杂产品系统的研究经常强调一些关键制造商作为组织内外活动的协调者的角色，其中对外协调发生在一系列行动者（如组件供应商，但有时也包括大学、监管机构等）所构成的网络之中。事实上，在许多复杂产品系统工业中，有一批地位特殊的领头企业会对生产和创新的整体协调负总责，按照罗思韦尔（Rothwell）（1992）首次提出的定义，它们充当了系统集成商。反过来，这种独特的产业组织模式所蕴含的重要解释，其影响将远远超出复杂产品系统本身的范畴，并触及一系列议题的分析核心：经济组织的核心及其边界、组织间关系及其演变。

在本章第二节中,我们简要地概述了促使我们研究的一些关键问题。第三节概述了关于如何组织复杂产品系统的设计和生产活动的相关证据。最后,在第四节中,我们试图在知识积累和组织的演化理论中解释这些证据。

二、组织和市场之间不断变化的 边界:一些背景问题

我们很难深入处理那些模糊和大致的边界的决定因素,也很难区分组织内部所做的事情和独立行动者之间通过交易方式所发生的事情。本文只需回顾一些不同但并不互斥的解释线索就足够了。

第一条线索关注特定任务的绩效,以及由一定程度的不可分割性和规模因素导致的专业化优势,这一脉络可部分追溯到亚当·斯密(1776)的《国富论》、施蒂格勒(Stigler)(1951,1968),以及米尔格罗姆(Milgrom)和罗伯茨(Roberts)(1990)对"互补性"的改进。亚当·斯密著名的制针案例即是典型。事实上,人们不会怀疑:规模扩大、分工深化和效率提高之间的"良性循环"一直是推动生产力长期增长的强大动力。

但其中的一个独特议题涉及任务间专业化与企业间专业化的关系。从历史上看,前者是一个强大的典型事实,而后者远非如此。企业通常是多任务(而且往往是多产品)的实体,它们在内部管理着劳动分工的过程以及各项分立任务之间的协调。那么,是什么原因导致了这种系统性差异呢?

解释企业边界的第二条线索是基于交易的性质和相关的交易成

本,这条脉络始创于科斯(Coase)(1937),并经威廉姆森(Williamson)(1975,1985)发展而来。在这里,分析单元不是"技术"任务,而是基本的交易,基于此比较层级制组织与基于市场的协调在交易治理的相对效率上的差异。资产专用性和交易的其他特征决定着机会主义行为的范围,而根据该理论所言,这些特征又会以某种方式扭曲平衡,从而塑造着基于组织和基于市场的协调机制之间的大致界限。

与前两种解释相比,第三种解释线索未必是替代性的。它侧重于跨组织的知识分工(而非"运营"任务的分工)以及组织特定的学习流程。这种观点可以从希尔伯特·西蒙(Herbert Simon)及其合作者的里程碑式的作品中找到根源(Simon,1981,1991;March and Simon,1993)[1]。简而言之,这种观点推测,企业组织的大致边界在很大程度上是由它们所体现的胜任(competences)/能力(capabilities)的性质和它们的学习模式所决定的。关于这些概念的更详细的近期讨论,见多西(Dosi)、纳尔逊(Nelson)和温特(Winter)(2000)。而组织知识又适用于不同的领域,如(a)分配能力(如决定生产什么,如何定价等);(b)交易能力(决定是自制还是购买等);(c)管理能力(如关于设计有效的治理结构);(d)问题解决能力(从总体上讲,关于设计、规划、生产的组织等);(e)搜索能力(包括对新产品和新工艺的技术搜索、新的组织安排、新的战略定位等)(Teece,Pisano and Shuen,1994)。

还要注意上述三个观点之间可能存在的重叠。例如,如果组织能力主要与交易特征的动力有关,那么(不断变化的)组织边界的解释变量主要涉及交易治理机制的特征[比较朗格卢瓦(Langlois)(1992)和福斯(Foss)(1993)的讨论]。相反,如果人们能够将知识的"大块"进行整齐的分解,并将其映射到组织活动中,也能向"以知识为中心"的企业边界观寻求许多共识。事实上,许多专注于产品模块化的分析都暗示了这种解释的观点。在管理学文献中,模块化最早是作为一种产品设计策略提出的,目的是在产品的各个组成部分(模块)之间定义稳定的界面。人们认为,每个模块都可以在预定的变化范围内进行改进(如通过改变设计、引入新材料等),而对其他模块的设计几乎没有影响(Ulrich,1995)。更进一步的说法是,模块化从产品设计延续到了组织的特性。例如,桑切斯(Sanchez)和马奥尼(Mahoney)(1996)认为,如果组件接口可以被完全指定和标准化,它们也会决定相对稳定的产品和生产架构。因此,独立的组织实体也可以对单一模块进行解耦和改进。因此,企业很可能选择专攻最终产品或特定模块的设计(和/或组装),而把大部分的接口工作留给市场交易。

　　类似的考虑也适用于有关市场交易在"大块知识",尤其是技术知识方面的作用。显然,编码化和情境依赖性(的不足)影响着市场交易的重要性。在这方面,考恩(Cowan)、戴维(David)、福雷(Foray)(2000)以及阿罗拉(Arora)、福奥斯福锐(Fosfuri)和加姆巴德拉(Gambardella)(2001)均认为,技术知识编码化的程度不断提高,这在事实上促进了"技术市场"日益增长的重要性。这种趋势的稳健性和程度备受争论。布鲁索尼(Brusoni)、普伦奇佩和帕维特(2001)代表了另一种观点。

　　无论如何,我们在这里有一些主要的解释问题,包括:(a)企业内部及企业间劳动分工(如在运营任务中)和知识分工的关系;(b)决定两类活动大致界限的因素:一类由组织内部化完成,另一类则基于市场调节;(c)组织间关系的本质,它很难被简化为非人格化交换。

三、"制造"与"知道"：关于系统集成
相关性的一些经验证据

越来越多的经验证据表明,劳动分工和知识分工虽然有联系,但在企业内部(Brusoni and Prencipe,2001)和整个经济中都遵循不同的、往往明显不相关的动力。特别是下文将表明：基于定性和定量证据的深度产业案例研究已经证实,企业的知识和产品边界之间存在不完全重叠。

基于对多个产业中美国专利数据的系统观察,格兰斯特兰德(Granstrand)、帕特尔(Patel)和帕维特(1997)认为,与产品有关的决策和与企业基本能力(如技术)有关的决策是不同的。比如说,外包零部件生产并不一定意味着将用于指定、设计、集成、制造、测试和组装的知识集进行外包。他们认为"为了有能力监测和整合外部知识和生产投入,企业应该保持探索和应用研究的能力"。

米勒(Miller)等人(1995)在对飞行模拟器行业的研究中,强调了领先企业作为其他企业知识和活动集成商的角色。这些系统集成商的知识基础跨越了许多不同的知识领域,包括：(a) 支撑多种组件和子系统的科学技术领域;(b) 管理和整合产业内多个参与者的活动所需的组织(如项目管理)能力和关系(如营销)能力;(c) 有关客户需求的知识;(d) 有关发动机认证的规则和条例的知识。

这项深入的研究表明,行业层面发生的革命性变化(无论是技术性的还是制度性的)会严重影响部件供应商,但对最终的飞行模拟器生产商(即系统集成商)影响不大。

普伦奇佩(2004)指出,在飞机发动机行业,尽管发动机制造商广

泛使用合作协议,但它们保持着广泛而深入的内部能力,以了解和协调该行业所涉及的供应商网络的技术运作。需要着重指出的是,这个行业的特点是有一系列驱动力,这些驱动力的综合作用为发动机制造商更加依靠供应商创造了可能性和必要性。其中前者包括对发动机系统行为的知识积累、知识编码化过程,以及对强大计算机的日益增加的使用,而后者则包括不断上升的开发成本、来自发展中国家的压力和专业化的优势。

发动机的模块化只是这些驱动力中的一种重要的力量。这导致了发动机制造商和供应商之间更大的分工。得益于对部件以及整个系统行为的知识积累,制造商能够以模块为单位来构设计发动机,并将大型发动机部件的设计和制造委托给供应商。正如一位行业专家所说:"如果我想把这 10 000 个(发动机)部件列成一个清单,并把每个部件的价格和供应商的名字对照起来,你会发现总价值的 60% ~ 80% 都在系统集成商之外。"

然而,普伦奇佩的研究也表明,尽管零部件外包越来越多,发动机制造商仍然保持着广泛的内部技术能力,而且这些能力的广度随着时间的推移而增加。虽然发动机制造商和供应商之间的分工深化是这一行业的趋势,但没有证据表明发动机制造商本身的技术逐渐聚集、知识专业化程度逐渐提高。

尽管越来越多地使用外包,但企业内部的多技术基础持续存在,这意味着劳动分工和知识分工发展的非同步态势。事实上,如果产品可分性并不必然导致知识可分性,那么企业的知识边界和产品边界就可能不同。外包部件的决定不一定会导致技术知识的外包。部件外包和技术外包虽然有联系,但却是不同的现象。普伦奇佩(2004)认为,发动机制造商技术外包的范围受制于两个相互关联的因素,即(a)发动机集成的技术和产品要求,以及(b)协调该行业相关行动者网络的需要。

这两个因素都促使企业掌握跨技术领域的艰深知识。发动机制造商将发动机的开发任务划分给一些外部供应商,但这种任务划分能力(von Hippel, 1990)取决于其多技术基础。此外,为了从技术角度协调供应商、机身制造商、航空公司和监管机构的工作,发动机制造商的能力必须跨越广泛的技术范围。因此,这个行业的协调不是通过市场交易关系来实现的,而是须由知识全面的发动机制造商积极追求才能实现。换言之,发动机制造商担当了行业内的系统集成商,他们的多技术基础构成了他们的系统集成能力。

布鲁索尼(2001)在他对化工行业的研究中发现了类似的证据。通过比较运营商和承包商之间劳动分工模式的演变,他指出尽管产品模块化程度不断提高,但所谓的运营商——行业内的系统集成商——一直明确承担着协调工作。用他的话说:

> 尽管承包商越来越多地参与高层设计决策,但这项研究中涉及的所有运营商都保留了与关键部件相关的内部能力。特别是,他们保留了与反应器有关的概念和细化设计能力,而反应器是工厂的关键组成部分。这一特定设备的变化可能会带来系统性变化。运营商还维持着研究部门,专门研究反应器行为的理论和建模(Brusoni, 2001: 18)。

更具体而言,我们应当注意到,有证据表明许多复杂产品系统表现出两个持续趋势,即(a) 合并越来越多的功能,这些功能增加了部件、组件(多组件)以及服务的集成度,以及(b) 整合越来越多新的、有时不甚相关的科学技术领域(多技术)。这两种趋势极大地影响了企业边界的确定,尤其是"自制"还是"购买"的决策,因为复杂产品系统供应商必须日益诉诸外源性的组件、设备和技术。企业需要建立和管理一个行业内相关机构的网络。因此,系统集成能力在未来可能变得更加重要。

将服务内容(如维护和财务)整合其中,从提供单一子系统转向提供"捆绑"式系统(Tidd, Bessant and Pavitt, 1997)是一个值得拿出来、单独讨论的趋势。有关复杂产品系统的研究(Davies, 2003,本书第十六章; Prencipe, 2004)强调,供应商正在向下游移动、向买家提供"捆绑"式系统(整体解决方案或交钥匙工程)。这种"捆绑"式系统由软、硬件组件构成,通常由专有接口连接,通过单点购买和售后支持将客户与产品/服务解决方案捆绑到一起。这类解决方案提供商通过加强服务活动(如维护和技术支持)而非制造,来获得越来越多的收入(Chadran, Chua and Kabonovsky, 1997)。

在一些行业中,系统集成商向下游业务移动,以及随之而来的服务能力的发展已经成为一种"战略需要"。例如,IBM 的重生就被视为向"解决方案供应商"转型的结果。在飞机发动机行业,利润的缩减、高额的开发成本以及收回初始财务投资的漫长回报期,促使发动机制造商探索新的发动机定价方式,以更好地稳定其收入流。发动机制造商们"以租代售",并将此视为一种新的选择。罗罗公司(Rolls-Royce)在 20 世纪 70 年代已经为商务专机运营商推出了按小时计算动力的协议,根据该协议,客户航司将支付一个包括资本和运营成本的固定费率。这种协议使发动机制造商得以管理发动机的全生命周期,进而激励它们提高发动机的可靠性并降低维护成本,换言之,发动机制造商提供了一个整体解决方案。而随着发动机可靠性的提高,航司也会节省时间,并因此获益。

上述所有例子都反映了同样的模式:(a)生产的纵向分离,(b)组件层面上相互补充的、斯密式专业化,以及(c)广泛的知识基础持续集中在少数"系统集成商"内。

这一模式的某些反例同样具有启示意义。例如,在电信行业,生产环节的纵向分离趋势仍然适用。尽管系统集成商所具有的宽广知识基础的重要性或许正在下降,但这并不意味着系统集成的重要性在下降。相反,系统集成反映为"向上游移动",并体现在关键部件生产商身上。在很大程度上,系统集成被越来越多地纳入基础的微电子元件中。关于电子学和系统集成之间关系的详细讨论,见斯坦缪勒(Steinmueller)(本书第八章)。

四、经验模式和理论解释

上述证据表明:在组件专业化广泛存在的情况下,系统集成构成了一种基本协调机制,它超出了大多数经济理论中常见的市场交换的基本表述范围。系统集成是由特定类型的组织执行的,这些组织在技术和协调能力方面是不同的。与此同时,这些企业的垂直一体化程度也因子系统的技术轨道的性质和动力差异而有所不同。

如何解释这一现象?蒂斯(Teece)等人(1994)推测,企业的大致边界由以下因素所决定:技术机会之间的相互作用、技术轨道的趋同/分化、异质性技术学习的累积程度,以及资产专用性。复杂产品系统所显示的模式大致证实了蒂斯等人所强调的一般概念,并与演化理论相一致,根据这些文献,技术知识的性质和动力是企业垂直边界和水平边界的基本决定因素。但复杂产品系统中的情形也生动地说明了组织的不同知识类型之间的进一步区别。

粗略地说,第一种类型涉及"做事的能力":做 A 的方式是否影响做 B 的能力,和/或在买卖 A 或 B 时管理市场关系的优势和成本。显然,这个领域是以下多个理论的交集区域:演化理论、以知识为中心的分析、"自制-购买"决策的交易成本解释,以及专业化驱动的收益递增现象的"斯密式"解释。

第二种稍有差别的知识类型是关于"产品如何被组装"的知识,即(可能)由独立生产商制造的多个组件如何最终被组装成复杂的产品(飞机、钢铁厂、飞行模拟器和潜艇),而且即便没有集中规划,抑或在组件间预设的神奇的模块化,但这一任务通常都能执行完成。

最后,组织知识涉及如何"寻找不存在的东西",以及如何协调独立代理人之间的搜索努力。我们认为,由于前述三个领域的知识积累只是松散耦合的,所以复杂产品系统强调动态模式。我们因此可以观察到的一个重要后果是,企业的行为范围与(某些)企业的知识范围存在动力差异。布鲁索尼、普伦奇佩和帕维特(2001)认为,无论复杂产品处于何种状态,组件互补性仍然相当可预测,但底层技术变化速度不均匀(且相对较高),抑或组件间的相互依赖模式倾向于以不可预测的方式改变,不同的系统集成组织都是松散耦合系统中的一个基本节点。此时,系统集成需要技术和组织能力来整合组件和子系统的多种变化,而这些变化只有部分是由整合者自己设计和预测的。总之,在持续的、不完美的状态下,系统集成商去匹配运营分工、知识积累和跨企业能力分工之间非同步动态的努力至关重要。

如果接受这种现实,人们可以为这样的组织结构提供何种"简化形式"的正式表示(如果存在的话)? 一个基本的组成部分是将组织明确视作问题解决程序的存储库。马伦戈(Marengo)等人(2000)开发了一种正式形式,旨在反映不同企业间多样化(且通常是次优的)生产以及搜索程序。下面首先介绍一下这种建模工作的基本定性特征,多西、霍布迪和马伦戈(2003)也讨论了这个问题。

在这一观点中,问题解决行为(PSB)的基本分析单位,一方面是基本的物理行为(如把一张图纸从一个办公室移到另一个办公室),

另一方面是基本的认知行为(如简单的计算)。那么,问题解决可以被定义为一个程序中基本行为的组合,最终导致一个可行的结果(如飞机发动机或化合物)。或者,反过来看,考虑到导致某个结果或产品的程序可能有无数种,我们可以将这些程序分解为不同长度、不同系列的基本认知行为和物理行为,这些行为可以根据各种可能的执行架构(如顺序的、平行的或分层的)执行。

问题解决行为与组织胜任(competencies)和能力(capabilities)的概念直接相关。第一,企业显示出的运营能力与其实际问题解决程序直接相关,这与纳尔逊和温特(1982)以及科恩(Cohen)等人(1996)对惯例的讨论相一致。第二,企业的正式和非正式的组织结构决定了认知行为和物理行为的分配方式,以及在特定企业中决定什么可接受、什么不可接受的分解规则(为激励结构和过程的分析提供了一个途径)。第三,对那些尚未解决的问题,组织塑造着搜索启发,从而管理着企业内部的创造性过程。

这种关于企业内部问题解决行为的理论路径与创新经济学中关于企业行为的经验描述密切相关(Freeman,1982;Dosi,1988;Pavitt,1999)。此外,它的好处是既适用于企业内部结构的分析,也适用于企业与市场之间的边界分析。事实上,这种边界可以被看作一个完整的问题解决任务的特定分解模式。换言之,企业的边界部分是由要解决的问题所塑造的,通常与要创造的产品(如一辆汽车或一块钢铁)相对应。特定的分解策略在概念上可能涵盖了从完全集中和自给自足(完全没有分解的情形)到理想的纯市场状态(每个人都执行各自的任务,并通过市场等交易手段来连接各自的基本行为)的广阔范围。

把复杂的问题解决活动看作是设计问题是很有帮助的,包括设计精心制作的人工制品以及设计生产这些制品所需的流程和组织结构。反过来,这些流程需要设计复杂的、涉及一个或多个不同行动者的行动序列、规则、行为和搜索启发来解决问题,创造问题本身的新"表征",并最终实现当前的技术经济目标。所有这些设计活动的共同点是,它们涉及在"组件"(上文定义的基本物理行为和认知行为)的庞大组合空间中的搜索,而这些组件必须紧密协调。更复杂的是,这些元素之间的功能关系还只是被部分理解,并只能通过试错学习的过程进行局部探索,且其中通常涉及(部分)隐性的专门知识。

例如,像飞机或飞行模拟器这样复杂的人工制品的设计需要协调多种不同的设计元素,其中包括发动机类型和功率、机翼尺寸和形状及其他材料。每个子系统和组件之间的相互作用仅被部分理解,每个子系统和组件都包括许多更小的组件和子系统(Miller 等人,1995;Prencipe,1997)。系统各要素之间的相互作用只能通过一般的模型来部分表达,且必须通过模拟、原型开发、试错等方式加以检验,学习和隐性知识在其中起着重要作用。产生一个有效的解决方案(如一架新飞机)涉及一长串活动,每项活动都是从大量的可能性中被选择出来的。反过来,由于我们几乎不可能尽数了解这些无尽的可能性,所以上述一长串活动之间的关系只能被部分理解,而无法获得全面理解。搜索空间内组合激增的可能性为有限理性的行为者出了一个无法计算的难题。

商业企业以及由不同企业合作成立的企业可以被看作是由惯例、决策规则、流程和激励机制构成的复杂的多维组合,对组织的管理者和负责单个项目的管理者、设计师和工程师而言,这个组合内部的互动往往是未知的。当然,随着时间的推移,许多重复的技术和商业活动将会变得惯例化和编码化,从而允许在如汽车或商用化学品等批量生产活动中出现稳定的、正式的结构和既定的、编码化的惯例。在这种情况下,对某种"稳定状态"问题的分解变得制度化,建立整齐的组织结构成为可能,并同时用到规模经济和范围经济中。"福特主义"和"钱德勒式"的组织原型就是典型的例子。这也是一种最强调劳动分工和专业化的潜在优势(及其内在僵化)的组织安排。然而,即使在这种稳定的情况下,企业内部仍然存在诸如新产品设计、研发、新营销方案等非惯例的、复杂的活动。更有甚者,在市场和技术快速变化的条件下,为了应对新的市场需求和利用新的技术机会,所有组织最终都被迫重塑他们的结构[相关例证参见多西、纳尔逊和温特(2000)中收录的科里亚特(Coriat)和藤本隆宏有关日本"丰田主义"的组织安排和惯例的相关讨论]。

在多阶段的产品设计任务中,需要协调的基本要素具有很强的相互依赖性,这在搜索空间中产生了许多局部优化。例如,如果其他子系统和组件不能同时改进,配备一个更强劲的发动机可能会导致飞机性能下降甚至完全无法飞行。与之类似,在组织层面上,如果没有适当改进组织中的其他元素,单纯引入那些在另一个环境中被证明更加有效的新的惯例、实践或激励计划也会变得适得其反(Dosi, Nelson and Winter, 2000)。

由考夫曼(Kaufman)提出的生物学中的选择动力模型(1993)为复杂任务问题给出了一个尽管粗略,但有用的"简化形式"的比喻。该模型反映了彼此异质的相互依赖性。考夫曼考虑了一个选择机制的模型,其中选择单位是由若干个非线性联结互动的组件组成的复杂实体,即 N 个基本组件的组合。组合状态构成一个有限集,并被外生地分配一个适应度值,从而为组合空间产生一个适应度曲面,其特征反映了组成元素之间的相互依赖。他的模型显示,随着相互依赖的元素数量的增加,适应度曲面呈现出指数级增长的局部最优。在存在强相互依赖性的情况下(就像许多复杂产品中经常出现的情况),不能通过单独优化各组成元素达到优化系统的目的。事实上,在存在强相互依赖性的情况下,很可能会出现这样的情况:通过"向正确的方向"调整每个组件而得到的部分,甚至所有解决方案都比当前方案的性能更差。

因此,在存在强相互依赖性的情况下,问题不能被分解为彼此分立的子问题,并对其分别进行优化(Marengo,2000)。正如西蒙(1981)所说,在解决问题的过程中,有限理性主体必须将一个大的、复杂的、难以解决的问题分解为可以独立解决的、小的子问题。在企业内部,这相当于问题解决活动的分工。显然,这种解决问题的分工程度及其效果,受到了相互依赖性的制约。在子问题分解的过程中,如果将相互依赖的元素割裂开来,那么相互依赖地解决每个子问题就不能导致整体优化。正如西蒙(1981)所指出的,只有对问题有完全了解的人才能设计出一个完美的分解:既不错划,也不遗漏地将所有相互依赖的元素划为独立的子问题。而有限理性主体通常会尽力尝试设计"近似分解":将最相关的相互依赖关系(就表现而言)分离为单独的子问题。

然而,与上面的生物类比不同,工程师或企业所面临的问题并不是外生的,而是由行为主体作为问题本身的主观代表构建出来的,这反过来也导致了大量的搜索策略。如果解决问题的劳动分工受到相互依赖性的限制,那么后者的感知结构反过来又取决于问题解决者对问题的构造。有时在重大的创新中,问题解决者能够通过对问题本身的创造性重构来实现重大的飞跃:对于已知的系统元素间不同组合的极端重要性的说明,请比较利文索尔(Levinthal)(1998)对于无线通信以及萨波尔斯基(Sapolsky)(1972)对于北极星导弹系统的相关阐述。

从本文的目的出发,需指出以下注意事项。第一,具体的分解方案不仅标志着单个企业内部的劳动分工,而且标志着企业之间的大致边界。第二,在这个框架中,我们可以直接反映出"(如何)做特定的事情"的能力与整合和搜索能力之间的区别。前者显然包括在给定分解下处理子问题的能力。而后者涉及两方面:将子问题解决方案组合起来的方式,以及在知识基础和物理组件的层面搜索新的分解/重新组合方案的模式。第三,正如西蒙(1981)所猜想的那样,与其他类型的系统相比,近似可分解系统具有某种演化优势:因为近似可分解性提高了适应的速度,将错误和破坏性事件的后果限定在亚系统层面,并保证了系统的"可演化性"(即在不损害其整体生存能力和一致性的情况下产生创新的能力)。其中有两种近似可分解的架构与我们的讨论特别相关,即(a)部分重叠模块的架构和(b)嵌套模块的架构。在前者中,各模块与彼此共享的一些组件是分开的。而嵌套模块的系统则类似于俄罗斯套娃,其中存在属于所有模块的一小组核心组件,然后是包括前者并包含在所有其他组件中的另一个更大的组,以此类推。图6.1描述了两种系统的架构。

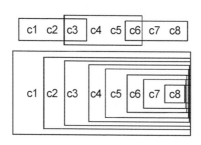

图 6.1　部分重叠式系统和嵌套组件式系统

　　一个由部分重叠的模块组成的系统实际上与西蒙有关近似可分解性的想法非常接近,并且反映出那种高度适应性和可演化性。从搜索过程来看,在具有该特征的系统中,模块之间的重叠组件显然具有特殊的作用,因为在这些组件环节,搜索活动无法有效分解。与之类似,我们可以很轻松地证明,那些由两个子系统共享的组件必须保持相对稳定,因为一个子系统施加的变化会危及另一个子系统的搜索过程。因此,对子系统之间的这些接口进行某种形式的控制是保持系统一致性的基础。

嵌套模块系统也具有特定的特征,马伦戈(Marengo)、帕斯夸利(Pasquali)和瓦伦特(Valente)(2002)对此进行了更详细的研究:嵌套模块系统的特征是非常强的相互依赖性,但尽管如此,倘若搜索活动按照一定顺序展开,搜索空间仍然是高度可分解的,这个顺序就是从必须首先设置的"核心"组件开始,进而向可以依次调整的外围组件展开。

部分重叠架构和嵌套架构的某些属性与上一节介绍的系统集成的若干典型事实非常相似。这两种架构都以若干关键组件(和关键行为主体)的存在为前提,这些组件对适应性和演化性至关重要,并且必须保持相对稳定。根据这种解释,系统集成者是那些掌握关于这种主要重叠和接口的关键知识的行为主体。

五、结论:关于知识积累和组织边界协同演化的一些猜想

众多当代工业的长期历史以及与本研究密切相关的、复杂产品系统工业的发展动力,揭示了企业的"所做"与"所知"之间令人困惑的分歧(Brusoni, Prencipe and Pavitt, 2001)。换言之,企业生产活动的范围与企业所掌握的知识基础的范围之间存在系统性分化。

对这些模式的解释,是以演化方法理解知识专用性在不同行业的生产和创新中的作用的(Freeman, 1982; Pavitt, 1984; Teece 等人,

1994；Nelson and Mowery，1999；Piscitello，2000）。最终，一个简单的事实是，在许多活动中，企业需要知道的东西比其当前生产任务直观表现出来的东西"更多"。这种知识广度往往是企业生产复杂产品的必要条件，为未来几代产品做准备更是如此。因此，尽管通用汽车（General Motors）并不生产塑料和玻璃，但它在这些方面显示出重要的技术能力。

事实上，有充分的证据表明，从长期趋势来看，企业之间的分工越来越多。联系到历史上出现的那些新的专业化行业，其中的个案包括独立的机床行业（Rosenberg，1963）和独立的制药业（Freeman，1982）的出现。但是，作为对这种长期趋势的补充，我们可以观察到 100 多年来大型多技术、多产品企业的涌现，这类企业的特点是程度各异的垂直一体化，但其共性则是对多部件、多技术基础的强大整合能力。

现今是否发生了一些根本性的新情况？ 一些分析会强调企业间日益深入的劳动分工，这与最终构成复杂产品的各组件日益广泛的模块化高度相关（Langlois，2001；Sturgeon，2002）。这一过程的确在许多行业都有所表现。但这并不是一个新现象。至少自 19 世纪以来，这一频繁孕育新的专业化行业和纵向脱钩的过程涉及多个侧面：（a）若干制造流程之间的通用化操作导致的"技术融合"；（b）"产出编码化"；（c）足以支撑一众小型专业化企业的市场增长速度（Pavitt，2002：6）。关于复杂产品系统的证据与这一模式大体一致：知识生产的专业化和任务特定化导致的收益递增，以及导致企业间任务"模块"分离的驱动力。

然而，一个更有争议的问题是，以知识编码化为基础的"模块化"是否足以使那些多技术的、"钱德勒式"大企业的"看得见的手"消失（关于"消逝的手"的概念，见 Langlois，2001）。从复杂产品系统的证据来看，我们的想法有些不同。我们认为，在其他条件相同的情况下,组件层面"模块化"和企业分工专业化的与时俱进,与对整合性知识日益提高的要求是一个过程的两个方面。因此,系统集成商将继续成为这种知识的重要储存库。显然,这类企业"所知"与"所做"之间的平衡将继续取决于与产品和技术高度相关的知识积累模式和接口模式。与之相应,尽管这种平衡可能会脱离典型的"钱德勒式"企业那种高度垂直一体化的轮廓,但它也不会走到另一个极端,即扮演"掮客"或"中间商"的"空心企业",将不同组成部分的需求和供给连接起来。

产品的复杂性将继续存在(而且可能会增长),而掌控组件间接口和兼容性所需的知识也是如此,这的确是系统集成商的第一要务。第二项同样重要的任务是在组件层面架起学习轨道的桥梁。在任何单一关键组件的创新都不足以决定系统特性的情况下(如高速计算机、飞机发动机和通信),这一点尤其重要。此时,协调独立组件供应商的不同学习轨道可能需要系统集成商扩展其掌握的知识库(尽管不一定是他们直接制造的中间投入的数量)。

总而言之,我们主要基于复杂产品系统的猜想可以具有更广泛的意义。它意味着纵向脱钩和"斯密式"的专业化(现代经济的一个长期特征)的趋势并不能在任何一般趋势下对称地反映为企业间知识分工的模式。相反,知识生产越分散,产品越复杂,对系统集成商所掌握的明确的集成能力的要求就越高。这些企业以多种方式代表着有目的的组织那只长期存在的"看得见的手",它们以艰苦的努力、不尽完美地尝试着在一个动态过程中掌握产品组件和知识的扩展组合,以及"斯密式"供应商多样化的学习轨道。

注释

1. Nelson and Winter (1982), Freeman (1982), Chandler (1977,

1990）, Richardson（1990）, further developed in Winter（1987）, Dosi and Marengo（1994）, Patel and Pavitt（1997）, Pavitt（1998）, Teece（1996）, Teece, Pisano and Shuen（1994）; Teece et al.（1994）, Dosi, Nelson and Winter（2000）以及其他很多人的研究，在很大程度上与企业"核心竞争力"理论重叠（Prahlad and Hamel, 1990）。

参考文献

ARORA, A., FOSFURI, A., and GAMBARDELLA, A. (2001). *Markets for Technologies*. Cambridge, MA: MIT Press.

BRUSONI, S. (2001). "The Division of Labour and the Division of Knowledge: The Organization of Engineering Design in the Chemical Industry", Unpublished PhD Thesis, Brighton: SPRU, University of Sussex.

——and PRENCIPE, A. (2001). "Unpacking the Black Box of Modularity: Technologies, Products, Organizations", *Industrial and Corporate Change*, 10: 179 – 205.

——, ——, and PAVITT, K. (2001). "Knowledge Specialization and the Boundaries of the Firm: Why Firms Know More Than They Make", Administrative Science Quarterly, 46: 597 – 621.

CHANDLER, A. D. (1977). *The Visible Hand: The Managerial Revolution in American Business*. Cambridge, MA: Harvard University Press.

——(1990). *Scale and Scope: The Dynamics of Industrial Capitalism*. Cambridge, MA: Harvard University Press.

CHADRAN, A., CHUA, G., and KABANOVSKY, A. (1997).

"Transforming Technical Support", *Public Network Europe*, 7/5: 31 - 33.

COASE, R. M. (1937). "The Nature of the Firm", *Economica*, 4: 386 - 405.

COHEN, M. D., BURKH ART, R., Dosi, G., EoiDi, M., MARENGO, L., WARGL IE N, M., WINTER, S., and CORIAT, B. (1996). "Routines and Other Recurring Action Patterns of Organizations: Contemporary Research Issues", *Industrial and Corporate Change*, 5: 653 - 698.

CORIAT, B. (2000). "The 'Abominable Ohno Production System'. Competencies, Monitoring, and Routines in Japanese Production System", in G. Dosi, R. Nelson, and S. Winter (eds.), *The Nature and Dynamics of Organizational Capabilities*. Oxford: Oxford University Press, 213 - 243.

COWAN, R., DAVID, P., and FORAY, D. (2000). "The Explicit Economics of Knowledge Codification and Tacitness", *Industrial and Corporate Change*, 9: 211 - 253.

Dosi, G. (1988). "Sources, Procedures and Microeconomic Effects of Innovation", *Journal of Economic Literature*, 26: 1120 - 1171.

——and MARENGO, L. (1994). "Towards a Theory of Organizational Competencies", in R. W. England (ed.), *Evolutionary Concepts in Contemporary Economics*. Ann Arbor, MI: Michigan University Press, 157 - 178.

——, HOBDAY, M., and MARENGO, L. (2003). "Problem Solving Behaviours, Organizational Forms and the Complexity of Tasks", in Constance E. Helfat (ed.), The Blackwell/Strategic Management

Society Handbook of Organizational Capabilities: Emergence, Development and Change. Oxford: Blackwell.

——, NELSON, R. , and WINTER, S. (eds.) (2000). *The Nature and Dynamics of Organizational Capabilities*. Oxford: Oxford University Press.

Foss, N. (1993). "Theories of the Firm: Contractual and Competence Perspectives", *Journal of Evolutionary Economics*, 3: 127 – 144.

FREEMAN, C. (1982). *The Economics of Industrial Innovation* (2nd edn.). London: Frances Pinter.

FUJIMOTO, T. (2000). "Evolution of Manufacturing Systems and Ex-post Dynamic Capabilities", in G. Dosi, R. Nelson, and S. Winter (eds.), *The Nature and Dynamics of Organizational Capabilities*. Oxford: Oxford University Press, 244 – 280.

GRANSTRAND, O. , PATEL, P. , and PAVITT, K. (1997). "Multi-technology Corporations: Why They Have 'Distributed' Rather than 'Distinctive Core' Competencies", *California Management Review*, 39/4: 8 – 25.

HOBDAY, M. (1998). "Product Complexity, Innovation and Industrial Organization", *Research Policy*, 26: 689 – 710.

KAUFMAN, S. A. (1993). *The Origins of Order*. Oxford: Oxford University Press.

LANGLOIS, R. (1992). "Transaction Costs Economics in Real Time", *Industrial and Corporate Change*, 2: 99 – 127.

LANGLOIS, R. N. (2001). "The Vanishing Hand: The Modular Revolution in American Business", invited Paper for DRUID's Nelson – Winter Conference, June.

LEVINTHAL, D. (1998). "The Slow Pace of Rapid Technological Change: Gradualism and Punctuation in Technological Change", *Industrial and Corporate Change*, 7: 217 – 247.

MARCH, J. G. and SIMON, H. A. (1993). *Organizations* (2nd edn.). New York: Wiley.

MARENGO, L. (2000). *Decentralisation and Market Mechanisms in Collective Problem-solving* (mimeo). Trento: Department of Economics.

——, Dosi, G., LEGRENZI, P., and PASQUALI, C. (2000). "The Structure of Problem-solving Knowledge and the Structure of Organizations", *Industrial and Corporate Change*, 9: 757 – 788.

——, PASQUALI, C., and VALENTE, M. (2002). "Decomposability and Modularity of Economic Interactions", in W. Callebaut and D. Rasskin-Gutman (eds.), *Modularity: Understanding the Development and Evolution of Complex Natural Systems*. Cambridge, MA: MIT Press.

MILGROM, P. and ROBERTS, J. (1990). "The Economics of Modern Manufacturing", *American Economic Review*, 80: 511 – 528.

MILLER, R, HOBDAY, M., LEROUX-DEMERS, T., and OLLEROS, X. (1995). "Innovation in Complex Systems Industries: The Case of Flight Simulation", *Industrial and Corporate Change*, 4: 363 – 400.

NELSON, R. and MOWERY D. C. (eds.) (1999). *Sources of Industrial Leadership: Studies of Seven Industries*. New York: Cambridge University Press.

——and WINTER, S. (1982). *An Evolutionary Theory of Economic*

Change. Cambridge, MA: Harvard University Press.

PATEL, P. and PAVITT, K, (1997). " The Technological Competencies of the World's Largest Firms: Complex and Path-dependent, but not much Variety", *Research Policy*, 26: 141 - 156.

PAVITT, K. (1984). "Sectoral Patterns of Innovation: Toward a Taxonomy and a Theory", *Research Policy*, 13: 343 - 375.

——(1998). " Technologies, Products and Organization in the Innovating Firm: What Adam Smith tells us and Joseph Schumpeter Doesn't", *Industrial and Corporate Change*, 7: 433 - 452.

——(1999). *Technology, Management and Systems of Innovation.* Cheltenham: Edward Elgar.

——(2002). *Systems Integrators as "Post-Industrial" Firms'?* (*mimeo*). Brighton: SPRU, University of Sussex. (Presented at DRUID's New Economy Conference, June 2002, Aalborg, Denmark.)

PISCITELLO, L. (2000). "Largest Firms' Patterns of Technological and Business Diversification. A Comparison between European, US and Japanese Firms", *Dynacom Working Paper Series*, Pisa: Sant'Anna School of Advanced Studies, LEM.

PRAHALAD, C. K. and HAMEL, G. (1990). "The Core Competence of the Corporation", *Harvard Business Review*, 68: 79 - 91.

PRENCIPE, A. (1997). "Technological Competencies and Product's Evolutionary Dynamics: A Case Study from the Aero-engine Industry", *Research Policy*, 25: 1261 - 1276.

——(2004). *Strategy, Systems, and Scope: Managing Systems Integration in Complex Products.* London: Sage (forthcoming).

RICHARDSON, J. B. H. (1990). *Information and Investment.* Oxford:

Oxford University Press.

ROSENBERG, N. (1963). "Technological Change in the Machine Tool Industry, 1840 – 1910", *Journal of Economic History*, 23: 414 – 443.

ROTH WELL, R. (1992). "Successful Industrial Innovation: Critical Factors for the 1990s", *R&D Management*, 22: 221 – 239.

SANCHEZ, R. and MAHONEY, J. (1996). "Modularity, Flexibility, and Knowledge Management in Product and Organization Design", *Strategic Management Journal*, 17: 63 – 76.

SAPOLSKY, H. M. (1972). *The Polaris System Development: Bureaucratic and Programmatic Success in Government*. Cambridge, MA: Harvard University Press.

SIMON, H. A. (1981). *The Sciences of the Artificial*. Cambridge, MA: MIT Press.

——(1991). "Organizations and Markets", *Journal of Economic Perspectives*, 5: 25 – 44.

SMITH, A. (1776). *An Inquiry into the Nature and Causes of the Wealth of Nations* (Dent Edn., 1910). London: W. Straham and T. Cadell.

STIGLER, G. T. (1951). "The Division of Labor is Limited by the Extent of the Market", *Journal of Political Economy*, 59: 185 – 193.

——(1968). *The Organization of Industry*. Homewood, 1C: Irwin.

STURGEON, T. J. (2002). "Modular Production Networks: A New American Model of Industrial Organization", *Industrial and Corporate Change*, 11: 451 – 496.

TEECE, D. J. (1996). "Firm Organization, Industrial Structure, and Technological Innovation", *Journal of Economic Behaviour and Organization*, 31: 193 - 224.

——, PISANO, G. , and SHUEN, A. (1994). "Dynamic Capabilities and Strategic Management", *CCC Working Paper # 94 - 99*, Berkeley: University of California.

——, RUMELT, R. , Dosi, G. , and WINTER, S. G. (1994). "Understanding Corporate Coherence: Theory and Evidence", *Journal of Economic Behaviour & Organization*, 23: 1 - 30.

TIDD, J. , BESSANT, J. , and PAVITT, K. (1997). *Managing Innovation: Integrating Technological, Market and Organizational Change*. Chichester: John Wiley & Sons.

ULRICH, K. T. (1995). "The Role of Product Architecture in the Manufacturing Firm", *Research Polity*, 24: 419 - 40.

VON HIPPEL, E. (1990). "Task Partitioning: An Innovation Process Variable", *Research Policy*, 19: 407 - 418.

WILLIAMSON, O. (1975). *Markets and Hierarchies: Analysis and Antitrust Implications*. New York: Free Press.

——(1985). *The Economic Institutions of Capitalism*. New York: Free Press.

WINTER, S. G. (1987). "Knowledge and Competence as Strategic Assets", in D. J. Teece (ed.), *The Competitive Challenge*. Cambridge, MA: Ballinger, 159 - 184.

第七章

企业战略和系统集成能力：管理复杂系统行业中的网络

安德烈亚·普伦奇佩(Andrea Prencipe)

英国萨塞克斯大学科技政策研究中心

意大利邓南遮大学经济学院

一、引　言

　　越来越多的理论文献和经验研究指出,在过去20年里,组件与知识的外部来源对企业竞争优势的重要性一直在持续增长。这要归功于两组密切相关的因素:一方面是从产品组件的角度来看,产品复杂性与日俱增;另一方面是组件知识基础的不断扩展,这源于科技领域日益深化的专业分工。因此,管理外部关系(通过开发和维护跨企业边界的大量信息流)对于发展和维持竞争优势变得至关重要。

　　网络的概念已经成为在市场和科层组织之外的一种经济活动组织形式(Powell, 1990)。经验研究强调了网络组织形式作为经济组织模式在越来越多的产业中的重要性(Lorenzoni and Lipparini, 1999; Kogut, 2000)。正如理查森(Richardson)(1972: 895)所说:"公司不是孤岛,而是以合作或附属的模式联系在一起的。有计划的协调同样可以存在于企业之间的合作过程,而不会止步于组织边界之内。"

对复杂产品系统行业的研究也强调了网络关系及其管理的重要性(Hobday 1998)。复杂产品系统(CoPS)是指资本密集、工程密集和 IT 密集的面向企业用户的工业产品。它们是多技术、多组件的产品,通常是由企业联盟为特定用户提供的单件小批产品。其中包括全球商业网络、飞机发动机、民用客机、发电站、近海石油平台、移动电话系统和大型土木工程项目。复杂产品系统的多技术、多组件性质对企业战略中至关重要的"自制-购买"决策具有十分重大的影响(Brusoni, Prencipe and Pavitt, 2001)。

多技术、多组件的性质为研究者提供了一个研究网络能力的有利条件,因为生产复杂产品系统的公司没有,也不可能在企业内部开发出与产品设计和制造相关的全部技术,它们因此越来越多地采用外包策略。尽管许多学者对网络感兴趣,但我们对领导复杂产品系统网络的公司的战略特征,以及这些企业为整合和协调对供应商、研究中心和大学的外包工作而发展起来的能力类型所知甚少。通过识别系统集成商公司管理网络关系所需的能力,本章将对企业战略在多技术、多组件情境下的表现进行分析。[1]

资源基础观认为,企业是各种性质资源的集合(Penrose, 1959)。对不同资源的协调为发展独特的组织能力铺平了道路,而这些能力又构成了企业竞争优势的基础(Grant, 1996a)。在这种理论视角下,每个企业都有自己独特的历史和能力,这些能力为企业的自由运作设定了一个或大或小的边界。更晚近的理论将企业概念化为一个基于知识的实体,并认为其中最重要的资源是知识(Grant, 1996b)。企业被理解为信息和知识的集成商,这些信息和知识可能来自企业的内部和外部。

本章旨在从能力视角来分析网络现象,并提供一个足以分析复

杂产品系统工业中企业网络能力的框架。它继承了格兰特（Grant）
（1996a）将企业理解为内、外部知识集成商的理论贡献，并深化和扩
展了洛伦佐尼（Lorenzoni）和巴登·富勒（Baden-Fuller）（1995）以及
布鲁索尼（Brusoni）、普伦奇佩和帕维特（2001）的工作，引入了系统
集成商公司的概念，即从组织和技术的角度建立并领导网络的组织。
本章试图解决的研究问题是，龙头企业需要发展哪些能力来管理网
络？本章将尤其聚焦于系统集成这一龙头企业的独特能力。我们将
系统集成理解为企业通过引入渐进创新和激进创新参与竞争的主要
协调机制。

　　本章认为，系统集成包括一系列不同的技术和组织技能，从组件
组装到对产品基础的技术学科的理解和集成，直至项目管理。本章
识别出系统集成的两种分析类别，即共时系统集成和历时系统集成。
共时系统集成指的是企业在短期内保持竞争优势所需的能力。它使
公司能够获得外部资源，从而降低交易成本、开发风险、库存水平，弥
补质量缺陷，缩短上市时间。更具体地说，共时系统集成指的是设定
产品概念设计，并将其分解为模块，协调供应商网络，然后在给定构
架内将模块重新组合成产品所需的能力。有人认为，从静态角度来
看，产品可以被看作"一组彼此咬合的组件"，而企业的主要任务就是
对接供应商的工作以满足客户的要求。

　　历时系统集成指的是企业参与长期竞争所需的能力，这些能力
使其能够跟上技术发展的步伐，提升和拓展企业的创新能力和灵活
性，能够通过重新组合创造新知识。因此，它支撑了企业构筑竞争优
势的基础。尤其需要指出的是，历时系统集成关系到企业为满足不
断变化的客户需求，而去设想并逐步发展出多样化、可替代的产品构
架（即新产品系列）的能力。从动态角度来看，一种更贴切的理解是
将产品视为连续的创新流，这种创新源自多种不同的、有距离的，但

又彼此交织在一起的技术路径。因此,产品的演变动态来自各种技术领域的共同互动,而企业面临的最重要的战略问题就是去理解用户需求,并协调跨技术领域和跨组织边界的变化以满足这些需求。

本章所使用的经验证据来自对飞机发动机行业长达 4 年的田野调查(Prencipe, 2004)。飞机发动机行业属于复杂产品系统行业。尽管本章着重关注复杂产品系统行业的经验证据,但也涉及多技术、多组件的行业背景中的其他案例,在这一背景下,系统集成能力对于管理网络关系越来越重要(Lorenzoni and Lipparini, 1999; Takeishi, 2002;及酒向所著的本书第十二章)。

本章的第二节回顾了有关企业网络的文献;第三节介绍了系统集成商公司的概念,并强调了其主要能力;第四节是本章的结论部分。

二、文献综述

(一)作为组织形式的战略网络

长期以来,战略管理文献一直强调组件和知识的外部来源对企业竞争优势的重要性。早在 20 世纪 60 年代,就有经验研究表明,科学、技术和市场信息的外部来源对成功的创新公司至关重要。这就决定了网络的重要性。正如弗里曼所指出的:"为了创新而结网是一种古老的现象,而供应商网络和工业化经济体一样古老。"(Freeman, 1991: 510-511)。拥有内部研发能力的企业大量使用外部研发资源,将其作为科技信息的重要辅助和补充,而非内部创新活动的替代品(Freeman, 1991)。

经验研究从量变和质变两个方面关注企业的网络活动(Mowery,

1988）。在量变方面，在多个工业部门，尤其是材料、生物技术和信息技术等高技术部门，公司间的创新网络增长极为迅速（Hagedoorn and Schakenraad，1992）。在质变方面，网络关系已经从过去的单向信息流转变为双向信息流。因此，供应商开始被认为是知识生产者（如日本企业）。另外，信息技术深刻地改变了企业的功能（例如，设计：CAD；制造：机器人；营销：计算机存货系统），并使企业内部和企业之间能够建立起电子通信网络[2]。

鲍威尔（Powell）（1990）认为，网络出现的三个关键要素是技术诀窍的开发、对速度的需求和基于信任的关系。"在许多情况下，节省开支显然是一个重要的事情。……但仅是节省开支并不足以支撑整个逻辑（故事），它只是理论上诸多行动动机中的一个。……对于参与者而言，激励他们进行网络交换的首要因素，是减少不确定性、快速获取信息、增加可靠性和响应性。"（Powell，1990：323）贾里略（Jarillo）（1988）对战略网络的定义是：

> 不同但相关的营利性组织所签订的长期、有目的的协议，使网络中的参与企业相对于网络外的竞争对手能够获得或保持竞争优势……这种协调模式既非严格基于价格机制，也非基于"层级指令"（Williamson 1975：101），而是通过适应实现协调（Johanson and Mattson 1988：32）。

在这里，我们所说的生产性网络是由若干机构组成的有组织的集团，它们通过互动开发和/或制造一种新产品或新工艺。我们这里特别参考了今井（Imai）和马场（Baba）（1989）提出的定义，他们将网络视为一种特殊形态的组织，组织拥有一家核心企业以及其他企业、研究中心、大学等成员，成员之间既存在强关系又存在弱关系。成员之间的合作关系包括合资企业、许可协议、分包和研发合作，这些合作关系并不相互排斥。这种网络关系既可以是正式的和非正式的，也可以是直接的和间接的。

（二）系统集成商公司

科格特（Kogut）（2000：408）认为，"网络也提供了协调企业间行为的能力"[3]。在出现一个有能力的供应商基础时，或者说，当"市场学习"时，就会出现这种情况（Stigler，1951）。[4]继承这一思路，我们认为，在网络型组织中，具备管理外部关系能力（直接或间接关系）的龙头企业领导着网络，使企业既能够利用来自市场的多样性，同时也能利用权威来应对和实施变化（层级制的典型特征之一）。网络可以结合两种传统的协调机制的优势，因此可以促进多样性和协调性（Kogut，2000）。"合作……也可以在关系本身中产生能力，从而使各方制定协调原则，改善共同绩效……从这个意义上讲，网络本身就是知识：这不是说网络提供了相应的通道，帮助获取分布式信息和能力，而是说网络代表了一种在组织长期原则指导下的协调形式"（Kogut，2000：407）。

因此，理解这些领导网络的企业的战略特征是很重要的。继布鲁索尼、普伦奇佩、帕维特（2001）、米勒（Miller）等人（1995），以及普伦奇佩（1997,2004）之后，我们提出了系统集成商公司的概念。从战略角度来看，系统集成商公司从关系数量、关系类型（直接和间接关系）和关系强度等方面塑造着网络。他们还定义了在关系中采用的具体合同条款（正式的，如合资企业、联盟，或非正式的）。事实上，伯特（Burt）（1992）进一步指出，关系网的结构对网络效率和效果有很大影响。系统集成商公司的概念源于贾里略（1988）提出的"枢纽企业"的概念，以及洛伦佐尼和巴登·富勒（1995）提出的"战略中心"

的概念。

　　贾里略(1988)认为,"战略网络这一概念的关键是'枢纽企业',即那些在事实上建立了网络,并采取积极态度培育网络的企业"(1988：32)。根据贾里略(1988)的观点,枢纽企业通过有意识的行动降低了交易成本,并由此导致了战略网络。同样,戈麦斯·卡斯塞斯(Gomes Casseres)也认为"合作……从来不是自发的。合作关系的结构必须能为绩效提供激励。如果没有某种集体治理,一个团体(即网络)就有可能成为一个杂乱无章的联盟的集合"(1994：66)。洛伦佐尼和巴登·富勒(1995)进一步提出了战略中心的概念,即在组成网络的成员间建立一个共同的愿景,发展品牌力量,通过供应商评级系统等手段选择合作伙伴,发展合作伙伴的能力和伙伴间的互信。战略中心通过发展关系能力来管理这些外部关系。

　　关于网络的研究认为网络收益有两种类型(Ahuja, 2000)。第一种是共享资源,网络使企业能够组合知识、技能和实物资产。第二种是获取信息溢出,即网络关系扮演着信息渠道的角色,企业通过网络交换有关发现和失败路径的消息。格兰特(1996b)认为,在三种情况下,基于关系合同的企业网络能够快速而有效地获取知识：(a)当知识是显性知识时；(b)当获取知识的速度对取得竞争优势而言至关重要时；(c)当企业的知识领域和产品领域之间没有完全重叠时。最后一种情况与本章的目的尤其相关,知识领域和产品领域无法实现完全重合,已经成为越来越多的工业部门的典型特征。这是由产品多技术、多组件的性质所决定的,企业因此无法在内部保持所有相关的知识基础(Brusoni, Prencipe and Pavitt, 2001)。

　　为了同时取得资源和信息上的收益,系统集成商公司的战略决策是从直接联结和间接联结两方面构造网络。直接联结允许共享资源和获取信息溢出,而间接联结只能促成信息溢出获取。资源共享涉及合作伙伴的能力组合,相应地,这要求合作伙伴之间保持密切和持续的互动。因此,企业应该发展大量的直接联结。有关新产品开发的文献,强调了在开发过程中供应商早期进入和密切参与的优势(Rothwell,1992)。作为系统集成商的汽车制造商利用并组合了供应商所拥有的专业资源,并通过缩短交货时间(使用离线式组装的组件,即预制件)和削减开发成本(利用更高效的专业供应商)来发展竞争优势(Clark and Fuimoto,1991)。同样,在制药业等科学驱动的环境中,可以发现研究绩效与跨越公司边界的能力呈正相关(Henderson and Cockbum,1994)。

获得新的、相关信息源的渠道构成了网络的信息收益(Powell,1990;Kogut,2000)。"网络安排的关键优势之一是其传播和解释新信息的能力。网络是以复杂的沟通渠道为基础的"(Powell,1990:325)。间接联结可以获得合作伙伴的合作伙伴所拥有的信息(Gulati and Garguilo,1999)。这种间接联结通过相关信息源(信息筛选)和新增信息源(信息收集)增加了公司的信息汇集面积(Ahuja,2000)。根据伯特(1992)的观点,最快速有效的网络能够(a)将联结断裂(或结构洞)最大化,并(b)选择有许多其他伙伴的合作伙伴。换言之,一个高绩效的网络必须发展许多间接联结。[5] 合作伙伴可以获得大量不同的信息流。事实上,富含结构洞的网络能够接触到互不相干的伙伴和许多不同的信息流。此时,合作伙伴就变成了感应装置,使龙头企业能够利用这些差异化信息流的多样性。

三、作为一种协调机制的系统集成

龙头企业需要发展和维持哪些能力,才能通过结网维持其竞争优势？我们以飞机发动机行业为例聚焦于这些问题（Prencipe，2004）。就研究创新活动的协调能力而言，这个行业背景特别有趣。事实上，飞机发动机产品的多技术、多组件性质对公司的自制-购买决策具有重要的战略意义。因为技术和组件太多了，并且会越来越多，在一个组织边界之内已经无法掌握所有的技术和组件，就更不用说应对基础产品技术的变化了（Brusoni，Prencipe and Pavitt，2001）。另一个特点也增加了这个行业背景的趣味性。尽管产品架构日益模块化的趋势已经显现，生产和设计活动也随之外包，但有人强调，市场并没有成为创新活动的主要协调机制（Brusoni and Prencipe，2001）。

我们建议企业发展系统集成能力，以此领导网络，并开发和探索网络优势。我们认为，尽管价格是市场的主要协调机制，而层级制组织中则盛行着垂直一体化，但网络化安排中的协调主要是通过系统集成来实现的。这里提出的系统集成的概念是介于市场和层级制组织之间的一种协调机制，与波特（Porter）（1980）讨论的有限一体化和准一体化有关。波特（1980）认为，研发方面的有限一体化"把锁定关系的风险仅限于外包范围内。它也给了企业一些接触外部研发活动的机会……有限一体化通过集成也为企业带来了许多信息优势"。准一体化则介于长期合同和完全所有权之间，其实现方式包括少数股权投资、合作研发、排他性交易协议等。系统集成也类似于亨德森（Henderson）和科克本（Cockburn）（1994）提出的"架构能力"或"集成能力"的概念，这种能力被定义为"从组织边界之外获取新知识的能力，以及跨越组织内学科和治疗类别的边界而灵活地集成知识的能力"。

（一）系统集成能力：知识集成和组件装配

在航天和国防文献中，"系统集成商公司"和"系统集成能力"的说法由来已久，并专门用于指代大型工程项目的主承包商及其能力（Sapolsky，1972；Sapolsky，本书第二章）。我们以这些文献为基础，深入研究系统集成的本质。基于英国航天与国防技术预见小组给出的一个定义，我们希望在技术层面剖析支撑系统集成活动的各种基础技能。他们将系统集成定义为"在保障众多子系统技术兼容性的前提下，以明确的方式理解主系统的整体要求及其内部相互关联的各部分的互动和性能，并对其建模。在此基础上，设计完整的系统及其相应的制造流程和生产设施"［科学技术办公室（Office of Science and Technology），1990］。

以上述系统集成的定义为起点，并结合两位飞机发动机行业专家的帮助，我们识别出五种系统集成的基础技能。表 7.1 根据对 20 名公司工程师的访谈，给出了对这些技能的竞争重要性排序。这里的重点是理解基础知识体系以及由此导致的系统行为，而非设计或装配的活动。事实上，组装组件接口的系统集成能力的排名最低，在此之上是设计发动机大多数关键零部件的能力。与之类似，设计大多数零部件（包括关键零部件）的能力也不被认为是一项关键技能。排名最高的技能与以下方面有关：（a）对发动机系统的基础技术学科的理解和（b）对发动机系统行为相关参数的理解。设计整个发动机系统的能力则排在中间位置。

这些结果指向一个有趣的结论。系统集成首先被解释为理解和集成飞机发动机背后各类基础学科（科学与技术）的能力。与之类似，理解发动机的行为被认为是系统集成的首要条件。因此，发动机产品的集成主要被看作是技术知识的集成,而不仅仅是零部件的组装。

表 7.1 系统集成: 基础技能

对基础技术学科的理解,并因此有能力将其整合

根据相关参数,对整个系统行为的技术理解

设计整个系统的能力

能够设计系统的大部分关键组件

组装组件接口的能力

资料来源:作者对采访数据的详细阐述。

在此基础上,我们可以认为技术知识的集成和零部件的组装是两种不同的技能。多技术工业背景下的研究强调,产品及其基础技术知识可能遵循不同但相关的发展动力(Granstrand,Patel and Pavitt,1997;Brusoni and Prencipe,2001)。事实上,在网络化的安排中,由专业化的供应商来设计、开发和制造组件,随后这些组件被系统集成商集成起来。为了有效地集成外部开发和制造的组件,系统集成商需要培养和保持系统集成能力,以便将他们"分离"出去的东西"组装"起来(Prencipe,1997)。

普伦奇佩(2000)在研究飞机发动机控制系统的发展时,从战略角度强调了劳动分工和知识分工之间的区别。他认为,组件基础技术的变化速度严重影响着组织间的知识分工和劳动分工的模式。当控制系统基于液压机械技术时,组件相对标准化,技术也相对稳定(它很快就达到了性能上限),因此发动机制造商将相应的设计开发工作委托给外部供应商,此时,知识分工和劳动分工实现了完美的重合。但数字电子技术的出现从根本上改变了组织间的分工模式。尽管基于新技术的组件变得模块化,但由于这种技术快速发展的特点,飞机发动机制造商不得不开始发展和维持自身的数字电子技术

能力。

因此,这里提出的"系统集成能力"的概念是将亨德森(Henderson)和克拉克(Clark)(1990)对"架构知识"和"元件知识"的里程碑式区分再进一步。事实上,协调和集成(新学科中的)新知识需要精细和深层次的知识,这远远超出了架构层面(Prencipe,2000)。

基于对包装机械行业和汽车行业的经验研究,武石(Takeishi)(2002)和洛伦佐尼以及利帕里尼(Lipparini)(1999)就系统集成能力的相关领域分别得出了类似结论。武石(2002)区分了知识分工(知识分割)和操作任务分工(任务分割)[6]。在对日本汽车制造商管理供应商参与产品开发的经验研究中,武石认为虽然设计和制造的实际任务可以外包,但是汽车制造商保留了相关知识,以获得更好的组件设计质量。他的研究结果表明,有效的知识分割模式不同于任务分割模式。根据武石的说法,导致知识分割与任务分割之间不完全重合的关键是技术的新颖性。在开发新部件的时候,那些绩效较好的汽车制造商是那些同时开发并维持了架构知识和元件知识的企业——用本文的话来说,就是具备系统集成能力。而在开发标准组件的时候,知识分割与任务分割是完全重合的。[7]

洛伦佐尼和利帕里尼(1999)对意大利包装机械行业的纵向研究能够很好地解释系统集成商公司的出现。包装行业的特点是,有一种将不同任务(设计、制造和装配)外包给一级和二级供应商的长期趋势。正如洛伦佐尼和利帕里尼(1999:328)所指出的,由于"制造流程的持续解体",这种网络组织中的龙头企业一直在随着时间的推移而日渐缩小其边界。事实上,洛伦佐尼和利帕里尼所分析的三个案例研究表明,他们关注的所有龙头企业对外部供应商的依赖都增加了。但他们也发现,尽管龙头企业对外部资源的依赖不断增加,但他们"并不是把外部关系作为企业尚未发展的能力的替代品,而是利用合作来扩展和提升其核心能力"(1999：334)。企业间能力的互补性意味着,企业本身并没有出现严格的知识分工;而在类似网络的产业组织形式中,龙头企业是在避免纵向一体化的情况下,致力于对创新过程中外部专业供应商的部件和知识进行整合,这一点至关重要。

总之,系统集成商公司将设计细化和制造外包给专业供应商,同时开发和保持内部的系统集成能力,以协调供应商的工作。他们的内部知识基础远超他们的生产活动范围,"企业知道的比他们做的多"(Brusoni, Prencipe and Pavitt, 2001：620)。系统集成商的知识基础通过直接和间接的网络关系得到巩固。直接联结帮助系统集成商将其资源与合作伙伴相结合,并将其引入自身技术基础。间接联结使系统集成商能够从伙伴的伙伴的信息溢出中获益。系统集成能力是构筑短期竞争优势的必需品:系统集成商以此协调供应商网络,以便在给定产品架构内利用现有的网络关系。系统集成能力也是构筑长期竞争优势的必需品:为了引入创新性的解决方案来满足客户需求,系统集成商需要探索新的网络关系结构,以便协调和整合来自外部的知识进步和创新发展。因此,系统集成商公司需要同时进行开发和探索活动。下一节将讨论这一问题。

(二) 系统集成的两个维度：共时性与历时性

这里提出的分析框架围绕着系统集成的两个关键维度,即共时性和历时性。共时系统集成是指企业在设定产品概念设计,并将其分解为模块,协调供应商工作,随后在给定架构内将模块重新组合成产品所需的内部能力。严格来说,这一维度涉及企业在一项新产品开发计划中的能力。历时系统集成是指企业在架构层面引入渐进(如一个新的产品系列)和激进创新,以满足不断变化的客户需求和法规要求的能力。在这方面,历时系统集成是指在多技术领域和跨组织边界的情况下协调变化的能力。虽然在分析上截然不同,但在实践中,系统集成的共时性维度和历时性维度存在明显重叠。为了便于表述,下面就此分两部分单独讨论。

1. 共时性维度

将系统集成解释为共时能力的讨论最早可以追溯到萨波尔斯基(1972)对北极星系统开发的研究。萨波尔斯基著作的第五章的标题就是《多种技术的共时进展》。萨波尔斯基认为,北极星项目的主要目标是建造一个潜艇系统,而不是推进潜艇的若干种基础技术。用他的话说,"北极星潜艇的部署需要**共时地发展一系列不同的技术**……而我们从来没有建立过类似这样的,由十几种技术相互交织而成的系统(第137页,重点已加粗)"。随后,他继续解释道:

> 开发所取得的成果——舰队弹道导弹[以下简称 FBM]潜艇的早期部署——会让人们相信这是一个比其各部分的总和更伟大和更不确定的成就。FBM 计划的挑战和突破,是在时间计划被压缩的情况下,凭借共同努力把不同方面的技术进步结合起来,而不是单单运用其中的任何组件(第138页)。

基于萨波尔斯基的研究,共时系统集成是指在预先约定的时间段和财务预算内协调新产品开发所需的技术能力,其中还包括利用既定产品架构的潜力、开发新产品版本以满足不同客户需求的能力。在一个产品系列中,企业在组件层面上引入渐进和激进的技术创新,以此改善和提高既定架构的性能。

从技术角度看,共时系统集成涉及企业的一系列能力:设定概念设计、将设计分解为子系统和组件、将设计和制造任务委托给供应商。在一个新产品开发计划中,产品分解过程需要对组件和子系统之间的接口给出定义。这个定义过程也被称为系统工程（Fine and Whitney，1996）。"系统工程是一个产品实现过程，这个自上而下的需求分解过程在航空工业中得到了完美的诠释。这个过程将产品理解为一系列的层次，随着层次下沉，或是表现出更加详尽的定义，或是包含附属的组件、子系统或单个零件"（第11页）。系统工程本身就是一种能力，因为其中涉及识别子系统之间的设计妥协、分析子系统，以及监督系统测试（Sapolsky，1972）。[8] 正如在飞机发动机行业所发现的那样，在完成产品分解之后，发动机制造商将同步协调他们自己的、供应商的和客户的工作，以保证系统性能的整体一致性，并确保其遵守认证机构的规则。共时系统集成应该被看作是一个双向的过程。正如一位受访的企业工程师所解释的那样，"从发动机制造商对发动机进行建模、定义系统整体要求，并将其分解为各个组件的角度来看，系统集成是一个自上而下的过程。但系统集成也是一个自下而上的过程：因为发动机制造商必须能够将他们分解的东西重新组合起来。发动机制造商必须同时胜任这两方面的工作。"在一个新的发动机开发项目中，发动机制造商依赖于最先进的组件技术和给定的发动机架构。正如其他地方所解释的那样，为了获取和验证新技术，以便将开发项目的风险、成本和时间超限降到最低，发动机制造商需要在技术获取和示范性项目等方面做大量工作（Precipe，2003）。

在一个产品系列中，共时系统集成是指为了满足不同的推力要求，通过开发"衍生"引擎来完善、调整和优化（"延伸"）既定架构的能力。制造商"延伸"架构以开发"衍生"产品的能力，体现了架构本身的模块化程度。模块化使制造商能够使用通用的核心来瞄准不同的利基市场，并使制造商能够在组件层面引入渐进式和激进式的技术创新，以大幅改善既定架构的性能。这种将新技术引入既定产品架构的做法被称为"翻新"。

　　从组织角度来看,共时系统集成所涉及的能力包括:管理组织间沟通流程、促进伙伴间的共享愿景、创造一个网络身份。戴尔(Dyer)和延冈(Nobeoka)(2000)对丰田公司为管理生产网络而开发的网络级流程进行了有趣而详细的研究。这些流程的目的是创造一个网络身份,"为一个集体(如公司、网络)创造一个'身份'意味着个体成员能够在集体中找到共同的目的感"(第352页),从而改善组织间的沟通;更重要的是,建立起隐性的和显性的协调规则(Kogut and Zander,1996)。这些流程包括:通过供应商协会促进相互之间的友谊和技术信息的交流,通过丰田的运营管理咨询部门来推动网络内部的知识获取、储存和传播,志愿性的学习小组,以及企业间轮岗计划。我们应当注意到,为了发展这样一个网络,丰田对这些流程进行了投资。这与贾里略(1988)的看法相一致,他认为在网络型组织中,应该建立信任机制以确保组织的高效。贾里略特别指出,委托人(即本案例中的丰田)应当承担网络关系中的一部分风险,如专用资产的部分成本。

　　2. 历时性维度

　　历时系统集成定义了一个技术能力的连续统一体,从引入渐进式的架构创新到引入全新的产品架构都涵盖在内。就航空发动机行业而言,最恰当的渐进式架构创新的例子是引进一个新的发动机系列,以满足前所未有的推力要求。例如,为满足波音777的推力要求而推出的特伦特发动机,代表了罗罗公司的技术能力更进一步。特伦特发动机的功率是此前的RB211发动机的两倍。

　　历时系统集成也与更根本的变化有关。再次回到飞机发动机行业的研究,最好的例证可能是罗罗公司的三轴发动机结构,在20世纪70年代初,它是该公司技术能力迈上新台阶的标志性成果。其他全新的发动机结构还在发动机制造商手里,处于在研阶段,如齿轮风扇发动机(可能是普惠公司新发动机系列的未来架构)、后风扇和螺旋桨风扇发动机,以及全电动发动机(罗罗公司在研)。由是观之,历时系统集成最好被理解为一种在寻找和探索产品结构替代性路径的过程中风险承担的态度。全新结构的引入需要发动机制造商、飞机制造商、航空公司和认证机构之间大量的协调努力。

从这个角度来看,历时系统集成是指在开发新的和新兴的技术知识的过程中所需的协调能力。开发这类能力使企业能够有效协调诸多变化:(a)跨技术领域的知识变化,因为与生产相关的、不同技术知识体系的发展速度有可能存在差异;(b)跨组织边界的变化,因为企业无法独自掌握与之相关的全部科技领域。因此,管理和协调与大学、研究实验室和供应商等外部技术源的关系,就成为多技术公司的一项中心任务。[9]

四、结　　论

本章重点关注了龙头企业领导和协调网络所需的能力,从而扩展了关于网络组织形式的研究。以飞机发动机行业作为多技术、多组件情境的例证,本文利用相关经验证据,深化并讨论了在市场和层级制之间、作为一种经济活动协调机制的系统集成的概念。要想在竞争中获得成功,企业(应该)发展和保持系统集成能力,以管理对内、外部新组件和新技术知识的集成过程。变革过程,尤其是技术变革,可以通过系统集成来识别、管理和集成,企业未必需要像有关自制-购买决策的现有研究所说的那样,一定会走向纵向一体化。具体来说,本章介绍了系统集成的两个分析类别:共时系统集成和历时系统集成。共时系统集成指的是企业在短期竞争中所需的能力,其中具体包括设定产品概念设计、将其分解为模块、协调供应商网络,然后在给定产品架构内重新组合产品的能力。因此,共时系统集成涉及如何发掘特定产品架构的潜力来满足客户需求。历时系统集成指的是企业长期竞争所需的能力,具体指为了满足不断变化的客户需求,通过协调跨技术领域和跨组织边界的变化,来设想并逐步发展出多样化、可替代的产品架构。历时系统集成涉及对新产品架构的搜索和试验,并因此与探索产品架构的多样化、替代性路径有关。

马奇(March)(1991)认为,在开发与探索的双元之间,企业只能擅长其一。本章有关系统集成的讨论深化了这一议题,并提出了竞争性认识:系统集成商公司需要同时进行这两类活动。为了从支撑现有产品架构的技术轨道中实现收益最大化,企业需要开发性活动,或是引入可附加的创新性技术。在这一框架下,他们与供应商建立分包关系,以达到降本提质、快速响应的目的。但系统集成商也需要通过探索性活动,设想新的产品架构路径。

本章还强调了需要进一步关注的若干研究问题。系统集成的探索性维度指出了一个关于产学关系的系统集成视角,这个视角重点关注产学关系的组织和管理。此外,企业和国家(和超国家)政府为协调研究关系而建立的协调和激励机制,也是未来研究的一个关键问题。

本章还指出,要重新认识模块化对组织形式和公司能力的影响。可以肯定地说,就产品而言,模块化是一种强大的设计策略。要讲清楚模块化原则在组织设计和知识管理中的应用,则必须对模块化的定义设定若干强假设,或做出部分妥协。如果我们考虑到变化可能发生,并进而导了对产品以及更重要的组织结构、知识基础的重大重构,那么模块化的拥趸们所主张的"产品架构塑造组织结构及其底层知识基础"的观点,就没那么可信了。

　　然而,在某些特殊情况下,模块化确实对不同的分析层次有影响。布鲁索尼、普伦奇佩和帕维特(2001)有关"变革管理-组织安排"的权变解释就指出,模块化是个人电脑等特殊行业中普遍存在的设计策略。当产品表现出如下特点时:(a) 组件技术的变化速率相当,(b) 产品层面的相互依赖性是可预测的——模块化生产网络是适当的组织安排。在个人电脑行业的例子中,这样的模块化网络可以通过公平的市场关系进行协调(Langlois and Robertson,1992;Baldwin and Clark,1997)。基于标准化接口建立起来的模块化架构,为研发、生产和营销活动的逐步专业化创造了条件,此时,每个组件(如磁盘驱动器、微处理器、操作系统、应用软件)都能够定义一个企业的边界,而该企业与其他企业的关系是以分散的市场交易为中介建立起来的。

　　除了模块化的组织形式,布鲁索尼、普伦奇佩和帕维特(2001)还讨论了纵向一体化形式和网络形式。这些组织形式分别表现为纵向一体化和系统集成这两种企业间的协调机制。从产品角度来看,当组件技术发展速度各异,组件间的相互依赖性不可预测时,大型集成企业就需要在内部保持用于设计和生产最终产品及其组件单元的知识和活动,通过纵向一体化实现协调。电信设备行业的例子就符合这一情形(Davies,1997)。当多技术产品:(a) 底层技术发展速度各异,但产品层面的相互依赖性可以预测(Chesbrough and Kusunoki,2001),或(b) 底层技术发展速度相当,但产品层面的相互依赖性不可预测时(Sako,本书第十二章),网络组织中的协调机制就是系统集成。

致谢

我想感谢迈克尔·霍布迪(Michael Hobday)和弗雷德里克·特

尔(Fred Tell)对本章早期版本的意见。文责自负。

注释

1. 戴维斯(本书第十六章)分析了系统集成商公司的市场定位和财务问题。

2. 弗里曼(Freeman)指出"在现代信息技术出现之前,各种网络是行业、区域面貌的正常特征"(1991: 510–11)。

3. 科格特(2000)认为,网络的结构可能取决于行业基础技术的具体特点,或者取决于在特定环境中起作用的具体制度因素(例如,意大利工业区)。因此,相对于大规模生产技术,科学驱动型行业更适合于建立网络(介于企业和研究中心之间)。

4. 斯坦缪勒(本书第八章)也探讨了有能力的供应商这一概念。

5. "两个主体都与另外同一主体相联系,但它们二者之间不存在直接联系,由此导致的信息流间隙被称为结构洞"(Ahuja, 2000: 431)。

6. 这导致了法恩(Fine)和惠特尼(Whitney)(1996)提出的产能依赖和知识依赖之间的区别。在产能依赖的情况下,公司可以制造产品,但会选择通过供应商来扩大其能力。在知识依赖的情况下,企业没有制造产品的技能,因此它不了解自己所购买的东西或如何集成这些东西。法恩和惠特尼强调,产能依赖但并非知识依赖的公司可以在没有实质性风险的情况下接受外包。

7. 莱克(Liker)等人(1996)在比较日本和美国的供应商对汽车组件设计的参与度时发现,日本的汽车制造商在产品开发知识方面对供应商的依赖程度比美国的要低。他们的研究显示,美国汽车制造商不能轻易复制日本同行更高的开发工作比例(日本为 63%,美国为 39.1%)。

8. 萨波尔斯基(1972：86)区分了系统工程("识别、明确权衡系统各组件价值")、一般系统工程("将系统价值的替代性组合集成为一致的系统设计方案")和技术指导("根据一些客观或主观的偏好函数在替代性系统设计方案中进行选择")。

9. 除了协调,系统集成还可以从谈判和供应商记忆等方面进行分析(Steinmueller,本书第八章)。

参考文献

AHUJA, G. (2000). "Collaboration Networks, Structural Holes, and Innovation: A Longitudinal Study", *Administrative Science Quarterly*, 45: 425 – 455.

BALDWIN, C. Y. and CLARK, K. B. (1997). "Managing in an Age of Modularity", *Harvard Business Review*, September-October: 84 – 93.

BELL, M. and PAVITT, K. (1993). "Technological Accumulation and Industrial Growth: Contrasts Between Developed and Developing Countries", *Industrial and Corporate Change*, 2/2: 157 – 209.

BRUSONI, S. and PRENCIPE, A. (2001). "Unpacking the Black Box of Modularity: Technologies, Products, Organizations", *Industrial and Corporate Change*, 10: 179 – 205.

——, and PAVITT, K. (2001). "Knowledge Specialization, Organizational Coupling and the Boundaries of the Firm: Why Do Firms Know More Than They Make?", *Administrative Science Quarterly*, 46: 597 – 621.

BURT, R. S. (1992). *Structural Holes: The Social Structure of Competition*. Cambridge, MA: Harvard University Press.

CHESBROUGH, H. and KUSUNOKI, K. (2001). "The Modularity Trap: Innovation, Technology Phase-shifts, and the Resulting Limits of Virtual Organizations", in I. Nonaka and D. Teece (eds.), *Managing Industrial Knowledge: Creation, Transfer and Utilisation.* Thousand Oaks, CA: Sage Publications, 202 - 230.

CLARK, K, and FUJIMOTO, T. (1991). *Product Development Performance.* Boston, MA: Harvard Business School Press.

DAVIES, A. (1997). "The Life Cycle of a Complex Product System", *International Journal of Innovation Management*, 1/3: 229 - 256.

DYER, J. H. and NOBEOKA, K. (2000). "Creating and Managing a High-performance Knowledge-sharing Network: The Toyota Case", *Strategic Management Journal*, 21: 345 - 367.

FINE, C. and WHITNEY, D. E. (1996). "Is the Make-Buy Decision Process a Core Competence?" (Unpublished manuscript). Boston, MA: MIT.

FREEMAN, C. (1991). "Networks of Innovators: A Synthesis of Research Issues", *Research Policy*, 20/5: 499 - 514.

GOMES-CASSERES, B. (1994). "Group versus Group: How Alliance Networks Compete", *Harvard Business Review*, 72: 62 - 74.

GRANSTRAND, O. , PATEL, P. , and PAVITT, K. (1997). "Multitechnology Corporations: Why they have ' Distributed' rather than ' Distinctive Core' Capabilities ", *California Management Review*, 39/4: 8 - 25.

GRANT, R. (1996a). "Toward a Knowledge-based Theory of the Firm", *Strategic Management Journal*, 17: 109 - 122.

——(1996b). "Prospering in Dynamically-competitive Environments:

Organizational Capability as Knowledge Integration", *Organization Science*, 7/4: 375 - 387.

GULATI, R. and GARGUILO, M. (1999). "Where do Networks Come From?", *American Journal of Sociology*, 104: 1439 - 1493.

HAGEDOORN, J. and SCHAKENRAAD, J. (1992). " Leading Companies and Networks of Strategic Alliances in Information Technologies", *Research Policy*, 21: 163 - 190.

HENDERSON, R. M. and CLARK, K, B. (1990). "Architectural Innovation: The Reconfiguration of Existing Product Technologies and the Failure of Established Firms", Administrative Science Quarterly, 35: 9 - 30.

——and COCKBURN, I. (1994). "Measuring Competences? Exploring Firm Effects in Pharmaceutical Research", Strategic Management Journal, 15: 63 - 84.

HOBDAY, M. (1998). " Product Complexity, Innovation, and Industrial Organization", *Research Policy*, 26: 689 - 710.

IMAI, K. and BABA, Y. (1989). "Systemic Innovation and Cross-border Networks: Transcending Markets and Hierarchies to Create New Techno-economics System ", paper presented at the OECD Conference on Science and Technology and Economic Growth, Paris, June.

JARILLO, J. C. (1988). " On Strategic Networks ", *Strategic Management Journal*, 9: 31 - 41.

JOHANSON, J. and MATTSON, L. - G. (1988). "Internationalization in Industrial Systems-a Network Approach", in P. J. Buckley and P. N. Ghauri (eds.), *The Internationalization of the Firm: A*

Reader. London: Academic Press, 303 – 321.

KOGUT, B. (2000). "The Network as Knowledge: Generative Rules and the Emergence of Structure", *Strategic Management Journal*, 21: 405 – 425.

——and ZANDER, U. (1996). "What do Firm's Do? Coordination, Identity, and Learning", *Organization Science*, 7: 502 – 514.

LANGLOIS, R. N. and ROBERTSON, P. L. (1992). "Networks and Innovation in a Modular System: Lessons from the Mcrocomputer and Stereo Component Industries", *Research Policy*, 21: 297 – 313.

LIKER, J. K., KAMATH, R. R., NAZLI WASTI, S., and NAGAMACHI, M. (1996). "Supplier Involvement in Automotive Component Design: Are there Really Large US Japanese Differences?", *Research Policy*, 25: 59 – 89.

LORENZONI, G. and BADEN-FULLER, C. (1995). "Creating a Strategic Center to Manage a Web of Partners", *California Management Review*, 37/3: 146 – 163.

——and LIPPARINI, A. (1999). "The Leveraging of Inter-firm Relationships as a Distinctive Organizational Capability: A Longitudinal Study", *Strategic Management Journal*, 20: 317 – 338.

MARCH, J. G. (1991). "Exploration and Exploitation in Organizational Learning", *Organization Science*, 2/1: 71 – 87.

MILLER, R, HOBDAY, M., LEROUX-DEMERS, T., and OLLEROS, X. (1995). "Innovation in Complex Product Systems Industries: The Case of Flight Simulation", *Industrial and Corporate Change*, 4/2: 363 – 400.

MOWERY, D. C. (ed.) (1988). *International Collaborative Ventures in US Manufacturing.* Cambridge, MA: Ballinger.

OFFICE OF SCIENCE AND TECHNOLOGY (1990). *Technology Foresight Progress through Partnership: Defence and Aerospace.* London: Office of Science and Technology.

PENROSE, E. (1959). *The Theory of the Growth of the Firm.* London: Basil Blackwell.

PORTER, M. E. (1980). *Competitive Strategy: Techniques for Analysing Industries and Competitors.* New York: The Free Press.

POWELL, W. W. (1990). " Neither Markets Nor Hierarchies: Networks Forms of Organizations ", *Research in Organizational Behavior.* JAI Press, 12: 295 – 336.

PRENCIPE, A. (1997). " Technological Capabilities and Product Evolutionary Dynamics: A Case Study from the Aero-engine Industry", *Research Policy,* 25: 1261 – 1276.

——(2000). " Breadth and Depth of Technological Capabilities in Complex Product Systems: The Case of the Aircraft Engine Control System", *Research Policy,* 29: 895 – 911.

——(2004). *Strategy, Systems, and Scope: Managing Systems Integration in Complex Products.* London: Sage (forthcoming).

RICHARDSON, G. (1972). "The Organization of Industry", *Economic Journal,* 82: 883 – 896.

ROTH WELL, R. (1992). "Successful Industrial Innovation: Critical Factors for the 1990s", *R & D Management,* 22/3: 221 – 239.

SAPOLSKY, H. M. (1972). *The Polaris System Development Bureaucratic and Programmatic Success in Government.* Cambridge,

MA：Harvard University Press.

STIGLER, G. J. (1951). "The Division of Labor is Limited by the Extent of the Market", *Journal of Political Economy*, 59：185 – 193.

TAKEISHI, A. (2002). "Knowledge Partitioning in the Inter-firm Division of Labor：The Case of Automotive Product Development", *Organization Science*, 13/3：321 – 338.

TEECE, D. J. and PISANO, G. P. (1994). "The Dynamic Capabilities of Firms：An Introduction", *Industrial and Corporate Change*, 3：537 – 556.

WILLIAMSON, O. (1975). *Markets and Hierarchies: Analysis and Antitrust Implications.* New York：The Free Press.

第八章 |
技术标准在协调复杂系统产业分工中的作用[1]

爱德华·W. 斯坦缪勒（Edward W. Seinmueller）

英国萨塞克斯大学科技政策研究所

一、引　言

最近的一些研究（Miller 等人，1995；Rycroft and Cash，1999；Hobday，Rush and Tidd，2000）涉及复杂产品系统的概念。这些研究的一个中心目的是确定以工程密集型的设计活动来创建系统性产品或其他复杂人工制品（如土木工程项目或复杂生产设备）的过程中，可能出现的具体管理、技术和组织问题。其中一些研究使用了"复杂产品系统（CoPS）"这样新兴的术语来指代那些数量较少、方案独特的设计密集型活动。

创建复杂产品系统所需的组织安排是最近研究的一个重点。例如，人们认识到复杂产品系统所涉及的分工往往涉及必须有效整合

---

[1]　这一章的存在是源于安德烈亚·普伦奇佩对组织系统集成研究的精力和热情，这是一个非常重要的领域，它展示了跨学科研究的价值和活力。

的多种技术和能力(Prencipe,本书第七章)。这种分工往往跨越组织边界,用最近一项研究的话来说,将"严重依赖于不断适应的组织网络,这些网络知道如何做任何个体都无法详尽理解的事情"(Rycroft and Cash,1999:3)。在组织层面上,该措辞反映了波拉尼(Polanyi)(1962:87-95)对个人隐性知识成分的讨论。如何在这些组织网络中积累、修正和应用知识的问题已经成为创新领域研究议程的中心特征。

相应地,对于本书的各位作者来说(例如:Prencipe and Paoli,1999;Davies and Brady,2000;Hobday,Rush and Tidd,2000),相比于产品中所含组件数量的物理性标准,设计和生产特定产品的过程更能说明是否应将其视为复杂产品系统。实际上,问题不在于对产品复杂性的定义,而是"集成"系统部件的难度,这反过来又取决于集成需要什么知识,以及这些知识是如何获得、保留并应用于集成过程的。

本章讨论了系统集成过程中的一种基本知识,即创建技术接口标准的问题,这在涉及数字电子的技术领域中表现尤为突出。技术接口标准是明文规则的集合,它使得在更大的系统内组装部件和子系统成为可能,因此也被称为技术兼容性标准(Greenstein and David,1990)。在这里,"标准"一词的用法与其另外两种用法不同,但又常常相关。其中,"参考标准"是用于描述原材料或人工制品物理特性的明文规则,通常在定义兼容性标准各组成部分时发挥背景或基础作用。例如,电阻单位欧姆的定义就涉及参考标准。"质量标准"则是对不同参考标准的进一步阐发与综合,用于界定工业过程中投入(使用的材料和人工制品)或产出的健康、安全或其他期望属性的明文规则。虽然参考标准和质量标准伴随着本章讨论的兼容性标准的定义和使用过程,但它们的具体作用少有研究。

　　技术兼容性标准可以是各种公共和私人协商之后由标准组织"发布"的法定标准,可以是通过市场领导过程建立的事实标准,也可以经由设计和问题解决过程产生——这个过程可能在组织内部发生,也可以经组织间过程导致"(集团)私有"技术兼容性标准。最后一种情况在以往的标准化文献中少有讨论,本章将其称为"本土标准"。迄今为止,有关标准化的研究(Farrell and Saloner, 1988; Greenstein and David, 1990; Hawkins, Mansell and Skea, 1995)涉及公私组织制定标准过程中达成市场化协议所需的技术评议过程,以及标准这种(准)公共产品生产过程中的经济问题。其中,对很多"专有"标准来说,"准公共产品"是那些由联盟或其他封闭集团内部成员共用标准的基本特征。这些"专有"标准包括用于内部组织间协调分工的非公开标准,即本章定义的"本土标准"。在经济分析的最基本层次上,技术兼容性标准提供了一种可复用的工具,从而节省了工程设计成本。

　　在概述本章的主要论点之前,有必要简要说明技术兼容性标准与复杂产品系统等问题的相关性。技术兼容性标准通常与大批量生产和标准工程工作的大批量复用有关。相比之下,复杂产品系统通常被认为不涉及大批量生产的产品和系统,那二者的相关性从何而来呢?

　　对复杂产品系统和"复杂"的批量化产品来说,它们的设计成本都相对较高。二者之间的区别在于相似或相同产品的预期产量。在"复杂"的批量化产品中,大批量的产出提供了摊销设计成本的手段,此时主要的经济问题是市场需求能否支持高产出水平。对这类产品而言,无法实现市场目标就要放弃产品设计,并会对生产商造成严重损害。产品层面的竞争将很可能使批量化产品的市场中出现单一的"主导设计"(Utterback, 1996)。这种主导设计在商业上是成功的,也就是说,它摊销了设计成本,并至少实现了正常的投资资本回报率。当主导设计涉及一系列组件和子系统时,很可能会制定技术兼容性标准,以便协调垂直的供应链。此时,技术兼容性标准同大批量产出密切相关,同主导设计的趋同也密切相关。

对复杂产品系统而言,产品市场的规模要小得多,可能的替代品的范围也小得多,这可能是市场或技术条件的结果。某些类型的复杂产品系统,如土木工程项目,其市场条件自然就限制了产量。泰晤士河、斯库基尔河或其他 100~200 英里长的河流只需要有限数量的桥梁,这些桥梁可能很少被建造(和重建)。对很多生产资料来说,技术条件影响着总产量;保持竞争地位需要引入新技术、开展技术改进。此外,复杂的商品要经历不断的问题解决和调试过程,其中一些活动推动了重大的"模型"改动,从而缩短了先前设计的"生产运行"。实际上,复杂产品系统工业中可能没有主导设计,因为技术变革不断"打破"现有设计。

与批量化产品不同,复杂产品系统的产品很可能是根据与潜在买家预先商定的价格或根据与特定客户的持续关系出售的。但与批量化产品相同,复杂产品系统可能会产生工程成本,这就要求企业瞄准更大的市场,而非现成的"预订"用户。此外,包括土木工程项目在内的许多最精密的复杂产品的系统产品都是基于投标程序的,这意味着竞争对手往往要经历"赢家通吃"式的竞争。

综上所述,批量化产品和复杂产品系统的工程成本都比较高。就批量化产品而言,一个主要目标是通过大量生产来分摊这些成本,且在此期间不会产生新的设计成本。这一过程通常会催生主导设计以及与之相关的一系列标准,从而为协调供应商网络和垂直供应链提供便利。就复杂产品系统而言,高设计成本持续存在,要么是因为特定模型的潜在市场很小,要么是因为模型经常被修改以体现技术改进。无论是生产批量化产品还是复杂产品系统,公司都有降低设计成本的动机,以提高竞争力和利润。这些观察支持了霍布迪(Hobday)、拉什(Rush)和蒂德(Tidd)(2000)的观点:不应过分夸大批量化产品和复杂产品系统之间的区别。换言之,这两类产品的生产系统可能会在融合和相互促进的过程中协同进化。而这种协同进化的一个关键特征在于如何管理系统集成过程。

正是在这些与系统集成相关的协同进化和相互促进的过程中,对"标准"的考察尤其有用。将控制系统集成到机械中的历史可以追溯到工业革命时期,例如在蒸汽机上用调速器来控制功率输出。用电子系统的语言来讲,蒸汽机调速器通过可操作的接口与蒸汽机集成在一起:调速器控制蒸汽机,而蒸汽机的输出决定着调速器的运行。彼时,两个子系统之间的联系是机械的。电子工业发展的一个关键特征是分析这种机械接口,通过引入电子技术来"解耦"以往的机械、液压或机电连接。电力的使用使电动机得以代替集中动力源驱动的传动设备,从而导致了工厂设计的实质性变化(DuBoff, 1979; Devine, 1983; David, 1991),而机械控制连杆也随之"解耦",被基于电子学的数字控制技术所取代。当考虑技术历史的这些因素时,一个关于系统集成的基本观点出现了:系统集成的可能性是相互依存的,它们与实现系统集成之前所必需的那些连接方式的解耦"协同进化"。

电子和通信技术中某些用于描述兼容性"集成"的概念和术语说明了上述协同进化和相互促进的过程。在电气和电子系统中,技术兼容性标准提供了创建"互连接"或"互操作系统"的方法。当一个系统的输出可以用作另一个系统的输入时,两个系统是相互连接的。例如,在设计电压转换器、以便将交流电转换为直流电并将电压降至适当值的时候,就需要一个简单的技术兼容性标准。这种转换器可以"连接"到各种需要直流电源的电器上。[1]当系统相互控制彼此的操作时，它们是可以相互操作的。例如，个人电脑及其调制解调器就是彼此控制的关系，而电话线两侧的调制解调器也存在彼此控制的关系。这两种情形都是为了在运行速率各异的设备之间实现数据的同步传输和接收，并且这些设备必须"适应"线路条件以及影响数据传输速率的其他因素。[2]

技术兼容性标准、互连接和互操作性是电子系统的组成部分，这是本章将讨论的系统类型之一。为设计批量化的电子产品而开发的方法表明，在设计过程中使用兼容性标准的机会更加丰富，并与"模块化"思想的出现有关。下面的讨论围绕三个主题展开：协调、谈判和记忆，每个主题各成一节；最后一节概括了本章的重点，并提出了进一步研究的重点。

二、协　　调

技术兼容性标准的主要经济价值在于它们扩大了兼容部件或子系统的供应市场，从而有助于竞争和降价。但兼容性标准的另外两个要素对复杂产品系统的生产更为重要。[3]首先，这些标准在工程设计过程中起到了暂时的"冻结"作用，并有助于将设计资源重新定向或应用于其他活动中。需要考虑的兼容性标准的第二个要素是它们支持了较大系统中子系统的功能专门化。标准制定的过程一般并不会决定如何设计更大的系统，但它限制了必须做出的技术决策的范围。这两个要素都有助于在开发复杂产品系统的过程中，为必需的组织间协调活动创建一个"固定点"。

兼容性标准为部件和子系统之间的接口定义了一个标准。

在本章中,我们假设这些标准由系统集成商"设定"(第三节将进一步讨论这些标准的谈判),它们可以用于定义从部件或子系统向系统的其他部分交付的功能和性能。考虑整个系统与其组成部件和子系统之间接口的两种极端的可能性,这些标准是非常有用的。

一个极端是接口完全定义了子系统对其嵌入的较大系统的影响范围。在这种情况下,部件或子系统的工程设计没有更大的系统效应。换言之,可以将系统作为一个整体进行设计,只考虑接口的定义。这种可能性产生了"模块化"的思想(Robertson and Langlois, 1992; Baldwin and Clark, 1997)。

另一个极端是,无论接口如何定义,如果不考虑部件和子系统的设计特征和性能,就无法设计系统。此时,部件和子系统的设计在系统的集成设计中起着重要作用。当需要集成设计时,设计过程可能更具交互性,更需要起码的、更广泛的协商过程,更可能需要构建原型,以便跟踪整个系统功能和性能。

实际上,现实中的复杂产品系统项目往往是对前一种接口(可以对部件或子系统在整个系统中的贡献予以充分定义)与后一种接口(无法完整定义或描述系统整体性能)的复杂混合。在后一种情形中,技术兼容性接口的定义只是整个系统设计的一个起点。即使设计者认为接口是最重要的,但也不能简单地认为整个系统的性能是可预测的。

这种"混合"产生的一个常见原因是,子系统对整个系统可能产生的影响范围并不能在接口的定义中完全体现出来。因此,在第一种极端情况下(标准被视为完全定义)的操作最终发展为第二种极端情况下(接口不完整定义)的操作。此时,技术兼容性标准的作用就是为集成整个系统的迭代和交互过程提供一个起点。

因为这些标准通过定义部件或子系统的贡献来"冻结"技术能力,所以它们为整个系统集成过程提供了初始支持。它们确定了问题的优先级,即接口是否正常运行。如果是的话,那么问题就变成了接口的定义对于整个系统的集成是否完整,也就是说,接口的某些特性是否会无意中在系统层面产生影响,或者某些被认为定义良好的接口之间的交互是否会导致重新定义接口兼容性标准的需要,如何在系统集成商和部件供应商之间解决这些问题,是此类项目技术管理的关键。

将协调问题概念化的一种补充方式是从系统的整体架构开始,并将其系统分解(为子系统和部件)视为一种设计选择。在检查分解时,我们可以从一个简单的观察开始,即大型系统(如复杂产品系统)涉及许多不同部件和子系统之间的接口。系统中的接口或连接"位置"由系统的设计决定,而设计又受所采用的技术的限制。一些技术本身涉及"紧密耦合",即一个部件或子系统可以强烈影响其他部件和子系统的性能(如内燃机),其他技术适合于"松散耦合"系统(如电信网络),还有一些技术适于"解耦"系统(如传统的批量生产过程)。

对任何特定的技术来说,这都是一个有趣的历史问题,即部件和子系统耦合的紧密度最初是如何设定的,以及它是如何随着时间的推移而演变的。对许多较古老的机械技术来说,控制系统的运行方式决定了部件和子系统之间紧密耦合的必要性。例如,历史上的多冲程发动机就涉及燃料引入、点火(在汽油系统中通常通过电触点的机械旋转)和排气之间的机械耦合。最近的设计将控制系统从机械耦合中分离出来,实际上是"放松"了系统内的连接——这一过程在接口和系统设计方面需要与旧系统不同的能力。[4]可以说,越来越多的设计涉及控制与系统其他部分的分离以及创建特定的控制界面。

这种控制分离对其他部件和子系统的要求取决于系统的具体特征。控制分离可能会导致更松或更紧的耦合,甚至解耦。

这种控制系统分离的趋势在电信网络等大型技术系统中尤其明显。在电信网络依靠人工进行交换的早期历史之后,机械式电信交换机的创新涉及始发端设备(如主叫方的电话)和联结接收端设备(如接收方的电话)的交换机之间的紧密耦合。由于系统设计中固有的紧密耦合,电信用户依赖于根据设计运行的一组特定部件。那些进入交换网络中缺陷部分的呼叫不得不停止,并被重新发起。现代电子交换机具有监控交换过程的能力,并能在部分网络出现运行障碍时纠正错误。由此实现了更高水平的可靠性,而且由于控制系统是电子的而不是机电的,所以系统性能也更高。

推而广之地说,尽管区分工程性能和经济性能很重要,但松散耦合通常会有一定程度的"性能"损失。一个紧密耦合的电信系统(如海底电缆控制系统)能够在带宽利用率方面实现高"性能":当到达的信号超过可容纳的信号时,就会拒绝服务。[5] 因此,实现量指标上的高性能可能需要牺牲连接可靠性。

"分组"传输的出现进一步放松了更高层次电信系统的耦合紧密性,这使其能够"避免损坏"——这是互联网的一个决定性特征,也是在语音和数据信号通信中更普遍地使用互联网协议的方法。在这种情况下,耦合的"松散度"取决于技术和经济优势,这是电信公司正在采用或积极考虑采用分组语音网络的原因之一。互联网的发展极大地分离了各种通信过程。例如,虽然电子邮件的传输和接收涉及松散耦合的信息交换,但大多数用户更喜欢保持与电子邮件接收的"解耦",而将邮件服务器作为他们通信系统中一个解耦的消息"仓库"。以类似的方式,对等信息交换、音频和视频消息传递以及其他"后台"过程通常涉及将至少一个通信方从联结(即耦合到通信系统中)需要中分离出来。

　　一般来说,"解耦"系统的情况往往是系统各部分之间只存在间接性的连接。传统的制造方法是"解耦"系统的一个例子,其中包括"在制品"的储积,并将其输入库存以备将来组装。这种"解耦"系统可能会产生自己的设计问题(例如,如何管理规划和存储输出的后勤问题),但它正在扩展"系统集成"的概念,以涵盖这些可能性。相反,分析"解耦"系统更有用,因为它涉及一个包含许多不同系统的产品平台。例如,在飞机的设计中,机上娱乐系统与控制飞行的集成系统"解耦"。至少可以说,如果这种系统能够实现互操作,而机内使用无线电子设备的规定旨在保持飞机内无线系统的完整性,并使其不受其他无线接口(如移动电话使用的无线接口)干扰,那将是令人不安的。

　　本节主要在"主设计师"的框架内考虑系统设计问题,即系统集成商不仅计划整个系统的实施,而且了解所有潜在问题的来源及其可能的解决方案。这是复杂产品系统实际设计的高度理想化模型。尽管如此,这是一个有用的起点,因为它指出了作为设计决策的系统集成和分解过程,并强调了越来越多地使用电子控制系统来"放松"部件和子系统之间的耦合的重要性。松散耦合提高了接口设计和实现的重要性,以及在产业层面或本土层面形成的标准的作用。由于在多组织环境中,知识分布在不同的组织之间,所以在实践中关于整个系统中的"错误"或瓶颈的来源的不确定性就构成了主要的技术管理问题。知识的分布也使得系统集成商很难凭借一己之力去裁定系统部件和子系统之间的接口。这是讨论"谈判"的起点,也是下一节的主题。

三、谈　判

从系统集成商控制部件总体设计和规格的程度来看,不同的复杂产品系统有所不同。系统集成商依赖其他公司的最典型的案例对于产业结构分析尤为重要。在这种情况下,系统集成商通常会对子系统生产商进行早期的、彻底的划分,例如,在飞机发动机和机体生产商之间(Prencipe and Paoli, 1999)或硬件和软件生产商之间进行分工(Steinmueller, 1996)。分工的这种重大结构性断裂表明,纵向一体化的好处抵不过一体化生产的风险以及多元化供应商的优势。

自从亚当·斯密提出"劳动分工受市场范围的限制"的理论以来,经济学家们一直认为劳动分工与市场规模有关(Young, 1928; Stigler, 1951)。然而,企业或产业如何从一体化生产发展到组织间分工,向来不是经济分析的核心问题。这在很大程度上是因为经济学家将这个问题概括为"自制-购买"决策的结果。当内部协调生产的成本低于外部协调生产的成本时,一体化生产就发生了。组织间分工的成本则受制于外部供应实现规模经济和专业化的潜力。尽管这一表述"回答"了什么决定了分工的问题,但它未能回答关于有效供应商行业出现的先决条件和共同条件的重要问题。这些供应商来自哪里? 他们如何获得向现有一体化生产商提供有效报价所需的能力或知识? 更具体地说,一家希望将生产外包出去的企业,如何为供应商行业的出现创造条件?

一种可能性是创建技术兼容性标准。但是,如果系统集成商定义了专用标准,那么供应商的市场机会就仅限于特定的系统集成商,这就给招徕供应商带来了问题。供应商的经济前景将取决于他们与系统集成商谈判有利交易的能力。此外,这种安排不太可能带来规模经济或给供应商带来"好处",只会进一步增加成本并减少潜在进入者的数量。一个解决方案是使技术兼容性面向整个经济体系(通用化)或面向特定产业,这样更多的公司才可能成为购买者。假设其他公司确实成为购买者,供应商进一步进入的机会就打开了,一个更完整的市场可能会发展起来。但是,这种方案给系统集成商和供应商都带来了问题。对供应商而言,没有一家企业希望成为普通商品生产商,从而在与其他供应商的竞争中毫无竞争优势可言。在许多情况下,这个问题可以由最初进入者及其早期追随者通过学习或其他动态规模经济来解决。对系统集成商来说,通用标准的使用可能会给竞争对手或新进入者带来优势。推向标准化的部件或子系统绝不能是系统集成商竞争优势的主要来源。该问题通常通过系统集成的复杂性和关键部件的存在来解决,这些部件要么无法外包,要么仅外包给专属的俘获型供应商。

　　第二种可能性是从通用工业能力的角度界定供应机会。例如,以适当的规范公差水平生产特定订单(随时间增加)的复杂压铸金属或塑料零件,是一大批供应商力所能及的事情。这类零部件可能根本不需要技术兼容性标准,而只需依赖于工程图纸和公差规范所确定的"本土"规范。

　　在俘获型供应商、行业性标准和通用部件/子系统所界定的可能性范围内,可以有多种安排。所有这些都涉及系统集成商和潜在供应商之间的谈判。这些谈判涉及打造供应商能力、使其专事于特定系统集成商的需求,当然这些能力也有可能不同程度地应用于服务其他客户。这些能力也就是蒂斯(Teece)(1986)所说的双向专用资产。[6]由于供应商围绕着系统集成商的需求发展了专用化能力,系统集成商很可能必须与供应商共同投资。尽管价格是这些谈判的重要组成部分,但谈判的原则很可能是工程师的"成本价"观念,而不是经济学家的"市场价格"观念。当供应商因其独特的技术知识或知识产权而拥有市场力量时,系统集成商的支付能力可能是谈判的"隐藏原则"。[7] 此类谈判的结果是"本土技术兼容性标准",该标准将满足系统集成商的需求,甚至可能是私有的,但也允许供应商调整或重新设计结构,以满足其他客户的需求。[8]

在上述中间情形中,本土技术兼容性标准对谈判的主要贡献是减少双向专用过程中的专用化程度,从而为供应商创造更具激励性的兼容基础。例如,通过将产品规范限制为接口标准,系统集成商的买家就无需参与到供应商满足标准要求的过程中来。因此,系统集成商不太可能取代供应商,而供应商能够保有对其部件或子系统"内部运行"的专有知识。这就极大地激励了供应商接受标准化过程。而激励系统集成商运用技术兼容性标准的力量是,他们原则上可借此过程引入替代性供应商,这些供应商可以采用稍微不同的"内部运行"或接口设计来满足其他客户的需求。本土技术兼容性标准有可能在短期内降低供应商的市场影响力,而其中期可能性则更大,因为这些标准会让他们更容易受到其他供应商——那些正在设计更好的方法来满足标准的供应商的冲击。此外,供应商也能够利用系统集成商提供的开发资源作为进入其他市场的"补贴",这是他们的竞争对手可能不具备的优势。

如果技术兼容性标准是一种激励兼容的手段,用于控制双向专用资产谈判的过程,那么为什么没有更频繁地使用这些标准? 或者说,为什么它们不是复杂产品系统工业的核心运作原则? 这至少包括以下三方面原因。

首先,那些用于制造部件和子系统的技术,其本质可能并不支持替代性供应方案。如果没有对系统集成商的激励,就没有参与标准制定成本的基础,俘获型供应关系(内部供应或私有供应)将是主要的安排。

其次,即使从理论上讲,标准能够促进竞争性供应,但它们可能过于短暂,以至于无法达到这一目的。制定标准本身需要时间[9],因此一项技术兼容性标准必须历经足够长的时间才能促成竞争性供应。而快速的技术变革,尤其是那些高性能的"最先进且不稳定"系统中的变革,将降低技术兼容性标准对系统集成商的重要性。

再次,系统集成商可能希望保持对部件或子系统的专有控制。标准不仅为替代性供应商创造了机会,也为替代性的系统集成商创造了可能性,为竞争对手提供了可利用的外部性。因此,如前所述,系统集成商的竞争优势必须在部件或子系统之外。否则,标准就无关紧要了,唯一的问题是供应商是否能够让系统集成商在"自制-购买"决策中将其作为"购买"对象。

总之,当系统集成商与部件/子系统供应商在分工过程中创建双向专用资产时,技术兼容性标准有助于缓解谈判问题。这个作用源自多种技术和经济因素的影响。第一个影响因素是生产特定复杂产品系统的技术机会的结果。丰富的技术机会支持了快速的技术进步,使标准变得短暂;它们还使替代性供应商,甚至替代性系统集成商的发展成为可能。第二个影响因素是部件或子系统是否构成系统集成商竞争优势的来源。如果是,它们就不太可能采用标准,因为这会给竞争对手或新进入的系统集成商创造机会。第三个影响因素是部件或子系统是否可能有多个潜在购买者。如果没有,标准很可能就无关紧要了。第四点,也是最后一点,所讨论的技术必须是与技术兼容性标准相关的技术,也就是说,它们是可以实施的。电子技术是特别值得注意的标准化机会的来源,而这些机会受制于其他影响因素。进一步评估与工程设计问题相关的这种潜力是接下来两个部分的主题,第一个部分是关于兼容性标准在稳定设计过程中的作用,第二个部分是关于在设计过程中使用模拟技术的机会。

四、记　　忆

为了进一步研究生产大型技术系统或复杂产品系统的行业分工过程,需要考查能力是如何随时间形成和保留的。考查这一问题的一个有用的重点是组织记忆问题,即随着时间的推移,企业解决问题的能力得到保持和增强,企业的业绩得以复制和提升。[10] 在一些技术密集型的产业中,组织记忆是企业快速解决特定问题、重新设置组织间关系的能力的产物,参见布朗(Brown)和艾森哈特(Eisenhardt)(1998)的例子。在这些行业中,技术兼容性标准的作用通常是通过创建一个互补产品和服务的小圈子来巩固市场所有权,例如英特尔和微软为促进多媒体标准的发展所做的努力。在这些事例中,标准对高度模块化产品的技术"平台"要求的提升影响深远,但对复杂集成过程中的技术"平台",如建造大型建筑所需的技术、用于制造集成电路或生产飞行模拟器的复杂生产产品则未必。在后一种情形中,往往需要将知识从一个时期保留到另一个时期。此外,这类系统通常是单件定制,为不同客户重新配置不同的或额外的选项,并在适度或无更改的情况下对某些部件或子系统进行渐进性改进。

此时,一项重要工作是在并不需要深入了解特定部件在系统中"内部运行"的情况下,就如何在部件和子系统中引入变化做出具体指导。本土技术兼容性标准和接口标准会分别就此给出一般化和专门化的指导。通过提供系统各部分如何结合在一起的记忆,这些标准支持了跨期和跨组织边界的分工。因此,创建标准的行为定义了系统构建过程中那些需要记住的内容。此外，接口标准的集合为将系统分解成不同子系统的替代方法提供了指南，例如，如何通过将负责紧密耦合的关键元素嵌入特定的子系统中，从而将紧密耦合的系统重新设计为更加松散耦合的结构。

组织记忆和与之相关的能力是个体组织特有的。在不同组织间确定劳动分工，为各子系统和部件分配职责，是对相关的组织记忆和制造这些部件和子系统所必需的能力的剥离。这一过程有时会引起警觉，被描述为公司能力的"空心化"。这里当然存在这样一种可能性，即单代产品生产中的短期成本最小化可能会诱导企业放弃创造下一代产品所需的记忆和能力的来源。但与此同时，通过剥离自身积累的能力，系统集成商获得了重新思考其制造的复杂产品和系统的自由。应对外部承包商问题和困难的压力可能要比同一组织内工作的同事所施加的压力要小些。当然，企业很可能高估了自己对所生产产品的理解，并在外包过程中无意中切断了知识的主要来源。然而，保留特定能力也可能会使整个产品的设计偏向于满足内部用户，而在与竞争对手（对设计问题采取新方法的现任者或进入者）的比较中处于劣势。实际上，外包是一个辩证的过程，在这个过程中，能力的削弱在内部和外部之间造成了一种紧张或"矛盾"，这种紧张或"矛盾"是通过综合过程解决的。其中，综合过程包括围绕解决这些矛盾的过程发展记忆和能力，亦即在组织间协调相关的问题解决过程，而非基于内部能力的设计过程。

综合所涉及的对象也进入这个问题解决的过程。外包启动了供应商企业记忆和能力的独立积累过程。罗森博格（Rosenberg）（1976：9-31）对机床行业的研究是理解这一过程工作原理的重要观察。罗森博格（Rosenberg）观察到，当机床生产成为一个独立产业时，其技术设计变得更加通用。实际上，这是一种创造更多通用化设备的技术轨道取代了一种产品专业化模式,在后一种模式中,机床是围绕一类用户公司的特定需求而被设计的。在探索更多通用化产品潜力的同时,还能确保供应商的竞争力,是这一过程的本质。从供应商的角度来看,理想的部件或子系统是可以根据各种系统集成商的需求进行定制的部件或子系统,这使其竞争对手几乎没有模仿能力,并且生产成本会不断降低。

除难以模仿之外,电子部件和子系统满足所有这些标准。电子部件和子系统的模仿潜能为产品设计的不断创新(或至少是改变)提供了强大的动力。这也解释了工业中常见的观察结果,即现代生产性产品在其控制系统(主要是电子的)的复杂性方面"过于专用",因此更难维护,也更难让操作人员学会使用。这些问题可以被视为供应商激励措施的结果,这些措施在竞争对手之间设定了一个移动靶,并让他们创造出吸引更广泛市场的产品(对一些人来说无用且令人困惑的功能对另一些人来说是有价值的)。

在这种情况下,技术兼容性标准发挥了意想不到的作用。虽然供应商试图通过更好地满足客户的诸多需求来拉近与客户的距离(虽然那些更负载的产品未必受欢迎),但是系统集成商可以通过指定或采纳标准来约束多样化的生产,减少受供应商私有标准限制的威胁。这样一来,系统集成商可能会让竞争对手受益,但如果做不到这一点,反而可能会因不必要的种类激增而导致更高的成本。从这个意义上说,标准是简化制造商产品系统复杂性的一种手段,并以此限制了部件和子系统生产中分散的记忆和能力所导致的差异。

本节的目的是研究当系统集成商在一个知识分工与劳动分工日益深化的环境中运营时,技术兼容性标准如何影响组织记忆和能力的积累。知识的跨组织分布必然导致记忆和能力的分布,它还为技术改进和变革创造了一套具体的激励机制。举例来说,有人认为,这些激励可能会产生"过度多样性",因为供应商试图提高其产品的通用质量(以扩大其市场)、提供专有功能(以提高其相对于系统集成商的市场实力),并对产品进行频繁的改进或更改(以击败竞争对手的模仿努力)。技术兼容性标准可被视为系统集成商管理这些激励措施的一种手段,并使他们从自己的角度去"简化"可能被视为过度多样化的生产。

五、结　　论

现在,人们已经充分认识到,在创造条件、尝试分解复杂产品,以及开发和生产系统中部件和子系统的过程中,技术兼容性标准发挥了重要作用(定义见本章第一节)。对这些标准制定过程的分析侧重于事实(市场主导)和法律(自愿标准组织合作制定标准)机制之间的对比。这种二分法将研究者的注意力引向标准制定过程本身。这一章回到了一个更基本的问题,即为什么企业有兴趣制定技术兼容性标准,包括那些在企业网络中用于生产复杂产品和系统的"本土"标准。

本章的讨论强调了技术兼容性标准在支持分工方面的作用,它提供了一种在大型技术系统或复杂产品系统中定义接口,并以此连接部件和子系统的方法。关于协调的一节(第二节)的主要目的是评估各种制约因素,包括组织间分工的可行性。这项可行性研究强调了系统设计中紧密耦合和松散耦合的重要性,并观察到在系统设计中日益广泛地应用了电子控制系统,并以此作为创造更多灵活性的手段。

虽然对协调问题和分工可行性的初步评估是以系统集成商(或

主设计师)的控制为标准建立起来的,但更深入的分析需要考虑到系统集成商和供应商之间的谈判(第三节)。本文定义了俘获型供应商和通用供应商的限制性案例,进而定义了"系统集成商—部件/子系统"供应商"双向专用资产"的谈判问题。有人认为,技术兼容性标准为解决这一具体的谈判问题提供了激励相容的手段。在复杂产品和系统行业中,公共标准制定流程的应用相对较少,这根源于俘获型供应的持续重要性、某些设计的暂时性,以及系统集成商希望保持对部件和子系统设计的私有控制。

关于"记忆"的一节(第四节)探讨了知识在系统集成商和部件及子系统供应商之间分布时,将技术兼容性标准拓展应用于解决组织间协调问题的前景。正如本节及前文所述,脱钩过程所创造的专业能力,具备变化和改进的自主轨道,从而实现了知识创造和生产活动的跨组织分布。回忆这些知识的过程(记忆)成为一个中心问题,而标准可以在此期间发挥中心作用。

正如第四节所述,最近的历史已经表明,使用标准定义接口的电子系统,其设计和生产设施可以是分布式的。这一结论并未被其他行业忽视,并已广泛应用于其他行业,包括复杂产品和系统的生产行业。在这些行业中,对电子控制系统的依赖进一步支持了组织间分工的增长。

但是,记忆问题不能与对控制权的争夺,或知识积累过程中企业网络中的多头化主导权分割开来。组织间分工加剧了,而不是消弭了对控制权的进一步斗争,而技术兼容性标准在这场斗争中扮演着重要的规制角色。

本章的一个主要结论是,技术兼容性标准在复杂产品与系统工业和批量化生产行业中所发挥的作用不相上下。但这并不意味着在以复杂和灵活的系统集成为核心特征的行业中,技术兼容性标准也会像基于标准化产品大批量生产的行业那样,被用来创造同样形式的竞争选择过程或优势。系统集成行业的竞争过程是一个通过协调、谈判和记忆来实现设计的过程,而不是一个争夺主导设计的竞争过程。这样的过程创造了一种可能性,即在企业间形成竞争性产出,以及特定管理方法或实践的"竞争力",这也使其值得持续研究。

注释

1. 说明互连问题的一个更复杂的例子是交流电压转换器的情况,例如那些将欧洲 220 V 电源转换为适用于北美和日本 120 V 设备的转换器。由于交流电与直流电相比具有更复杂的特性,这类设备提供的"兼容性"要有限得多。例如,这种转换器通常不会改变交流电的频率(欧洲 50 Hz、美国 60 Hz)。这种频率差异足以破坏某些类型电气产品的互连。

2. 有人可能会认为,更复杂的设备需要更复杂的兼容性标准。事实未必如此,因为可以在设备本身而不是在接口或其实现中定位适配和互操作性的功能。因此,可以使用计算机调制解调器来接收视频传输,而无需将其任何特定特征用于视频信息本身。这是可能的,因为数据解释发生在个人计算机中,而调制解调器只是在设备之间传递数据流。

3. 需要注意的是,复杂产品系统可能涉及大量标准化部件。例如,土木工程项目可能涉及使用混凝土和钢结构,其中技术兼容性和参考标准无处不在。

4. 燃油喷射系统电子控制的早期困难是难以创建这些新能力的历史案例。

5. 尽管目前洲际电信容量过剩,但情况并非一直如此。

6. 双向专用涉及双边市场力量这一较老的经济问题,在这种情况下,买卖双方对彼此都有市场力量。也就是说,买方因缺乏替代客户而拥有垄断力量,供应商因缺乏替代供应商而拥有垄断力量。这个问题的教科书式的解决方案是纵向一体化。然而,这并没有解决供应商和买方之间因垂直分工带来的潜在优势。

7. 显然,将"支付能力"作为价格谈判中的明文规则并不是一个非常有效的策略。相反,谈判是从"成本价格"的替代性定义开始的,该定义采用了完全成本而不是增量成本核算原则。成本加成允许利润是完全成本原则的典型实施。

8. 在专有兼容性标准的情况下,必须与系统集成商进行协调,或者双向专用资产必须是不完全专用的,也就是说,必须具有足够的适应性,以生产非侵权产品。

9. 标准制定的及时性是一个重要的课题,可参见韦斯(Weiss)和西尔布(Sirbu)(1990)。公共标准制定"延迟"的一个原因是,制定者需要考虑所有利益相关者的利益。越来越多的标准是准公共产品(由利益相关方的"俱乐部"制定)。虽然私人方法可能更快,但也可能通过确定有利于数量更有限的供应商的标准来设置进入壁垒,参见戴维(David)和斯坦缪勒(Steinmueller)(1996)。

10. 后一种能力通常在纳尔逊(Nelson)和温特(Winter)(1982)定义的"惯例"演化经济学框架中考虑。在本章所考虑的复杂产品系统的情况下,活动和程序经常被重组或不断改变。因此,把重点放在复制和提高业绩上(例如,在预算范围内及时完成项目并达到预期目标)比常规做法(例如,使用相同的活动和程序实现相同的结果)更为合适。

参考文献

BALDWIN, C. Y. and CLARK, K. B. (1997). "Managing in an Age

of Modularity", *Harvard Business Review*, 75/5: 84 - 93.

BROWN, S. L. and EISENHARDT, K. M. (1998). *Competing on the Edge: Strategy as Structured Chaos.* Boston, MA: Harvard Business School Press.

DAVID, P. A. (1991). "Computer and Dynamo: The Modern Productivity Paradox in a Not-too-distant Mirror", in *OECD Report Technology and Productivity: The Challenge for Economic Policy.* Paris: OECD, 315 - 337. ——and STEINMUELLER, W. E. (1996). "Standards, Trade and Competition in the Emerging Global Information Infrastructure Environment ", *Telecommunications Policy*, 20/10: 817 - 830.

DAVIES, A. and BRADY, T. (2000). "Organisational Capabilities and Learning in ComplexProduct Systems: Towards Repeatable Solutions", *Research Polity*, 29/7 - 8: 931 - 953.

DEVINE, W. D., Jr. (1983). "From Shafts to Wires: Historical Perspectives on Electrification", *The Journal of Economic History*, 43/2: 347 - 372.

DUBOFF, R. B. (1979). *Electric Power in American Manufacturing, 1889 - 1958.* New York: Arno Press.

FARRELL, J. and SALONER, G. (1988). "Coordination through Committees and Markets", *RAND Journal of Economics*, 197/2: 235 - 252.

GREENSTEIN, S. and DAVID, P. A. (1990). "The Economics of Compatibility Standards: An Introduction to Recent Research", *Economics of Innovation and New Technology*, 1/1 - 2: 3 - 41.

HAWKINS, R. W., MANSELL, R., and SKEA, J. (eds.) (1995).

Standards, *Innovation and Competitiveness: The Politics and Economics of Standards in Natural and Technical Environments.* Cheltenham: Edward Elgar.

HOBDAY, M., RUSH, H., and TIDD, J. (2000). "Innovation in Complex Products and Systems", *Research Policy*, 29/7 - 8: 793 - 804.

MILLER, R., HOBDAY, M., LEROUX-DEMERS, T., and OLLEROS, X. (1995). "Innovation in Complex Systems Industries: The Case of Flight Simulation", *Industrial and Corporate Change*, 4/2: 363 - 400.

NELSON, R. and WINTER, S. (1982). *An Evolutionary Theory of Economic Change.* Cambridge, MA: Harvard University Press.

POLANYI, M. (1962). *Personal Knowledge: Towards a Post-critical Philosophy.* Chicago: University of Chicago Press.

PRENCIPE, A. and PAOLI, M. (1999). "The Role of Knowledge Bases in Complex Product Systems: Some Empirical Evidence from the Aero-engine Industry", *Journal of Management and Governance*, 3: 137 - 160.

ROBERTSON, P. L. and LANGLOIS, R. N. (1992). "Modularity, Innovation, and the Firm: The Case of Audio Components", in F. M. Scherer and M. Perlman (eds.), *Entrepreneurship, Technological Innovation, and Economic Growth: Studies in the Schumpeterian Tradition.* AnnArbor, MI: University of Michigan Press, 321 - 342.

ROSENBERG, N. (1976). *Perspectives on Technology.* Cambridge: Cambridge University Press.

RYCROFT, R. W. and CASH, D. E. (1999). *The Complexity Challenge: Technological Innovation in the 21st Century*. London and New York: Pinter.

STEINMUELLER, W. E. (1996). "The US Software Industry: An Analysis and InterpretiveHistory", in D. C. Mowery (ed.), *The International Computer Software Industry*. Oxford: Oxford University Press, 15 - 52.

STIGLER, G. J. (1951). "The Division of Labour is Limited by the Extent of the Market", *Journal of Political Economy*, 59/3: 185 - 193.

TEECE, D. J. (1986). "Profiting from Technological Innovation: Implications for Integration, Collaboration, Licensing and Public Policy", *Research Policy*, 156: 285 - 305.

UTTERBACK, J. (1996). *Mastering the Dynamics of Innovation*. Cambridge, MA: Harvard Business School Press.

WEISS, M. B. H. and SIRBU, M. (1990). "Technological Change in Voluntary Standards Committee: An Empirical Analysis", *Economics of Innovation and New Technology*, 1/1 - 2: 111 - 133.

YOUNG, A. (1928). "Increasing Returns and Economic Progress", *Economic Journal*, 38: 527 - 540.

第九章

系统集成的认知基础——情境生成知识的冗余

马西莫·保利（Massimo Paoli）

意大利佩鲁贾大学和圣安娜高等学校

一、引　言

近 20 年来，管理学研究者的精力都集中在无休止的成本控制、精益和扁平化组织、持续再造、持续合理化以及核心知识等原则上。这些原则为非核心活动的外包和去中心化进程铺平了道路，并导致了神话般超高效的商业组织形式，如虚拟公司。

本章旨在通过一种完全不同的路径，提供一些关于如何开发和维护系统集成的想法。这一路径源于"知识基础冗余"的概念。这一概念强调了公司系统集成能力的作用和重要性：（a）个体作为知识的载体；（b）组织情境作为容器，使个人能够发展他们的知识。系统集成取决于变革的愿景构建能力。

本章认为系统集成商和系统集成能力的作用涉及对关键部件、零件、子系统的技术轨道的动态控制（即指挥的能力和权力），尤其是对系统集成本身轨迹的动态控制。组装者和组装活动并不是参与系统集成动态控制的必要条件。本章认为,在那些包含了众多部件以及复杂的互动机制的多技术产品或流程中,仅仅有一个组装者,可能会变得不可持续。

为了说明上述观点,本章结构如下：在第一部分,我将给出个体知识的传统模型的定义,该模型基于"没有智力的效率"范式,这一范式至今仍是管理常识的基础;第二节概述了对人类知识的不同解释,这种新的知识观可能会证明,在承认效率的经济原因的前提下,转向与效率范式相对的智力冗余范式是合理的;第三节重点介绍系统集成的概念;文章最后利用系统集成控制的原理,论证了智力冗余原因的优越性。

二、个体知识的传统概念

很少有数学问题仍有待解决,我们会在短时间内全部解决。

——戴维·希尔伯特(David Hilbert)

物理学的科学进步结束了,我们都知道,没有什么可以发现的。

——威廉·汤姆森(William Thompson)

(一)"积极"的知识观

长期以来,知识的概念一直是各个领域思考的中心问题。正如我们在别处讨论过的那样(Paoli and Prencipe, 1999),管理类文献通常基于新古典经济学对个体知识的假设,这些假设是在 20 世纪由新实证主义和逻辑经验主义的认识论指导下设计的。主要原则如下：
(a) 知识是由信息组成的。(b) 信息与知识属于认知系统的不同层次，但它们具有相同的性质。(c) 因此，信息的连贯组合(如拼图)形成了知识。换句话说，把马赛克(信息)拼凑在一起的结果就是知识。

（二）知识-信息简单经济学的一些原理

根据新古典主义方法，知识-信息被理解为具有三个基本属性。

不可分割性。"两次获取相同的信息是没有好处的……因此，知识的生产与商品的生产是不同的……"(Arrow, 1969: 300)。换句话说，复制一个知识-信息单元没有固有的优势，因为没有经济动机去这样做(Arrow, 1962: 609 - 625)，"让最年轻的人能够(用纸)制造第一架飞机的相同知识也能让他们制造第六架或第十二架飞机……"(Machlup, 1984: 160)。

使用中没有竞争。同一知识单位一次可以被多个主体使用，也就是说，一个知识可以以等于零的边际成本无限复制。

使用中的非排他性。这一特性定义了不对某一个体的适宜性，即不可能独占给定的知识。拥有后者并不意味着拥有它的所有权，这两个条件都不意味着知识能专有使用。事实证明，不可能避免他人利用已被生产的知识，也不可能提高其价值。为了确定特定知识-信息的价值，有必要知道它的内容，但一旦知道了这些内容，买方将没有任何动机来支付购买他已经获得的东西的价格。另外，卖方如果拒绝披露此类内容，会有效地阻止买方对其价值(购买动机的估计)进行任何评估。因此，一条知识-信息的市场价值有可能为零(随着成本接近于零，供给已经具有无限弹性)。

知识-信息总是可以被清晰地呈现。在这种情景下，隐性的条件本质上与可编码的成本有关,而不是与知识编码的实际不可能性有关。换言之,当编码成本极高时,知识可以被定义为隐性的,如果有正确的激励措施,以及对编码操作预期收益的正确预测,可以立即开始编码。并不是知识-信息的性质阻碍了它的编码,事实上,情况恰恰相反——它的性质总是使编码成为可能(最坏的情况是具有不同的成本水平)。

完全可分解性。如果知识-信息是完全可编码的,也就是说,可以通过符号和语言来表示,那么它可以被随意分解。因此,分解获得它的过程也同样容易。如果所有权的定义和构成专有对象的要素是明确的,那么客体知识和产生客体知识过程的可分解性特征就使得在知识-信息分解过程中设计某种有效的分工形式是可行的。归根结底,这允许对创新工作进行某种形式的有效分割(Arora and Gambardella,1994)。

完全可转移性/可吸收性。除了可分解性外,鉴于知识-信息的完全象征性,还有必要假定其完全可转移性。然而,要使可转移性高效有效地进行,至少必须满足两个要求:(a)必须有一个明确的知识-信息可获得性制度;(b)从认知的角度来看,必须有完善的共享句法,通过这些句法,知识片段才能组合成正确的含义。因此,从生产或吸收的相对成本模型来看,知识-信息就像无线电信号一样,基于围绕,总是可以吸收和被吸收(前提是过去在 R&D 方面有足够的投资),而且,这种被称为吸收能力的有趣贡献(Cohen and Levinthal,1989,1990)似乎更像是阿罗(Arrow)模型的延伸和一般化,而非真正的替代。

过程与语言产品的不可区分性。新古典框架使人们相信,在系统的每个平衡状态下,知识与其他生产要素完全一样,都是给定的资源,其唯一的特点是它构成了一个过程的输入,而这个过程的产出还是信息与新的信息,"发明和研究……致力于信息的生产"(Arrow,1962:614)。因此,知识-信息生产过程的特殊性最终与知识作为一种经济商品的特性相对应。换言之,人们可以系统性地识别作为一个学习过程的知识和在此过程中产出的语言或符号,即相应的知识-信息。

科学知识和技术知识的明确区分性。因为科学知识和应用知识"全部"被视为编码知识,所以阿罗认为它们之间的区别是模糊的,但纳尔逊(Nelson)1959年贡献了创新经济学中最持久的分类之一。"科学活动有一个连续谱。从谱的应用科学端转向基础科学端……目标的明确程度会下降,与解决特定实际问题或创建特定对象的联系程度也随之下降"(Nelson,1959:301)。一方面,(a)基础性的或科学的知识-信息仍然是一种纯粹的公共物品,"基础科学研究是……纯粹公共物品的最佳例子"(Romer,1993:73),从认知的角度揭示了一种不同于技术知识的分层性超序——科学经常充当技术知识的输入。另一方面,(b)人们发现应用性的知识-信息与科学知识并无本质区别,但它可以通过外部市场调控政策(主要是专利)加以利用。此类措施(专利的影响程度和排他性)的影响应取决于对适用或最佳激励程度的精确定义,而这一过程又高度特定化,一例一议。

(三)"积极知识"的认识论基础

我们认为,先前对知识的理解基于以下基本假设。

1. 现实在我们之外,并且是可接近的——我们通过观察或实验发现它。

2. 正式体系(如语言)用来表示描述现实的理论,只要最初的描述没有语法问题,人们就会延续这种正式表达。

3. 显而易见的是,假设、理论、观察和语言都是有意义的,因此,当理论成为普遍真理时,将共同和共享的意义归于理论是没有问题的。

4. 从方法论的角度来看,在解决问题的过程中,亚里士多德/笛卡尔(Aristotelian / Cartesian)的分步原则是解决问题的充要条件,换言之,分解问题,并从最小和最简单的问题开始着手解决。由于重构过程与解构过程正好相反,所以当每个问题(或其中的大部分)都被解决时,重构才是可能的。换言之,解构和重构过程的性质没有区别。

随着认识论在 20 世纪的演变,这种解释范式不再适用。马图拉纳(Maturana)和瓦里拉(Varela)使用自创生系统和结构耦合的概念从根本上否定了第一点,我们将在下一节中进行说明。哥德尔(Godel)(1931)反驳了第二点,解释了完整的正式体系如何变得矛盾,或者当不矛盾时,它们为什么一定是不完整的(Nagel and Newman, 1992:93)。迪昂(Duhem)(1914)和蒯因(Quien)(1969)指出第三点并不能独立推出,从而否定了这一点。而巴什拉(Bachelard)(1953,1996)的工作反驳了第四点,因为重构过程需要发展新的不同的意义,所以它绝不只是分解过程的对立面。事实上,人们为了解决问题而分解问题。当一个问题被识别出来,但尚未解决时,分解过程就开始了。因此,在分解过程中,意义可能会丢失,而在重构过程中,新的意义很可能源于正在处理的问题。因此,我们又一次被迫重构不同意义上的个体知识。

最后一点对于解释系统集成的认知基础非常重要。重建-重组的过程是重构行为。古生物学提供了一个有帮助的隐喻。事实上,史前动物外部形态的构建,往往正是通过重组一些内部结构保存不良的化石才得以进行的。尤其是在化石很少的情况下,这个外部形态重新组合的过程就在很大程度上是"创造性的"。通过使用公认的临时解决方案,填补因化石(及其"内部"特征)数量不足所产生的无法避免的知识缺口。重建是一个类似的行为。将一个在分解时一无所知的整体(如一个未分解的现象或问题)的各个部分(部分解决方案)重新组合起来,需要重新发明缺失的联结,将联结插入系统以完成它并赋予它意义。因此,将一个部分解决方案带到另一个可能属于不同领域的部分解决方案,这就是一种意义建构的行为,而不是一个单纯的重组行为,因为它需要完全发明某些内容。

　　以上讨论解释了为什么知识基础存在若干不同层次,并分别专用于零部件、界面、架构和(至少一个层次专用于)系统集成等不同层面。此外,它还解释了为什么集成过程需要集成商拥有多种知识库:

- 组合部件;
- 管理界面;
- 组织架构;
- 创造"缺失"的环节(例如,集成)。

　　由此反映出来的集成商角色的复杂性解释了为什么这样的角色必须成为核心角色。

三、赋予意义和自创生系统的概念

　　　　所说的一切都是观察者说的。

　　　　　　　　——洪贝尔托·马图拉纳(Humberto Maturana)

理性只看到按照她的设计能产生什么……

——伊曼努尔·康德（Immanuel Kant）

（一）自创生系统中的一些认知原理

现代神经生理学研究认为，个体是自创生系统（Varela, Maturana and Uribe, 1974; Maturana and Varela, 1980, 1987），也就是说，大脑和身体只能在彼此之间以及与环境之间进行热交换。大脑各部分通过过滤器相连接，这些过滤器选择出特定的刺激，中枢神经系统对这些刺激的解释都不需要与现实世界或其他自创生系统（即其他个体）相关联。根据这种被称为结构耦合的观点，每一次来自外部的扰动都可能引起自创生系统的状态变化，但这些变化的性质完全取决于干扰系统的结构。个体只能交换热力学表达，如空气中的振动、不同波长的光、构成气味的化学粒子以及皮肤上的压力。这些热力刺激可以被视为对语言的支持。反过来，这些支持只有经过充分简化后才与语言密切相关。无论如何，它们只是语言表达的符号（即语法规则的符号序列），如单词、图像、声音、行为——换句话说，是信息的载体。

在这种情况下，知识和信息的性质不同，前者是纯粹意义上的，不能共享。后者包括语言、无客观意义的符号所承载的语法，以及任何形式的符号，这些符号的发出方对其赋予意义，接受方也赋了其主观意义。比如说，发出方赋予"红色"这个词一种意义，而众多的潜在或实际接收方又会赋予其众多意义（如色盲），因此，它既不能有唯一意义也不能有共享意义（太多意义＝没有共同意义）。信息不能给出意义，但它需要意义。知识是一个人的个体意义系统。知识是个体能力的本源：

- 认识到符号序列是相互关联的,而不是随机的;
- 形成一个或多个传输信息的符号;
- 对信息赋予意义(这个过程取决于个体的解释能力,也就是说,基于个体已知的东西)。

根据个体赋予这些符号的意义,这些符号可能是维瓦尔第《四季》协奏曲的神奇氛围抑或乏味的噪声,可能是匿名面孔的奇怪表情抑或你儿子的美丽微笑,可能是布鲁内洛·迪·蒙塔西诺(Brunello Di Montalcino)的奢华香水抑或令人费解的未知气味混合物。个体知识赋予了符号某种意义,而且是特定意义。个体即使不想这样做,但也能产生意义,就好像即便他们不想思考、了解、学习,这些过程也会客观地发生,他们之所以存在正是因为他们能够不断地产生意义,尽管不一定正确。

一个自创生系统永远不会知道自己是否正确,因为它们为任何接触到的现象所赋予的意义都是对世界的假设,并且永远只是一个假设。由于这样的系统服务于人类的持续行动及这些行为对世界的持续干预,所以它自己也是连续的并且极大地依赖于意志。事实上,行为者一直在行动,即便它们本意并不如此。而且个体只能谈论意义,发出有意义的符号信息,所以它们不能彼此共享意义。作为这种交换机制的结果,自创生系统无法衡量彼此之间的语义距离或接近度,也无法交流和分享任何意义,而只能交流和分享那些不带有任何客观意义的信息(即语言表达)。

(二) 超越意义共享的消失错觉：情境的概念

因此,当组成组织的自创生系统不能共享意义时,它们不能共享任何规则或任何其他组织惯例或记忆,也不能共享系统(产品或工艺)的任何实际愿景。此外,它们不能交换意义(甚至包括那些在形成组织的过程中与共享规则有关的语法相关意义)。而且它们无法就可能存在的趋同过程的距离或接近度进行彼此交流,因为在一个奇怪的螺旋循环中——个体越是意识到与某人交流某事无济于事,往往就会越努力地交流——它们只能产生语言、语法、符号和信息。这里不可能扩展对组织的影响,但这种现象使我们能够引入这样一种观点,即社会系统中的个体(个体系统,但也越来越多地是情景系统)不会形成组织,而是会形成行动和关系系统。[1]而且,它们的行为都是在特定的情境中,这些关系也成为微观—中观—宏观情境(即物理、社会技术和文化容器)之间的相互作用。

组织开始运作。[2]社会系统的行为模式是一种持续"格式化"的层级体系,而非彼此孤立的离散实体(Argyris and Shon,1978)。社会系统变成了我们给情境贴上特定标签的层级结构,而个体行为则是在特定情境中发生的,"情境是所有事件共同的中心,它为有机体——行为主体指出了一组选项,他们必须在其中作出进一步选择"(Bateson,1976)。

因此,一个社会系统首先是一个情境系统。人们来到这个世界上,生老病死、爱恨情仇、学习工作各有情境。在某种程度上,情境的本质是学习的生成性。[3]失去或放弃一个情境意味着失去其认知生成能力。在本文中,我们指的是企业情境的生成能力,但我们也充分认识到在每个社会子系统中,其他许多情境都是存在的,且都可以生成知识。换言之,行为者始终为情境所禁锢。即使它们改变了情境,也只是进入了同一社会系统或不同社会系统中的另一个情景。因此,所有关系都是由情境定义的。[4]

在这个行动和关系的网络中,遵守那些所有人都接受的、协调行为所必需的规矩的努力往往会造成共享的错觉。[5] 尽管如此,个体的意义和行为是趋同的,因为它们起源于同一情境,这些情境由每个参与者自己构建,但与此同时也由同一情境中的所有人共同构建。由此导致的至多是趋同而非共享,这种趋同还是语言(如词、行为等)的趋同,而非意义的趋同。与这个趋同过程相似的还有范式语言(Kuhn, 1970)或操作性俚语[6] 出现的过程,以及方言转化为共同文化的过程——例如退伍军人的语言和战争故事的语言(Cohen 等人,1996)。

因此,根据上面讨论的方法,参与系统集成过程的每个行为者心中都有一个不同的系统,而且其中的绝大多数对系统的概念和技术动态有不同看法。其中的一个要害是不要将有意义的实际共享与语言行为的趋同混淆。很多时候,后者看起来甚至共享了某些意义或价值观,但它纯粹是一种语言错觉。语言趋同并不需要共享与系统集成(及其动态)等过程相关的含义或意义。系统(产品或过程)的实现不是共享意义的结果,也不是实际的共同愿景,而是在于其特定的设计——一种或多或少复杂的语言类人工制品。就像任何其他语言类人工制品一样,设计是一个复杂的产品。系统集成是一个过程,尤其是当企业希望将其用作竞争武器时,它就成为一个动态的过程。因此,就像系统的概念和技术演进一样,它是一个复杂的过程。

(三) 知识作为一种意义-含义的系统

"反其道而行之!"爱丽丝惊讶地重复道,"我从来没有听说过这样的事情。"女王说:"但它提供了一个很大的优势,那就是记忆在所有意义上都有效。""我确信我的记忆起作用的过程是单向的。"爱丽丝指出。"在事情发生之前我记不住任何事……

如果记忆只对过去有用,那么它就没有什么价值。"女王说。

——刘易斯·卡罗尔(Lewis Carroll)

个体知识是一个复杂的动态系统,它至少包括四个大型系统。

1. 深层意义系统不断产生,并与心灵的自我参照相关联,换言之,这是以"我们"为中心的事物的意义。从我们有意识的那一刻起,我们就自然而然地处于各自宇宙的中心(Gregory, 1991:746; Arduini, 1998:第二章)。

2. 记忆创造——加工——激活过程的系统(意义的使用和产生)。

3. 记忆加工——激活——创造产品的系统(从意义到语言表达/感知,反之亦然)。

4. 上述三点之间的关系系统。

系统本质上是动态的、关联的(而不应被视为其部分或其结构的静态等价物),并且是有组织的(通过一组流程进行),所以当系统的概念被赋予若干复杂的意义时,就有了多样性统一(Angyal, 1941)。此时,最重要的和基本的复杂性是从动态关系的角度,使根源于统一系统所特有的(相较于零部件)多样性、多重性和不可分解性相结合,以及使个性与可分解性(或准可分解性)相结合。然而后者是以分解和改造系统本身为代价的,但这样的系统又不能简化为一系列组成部分。因为,一方面,整体大于部分之和(参见"超可加复合规则",Foerster, 1962:866-867; Simon, 1962:468),而另一方面,部分也不能简化为系统,因为整体实际上小于部分的总和。实际上,部件也被限定于自身角色之内,至少是系统范围内,用以降低复杂性。这使系统本身能够承担和维护自己的功能身份(Morin, 1983:145-147)。

为了把握我们正在讨论的复杂性的本质,必须理解所谓的"涌现"过程的各种结果：质量、属性、产品（系统中被激活的功能关系）、全局性（因为它不能从系统单元中分离出来）、事件（一旦系统形成，它就会不连续地发生）、新颖性（与部件相比）、不可还原性（在系统分解过程中，如果想让这个分解过程不转化出其他什么东西，那么这个分解过程根本就没法发生）、不可演绎性（它不能从部件的质量-功能组合中推导出来）以及复杂性（Morin, 1983: 139–143；Le Moigne, 1990: 48；Churchland and Sejnowski, 1992: 13）。作为一种现象，涌现与部分转化为整体的过程相关联，这个转化过程形成、转化、维持和组织了彼此互补的趋势，创造了多样性，在对抗之间建立起联系、组织了对抗，在互补中组织了对抗（Lupasco, 1962: 332），并控制了组织熵值（Morin, 1983: 156）。涌现也使多样性得以扩散，重复的秩序得以被重新建立并被转化为组织的可靠性，即知识系统本身的生存能力（Atlan, 1974: 1–9）。

简单来说，知识是事物不断涌现的意义，是具有内在价值的意义，与它如何创建，或通过什么方式创建无关（它始终是一个行为、一个过程，而非存储文件）。意义是基石，它允许我们构建我们对周围现实的解释，没有意义就不可能计划和评估我们对世界的持续干预。意义是通过记忆不断重建的。

四、系 统 集 成

你知道的事情越多，你必须知道的事情就越多。
——列奥纳多·达·芬奇（Leonardo da Vinci）

复杂的可理解性是通过简化来完成的。

　　复合体的可理解性是通过集成来实现的(简单的总是简化的)。

——加斯顿·巴切拉德(Gaston Bachelard)

(一) 系统的集成是概念化的集成

　　我们认为系统集成是个体之间的一个"元—超—认知—协商"的动态过程。这些个体散布在有特定物理属性的情境中,并且结合了行为者本身的知识、语言交互、组织规则、激励、权力分配、信仰、神话和文化。这些行为者的存在,使其得以同时构建一个多技术的人工制品(工艺或产品)的系统集成过程,以及由此而来的演化路径。

　　事实上,"人工制品-产品"/"工艺-系统"的动力学源于整体及其各部分之间彼此连接、相互叠加的技术轨道。而且,它是技术和科学多学科"融合-发散"与"集成-脱钩"的产物。这种现象构成了更深层次的演变,并使其具备了显著的生成能力: (a)自主的科学技术"轨道-机会",以及(b)各个科技领域之间关系的依赖和影响的持续重构。值得强调的是,后者在很大程度上影响了系统、子系统和部件之间关系的依赖性和影响力。

　　鉴于此,产品/工艺系统(以及系统集成活动)的演进可以被认为是一种对层级秩序和功能秩序的持续"破坏-重建",而这种持续的破-立过程将随着时间的推移,影响对"产品-系统"本身概念化和理想化的分解方式。[7]此时,系统集成是一个概念化的宏观过程,在此过程中可能会出现一些与产品设计或制造工程相关的问题。然而,概念化的动态变化与由此导致的设计问题之间的关系,与我们观察到的知识和语言人工制品(我们称之为"信息")之间的关系是相同的。

因此,即便系统集成只能通过设计表达,它也永远不能简化为设计问题;正如知识只能通过语言表达,但却永远不能归结为"信息-语言"一样。

(二)集成:一个复杂的建模过程

在这个框架中,我们对以下两方面进行重要的区分:一方面是"产品-系统"的设计和生产能力,这是最复杂的,因此需要被构思和定义;另一方面是掌握系统集成及其演进动力的努力,这是一个复杂的战略问题,并因此不可被定义,缺少定义且不确定。繁复(或超繁复,如拥有多达 20 000 个组件的航空发动机)与复杂之间的区别使人们注意到这样一个事实,即复杂性并不是一个真实现象,而是在主观和群体层面构建的解释。事实上,这些解释会随着所承载的知识而改变(Prencipe, 2000, 2004; Paoli and Prencipe, 2003)。

西蒙(1962)指出,一个系统可以细分为多个相对独立的部分。也就是说,对系统进行适当划分,并将大多数互动限定在各独立组件内部(而非组件之间)是可行的。部件之间的相互作用弱于部件内部的相互作用。明确识别系统的近似可分解性对我们即将分析的问题具有重要影响,因为它直接关系到模块化属性的一种创新性分类,即子系统层面设计自主性的程度(Prencipe, 1997, 2004; Brusoni, Prencipe and Pavitt, 2001)。近似可分解性的假设与作为一种独立类型的系统知识的产生方式有关,即在整体中的各部分的认知基础的相对独立性和去情境化的可能性。然而,不同于西蒙的方法,本章以更明确的方式考虑近似可分解性。与其说近似可分解性是系统本身的一个属性,不如说是系统(主观)概念化的功能。

如果知识性质能够影响系统可分解性,那么系统概念解释其可分解性的方式也会影响控制知识的性质。对模型构建的管理不能无视环境,也不能无视组织的影响。如果可分解性不是系统本身的函数,而是由其概念决定的,那么它就是在分工情境下产生的。针对这一问题,我们可以对行为主体的建构进行分类。更具体地说,已观察到的系统构成可以分为两类不同的建构/建模程序(表9.1)。通过"分离-分解",复杂的建构模型变成了碎片化的简单视图。通过"组合-结合",复杂的建构模型获得了未分解现象的复杂画面(不可分解)。前者可以分解,也可实现分工(如复印大量页面);后者不能分解,一个人做会更好(每个人都知道写合著论文或合著书的困难)。

表9.1　两种不同的构造规则（复杂的/复合的）

系统/现象	结　　构	系统/现象	结　　构
通过分离可分解可分解的	复杂应用/分解简单的	结合不可分解不可分解的	复杂结合/组合复杂的

来源: Le Moigne(1990: 27)。

　　然而,任何建模过程都会使用复杂的编码和语言形式。这是一个显著的、不可简化的"个体过程",通过它可以创造不同的替代性解读,即对现象的解释。复杂性内生于建构,也将因此从属于建构。这意味着不存在复杂的现象,只有已经观察到的,即(在自己的领域)已被创造出来的现象的复杂建构。我们可以将这个创造过程概括为"生成"的流动,这个过程放弃了对可感知事物进行分析的想法,旨在获取有意向的建设性构想,该构想由被创造和理解为复杂现象的工具表征组成,并因此具有不可分解性(除非有被破坏的风险)。这是一个由分析者形象向概念化建构者形象转变的过程(Le Moigne, 1990: 27 - 28)——从可分解的对象转向可能的项目,从指向简单的被动元素的分解转向复杂活动的组合。

作为自创生系统组成的社会系统,企业只能通过在它们构建的建构中创造复杂性,处理在掌握系统集成过程(及其动态)中产生的问题,并在某些方面影响产品的路径。这种建构是特定组织内部不同行为主体建构之间或多或少"混乱/有序"的妥协的结果,而这种组织的重要特征是他们具备讨论系统(以及系统集成)可能假设的技术轨道的合法性。此时就出现了一个重要但简单的原则。对分布在多个情境中的一组行为者来说,他们的知识保留得越多、多样化程度越高,他们可以构建出来的世界模型、变化模型、新系统模型和系统集成模型就越复杂。

(三)知识基础和情境的强制性冗余(多样性)

由于这些原因,系统集成企业的一项战略任务就是在内部确保知识基础的冗余。但需要强调的是,对知识基础重要性的判断在很大程度上取决于系统集成商过去能够创造的复杂性。我们一直强调这些企业组织内个体(自创生系统)愿景之间的持续协商,以及它们知识基础的不断变化。这意味着,没有"企业"的知识基础,只有个体的知识基础。而我们所讨论的路径是每个个体知识库的路径,以及在此之前由诸多个人愿景,经妥协抵达组织内部交汇平衡点的路径。

这条路径事先是不确定的和不可定义的,是由系统集成商企业设想,并经过市场选择的人工制品的演变过程。尽管组织的历史路径和基于组织机制的效率非常重要,但后者必须通过组织内个体的技术和科学素质来辨别。个体、个体历史以及组织历史所拥有的知识基础是复杂性的来源。换句话说,知识基础应被视为创建系统集成演进路径所需的复杂性的生成器。复杂性的创造涉及世界上多种不同潜在状态的生成,即部件、子系统、整个系统架构及上述各层面之间相互关系的多个技术选项。

知识基础的一个重要组成部分是专业知识,亦即理论阐述和实践知识,因此知识基础在很大程度上依赖于生成情景。在这个框架内,与自然本质相关的知识(通常来自基础研究或长期研究的科学知识)以及操作这些知识的方式(通常由应用研究和工业开发设计而来的技术)之间的区别趋于模糊,并因此产生了不可再分解的统一的整体性知识。最终,这一过程成为集成性的跨学科知识新概念出现的结果,也是其原因,虽然该过程起源于经典科学的方法论和社会学,却是由应用触发的(Gibbons 等人,1994)。

但是,拥有知识基础以产生有效的能力和特定的技术诀窍[8] 对企业组织意味着什么? 根据本章提供的定义,这意味着:

在商业组织中,行为主体对开发子系统、系统架构和接口的知识基础所必需的单一和基础科学技术知识有深刻的了解。

组织将情境(实验室、产品流程、组织机器规则、工作方法、激励、语言、学校、经济资源、权力、动态分布、范式、神话、信仰、故事等)置于控制下,以便能够表达这样的知识。

典型的转变是从(a) 个体路径(个体被安排独立工作),到(b) 多学科工作组(根据每个人在特定任务领域的知识基础来安排工作),到(c) 交叉学科团队(每个人的工作就是将自己投入整个任务,包括整合环节中,这被看作所有参与者经历的集体操作。每个人都对任务负责——这种设置通常允许学科融合),到(d) 稳定的跨学科团队(将永久性小组视为决定个体任务和干预领域的工作结构,这也支撑了学科融合,从而使那些超越了学科限制的知识载体获得了意义)。

下面的例子能更好地说明这个过程。在多学科背景下,流体动力学问题可以由统计学、物理学、化学、数学等学科来解决,但是每个学科都以独特的方式解决该问题。然而,在交叉学科的方法中,我们会看到统计学、物理学等学科共同发挥作用,一起分担全局任务。而在跨学科方法中,延续此前交叉学科的历史,这个工作小组就仅包括流体动力学。在任何情况下,用以支持系统集成能力的知识都源自所有知识在所有有效情境中的应用,这种情境不仅包括 R&D,而且包括组件和系统的生产、规划等各方面,而这个过程的基础则是我们可以想象的重组———一旦系统崩溃,就去重建系统的那种重组。所有这些活动都可以清楚地被描述为"情境化",换言之,它们是特定情境中"行为主体与物理系统以及与其他人之间相互作用"的结果(Clancey, 1993:87–114; Greeno and Moore, 1993:49; Vera and Simon, 1993:7, 46),即特定行为主体的关联。如果情境是一个社会系统,那么整体图景还包括它的"存在史"及其惯例、决策制定机制的发展路径,以及组织中不同利益或权力集团的意识形态角色,所有这些都表明"知识是关于意义的,它是有特定情境的,且与情境相关"(Nonaka and Takeuchi, 1995:58)。

因此,企业内部如果没有保持足够数量的、多样的和冗余的情境,那么它们的系统集成能力就会急剧下降。以盲人为喻,就是盲人不知道自己没有看到的东西。因此,失去情境就意味着失去了与它们相关的知识。当一直被我们击败的人最终击败我们时(比如在国际象棋中),意识会单独出现。从社会角度来看,当以前从未赢过的团队最终击败我们时(比如在踢足球时),这种情况也会发生。但是我们需要多少次失败才能意识到这不是由于命运或其他什么? 特别是就企业而言,在企业内部的个体意识到失败是由于缺乏知识和情境而丧失竞争力之前,有多少信号会被忽略?

五、结束语：对系统集成保持控制

我们认为,知识越来越倾向于以独特的(超越经典的"基础研究-应用研究"二分法)和跨学科(跨越经典的学科界限)的方式表现出来。如果认知活动的语言结果或多或少地具有经济学中所说的独占性,那么可能导致这些结果的认知过程,即知识生产过程,通常具有独占性,因为它们是主体特定的,进而是企业特定的。事实上,能力和学习的历史路径特定于构成的社会群体,即组织中的每个自创生系统,而且它们与组织演变,以及与有关认知情境和组成部分的一系列设定(数量、多样性和冗余)相关联。后者可以被视为强大世界观的生成器,或者更确切地说,是演变中可能选择的更加丰富地建构的生成器。随着时间的推移,这些过程内化的越多,这些可能的选项的植根性就越强。考虑到这些,我们可以将这个总结构想作为系统集成的认知策略加以应用,并以此作为示范案例继续推进(Paoli and Prencipe, 1999)。

1. 给定一个产品/工艺系统或其系列。

2. 系统集成的演进动力被认为是一种引入创新的能力(其测度不仅可以采用定量方法——渐进的或激进的,也可以用定性方法——模块、界面、架构、系统)。因此,作为一种以创新参与竞争的能力,系统集成的演进可以用复杂模型来描述(建构的复杂度越低,创新造成的竞争力损失越大)。这些模型不仅特定于那些特定的个体,而且可以通过组织规范,特定于这些个体工作的特定组织情境中的特定群体。

3. 这些结构的复杂程度是相关知识过程的函数,这些知识在本质上是绝对隐性的(Crozier, 1964; March and Olsen, 1976; Pfeffer,

1978；Scott，1992），"活动环境并不是感知环境的同义词……（其中后者）强调管理者要构建、重新安排、挑选和破坏其周围环境的许多客观特征……而活动的过程是主体部分地与客体互动，并构成客体的过程"（Weick，1969－1979：164－165）。复杂性取决于特定情况：（a）科学（及其状态，即描述性、可预测性等）、技术、应用性和综合性知识之间的双向（循环）关系（Reismann，1992：110），以及（b）对（包含在情境中的）经验的阐述。

4. 在任何情况下，企业放弃对认知过程和情境的支持活动（如对组件和子系统的研发和制造活动）而转向一般的组装组织，必然会丢失对系统集成的可能演进进行建模的能力。换言之，这往往会导致不可逆转的能力损失，使企业无法在对系统演进路径进行建模的过程中创造复杂性，并进而丧失对集成演进过程的战略控制。企业这样做的现实风险是失去系统集成者的角色（即系统采用哪个演进轨道的决策者），转而成为一个单纯的组装者，而这种转变甚至是在企业无意识的情况下发生的（例如，参见汽车行业中组装者与组件者关系的演进动态）。

真正的挑战是维持一个较高的能力水平，以便创造复杂性。

当然，其他方面的考虑——主要是经济或战略方面的考虑——在任何情况下都可能导致不同的或替代性的解决方案，从而在纵向一体化和（或）各种可能的内部化上表现出不同的结构、水平和性质。然而，如果考虑到对系统集成演进实施战略控制所需要的知识，抱有那种可以系统购买认知结果（如研究活动）的认识将被证明是极其危险的错觉。与之有着相似风险的错误认识是，认为没有必要把劳动分工（的改变）视为对认知过程的放弃、对生成情境的转移以及对创造世界的能力的伤害（Paoli and Prencipe，1999）。没有脱离情境的学习，因为学习是一种体现（或创造）情境的行动，这种情境在本文中也被定义为"生成性"。也就是说,脱离了产生学习的操作性"行动-活动"的情境,就不会有学习(Vigotsky, 1978; Leontieff, 1981; Gardner, 1983)。如果不能意识到情境限定性所固有的危险,将不可避免地削弱针对机会的替代性路径进行"想象-创造"的能力。此类任务的成本和战略影响应始终通过分布式决策过程予以评估,从而减轻纯经济评估的权重(Paoli and Prencipe, 1999)。

　　从一个略有不同的角度来看待这一问题,正是由于技术领导者创造机会的能力,许多前代技术的领导者在被令人震撼的突破性技术的领导者取代之后,仍然设法保持了制度的连续性。通过这种方式,根深蒂固的化学工业成功挺过了合成产品的激进式创新浪潮(Pavitt, 1990),从而成为新方案的领导者,相同的过程也发生在生物技术领域。这种保持制度连续性的能力主要取决于从经验中学习以及在逐渐积累的专业知识和跨(知识基础)领域整合能力的基础上的学习。这些要素使得参与战略阐述成为可能,而战略阐述的目的则是克服"内容-过程"之间的差别,并控制战略阐述过程自身的情境(Dodgson, 1989)。这是因为对情境的学习定义了创新性的战略行为的内容,而后者的实施以及随之而来的学习,又重新定义或者重新创造了一个新的情境,从而使得技术战略内容的定义与实施之间的界限变得愈发模糊。没有经验,就没有学习(即不可分解,并因而不可共享的个体过程),而没有学习,就会失败,至少沿着同样不断重建的路径、不断重新开辟可用机会范围的能力就会下降。这样的机会范围必须具备当前竞争条件所需的广度,或企业对自己的战略定位(尽管这种定位或多或少带点虚幻成分)所要求的广度。

注释

1. 关于这个问题更详细的讨论,见保利(Paoli)和格拉西(Grassi)

（2000）以及保利（Paoli）和普伦奇佩（Prencipe）（2003）。

2. 有关组织的更详细分析，见韦克（Weick）（1969）。

3. 这也是构成"构成性语境"基础的概念（Unger，1987；Ciborra and Lanzara，1988；Lanzara，1993）。

4. "情境的概念包含了一个隐含的假设，即对于一个行为者来说，行动、事件和经验的序列以某种方式被分割和划分成可以被认为是同等的或无关紧要的情景。对情境的敏感性，即区分和识别情境的能力，是行动者活动方案的一个基本要素：它是决定和控制行动者行为的行动基础。如果对情境进行预先解释，那么可调动的资源就会很少。反之，如果情境是模糊的、不稳定的或过于一般化的，行动者的大部分认知工作将旨在'构建意义'，并通过解码和定义情景以指导行动。"（Lanzara，1993）

5. 从上面的推理可以得出一种更深入的（可能是破坏性的）思路。个体作为社会系统的一部分，会有"（诸多）意图"（Searle，1992）。金融副总裁希望成为首席执行官、重要的政治家、富人，但（同时）也是"好景俱乐部"的成员。（译者注：好景俱乐部是成立于1996年的古巴音乐家组合，旨在复兴革命前的古巴音乐。）值得注意的是，社会科学从未考虑到社会系统中的"有意图"这一特征。事实上，系统的概念是社会科学从物理学或生物学中借用来的简单类比。然而，虽然物理或生物系统由可能是其他事物的部分组成（即在不同系统中扮演其他角色），并被分配给特定任务，受限于特定任务（我们的肝脏不希望成为大脑），但金融副总裁希望同时解释其他社会子系统中的多少其他角色？现在，在这个时刻，当他与我们的客户交谈时，他在哪个社会系统中扮演了什么角色？

6. 俚语的典型例子在几乎所有的专业杂志中都很容易找到，甚至是那些为大众读者设计的杂志。例如，有关微电子学、计算机科学或互联网的杂志,对那些不太熟悉这些技术的人来说,它们实际上已经变得不可理解了。

7. 在本章中,程序(仅间接考虑)的观念和表征、概念、结构不具有认知主义的共同意义(Craik, 1943;Harriett, 1961;von Wright, 1972;Elster, 1983;Haugeland, 1985, 1989;Minsky, 1989;Cummins, 1993;Lanzara, 1993;Oliviero, 1995)。在这一工作中,表述、构思、建构的术语意味着将意识带入头脑。它们不是指感知到的外部环境的图像、方案或模型,而是指通过将意义与没有的感知相联系,从而构建外部环境的认知结构。我们对结构的定义在很大程度上借鉴了知识即行动的思想(Piaget, 1967),行动中的知识的概念,以及不基于符号系统的关于表征的考虑(Kosslyn and Hatfield, 1994),即所谓的无表征方法的学习(Maturana and Varela, 1980, 1987;von Foerster, 1987)。

8. 我在这里没有机会深入展开有关知识(即知识基础、能力、专长、技能)的表述,但我确实认为,没有知识基础,我们就不能渴望系统集成。也许对于诸如"编辑"或"组装"之类的操作来说,只需要操作能力和没有完整理论参考的技术诀窍。例如,对建筑科学一无所知的砌砖工来说,为了砌好一堵墙,知道"铅垂线"就足够了。对于系统集成演进动力学的指导者来说,深刻的理论理解是必不可少的,这意味着需要指导者能够构思墙的新形式或新形式的替代物。简而言之,由于只有操作能力和专门知识可用,在构建替代系统集成模式时不会有足够的复杂性。

参考文献

ANGYAL, A. (1941). *Foundations for a Science of Personally.* Cambridge, MA:Harvard University Press.

ARDUINI, A. (1998). *Fondamenti della Psiche.* Pisa: ETS.

ARGYRIS, C. and SCHON, D. A. (1978). *Organizational Learning A. Theory of Action Perspective.* Reading, PA: Addison Wesley.

ARORA, A. and GAMBARDELLA, A. (1994). "The Changing Technology of Technological Change: General and Abstract Knowledge and the Division of Innovative Labour", *Research Policy,* 23: 523 - 532.

ARROW, K. J. (1962). "Economic Welfare and the Allocation of Resources for Invention", in R. R. Nelson (ed.), *The Rate and Direction of Inventive Activity: Economic and Social Factors.* Princeton, NJ: Princeton University Press, 609 - 625.

——(1969). "Classificatory Notes on the Production and Transmission of Technological Knowledge", *American Economic Review* 59/2: 29 - 35.

ATLAN, H. (1974). "On a Formal Definition of Organization", *Journal of Theoretical Biolo,* 45: 295 - 304.

BACHELARD, G. (1953). *Le Materialisme Rationnel.* Paris: PUF.

——(1996). *Le Nouvel Esprit Scientifique.* Paris: PUF.

BARTLETT, F. C. (1961). *Remembering.* Cambridge: Cambridge University Press.

BATESON, G. (1976). *Verso un'Ecologia della Mente.* Milan: Adelphi.

BRUSONI, S., PRENCIPE, A., and PAVITT, K. (2001). "Knowledge Specialization, Organizational Coupling, and the Boundaries of the Firm: Why do Firms Know More than they Make?", *Administrative Science Quarterly,* 46: 597 - 621.

BURKHART, R., DOSI, G., EGIDI, M., MARENGO, L.,

WARGLIEN, M. , and WINTER, S. (1996). "Routines and other Recurring Action Patterns of Organizations: Contemporary Research Issues", *Industrial and Corporate Change*, 5/3: 653 - 698.

CARROLL, L. (1975). *A. lice in Wonderland.* Milan: Garzanti.

——(1975). *Behind the booking Glass.* Milan: Garzanti.

CHURCHLAND, P. S. and SEJNOWSKI, T. J. (1992). *The Computational Brain* Cambridge, MA: MIT Press.

CIBORRA, C. and LANZARA, G. F. (1988). "I Labirinti dell'Innovazione, Routines Organizative e Contest! Formativi", *Studi Organizgativi*, 19.

CLANCEY, W. J. (1993). "Situated Action: A Neuropsychological Interpretation. Response to Vera and Simon", *Cognitive Science* (Special Issue: Situated Action), 17/1: 87 - 115.

COHEN, W. A. and LEVINTHAL, D. A. (1989). "Innovation and Learning: The Two Faces of R&D", *The Economic Journal*, 99: 569 - 596.

(1990). "Absorptive Capacity: A New Perspective on Learning and Innovation", *Administrative Science Quarterly*, 35: 128 - 152.

CRAIK, K. J. W. (1943). *The Nature of Explanation.* Cambridge, MA: Cambridge University Press.

CROZIER, M. (1964). *The Bureaucratic Phenomenon.* Chicago, IL: Chicago University Press.

CUMMINS, R. (1993). *Significato e Rappresentatone Mentale.* Bologna: Il Mulino.

DODGSON, M. (1989). "Introduction: Technology in a Strategic Perspective", in M. Dodgson (ed.), *Technology Strategy and the*

Firm: Management and Public Polity. London: Longman, 1 – 10.

DUHEM, P. (1914). *La Theorie Physique: Son Object et sa Structure.*
Paris: Riviere.

ELSTER, J. (1983). *Ulisse e le Sirene.* Milan: Feltrinelli.

FOERSTER, H. VON (1962). "Communication amongst Automata",
American Journal of Psychiatry, 118: 865 – 871.

——(1987). *Sistemi cbe Osservano.* Rome: Astrolabio.

GARDNER, H. (1983). *Frames of Mind: The Theory of Multiple
Intelligence.* New York: Basic Books.

GIBBONS, M., LIMOGES, C., NOWOTNY, H., SCHWARTZMAN,
S., SCOTT, P., and TROW, M. (1994). *The New Production of
Knowledge.* London: Sage.

GODEL, K. (1931). "Uber Formal Unentscheidbare Satze der Principia
Mathe-matica und Verwandter System", *Monatshefte fur Matbematik
und Physik*, 38: 173 – 198.

GREENO, J. G. and MOORE, J. L. (1993). "Situativity and
Symbols: Response to Vera and Simon", *Cognitive Science* (Special
Issue: Situated Action), 17/1: 49 – 59.

GREGORY, R. L. (1991). *Enciclopedia Oxford della Mente.* Florence:
Sansoni.

HAUGELAND, J. (1985). *Artificial Intelligence: The Very Idea.*
Cambridge, MA: MIT Press and Bradford Books.

——(1989). "Meccanismi Semantici (Semantic Engines)," in J.
Haugeland (ed.), *Progettare la Mente. Filosofia*, *Psicologia*,
Intelligenza Artificiale.. Bologna: IL Mulino, 7 – 42.

KOSSLYN, S. and HATFIELD, G. (1984). "Representation Without

Symbol Systems", *Social Science*, 51: 1019 - 1045.

KUHN, T. (1970). *The Structure of Scientific Revolutions*. Chicago, IL: University of Chicago Press.

LANZARA, G. F. (1993). *Capacita Negatwa*. Bologna: IL Mulino.

LE MOIGNE, J. L. (1990). *La Modelisation des Systems Complexes*. Paris: Dunod.

LEONTIEFF, A. N. (1981). "The Problem of Activity in Psychology", in J. V. Wertsch (ed.), *The Concept of Activity in Soviet Psychology*. Armonk, NY: Sharpe, 37 - 71.

LUPASCO, S. (1962). *L'Energie de la Matiere Vivante: Antagonisme Constructeur et Logique de l'Heterogene*. Paris: Julliard.

MACHLUP, F. (1984). *The Economics of Information and Human Capital*. New York: New York University Press.

MARCH, J. G. and OLSEN, J. P. (1976). *AMBIGUITY AND CHOICE IN ORGANIZATION. BERGEN: UNIVERSITETSFORLAGET*.

MATURANA, H. and VARELA, F. (1980). *Autopoiesis and Cognition: The Realization of lowing*. Dordrecht: Reidel.

——and VARELA, F. (1987). *The Tree of Knowledge*. Boston, MA: Shambhala. Minsky, M. (1989). *La Societa della Mente*. Milan: Adelphi.

MORIN, E. (1983). *Il Metodo: Ordine, Disordine, organizatione*. Milan: Feltrinelli.

NAGEL, E. and NEWMAN, J. R. (1992). *La Prova di Gbdel*. Turin: Bollati Boringhieri.

NELSON, R. R. (1959). "The Simple Economics of Basic Scientific Research", *The Journal of Political Economy*, 68: 297 - 306.

NONAKA, I. and TAKEUCHI, H. (1995). *The Knowledge-creating Compaq*. New York: Oxford University Press.

OLIVERIO, A. (1995). *Biologia e Filosofia della Mente*. Bari: Laterza.

PAOLI and GRASSI, M. (2000). "Caught in the Middle: An Investigation of Three Recurrent Controversies in the Management of 'Organizational' Knowledge", Paper to the International Meeting on Organization, Business Processes Resource Centre, University of Warwick, Coventry, UK; February.

——and PRENCIPE, A. (1999). "The Role of Knowledge Bases in Complex Product Systems: Some Empirical Evidence from the Aero-engine Industry", *Journal of Management and Governance*, 3: 137 - 160.

——(2003). "The Relationships between Individual and Organizational Memory: Exploring the Missing Links", the Journal *of Management and Governance*, 7/2: 145 - 162.

PAVITT, K. (1990). "What we know about the Strategic Management of Technology", *California Management Review*, 32: 3 - 26.

PFEFFER, J. (1978). *The External Control of Organizations*. New York: Harper & Row. PIAGET, J. (1967). *Biologie et Connaissance*. Paris: Gallimard.

PRENCIPE, A. (1997). "Technological Capabilities and Product Evolutionary Dynamics: A Case Study from the Aero Engine Industry", *Research Policy*, 25: 1261 - 1276.

——(2004). *Strategy, Systems and Scope: Managing Systems Integration in Complex Products*. London: Sage.

QUINE, W. V. O. (1969). *Ontological Relativity and Other Essays*.

New York: Columbia University Press.

REISMANN, A. (1992). *Management Science Knowledge*. Westport, CT: Quorum Books.

ROMER, P. M. (1993). *Two Strategies for Economic Development: Using Ideas vs. Producing Ideas* (World Bank Annual Conference on Developments Economics). Washington, DC: WBP.

SEARLE, J. R. (1992). *The Rediscovery of the Mind*. Boston, MA: MIT Press.

SCOTT, R. W. (1992). *Organizations*. Englewood Cliffs, NJ: Prentice Hall.

SIMON, H. A. (1962). "The Architecture of Complexity", *Proceeding of American Philosophical Society*, 106: 467 - 488.

UNGER, R. M. (1987). *False Necessity*. Cambridge: Cambridge University Press.

VARELA, F., MATURANA, H., and URIBE, R. (1974). "Autopoiesis: The Organization of Living Systems, Its Characterization and a Model", *Currents* in *Modern Biology*, 5/4: 187 - 196.

VERA, A. H. and SIMON, H. A. (1993). "Situated Action: A Symbolic Interpretation", *Cognitive Science* (Special Issue: Situated Action), 17/1: 7 - 48.

VIGOTSKY, L. S. (1978). *Mind in Society*. Cambridge, MA: Harvard University Press.

WEICK, K. E. (1969 - 1979). *The Social Psychology of Organizing*. Reading, PA: Addison Wesley.

WRIGHT, G. H. VON (1972). "On So-called Practical Inference", *Acta Sociologica Finnica*, 15: 39 - 53.

第十章

尝试构建模块化的动力学：技术发展的周期模型

亨利·切萨布鲁夫（Henry Chesbrough）
美国加州大学伯克利分校哈斯商学院

一、引　言

关于模块化[或者更确切一些,希林（Schilling）称之为"产品模块化"]的文献[1]展示了复杂商品的技术结构与生产该商品的企业的组织结构之间一种紧密对应的关系（Simon，1962；Garud and Kumaraswamy，1995；Sanchez，1995）。经济理论已经表明,统一的标准是如何从竞争性标准的竞争之中脱颖而出的（Farrell and Saloner，1986；Katz and Shapiro，1986）,而各种标准之间的竞争过程又促进了聚焦战略（Rotemberg and Saloner，1994；Baldwin and Clark，2000）。这导致了产业内部充满活力的创新——成千上万的企业都在产业的模块化结构内展开竞争。

这些说法无疑有助于解释个人电脑等产业中创新的外部基础（Langlois，1992；Langlois and Robertson，1995）。其他研究记录了飞机发动机和化学工程（Brusoni and Prentcipe，2001）、航空航天

（O'Sullivan，2001）、磁盘驱动器（Christensen and Chesbrough，1999；Chesbrough and Kusunoki，2001）和消费电子（Sanchez，1995）等产业中日益模块化的技术和组织。最近的一项整合研究展示了模块化对产业结构的影响，提出了产业结构的发展过程——从纵向一体化结构到横向组织起来的模块化参与者们（Baldwin and Clark，2000）。

虽然在打开模块化"黑箱"方面，我们确实取得了一些进展（Brusoni and Prencipe，2001），但仍有许多工作要做。本章将重点讨论我们理解不充分的一些领域，以及迄今为止仍未被解决的重要问题。本章将试图为这些领域的进展奠定一些基础，并提供一项实证分析，希望能够激励出未来更多的经验研究。

第一个区别是动态学方面的区别。这些研究本质上都是一种基于静态视角的分析。研究者将构成"模块化"的模块视为人工制品，却没有探讨它们产生的过程。因此，他们做出的预测往往是片面的：每项技术都是从模块化程度较低、集成度较高的状态向模块化程度较高的状态发展（Baldwin and Clark，2000）。这种结论是不完整的，每个技术架构都存在固有的性能极限。构成架构的各组件之间的联系迟早会对系统的进一步发展形成约束。为了推动系统发展，必须找到一个新的架构。这一任务与在既定架构内进行创新有着根本性的差别。

我认为第二个尚未得到充分发展的关键议题是企业内部的模块化和基于市场的模块化的关系。虽然这两者可以并行不悖（Sanchez，1995），但这并不是必需的。所以，重要的是要理解在什么条件下，其中一者会或者不会导致另一者的发生。特别是，系统集成的问题非常突出，而企业内部集成的方式，与基于市场的集成方式有着巨大差异。

一旦我们考虑到动态性，第三个需要我们进行更多分析的领域就随之出现——推进到一个新的、更好的架构的过程。一个产业在市场机制的作用下出现了广泛的模块化,其中有无数的参与者,这些参与者都是通过当前架构的界面进行协调的。他们彼此之间的活动相互补充。然而,根据我们对那些具有高度演化互补性的系统的理解,上述这样的系统是难以进步的。参与当前架构的各方如何评估他们是否参与新架构,以及何时参与新架构?系统架构师应如何通过可靠的投入支持新接口,以便模块互补者们能够为支持新架构而进行具体的投资?

本章的其余部分结构如下:第二节探讨了内部模块化的来源,以及导致市场模块化的条件。第三节开发了一个系统技术架构演变的动态周期模型,并给出了硬盘驱动器(HDD)行业中部件性能的若干经验证据。第四节讨论了给定架构下的系统集成问题,以及使用必要的市场领导权刺激下一轮周期的方式。与此相关,在产业演化的过程中,谁来赚取租金,以及如何赚取租金的问题也很重要。最后是结语部分。

二、内部模块化和市场模块化

在新技术开发的早期阶段,巨大的技术不确定性需要被管理。技术本身是非常不成熟的,也不能有效地执行任何有用的任务。为了使技术在经济上变得有用,开发者必须选择一个开发重点。对于任何具有相当复杂度的系统来说,我们都需要协调大量的组件和子系统,而且将这些彼此独立的元素联结起来的最佳方式有无数种可能(Ulrich, 1995)。

在这里缺少两类关键的信息和知识:一是不同元素共同运作的方式,二是元素之间的相互作用。这就出现了技术相互依赖的情况。

正如乌尔里克(Ulrich)和埃平格(Eppinger)的设计结构矩阵(DSM)所显示的那样,相对于模块化程度更高的架构,技术之间的高度相互依赖性虽然会导致灵活性方面的损失,但可以实现更好的产品性能。即使系统可能运作良好,但改变系统的某一部分,也会以不明显的方式影响系统的许多其他部分(Ulrich and Eppinger, 1995)。

在技术演化的早期阶段,管理协调,而非市场,提供了最有效的机制来协调系统各元素之间的关系。内部协调的比较优势源于威廉姆森(Williamson)(1975,1985)的"市场-组织"(层级制度)概念的二分法。由于相互依赖的多种技术所固有的复杂性,我们无法充分刻画,也很难理解它们彼此间繁复的技术互动。此时,市场机制无济于事,甚至还会起到反作用。客户不能向买方完全说明他的需求,也不能预测组件或子系统将如何影响他的系统。当这些问题出现时,议价成本就随之出现了。

市场上通常的做法是更换供应商。但由于我们对上述相互依存性所知甚少,引入另一个供应商可能只会带来新的技术问题。而面对这些技术问题,交易各方可能又会有不同的看法。技术上的相互依赖削弱了企业通过更换供应商来约束现有供应商的能力。为了在相互依赖的技术之间建立紧密的协调和快速的相互调整,市场机制之外的管理协调是有效技术开发的必要条件。

随着技术走向成熟,人们开始考虑这项技术的其他可能用途。对技术问题解决的研究表明,工程师们不会(事实上,他们也不能)评估这些技术的所有可能组合。相反,他们试图将问题划分为更具体的任务(Simon, 1962; von Hippel, 1990, 1994; Kogut and Zander, 1992),并利用启发法将各组件连接成一个子系统(Henderson and Clark, 1990)。依次连接这些子系统,就形成了系统。因此,一个系统是由一系列嵌套的子系统构建而成的(Simon, 1962)。

　　这种进行分区和搭建架构的做法大大降低了技术开发的复杂性。为了在合理的预算范围内及时将产品推向市场,采取这一战略是必要的、有益的。然而,一经部署和启动,组件、子系统和系统之间的联系就很难再做调整。它们有了自己的生命,因为不论过去、现在还是未来,这些元素都要与联结界面对接,它们只有这样才能在不干扰系统其他部分的情况下执行自身功能。

　　IBM System/360 的开发是这种分区过程的典型案例之一(Fisher,McGowan and Greenwood,1983;Pugh,1995),开发者在系统架构中引入了更多的内部模块化。IBM 在 1964 年迈出了模块化架构设计的重要一步,与此同时,它设计了自己的第一台模块化大型计算机——IBM/360 系列(Pugh,Johnson,and Palmer,1991;Baldwin and Clark,2000)。然而,虽然 360 技术设计的模块化程度要远远高于 IBM 早期的产品设计,但是,当时尚没有一个组件的外部市场来取代管理协调,从而使外购组件与整机设计实现完美对接。System/360 和 370 级大型机的组件供应几乎完全是自制的。

　　施乐的复印机和打印机是内部模块化的另一个例子。施乐创建了以太网通信协议,从而允许企业在复印机引擎中"混合匹配"文件输入模块的不同组合,并在复印机后端使用各种文件分类、文件校对和文件装订模块(Pake,1986;Chesbrough,2002)。施乐因此能够向其客户提供更多型号的设备配置,且无需为此同步扩大在制品和库存件上的数量。然而,与 IBM 一样,这些标准并没有引来能为施乐提供插入其复印机引擎的竞争性组件的大量外部企业。

　　这是因为在一开始,各模块之间的接口标准都是内部专有的。在这种"内部模块化"的情况下,像 IBM 和施乐这样的企业就可以简化它们的工程任务,扩大向消费者提供的产品范围,而不必担心竞争对手利用这些接口侵蚀它们的利润。事实上,它们甚至可以将组件的设计和制造分包给第三方的供应商,并同时阻止竞争对手从这些供应商处获得未经修改的相同组件。

这就揭示出迄今为止的模块化研究一直忽视的一个重要问题:在什么条件下,内部模块化可以导致外部模块化或以市场为中介的模块化?[2] 虽然将一个复杂系统划分成一个更容易管理的模块架构是必要条件,但这绝不是充分条件。在追踪一个产业内模块化的演变时,鲍德温(Baldwin)和克拉克(Clark)(2000)的分析跳过了这一关键的中间步骤。

这个问题的答案很可能也取决于围绕该产业和该技术的环境条件。酒向(Sako)(本书第十二章)分析了在何种条件下,模块化可以影响产业结构和企业边界位置。她发现,对于模块化产品能否导致模块化组织或产业,劳动力市场和资本市场发挥着重要的调节作用。类似的,在对美国和日本硬盘驱动器工业的研究中,切萨布鲁夫(Chesbrough)(1999)也发现,劳动力市场和资本市场的这种调节作用使创业企业能够在各种技术变迁中活下来。

(一) 市场模块化的充分条件

如果一个系统技术已经成熟到其中各元素之间的关系已经泾渭分明、条分缕析,这些界限分明的分块之间的相互作用已为人所熟知,那么我们已经实现了模块化的一些必要条件。要想让市场能够接管创新的协调任务,推进系统发展,还需要什么呢?

通常的答案是,要想让市场有效运作,必须具备一些制度条件,比如产权(North,1990)。但我们更感兴趣的是,要使市场内的交易成本足够低,低到有效的市场交换可以实现,还需要一些信息条件(Williamson,1975)。为了使市场能够有效地管理系统的进一步创

新,以下四个准则必须满足:

(a)产业内的一众参与者都能很好地理解架构中各组件之间的相互作用,而且组件替换对系统的影响是可以预测的。这意味着,由一个企业获得的内部模块化的知识现在必须扩散到企业以外的周围环境中。

(b)系统对组件的属性需求应予以明确规定。这意味着组件的特征和功能是明确的,而且交易企业可以清楚地表达自身需求。这也意味着概念和代码在环境中被广泛分享(Brown and Duguid, 2000)。

(c)可以用工具和设备来验证组件能否达到相应的属性要求。在复杂的组件和子系统中,通常需要先进的工具和设备,使之满足客户和供应商的信息需求。它们也有助于将以前隐性的信息编码化(Monteverde, 1995)。这些工具是模块化的有力助推器。[3]

(d)存在一个有能力的供应商基础,这就使企业有可能去转换供应商,并以此约束任何现有的供应商,使其在对组件或模块进行技术集成、形成系统时不至于被现有供应商所累。

这些条件使得在企业外部,通过市场获得信息的情况得到了很大的改善,因此外部企业现在可以选择提供系统的某些部分,而不必担心对系统的其他部分造成影响。供应商企业可以选择支持哪些系统,以及为该系统提供哪些元素。买家企业可以通过转向其他供应商来约束现有供应商,而不必担心破坏系统整体运行。

例如,当存在清晰、明确的界面时,系统中就会有模块化接口,这些接口记录了子系统与系统之间的连接。以硬盘驱动器(HDD)为例,如果一个读写磁头(读写磁头本身就是一个复杂系统,包括磁头、驱动磁头的空气轴承、支撑磁头的机械臂等等)可以用于多个磁盘,而且多个磁头可以用于一个既定的磁盘,那么这种互换性意味着磁盘驱动器的设计中采用了模块化思路。这种接口上的模块化,使磁头和盘片供应商与磁盘驱动器企业之间建立起市场交易关系。这使得这个接口上出现了一个中间市场（在业内通常被称为"OEM 市场"），从而将以前的内部供应链解构为供应商和买家的网络（Langlois，1992；Christensen and Rosenbloom，1995）。新的参与者可以从接口的任意一侧进入这一网络：新的供应商在组件市场竞争，而新的磁盘驱动器企业则外包了驱动器关键组件，并在新型驱动器（设计）上市时间方面展开竞争。[4]

相比之下，当不存在这种接口时，就存在技术上的相互依赖。此时，在同一系统中使用不同的组件会导致许多不明显的问题。如果没有一个明确的接口，产品设计者就不知道在组件的众多属性中，应为哪一个属性指定特定的公差，从而确保当组件组装起来的时候，产品能够达到预期性能。可能并不存在测量这些属性的明确方法（"到底是组件坏了，还是我们的测试有问题？"），针对某些组件的属性变化将会如何影响产品其他元素的必要设计，工程师们可能无法对此进行预测或建模。在这种情况下，由于出现了信息问题和议价成本，中间市场将受挫。企业也无法在设计中轻易更换供应商。

用考夫曼（Kaufmanns）（1993）的话说，这些相互依赖的条件创造了一个"崎岖的景观"，使得开发产品改进方案的过程变得复杂。[5] 在技术高度相互依赖的情况下，最佳的组件设计和产品架构的定义只能来自一体化开发组织的反复迭代和交互。许多关于有效集成的知识在形式上可能是隐性的，这使其很难在企业内部传播，遑论在企业间分享了（Monteverde，1995）。这些条件使企业即便能够作为供应商进入中间市场，也会使它们面临着巨大的困难。在许多以流程为基础的产业中，企业扩张往往面临着上述情形（Pisano，1996）。[6]

一旦买方和供应商能够利用交易来开发一个系统，并可以在很少或没有惩罚的情况下退出交易，那么市场交易的纪律、激励和市场聚合的特征就会超越早期内部协调的优势(Williamson, 1975)。这也是市场力量能有力地推进模块化系统的原因(Baldwin and Clark, 2000)。当然,纯粹的模块化和纯粹的技术相互依赖都是极端的边界条件,大多数产品和技术都在此二者构成的连续谱线中间的某一位置上(Brusoni and Prentcipe, 2001)。

三、模块化的动态周期模型

像鲍德温和克拉克(2000)这样的分析家预测,市场模块化的条件一旦齐备,向模块化产业结构的发展趋势就会变得不可避免,产业从业者有时称之为"产业的水平化"(Grove, 1996)。

不过,我要说的是,这并不是故事的终点。一个模块化产业一旦成型,它的内部就会有一个高度复杂的互补性供应商结构,这些供应商的产品补充和扩展了系统的价值。然而,对这种具有高度互补性的系统的了解告诉我们,这种系统很难进步(Milgrom and Roberts, 1990; Kaufiman, 1993)。当然,系统内的组件创新还有可能继续发生,但前提条件是组件与系统其他部分的关系边界维持现状,但这也使得系统层面的创新变得越来越成问题。

每个架构都有其性能极限。在不断发展的过程中,产业最终会达到当前架构所能达到的极限。系统中组件的技术产出将接近其理论上限(Iansiti, 1997)。组件和子系统之间的联结曾经促成了它们彼此间的互操作,但现在却对它们的运行速度和方法形成了日益严重的约束。而基于既定的组件关系的架构产出同样接近了上限(MacCormack, 2001)。因此,正是那个使市场模块化得以发展的系统分区方案,逐渐转变成为系统进一步发展的限制。

这里给出既定架构性能极限的两个例子：微处理器的字节长度和个人电脑内的系统总线。最初的 IBM 个人电脑的字节长度为 8 位字长，这意味着单次处理的极限是 8 位的"字节"或指令。后来，微处理器的字节长度增加到 16 位。虽然过去的软件、硬件还可以在这个新处理器上运行，但只有当新的互补产品全都利用了 16 位字长时，才能实现新一代处理器的全部好处。而且，最初并没有对这些事情（如何寻址、索引、错误检测和纠正，以及存储这些额外的数位）进行标准化。这就导致每个互补产品制造商都必须重新设计其产品，以适应新的、定义不明确的字长。反过来，这些互补产品制造商也不确定为新字长而改写自己产品能否得到应有的回报。此外，他们也希望先等其他企业做起来。这就产生了一个额外的"鸡生蛋、蛋生鸡"的惯性，进而阻碍了新的互补品的供应。[7]

第二个架构性能极限的例子是 PC 系统总线。在 1981 年前后，初代 IBM 个人电脑总线接入外接硬件的运行速度非常快。针对这套界面，形成了很完整的技术文档，并因此被行业内所广泛理解，这就催生了与之配套的、可以插入的成千上万种产品。但到了 20 世纪 80 年代末，总线本身成为限制系统和外接产品性能的瓶颈。此后，为缓解这一瓶颈，出现了至少三种竞争性的总线架构。各种架构之间互不兼容，而且要弄清楚每一种架构的细微差别都需要时间。产业界耗时多年来解决这一问题。最终，英特尔通过前向整合、进入系统总线设计领域[1]，

---

[1] 译者注：20 世纪 90 年代之前，英特尔只是微处理器的供应商，在 IBM 的既定架构下提供组件。1991 年，英特尔架构实验室（IAL）开发出一种新的、改善的"总线"技术、PCI（Peripheral Component Interconnect，周边元件拓展接口）总线。PCI 总线能连接个人电脑系统的多种元件，彻底改变了总线结构。同时，英特尔公司推动行业采用 PCI 总线创新产品，顺势转变成平台领导。引自安娜贝拉·加威尔、迈克尔·库苏麦诺著：《平台领导：英特尔、微软和思科如何推行行业创新》，广州：广东经济出版社，2007 年，第 22—23 页。

并为客户提供 PC 主板,这为其总线架构击败竞争性方案赢得了足够的产业动力(Gawer and Cusumano, 2002)。

为了突破既定架构的限制继续进步,必须建立一个新的架构。早期,系统元素之间的关系是稳定的、被广泛理解的,并得到了大量市场参与者的支持,而现在这种关系已经瓦解。必须开发一个新系统、建立新的分区方案。反过来,这个尚处于起步阶段的新架构还没有完全定性。和以前一样,可以用无数种方法来构建这个系统。但直到此时,才有一众拥有既得利益、具体投资和强烈动机的行为主体促使其朝着特定方向演化,而非自由发展。这些参与者之间的彼此互补曾经创造并扩展了早期架构的价值,现在却变成了阻碍系统进步的缰绳。

这可能导致模块化陷阱(Chesbrough and Kusunoki, 2001)。专注于在企业内部开发产品,从而在给定标准内竞争,这最终会侵蚀企业在系统层面的知识储备。虽然采取聚焦战略的企业能够有效地与现有架构建立连接,但他们缺乏知识来设想如何最好地连接到新架构。当初,采取聚焦战略的竞争者形成了一个集合体,这也正是模块化的拥趸们推崇的产业状态(Rotemberg and Saloner, 1994; Baldwin and Clark, 2000)。但时至今日,这个集合体缺乏有关系统演进方式的共同知识,甚至缺乏采取集体行动的能力,而这种能力是协调系统转型、构建新的组件联结方式的必要条件。

这再次提出了一个被迄今为止的模块化研究所忽略的重要问题:高度模块化的产业是如何超越架构限制而演进的?指导系统演进的知识从何而来?谁有动机和能力来领导这样的转变?在什么样的条件下其余企业会跟随龙头企业?

我认为,产业演化的模式会发生转变,从复杂的模块化状态回到相互依赖的状态。只有在相互依赖的状态下,才能重新审视并重构广泛的系统架构。这使得创新过程这一阶段所涉及的信息表现出更大的不确定性、模糊性和缄默性。在争取这种进步的过程中,企业内部的协调再次成为首要问题,而那些继续依靠市场来取得进步的企业,将因市场无力协调这一类创新挑战而受挫。产业内的租金来源也发生了变化,从集中在系统中的特定层级,转移到系统总体架构这一额外的租金来源。下面将用磁盘驱动器产业的数据来说明这种周期性的演化模型。

(一)磁盘驱动器组件的演变(1980—1995)[8]

硬盘驱动器是复杂的技术奇迹,其在密度和每兆字节成本方面的进步速度甚至比半导体领域的摩尔定律还要快。硬盘驱动器是为计算机和其他采用微处理器的设备提供存储的。它们由许多复杂的元素组成,但就目前而言,其中关键的子部件是磁头、磁盘和电子器件。通过在盘片上方以很低的高度飞行,磁头检测旋转中的盘片上是否存在磁场。磁盘上存储着磁场,飞行中的磁头激活这些磁域,利用磁头中的电流将数据"写入"磁域。电子器件将这些磁场转化为"1s"和"0s",并管理磁头和磁盘的运动。

最初推出硬盘驱动器时,研发人员使用了氧化铁磁头和磁盘。虽然在许多年里,这些技术取得了很大的进步,但它们后来开始达到理论能力的极限(Christensen,1993)。反过来,这些极限又限制了硬盘驱动器每兆字节成本的改进。如果无法继续改善硬盘驱动器的成本水平,就会有其他储存技术超越它们,将其赶出市场[9]。

为应对氧化物磁头和磁盘日益逼近的性能极限,IBM开发了基于薄膜材料的组件。虽然这些薄膜磁头和磁盘以10倍水平降低了每兆字节的成本,但在进入大批量制造时遇到了严重的问题。然而,氧化物磁头和磁盘的供应商企业在转向新型薄膜元件时遇到了问题。尤其是磁头生产商,他们面临着磁头与驱动器其他部分之间新的相互依赖关系。早期的"混合搭配"模式——允许磁头供应商企业将其产品卖给磁盘驱动器制造商——已然崩溃。同时制造驱动器和磁头的一体化磁头制造商能够比供应商企业提前几年采用薄膜磁头,正是因为他们能够采用内部管理手段来协调磁头和驱动器设计之间的相互依赖关系。像 Read-Rite 和 AMC 这样的磁头生产商,就花了很多年才创造出可用的薄膜磁头产品,销售给独立的驱动器制造商。

有趣的是,向薄膜磁盘的转变看起来并没有那么困难。致力于薄膜磁盘的初创企业发现,可以在不重新设计驱动器的情况下,发挥薄膜磁盘的卓越性能,这完全不同于那些想用薄膜磁头的企业遇到的情况。薄膜磁盘可以与氧化物磁头、金属间隙(MiG)磁头和薄膜磁头搭配使用,这三者之间的转换成本很低。薄膜磁盘很快就形成了一个健康的商业市场,像库迈思(Komag)这样的独立供应商能够向迈拓(Maxtor)这样的独立驱动器制造商销售产品。

在推向市场 10 年后,薄膜磁头本身的进步能力开始衰减。1992年,IBM 宣布其研究人员已经开发出另一种新型的、非常不同的记录磁头技术——磁阻(MR)磁头,它比薄膜磁头的性能又提高了 10 倍。在磁阻磁头发布会上,IBM 一位工程师的发言很好地说明了这一技术的复杂性和缄默性:"我们并不完全了解其中的物理学原理,但我们可以重现这一事件。"与薄膜磁头的情况一样,磁阻磁头也是一种相互依赖的技术。磁盘、螺线管装置和读写通道的设计与磁头的设计存在双向锁定关系。

虽然磁阻磁头的发明和发展本身就是一项技术成就,但要将其整合到磁盘驱动器的设计中,就要在驱动器的设计上取得其他突破。

当我们把通过来料检验的磁阻磁头安装到既有磁盘驱动器的设计中时,这些驱动器可能无法通过最终检验。识别故障源是一项困难而耗时的工作。既有的设计规则和型号——将磁头与相关联的磁盘和电子器件联系起来的现有方案——必须推倒重来。要在驱动器中使用磁阻磁头,并确保其通过最终检验,就要在最终解决方案中重新设计磁头-磁盘的接口、电子器件以及组装驱动器的制造工艺。

IBM、日立(Hitachi)和富士通(Fujitsu)这些自主制造磁头的集成制造商,可以理清这些相互依赖的关系,找出可行的问题解决办法。它们的集成及其对研究和先进工程的持续投资,使它们能够保持高水平的系统集成能力,以掌握磁盘驱动器中不同子系统的相互作用方式。这使它们能够更快地将基于磁阻的磁盘驱动器推向市场,甚至比非集成的驱动器制造商领先数年。事实上,驱动器行业最大的OEM制造商、昆腾(Quantum)和希捷(Seagate,全球最大的硬盘、磁盘和读写磁头制造商)后来都被迫集成,自主制造磁阻磁头,并参与到创建、集成和制造选用先进零部件的驱动器所需的研究和技术开发工作中。

非集成的磁盘驱动器企业——美国的西部数据(Western Digital)和迈拓(Maxtor),以及日本的NEC和东芝(Toshiba)——都在竭力挣扎:通过与独立磁头供应商合作,跟上IBM所推进的密度提高的步伐。但是,这些企业都掉队了。这些非集成的企业发现自己身处组织陷阱,它们缺乏必要的内部系统集成能力来应对磁阻技术的相互依赖性,进而无法脱身(Chesbrough and Kusunoki, 2001)。

在20世纪90年代后期,磁阻技术得到了更好的理解,因此更加模块化了。独立的磁头制造商现在可以提供磁阻磁头。在磁阻磁头被充分理解的同时,中间市场开始接管该技术的协调工作,IBM的研究实验室将全新的巨磁阻磁头技术推向市场。此前的周期再次上演：在材料、磁头、电子和磁盘驱动器等各方面具有内部研发能力的集成制造商能够更好地将新的磁头技术纳入它们的驱动器设计中。

（二）硬盘驱动器周期性演化的经验证据

到目前为止,展示的证据都存在局限性:依据的论文是早期的,利用的数据来自磁盘驱动器行业中几个突出企业的经理。为了利用全行业的完整数据验证我的论点,我对磁盘驱动器行业中 3 894 个磁盘驱动器型号进行了分析,研究它们在 1980 年至 1995 年期间的出货量[10]。这项分析研究了该行业从氧化铁磁头到薄膜磁头再到磁阻磁头,以及从氧化铁磁盘到薄膜盘的转变。第一个转变发生在 20 世纪 80 年代,从氧化铁磁头和磁盘转向薄膜磁头和磁盘。在下文中,我以 1987 年作为分界线,这一年是薄膜组件在商业市场上大批量出货的元年。第二个转变,向磁阻磁头的过渡则是在 1994 年,当时 IBM 开始出货使用这种类型磁头的产品。

本章的观点是,技术进步将在相互依赖时期和模块化时期之间循环;在不同的时期,企业和市场各有千秋,各领一时之秀。在技术相互依赖的阶段,内部组织处理这些技术的协调成本更低,因此,相对于以市场为中介的交易,此时内部组织更能理清这些复杂的技术互动。随着技术之间的相互关系变得更容易被理解,这种内部优势就消失了。一旦上述市场模块化的充分条件得到满足,市场条件下的激励机制就会激发更大的创新,而且相对于内部组织的方式,创新的成本被分散到更大的市场上。不过,在之后的某个时间点,一旦这些被充分理解的模块化技术达到了性能极限,就会再次进入相互依赖的技术状态。

为了检验这一观点,我将研究 1980—1995 年期间磁盘驱动器组件的性能型式。从上述偶然的经验证据来看,我假设在某些时期,磁头的内部集成是一种更优越的方法;此外,在某些时期,模块化条件发展,市场协调是更优越的方法。鉴于这些假设,我现在要检验是否存在这样一个事实,即对于磁盘驱动器组件,特别是磁盘驱动器的磁头来说,获得更好性能的路径,其实是集成和市场机制两者构成的循环。我预计,在 1980—1986 年的行业早期,硬盘驱动器磁头的内部供应会有很大优势,而在 1987—1993 年间,随着薄膜磁头的普及,内部组织优势随之消失。但是随着磁阻磁头的出现,我预计在 1994—1995 年间,为了更好地利用这些技术进展,内部组织的形式会再次占据上风。虽然我的数据结束于 1995 年,但我也预计,在 1995 年后的几年内,随着与这些组件相关的复杂性被进一步理解,带磁阻磁头的驱动器的性能与内部磁头的联系会变得更少。

这里的因变量是对我所说的磁盘驱动器的"架构性能"进行度量,即磁盘驱动器实现的存储量与进入该型号驱动器的组件数量之比。直观地讲,这一指标反映了制造商以其驱动器组件实现磁盘驱动器高密度设计的能力。更高的密度反映了更高的技术效率,因为同样的技术组件产生了更大的存储量。

我将架构性能定义为,相对于所有同年设计的、在驱动器中使用相同基本组件的企业所达到的预测平均面积密度,每个磁盘驱动器所达到的实际面积密度。面积密度以每平方英寸数百万比特为单位。

使用这些组件的所有驱动器的预测平均面积密度,是通过汇编 1980—1995 年间 Disk/Trend 公司所有报告中产品参数的度量数据得出的。我们对每一年的每一个组件与相应驱动器型号的面积密度关系都进行了估计,这就得出了磁盘驱动器型号总体中单个组件(如当年所有出货的驱动器中使用的磁头类型或磁盘类型)的系数估计值。然后我们将这些系数估计值应用于每个单独的磁盘驱动器型号的实际组件规格,以确定每个型号的预测平均面积密度。

有了这两个衡量标准之后,我将把每个产品型号的**实际**面积密度除以"预测面积密度",以此测度"架构性能":

$$架构性能 = \frac{既定驱动型号的实际面积密度}{从组件计算出的平均面积密度}$$

我们举一个例子,可能有助于说明这个概念。IBM2.5 英寸硬盘 Travelstar LP2360[代号为"波丽露(Bolero)"]于 1995 年出货。它在设计中使用了 IBM 的磁阻磁头,以及薄膜磁盘、运行长度限制(RLL)代码和其他组件特征。它的实际面积密度为每英寸 644 兆比特。通过回归所有 1995 年的样本的产品面积密度及其所使用的组件,我们计算出这些组件的平均面积密度。然后,我们将这些估计系数应用于给定型号的驱动器所使用的实际组件,得出该型号的估计面积密度。经计算,采用与 IBM Travelstar 相同组件的产品的平均面积密度为每平方英寸 399 兆比特。将每英寸 6.44 亿比特的实际面积密度,除以计算出的平均面积密度,我们得出架构性能的度量标准。在本案例中,该型号的架构效率为 1.651,这意味着相比于 1995 年出货的具有相同组件的驱动器,IBM 的驱动器能够实现的面积密度要比均值高 65%。

在这一时期,磁盘驱动器企业在是否自己制造磁头和介质方面各不相同,而以上分析表明,在技术相互依赖的时期,这种差异应该是很重要的。如果确系如此,那么我们应该能够观察到它们在架构性能上的差异,亦即它们出货产品的实际面积密度存在差异。在高度相互依赖的时期,使用内部自产磁头的驱动器型号应该会表现出更好的性能。然而,一旦我们理解了这种相互依赖关系,并且出现了组件中间市场,它们的优势就会消失。人们甚至可以猜测,相对于内部的组件来源,独立供应商可能会达到更高的密度。

　　表 10.2 描述了分析中各变量的相关性。解释了变量都是哑变量:驱动器型号中使用的组件技术类型,以及该组件来源是内部还是外部的。最后三个度量是交互项,它们衡量不同磁头和磁盘技术的内部源和外部源的子集。请注意,带有内部磁头的型号和带有内部磁盘的型号之间有高度相关性。也请注意,薄膜磁盘和磁盘的内部来源之间有高度相关性(0.502),而且薄膜磁头和磁头内部来源之间有类似的高度相关性(0.585)。这表明薄膜磁头和磁盘对架构性能的影响比较相似。这至少与上述故事的一部分相矛盾,即认为薄膜磁盘在一开始就不是一项相互依赖的技术。

表 10.1　硬盘驱动器组件的数据汇总

变　量	定义和建构	观测值	平均数 Mean	标准差 SD	最小值 Min	最大值 Max
Archperf	架构性能,实际面积密度除以从组件计算出的平均面积密度	3 894	1.052	0.329	0.096	3.132
TF 磁头	薄膜磁头,虚拟变量	3 894	0.315	0.464	0	1
MR 磁头	磁阻磁头技术,虚拟变量	3 894	0.035	0.185	0	1
TF 磁盘	薄膜磁盘,虚拟变量	3 894	0.664	0.472	0	1
自制磁头	内部供应磁头,虚拟变量	3 894	0.382	0.486	0	1
自制磁盘	内部供应磁盘,虚拟变量	3 894	0.496	0.500	0	1

变　量	定义和建构	观测值	平均数 Mean	标准差 SD	最小值 Min	最大值 Max
自制 TF 磁盘	自制磁盘和薄膜磁盘的交互项	3 894	0.333	0.471	0	1
自制 TF 磁头	自制磁头和薄膜磁头的交互项	3 894	0.136	0.343	0	1
自制 MR 磁头	自制磁头和磁阻磁头的交互项	3 894	0.035	0.185	0	1

　　表 10.3 显示了对 1980—1995 年期间出货的 3 894 种磁盘驱动器型号的架构性能的回归结果。在第一个模型中,对总体样本以及接下来的 1980—1986 年、1987—1993 年和 1994—1995 年的三个分段样本而言,薄膜磁盘的系数都是显著的和正的。本表中未包含的是控制时间趋势的年度虚拟变量(因为磁盘驱动器的面积密度每年都在增加)。在这些数据中,无论是在整体上还是在每个时期,带有薄膜磁盘的驱动器型号都取得了更高的架构性能。这意味着,采用薄膜磁盘的产品表现出更强的架构性能,而且这种性能优势在每个时期都持续存在(除了最后一个时期,因为这一时期的所有样本产品都采用了薄膜磁盘)。

　　表 10.3 中,薄膜磁头的情况与薄膜磁盘有很大差别,这与表 10.2 中二者相似的相关性形成了鲜明对比。总体上,薄膜磁头的估计系数与架构性能的相关性不显著,然而,这一变量的情况在三个时期均发生了明显的变化。在 1980—1986 年间,使用薄膜磁头的驱动器型号实现了明显更高的架构性能。如上所述,这一时期的薄膜磁头几乎完全是自产自用。然而,1987—1993 年间,以及 1994—1995 年

表 10.2　硬盘驱动组件的关联性

	Archperf	TF磁头	MR磁头	TF磁盘	自制磁头	自制磁盘	自制TF磁盘	自制TF磁头
Archperf	1.0000							
TF 磁头	-0.0411	1.0000						
MR 磁头	0.0731	-0.1299	1.0000					
TF 磁盘	-0.0476	0.3214	0.1363	1.0000				
自制磁头	0.0878	0.0700	0.2440	-0.0480	1.0000			
自制磁盘	0.0736	0.0570	0.1683	0.0137	0.7127	1.0000		
自制TF磁盘	0.0302	0.1850	0.2450	0.5020	0.4610	0.7117	1.0000	
自制TF磁头	-0.0043	0.5853	-0.0760	0.1376	0.5047	0.3398	0.3692	1.0000
自制MR磁头	0.0731	-0.1299	1.0000	0.1363	0.2440	0.1683	0.2450	-0.0760

表 10.3　对磁头和磁盘的架构性能的回归分析

	所有型号 (1)	1980 – 1986 (2)	1987 – 1993 (3)	1994 – 1995 (4)
常量	1.003**	1.020**	0.793**	1.249**
	0.033	0.043	0.031	0.040
TF 磁头	−0.001	0.139*	−0.013	−0.074
	0.016	0.063	0.016	0.042
TF 磁盘	0.116**	0.109*	0.153**	数据缺失[+]
	0.021	0.053	0.025	
MR 磁头	−0.028	NA	NA	0.158*
	0.034			0.072
自制磁头	0.089**	0.088*	0.102**	−0.233**
	0.018	0.041	0.020	0.085
自制磁盘	0.012	−0.033	0.076*	0.150**
	0.022	0.039	0.032	0.042
自制薄膜磁头	−0.022	−0.057	−0.015	0.099
	0.024	0.091	0.024	0.090
自制薄膜磁盘	0.002	0.157	−0.081*	数据缺失
	0.023	0.087	0.031	
包含的年份虚拟变量				
观测值	3 894	979	2 502	413
卡方检验 Chi-square	19.94	4.86	13.27	5.77
调整的可决系数 Adjusted R-squared	0.10	0.04	0.06	0.06

注：* p<0.05;
　　** p − 0.01;
　　[+] 到了 1994 年，所有的磁盘媒体都是薄膜磁盘。

间,这种影响并不显著。如上所述,这些时期,薄膜磁头变得不那么相互依赖,反而更加模块化,驱动器制造商可以将商用薄膜磁头纳入它们的设计中。

在总体样本中,带有磁阻磁头的驱动器型号的架构性能也不显著。然而,磁阻磁头在 1994 年才被纳入 Disk/Trend 的规格表。在此前两年的驱动器子样本中,其使用情况与架构性能显著正相关。

在把每个型号中组件本身的性能影响分离出来之后,随之而来的一个新问题是,不同的组件来源(自制-外购)能否影响性能。表10.3 表明,那些自制磁头的企业的影响是显著的,而那些自制磁盘的企业则影响较小。自制磁头的企业似乎提高了其产品设计的架构效率。这种影响在前两个时期是正向的,而在磁阻磁头出现的第三个时期则是负的。不过,在第三个时期,磁阻磁头对架构性能有显著的正向影响。由于这两年所有的磁阻磁头都是内部供应的,[11] 我把这解释为,1994—1995 年间自制薄膜磁头对架构效率有负面影响,而自制磁阻磁头对架构效率则有正面作用。在后两个时期,自制磁盘也提高了相应驱动器型号的架构效率(自制薄膜磁头和薄膜磁盘的交互项并不显著,但这些交互项与企业是否制造其磁头和磁盘的相关程度很高,如表 10.2 所示,磁头为 0.504 7,而磁盘为 0.711 7。因此,想要解释自己制造磁头和磁盘的变量,就很难与交互项区分开来)。

这些结果基本上支持了我的周期性模型。我预计,像薄膜磁头和磁阻磁头这样的组件的相互依赖程度会随着时间的推移而演化。薄膜磁头变量的表现与我的预测非常一致。在 1980—1986 年间,使用薄膜磁头似乎有性能优势,而使用自己的薄膜磁头则有更进一步的优势。但到了 1994—1995 年间,随着薄膜磁头的可获得性大为改观以及磁阻磁头的出现,薄膜磁头与架构性能呈现负相关的关系。

相比之下,此时磁阻磁头与性能卓越相挂钩。在最后这一时期,使用自制磁盘和磁阻磁头的型号,比那些使用外包部件的型号更能够与性能优势建立联系。

对于采用更模块化的组件(这里是指薄膜磁盘)来制造驱动器的企业来说,因为在中间市场上有同等的组件可以替代内部磁盘,而且很少或没有转换成本,所以它们应该不会获得架构性能的好处。情况似乎是这样的:无论人们是自制还是外购薄膜磁盘,薄膜磁盘都与更高的架构性能相关联。事实上,在 1987—1993 年间,性能劣势与自制薄膜磁盘相关联,这可能是因为可获得的商用磁盘种类繁多,而且可以插入每个驱动器型号,并正常运行。

(三) 替代性的解释和说明

对这些结果还有其他可能的解释。除了提高设计的面积密度外,企业还会出于成本控制、保障供应(尤其是关键零部件)等其他原因决定是否自制组件。我没有什么可靠的方法来测度各型号的生产量和各组件的成本,也就无法将这些问题与技术设计性能问题剥离开来。

然而,任何替代性理论都必须考虑到薄膜磁头随时间变化而产生的影响。替代性理论还必须解释为什么自制磁头与更好的架构性能相关联,而自制磁盘则不然。这两者都是重要的组件技术进步,它们几乎同时在产业中出现,都源于相似的材料科学。这两个组件都得到了那些试图将其商品化的初创企业的支持。[12] 然而,这两个组件对架构性能的影响大不相同。

四、系统集成、租金和系统进步

如果模块化不是产业演化的最终稳定状态,如果我关于技术周期性演化的说法(从相互依赖到模块化再回到相互依赖)是合理的,那么系统本身如何超越模块化而演化的问题就变得至关重要。在一个给定架构下,市场本身就可以协调构成该架构的无数组件和子系统的进步。然而,要超越当前架构而进步,就要在系统层面重新引入复杂性,而这种复杂性曾被认为可以通过模块化进行管理。此时,谁拥有系统集成知识(Brusoni and Prencipe,2001),并能够评估在无数可能的组合中哪个组合能实现最好的推进呢?

如上所述,由于协调本身的复杂性、理解不足及其缄默性等性质带来的挑战,以及由此产生的相关议价成本,单靠市场是无法管理、协调这种进步的。事实上,模块化技术无情的市场压力导致了进一步的困境:当企业必须与高度专业化的、定位于聚焦战略的企业(它们有意识地选择不承担开发和维护系统级知识的成本)竞争时,它们如何能在模块化的世界中保留其系统级知识?

这就要求我们考虑,创新企业如何在整个创新周期内获取租金。在上面描述的周期性模型中,租金的来源随时间推移而变化。在早期的相互依赖阶段,企业以两种不同的方式创造和获取价值:一种是通过使用更高级的组件;另一种是通过使用这些组件,搭建更高级的架构。在上面的磁盘驱动器案例中,IBM 不仅从使用更高级的组件中获利,还从自身管理该高级组件与系统其他部分的相互作用的能力中获利。然而,随着模块化的出现,后一种增值来源被抹去了。企业只能寄望于从自身技术水平内的价值增加中获利,而不必期望从其系统集成能力中获得任何价值。因此，IBM 仍然可以从更先进的薄膜磁头（以及今天的磁阻磁头）中获利，但已经不能通过将磁头集成到驱动器上的能力来获利。

　　一旦模块化的进步抹去了架构知识的租金，就会出现一个真正的问题：在无法从系统集成知识中获利的情况下，企业该如何维持其系统集成能力？以微处理器和操作系统为例，英特尔和微软都各自积累了大量的市场力量。显而易见的是，它们都能够保留相应的系统集成能力，尽管它们提供的产品都仅仅服务于系统的某一部分。在消费电子等其他领域，市场力量似乎没有同等地集中，这就提出了一个问题：在那里，系统层面的知识是如何发展和维持的？虽然计算机和消费电子产业所使用的组件都是由摩尔定律的经济学驱动的，但消费电子产业的系统级创新似乎要远远少于个人计算机和工作站。这可能是由于该产业系统集成能力的缺失。

　　如果模块化产业缺乏这种系统层面的知识，那么该产业就可能受限于支撑其技术的现有架构，而无法跳出这一架构继续演化。用考夫曼（1993）的话说，就是它们可能被局限于攀登一个局部的顶峰，但永远不会跃升到全局意义的顶峰（另见 Gavetti and Levinthal, 2000）。埃西拉杰（Ethiraj）和利文索尔（Levinthal）（2001）利用仿真工具，探索了在何种条件下，模块化都可以使行为主体达到更高的顶峰。他们的结论是：相互依赖性通常有助于实现这种跃升。

　　即使拥有了广泛的系统集成能力和大于一定程度的市场力量，模块化产业的演化仍然存在问题。加威尔（Gawer）和库苏马诺（Cusumano）（2002）描述了那些试图建立"平台领导权"的企业的活动。但他们的研究展示了在一个产业中推动架构进步的艰难，而模块化的大规模发展正是这种艰难的源头。例如，在他们的叙述中，英特尔（Intel）显然很害怕的情况是：在投资数十亿美元，用新的加工设备设计和推出新一代处理器之后,市场上却很少有人对这一新的、改进后的产品表现出强烈的购买欲望。在利用新一代处理器的互补品出现之前,新一代处理器的价值是相当小的。反过来,除非新一代处理器已经在市场上确立地位,互补品生产商也不愿承担改写新一代产品的成本。

为了克服这一协调问题,英特尔必须建立一个承担成本和风险的第三方联盟,以便为新架构开发新的互补产品。这包括买通企业(英特尔承担了一些关键互补品一半的或更多的开发成本);与领先企业建立联盟;甚至选择一个敢于使用英特尔早期技术的"野兔",而作为回报,"野兔"将成为某类特定互补产品领域的先行者(Gawer and Cusumano, 2002: 39-76)。

这些互补品生产商本身也在承担真正的风险。英特尔可以作出决定,亲自制造互补产品(根据高尔和库苏马诺的说法,微软显然也经常这样做)。[13] 如果一个新架构在市场上不受欢迎的话,英特尔也会选择放弃这一新架构。但这就会将互补品生产商置于困境,并使他们为支持新架构而做出的所有具体投资付之东流。

因此,为了理解模块化架构下出现代际技术进步的条件和时机,我们将需要利用联盟形成、联盟间竞争以及第三方可信承诺等理论。到目前为止,大多数关于模块化的研究还没有考虑这些主题。然而我们一旦认真考虑系统进步的问题,就必须把它们纳入研究议程中。

五、结论和进一步研究的方向

模块化不是技术发展的最终状态。每个架构都有自己的技术性能极限。我认为,最近对模块化的热情研究(Baldwin and Clark,

2000），并未充分关注到技术进步动力学的问题。在某些时候，如果技术继续进步，就必须超越这种架构。对硬盘驱动器产业中组件的分析表明，为了取得技术进步，技术架构可能会在模块化和相互依赖的状态之间循环。后一种演化状态意味着即使通过中间市场采购或供应组件，组织也必须保持较高的系统集成能力（Brusoni and Prencipe，2001）。

如果不能保留系统集成能力，就会导致"模块化陷阱"，即买家企业不具备必要的系统集成能力，对新的、相互依赖的组件技术进行有效整合（Chesbrough and Kusunoki，2001）。请注意，以微软和英特尔为代表，那些在行业技术模块化阶段繁荣起来的分散化企业，此时将如何对系统架构本身的基础研究进行大量投资。如果每个企业都希望其核心架构无限期地保持模块化，那么这种投资就没有什么意义。但是，当这种技术转变发生时，投资就具有突出的意义，因为它成为创建系统集成能力的机制，而要追求更加相互依赖的技术架构并从中获利，这种能力是必需的。

这可能有点事后诸葛亮的味道。一个人怎能事先知道这种转变将在何时到来呢？因此，应该有更多的研究继承蒙特韦尔德（Monteverde）（1995）和雅各贝德斯（Jacobides）（2002）的传统，去理解中间市场的关键构成要素，例如研究测试设备改进或设计工具进步的效果。这样才能将复杂系统中各元素之间的相互作用清晰化、明示化。如果我的模型是正确的，那么通过仔细研究这些实质性进步，可能会提供强大的预测信息。这些人工制品的出现可能预示着向更大的技术模块化的转变。

随着这些转变的出现，可能需要对企业边界进行调整。诺瓦克（Novak）和埃平格（2001）已经发现，汽车制造商会选择不同的产品架构，而这个选择会影响他们是否进行纵向一体化的决策。他们的研究数据使他们能够检验这一决策的动态性,以确定单个企业的决策是否随时间的变化而变化。如果企业选择了模块化方法,那么考虑到强互补系统中发展起来的巨大惯性,高尔和库苏马诺(2002)有关平台领导权的研究就为进一步的工作指明了方向,其中包括模块化系统的进步方式以及系统架构师领导进步的方式。

我们需要在这一领域开展更多的实证工作,因为大多数支持模块化重要性的证据只利用了定性数据(Schilling,2002)。就像上面的证据一样,设计一个能有效排除替代性解释的实证研究将是一个挑战。但这样的证据可以详细说明主要情况,并告诉我们模块化何时(不)能够站稳脚跟的条件。而这甚至还没有触及另一问题:在推出新架构的任务中如何管理知识产权。高尔和库苏马诺(2002)对平台领导权的描述表明这是决定模块化系统进步的另一个重要的,但又被忽视的决定因素。

这很重要,因为我们现有的模块化理论预测过多。除埃西拉杰和利文索尔(2001)等少数人的研究例外,大多数研究对技术模块化发展方向的预测都是无限制的。但是,模块化的限制肯定存在,而且我们需要理解这些限制。例如,为什么个人电脑产业和立体声产业在结构上是模块化的,而电脑游戏产业仍然是一个以专有架构争夺市场的产业(如任天堂、世嘉、索尼 PS、微软 Xbox)?毕竟,这些系统都在其架构中使用了非常相似的组件,而且所有这些组件都在沿着摩尔定律的轨迹发展。与此相关的是,在 20 世纪 90 年代初的游戏产业中,3DO 试图凭借自有操作系统建立横向标准,进而将全行业引入模块化架构的尝试为什么落空了?为什么微软成功了而 3DO 却失败了?

如果对其他技术进行仔细的历史分析,并分析企业对技术知识生命周期不同状态的组织反应,我的技术演化周期模型(即技术从模块化到相互依赖再返回的过程)也将从中受益。布鲁索尼和普伦奇佩(2001)给出了飞机发动机和化工发展的两段简史。每一段历史都表明,即使价值链的某些部分是外包的,保留系统集成知识也具有持久的价值。有趣的是,与我对硬盘驱动器产业的研究相比,他们没有观察到这些情境下中间市场的重要性。关于技术模块化会在何时以及为何导致(或不会导致)市场模块化,仍需要大量研究工作的跟进。而关于这些模块化产业随后是否会进步,以及如何进步,我们也需要认真思考。

注释

1. 希林(2000)从数学、语言学、生物学和社会学等多方面探讨了模块化问题。然而,她的大部分分析限制在创新管理领域的产品模块化上。本章追随她的思路,应将关注点限制在"模块化"这一更大的领域之内。

2. 希林(2000:315)将模块化定义为一种条件,在这种条件下,系统中的组件可以被分解并重新组合成新的构造,而在功能上几乎没有损失。这个定义是针对技术模块化提出的,其中并没有提到市场模块化。

3. 高尔和库苏马诺(2002)指出了英特尔和微软在产业内推广各自的"平台"时,工具对于他们的重要性。对于希望生产能支持该平台的补充产品的第三方而言,这些工具降低了他们的采用成本。这些工具还提供了市场需要的关键信息,以便协调架构内的交易。

4. 关于生产中的模块化,有一个来自半导体产业的例子,即被称为设计规则的"接口"的出现。比如,在专用集成电路(下称 ASIC)中使用 Verilog 等设计语言,将电路设计直接映射到芯片布局和最终制造。这些语言的出现帮助并促进了所谓的"无晶圆厂"（意思是没有生产线）半导体设计企业的出现，也促进了生产其他企业芯片设计方案提出的专业独立代工厂的出现。这使得半导体工业此前纵向一体化的设计和制造模式被解构为一个更加模块化的产业，至少在 ASIC 方面是这样。

5. 更正式地说，"n"个不同组件之间相互依赖的程度越大，意味着"k"的值越高，"k"是对"n"个组件之间相互作用的度量。

6. 皮萨诺（Pisano）"干前学"的概念与模块化的理念非常一致，因为"干前学"假定存在一个特征明确的模型，足以刻画当开始更大产量的制造时，相互作用可能会如何表现。另一方面，"干中学"与相互依赖很吻合，因为在扩展流程规模之前需要进行大量的试错。

7. 这种情况再次出现在英特尔奔腾处理器上，它的字长为 32 位，而今天 64 位的安腾处理器再次遇到这种情况。在这两次转型中，利用额外字长的补充措施都进展缓慢。这是英特尔决定追求企业风险投资的一个关键原因——以此刺激新的应用程序更快面世，以尽快让补充性产品进入市场。见切萨布鲁夫（2002）和高尔及库苏马诺（2002）。

8. 下面报告的证据摘自克里斯滕森（Christensen）和切萨布鲁夫（1999）以及切萨布鲁夫和楠木（Kusunoki）（2001）。在此仅简单介绍了有关事实，想了解更多事实说明，请参阅这些参考资料。

9. 在 1980—1995 年期间，有许多与硬盘驱动器竞争的存储技术。20 世纪 80 年代初，泡沫存储器利用半导体制造技术来存储数据。到 20 世纪 80 年代中期，光学技术也对硬盘驱动器构成了威胁。20 世纪 90 年代初，作为一种可行的存储替代技术，闪存出现了。硬盘驱动器之所以能够击退这些挑战者，主要是由于硬盘驱动器每兆字节成本在持续改善,其改善速度超过了摩尔定律(历年 Disk/Trend 数据;Chesbrough, 1999,2003)。

10. 我很感谢克莱顿·克里斯坦森(Clayton Christensen)提出进行这一分析的建议,也很感谢 Disk/Trend 的马特·韦林登(Matt Verlinden)和詹姆斯·波特(James Porter)提供了本分析使用的数据。

11. 自己制造磁阻磁头的交互项(未在回归模型中显示)为 1.000,反映出 1994 年和 1995 年缺乏有效的磁阻磁头商业市场。

12. Read-Rite 和 Applied Magnetics 是薄膜磁头转型期的商业磁头供应商,Read-Rite 后来尝试转型到磁阻磁头。库迈思(Komag)是一家领先的商业薄膜磁盘制造商。

13. 微软在一个新平台领域,也算是恶有恶报。它的 X-box 游戏系统正在与索尼的 PlayStation 和任天堂系统艰难地竞争,主要原因是缺乏来自独立第三方的酷炫游戏。考虑到在 PC 软件市场上微软对互补品企业的掠夺行为(根据高尔和库苏马诺的说法,微软经常与它们竞争),就可以理解,游戏产业的第三方可能会担心微软也会对它们采取类似的行为,因此选择不投资 X-box 平台。

参考文献

BALDWIN, C. and CLARK, K. B. (2000). *Design Rules: The Power of Modularity. Cambridge*, MA: MIT Press.

BROWN, J. and DUGUID, P. (2000). *The Social Life of Information. Boston*, MA: Harvard Business School Press.

BRUSONI, S. and PRENCIPE, A. (2001). "Unpacking the Black Box of Modularity: Technologies, Products, and Organizations",

Industrial and Corporate Change, 10/1: 179 – 205.

CHESBROUGH, H. (1999). "Arrested Development: The Experience of European Hard Disk Drive Firms in Comparison with US and Japanese firms", *Journal of Evolutionary Economics*, 9/3: 287 – 330.

——(2002). "Making Sense of Corporate Venture Capital", *Harvard Business Review*, 80/3: 90 – 99.

——(2003). "Environmental Influences upon Firm Entry into New Sub – markets: Evidence from the Worldwide Hard Disk Drive Industry", *Research Policy*, 32/4 659 – 678.

——and KUSUNOKI, K. (2001). "The Modularity Trap: Innovation, Technology Phases Shifts and the Resulting Limits of Virtual Organizations", in I. Nonaka and D. Teece (eds.), *Managing Industrial Knowledge*. London: Sage Press, 202 – 230.

CHRISTENSEN, C. M. (1993). "The Rigid Disk Drive Industry: A History of Commercial and Technological Turbulence", *Business History Review*, 67/4: 531 – 588.

——and CHESBROUGH, H. (1999). "Technology Markets, Technology Organization, and Appropriating the Returns to Research", *Working Paper 99 – 115*, Boston, MA: Harvard Business School.

CHRISTENSEN, C. M. and ROSENBLOOM, R. S. (1995). "Explaining the Attacker's Advantage: Technological Paradigms, Organizational Dynamics, and the Value Network", *Research Policy*, 24: 233 – 257.

ETHIRAJ, S. and LEVINTHAL, D. (2001). "Modularity and

Innovation in Complex Systems ", *Working Paper*, 25 September, Philadelphia, PA: The Wharton School.

FARRELL, J. and SALONER, G. (1986). " Installed Base and Compatibility: Innovation, Product Preannouncements and Predation ", *American Economic Review*, 76: 940 – 955.

FISHER, P. , McGowAN, J. J. , and GREENWOOD, J. E. (1983). *Folded, Spindled and Mutilated*. Cambridge, MA: MIT Press.

GARUD, R. and KUMARASWAMY, A. (1995). " Technological and Organizational Designs to achieve Economies of Substitution ", *Strategic Management Journal*, 16: 93 – 110.

GAVETTI, G. and LEVINTHAL, D. (2000). " Looking Forward and Looking Backward: Cognitive and Experiential Search ", *Administrative Science Quarterly*, 45: 113 – 137.

GAWER, A. and CUSUMANO, M. (2002). *Platform Leadership*. *Boston*, MA: Harvard Business School Publishing.

GROVE, A. (1996). *Only the Paranoid Survive*. New York: Doubleday.

HENDERSON, R. M. and CLARK, K. B. (1990). " Architectural Innovation: The Reconfiguration of Existing Systems and the Failure of Established Firms ", *Administrative Science Quarterly*. March: 9 – 30.

IANSITI, M. (1997). *Technology Integration: Making Critical Choices in a Dynamic World*. Boston, MA: Harvard Business School Press.

JACOBIDES, M. G. (2002). " Where do Intermediate Markets Come From? ", paper presented at the Academy of Management Meeting, Denver, Colorado.

KATZ, M. and SHAPIRO, C. (1986). "Technology Adoption in the Presence of Network Externalities", *Journal of Political Economy*, 94: 822 - 841.

KAUFMAN, S. (1993). *Origins of Order: Self - organization and Selection in Evolution*. New York: Oxford University Press.

KOGUT, B. and ZANDER, U. (1992). "Knowledge of the Firm, Combinative Capabilities, and the Replication of Technology", *Organization Science*, 3: 383 - 397.

LANGLOIS, R. N. (1992). "External Economies and Economic Progress: The Case of the Microcomputer Industry", *Business History Review*, 66/1: 1 - 52.

——and ROBERTSON, P. (1995). *Firms, Markets, and Economic Change: A Dynamic Theory of Business Institutions*. London: Routledge.

MACCORMACK, A. (2001). "Developing Complex Systems in Dynamic Environments: A Study of Architectural Innovation" (HBS Working Paper 2 - 35). Boston, MA: Harvard Business School.

MILGROM, P. and ROBERTS. (1990). "The Economics of Modern Manufacturing", *American Economic Review*, 80: 511 - 528.

MONTEVERDE, K. (1995). "Technical Dialog as an Incentive for Vertical Integration in the Semiconductor Industry", *Management Science*, 41: 1624 - 1638.

NORTH, D. C. (1990). *Institutions, Institutional Change, and Economic Performance*. New York: Cambridge University Press.

NOVAK, S. and EPPINGER, S. (2001). "Sourcing by Design: Product Complexity and the Supply Chain", *Rand Journal of*

Economics, 47/1: 189 - 204.

O'SULLIVAN, A. (2001). "Achieving Modularity: Generating Design Rules in an Aerospace Design - build Network", paper given at the Academy of Management 2001 Meeting in Washington, DC.

PAKE, G. (1986). "From Research to Innovation at Xerox: A Manager's Principles and Some Examples", in R. Rosenbloom (ed.), *Research on Technological Innovation, Management and Policy*. Greenwich, CT: JAI Press, 1 - 32.

PISANO, G. (1996). *The Development Factory: Unlocking the Potential of Process Innovation*. Boston, MA: Harvard Business School Press.

PUGH, E. (1995). *Building IBM: Shaping an Industry and its Technology*. Cambridge, MA: MIT Press.

——JOHNSON, L., and PALMER, J. (1991). *IBM's 360 and Early 370 Systems*. Cambridge, MA: MIT Press.

ROTEMBURG, J. and SALONER, G. (1994). "Benefits of Narrow Business Strategies", *American Economic Review*, 84/5: 1330 - 1349.

SANCHEZ, R. (1995). "Strategic Flexibility in Product Competition", *Strategic Management Journal*, 16: 135 - 139.

SCHILLING, M. (2000). "Towards a General Theory of Modularity", *Academy of Management Review*, 25: 312 - 334.

——(2002). "Modularity in Multiple Disciplines", in R. Garud, R. Langlois, and A. Kumaraswamy (eds.), *Managing in the Modular Age: Architectures, Networks and Organizations*. Oxford: Blackwell Publishers.

SIMON, H. (1962). "The Architecture of Complexity", *Proceedings of the American Philosophical Society*, 106/6: 467 - 482.

ULRICH, K. (1995). " The Role of Product Architecture in the Manufacturing Firm", *Research Policy*, 24: 419 - 440.

——and EPPINGER, S. D. (1995). *Product Design and Development.* New York: McGraw - Hill, Inc.

VON HIPPEL, E. (1990). "Task Partitioning: An Innovation Process Variable", *Research Policy*, 19: 407 - 418.

WILLIAMSON, O. E. (1975). *Markets and Hierarchies: Analysis and Antitrust Implications.* New York: The Free Press.

——(1985). *The Economic Institutions of Capitalism.* New York: The Free Press.

第十一章 |
系统集成的地理维度

迈克尔·H. 贝斯特(Michael H. Best)
美国马萨诸塞大学洛厄尔分校产业竞争力研究中心

> 图案绝不只是线条的简单加总,它有自己的符号设计,而线条却对此一无所知。
>
> ——亚瑟·凯斯特勒(Arthur Koestler[1])

一、作为一种生产和组织原则的系统集成

1987 年,美国国防科学委员会(America's Defense Science Board),这一由多名杰出科学家所组成的政府顾问委员会声称,在十几项关键的半导体技术中,美国仅在其中三项上保持领先(*Economist*, 1995: 4)。当时,美国的半导体工业身处水深火热之中。这一事件具有象征性意义:毕竟高技术工业中产业领导权的旁落绝非人所乐见。那些诞生于美国电话电报公司(AT&T)、杜邦、通用电气、IBM 和施乐等伟大的工业实验室中的科学研究并未转化成一系列在商业上获得成功的产品。许多人警告说,考虑到日本模式在快速开发新产品、吸收相关技术、创新扩散和对标新综合生产性能方面的能力,美国工业正

渐趋"空心化"。而通用电气和西屋电气等为美国工业奠基的制造业企业也江河日下,它们纷纷开始缩编,外包制造环节,并将多元化的触角伸向金融服务和媒体领域。

但是到 1996 年时,美国不但在微处理器芯片(技术最复杂的半导体)领域居于主导地位,而且还在个人电脑(PC)、软件以及包括互联网相关活动在内的电信业中树立起了强有力的领先地位。1990—1995 年间,美国信息和通信技术(ICT)相关产业的销售额比日本增长了四倍(*Economist*, 1997)[2]。而在生命科学(包括生物技术和医疗设备)、先进材料(包括纳米技术)以及复杂产品系统(包括工厂自动化系统、测试和测量设备)等领域,确立或重新夺回产业领导权的传说也屡见不鲜。

在本章中,对技术复兴的解释综合了两方面因素:新竞争优势的打造和区域集群的创新动力。近年来,保罗·克鲁格曼(Paul Krugman)(1991)、迈克尔·波特(Michael Porter)(1990)和安娜李·萨克森尼安(AnnaLee Saxenian)(1994)重新激起了人们对工业区、(产业)集群和区域竞争优势的兴趣。[3] 本文从生产和组织基本原则的维度来定义区域产业成功,并基于能力和创新的视角,提出了一个替代性的概念框架来理解其中的变化。[4]

揭示这一基本且普遍的原则,可以为身处全球经济环境中的企业和政策制定者揭示出成功、挑战与战略机遇的根源。美国之所以能够在 20 世纪 90 年代重新确立技术领先地位,就可以被视作转型的结果:向系统集成这一新的生产和组织原则的转型。

本章中所用的"系统集成"指的是一个系统进行重新设计的能力,或者说,对系统进行重新设计,进而充分利用系统内各子系统或元件设计变化的能力。此处"充分利用"的对象不仅包括设计改进对系统性能直接且单向的影响,还包括在重新设计后系统可能产生的交互与反馈效应。

接下来的例子是一个典型的"充分利用"或系统集成思维的例子,它描述了飞机生产中碳纤维领域的创新对产品重新设计的影响:"设计工作只有反复考虑复合材料的所有属性才能收获一个好的结果,而不是紧紧盯住比强度[1]"(*Economist*, 2002:27)。事实上,想要充分利用技术创新可能不仅需要重新对产品设计进行思考,工厂布局、生产系统和企业本身都是不容忽视的因素。

本章的目的就是利用系统集成的概念来更好地理解产业的区域集中度。这种地理分布上的专业化一直是产业组织的一个重要特征。诸多"工业区"都是典型的例子,比如英国谢菲尔德(钢铁与刀具)、宾夕法尼亚州的费城和马萨诸塞州的洛厄尔(纺织品)、密歇根州的大溪城(办公家具)、佐治亚州的道尔顿(地毯)、罗德岛的普罗维登斯(珠宝)、康涅狄格河谷(精密机械)、纽约市(金融)、新泽西州(制药)、印度班加罗尔(软件)、意大利萨索洛(瓷砖)以及德国巴登符腾堡州(汽车零部件)。

在作者看来,这些工业区或区域集群之所以能从相互调整中获益,是因为该过程提高了它们的能力和技术专业化程度,而这正是区域竞争优势的来源。这种区域专业化模式就像"符号化的设计"一样,它体现了能力和技术发展的隐形过程:一个地区的世代传承的一个个家族企业,犹如根根丝线,它们的合作共同织就了整个地区独特的产业竞争力锦缎。这种区域专业化模式没有中央管理者,在系统集成的视角下,这背后是一种自我组织的能力,使得该地区具备了必要的潜能,以新的产业目的为指引,重新配置区域集体能力和技能。我们可以将这种由区域企业集体表现出的自组织特征与许多生

---

[1]　译者注:比强度指材料的强度除以其密度。

物和人体的机制(包括语言)相类比。此时,个体之间会通过相互适应以自行组建起家庭、社区和文化。

　　这个重新配置的过程未必一帆风顺,却会持之以恒。而"系统集成的地理维度"指的是那些以区域网络和制度为表现形式的企业互动界面,它方便了网络中的企业之间双向互动的能力专业化过程。因此,我们总能在那些有利于系统集成的区域环境中,发现具备既专精又互补的能力体系的企业网络。

　　本章将从企业能力的视角出发。事实上,"系统集成的地理维度"这一概念本身就是一个充分利用子系统设计变革的例子。企业能力理论聚焦于"彭罗斯式企业"的成长与创新动力学,它使我们有机会重新思考商业与工业组织的传统研究方法。[5]

　　在下面几小节中,我将逐一探讨这种向新原则的转变是如何在组织、生产和技术能力中体现的。

二、系统集成与商业组织

　　图 11.1 中对小型计算机和 PC(个人电脑)的行业比较很好地展现了系统集成是如何作为商业与产业组织原则来发挥作用的。其中前者被纵向一体化企业所主导,其产品架构几乎是封闭,或曰"整体化"的。相比之下,PC 行业可以算得上是"开放系统"的代名词,它由处于同一网络下的企业集团所组成,其中每个个体的商业战略都带有专注与网络化的特征:在核心能力上专注、在互补能力上网络化。

　　小型机产业集中于马萨诸塞州波士顿市的 128 号公路沿线,而 PC 行业则集中在硅谷。然而,两地之间的竞争远不止于计算机规格。128 号公路上的企业几乎都具备转向 PC 的技术能力,且大多数

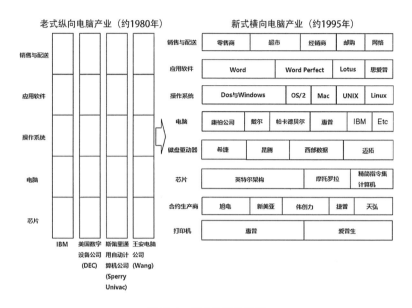

图 11.1　竞争性商业模型

数据来源：《只有偏执狂才能生存》，安德鲁·格罗夫著，1996 年。经兰登书屋（Random House, Inc.）旗下子公司双日出版社（Doubleday）许可使用。

小型机企业也的确在生产 PC。问题在于，128 号公路上的企业将其技术能力限制在自身纵向一体化的商业模式中，这也阻碍了该区域进一步的专业化和创新。总的来说，它们无法与硅谷盛行的、专注与网络化并存且系统开放的商业模式相竞争。实际上，硅谷拥有卓越的区域技术管理能力。区域内设计活动的去中心化和扩散使其能够对市场机会做出迅速反应，并发展相应的技术。

　　区域竞争优势的思想将商业与工业组织视为区域经济发展成功的重要前提。阿尔弗雷德·马歇尔（Alfred Marshall）（1920）详细阐释了"工业区"的概念：企业可以通过共建、共享"专业化熟练劳动力"，"各附属产业各自致力于生产过程中的一个小分支"，以及新想法的集体效应("如果某人提出一个新想法,其他人就会结合自身实际去芜存菁,于是这又产生了更多新想法")而获益。马歇尔的上述说法至今仍然有着重要的意义。但遗憾的是,大多数对马歇尔理论的现代论述都压缩了他有关本地化助益内、外部规模经济的洞见,进而忽略了提高专业化程度、形成专业技能和新思想的重要性,[6] 而且尽管马歇尔的以上表述极富建设性,但其中仍有改进空间。

在马歇尔经济学(Marshallian)、后马歇尔经济学(post - Marshallian)以及传统集群理论对区域专业化的理解中,技术与创新两大要素要么是缺失的,要么是外生的。究其原因,可以归结到一个有关商业组织的普遍隐含假设。上述每种视角下的本地化理论都以颇具影响的"代表性"企业为微观基础,但这些企业在组织、生产和技术能力方面却一无是处。因为在这些视角下,企业是由自身的生产成本而非能力定义的。在后马歇尔经济学看来,企业的角色就是替代市场、以管理层级作为"预先设计好的"经济活动的协调者;而从能力的角度来看,企业分明是增强一个地区独特技术能力的核心。

这种企业能力理论取代了生产成本理论。从能力和创新的视角出发,其初始假设认为企业通过建立自身独特的且难以模仿的能力,参与市场竞争。有别于"生产要素",能力无法从市场中购买,它是一种基于过往共事经验的活动:既无法单独完成,又需要一定的时间来培养。[7] 那些试图建立自身独特技术能力的企业可以被称为创业型企业。对于它们而言,获得独特的技术能力就是技术能力与市场机会之间无休止的循环迭代,而产品在此过程中被不断地重新定义。

其中,有两类动态且相互促进的能力发展过程值得我们重点关注。一是技术能力与市场机会在企业内部的动态;二是企业内部与企业间的动态。此二者均需要进一步的阐述。

专业化是培育独特能力的前提,企业不可能毫无聚焦地在多个能力领域实现专业化。然而,要想从对专业化的独特能力的投资中获益,对互补能力的同步投入又至关重要。只有当同一产品"生产过程的各个环节"都存在大批企业时,市场才能有效协调这一生产过程。但创业型企业的根本特征是建立独特的、难以模仿的能力。而能力专业化程度日益提高的过程,恰恰与前述"代表性企业"的假设相左,也同市场机制最大化基础上的价格竞争假说相悖。[8] 根据市场失灵的理论,垄断要素的引入——在本文中就是能力发展的过程——会严重制约市场调节机制。每家企业都面临着互补能力供应商采取机会主义行为的风险。历史地看,这种风险是通过纵向一体化来降低的,这种组织结构被视为美国大型企业的组织特征。

在纵向一体化或市场协调(自制/外购)之外,两种企业间网络的形式为生产系统获取互补能力提供了新的选择。其一是类似日本经联会的封闭式网络系统。这种封闭式网络模型强化了产品线多样化的原则以及性能标准(成本更低、产品更好、生产更快)的相应跃迁,而正是这些构成了20世纪七八十年代新竞争范式的基础。

其二是以PC产业为代表的开放式网络系统。它也被称为横向一体化、多企业集成、跨企业合作、网络化、松散耦合或专业化企业集团。随着技术和市场机会的变化,区域性企业系统中的专业化企业可以同其他企业进行一体化、解体与重新一体化。[9] 这就是系统集成与重新集成的情形。[10]

系统集成所赋予的竞争优势源于企业相关能力的持续改进,而这种改进源于企业内部能力开发与整个区域系统的复合能力,或基于能力联结的企业网络阈值的互动。因此,一个基于开放系统的PC产业的存在,使得企业个体既能获得自身高度专业化的能力发展,又能通过网络获得相应的互补能力。由此导致的设计去中心化以及设计扩散提升了能力的专业化程度、能力开发以及企业系统自身的创新潜力。

　　基于开放式系统的工业区的组织优势表现为：商业企业追逐多样化的技术能力和市场机会的过程，涉及企业网络与能力的无尽重组。其中，网络重组是集群重新设计、以"充分利用"集群内部各种要素技术进步的重要手段。在理想情况下，它是监管的自组装或自组织的模式。

　　在开放式的工业系统中，企业的"搅局"是熊彼特式创造性毁灭的重要推手，而这又反过来促进了企业的技术变革与产业转型。[11]这种"搅局"增强了区域企业系统重新配置的能力，一方面以便应对技术预测中的天生不可靠性（即便天才创新者也难幸免于此），另一方面应对技术进步中的天生不确定性。波士顿128号公路地区的连续创业者保罗·塞韦里诺（Paul Severino）就对这一窘境有着清晰的认知："肯·奥尔森（DEC的创始人）一直都很聪明，但人不可能总能猜对未来。"

　　在萨克森尼安[1]看来，开放式系统中企业间技能的自发重组能够强化网络系统本身的重新配置。而新产品开发可以发生在企业之间、技术模拟团队乃至"实践社区"之中（Brown and Duguid，2000）。如果一个地区的经济为了充分利用子系统创新、能够迅速重构企业间网络并自发进行技术重组，那么就可以认为它们具备了系统集成以及再整合的能力。这样一个区域本身——哪怕不是其中的所有企业——也就因此成为多技术产品快速开发过程中的基础设施。

　　网络重构的潜能以及技术团队的自发重组依赖于产业组织和跨企业项目团队的开放系统模式。但是，"开放系统"本身不仅便利了上述重构与重组的过程，还搭建起了一套产业基础设施，使其能够反

------

［1］　译者注：《区域优势：硅谷文化和竞争以及128条途径》的作者。

作用于系统企业内部与企业间的专业化能力。而这种专业化反过来又推动了技术创新,为更多的新企业、新的企业配置创造了可能性。

然而,开放系统的组织层面与其技术层面之间有着紧密的联系。系统集成的设想导致了一种通用的、能够对独立设计组件进行集成的设计原则。此时,"开放系统"就意味着系统设计规则是完全公开的。相比之下,封闭式系统则会通过一套主导设计原则来完成集成,但这套原则不会为独立设计组件留下空间。就像 IBM 360 电脑那样,它从封闭式系统走向开放的关键是联邦反垄断裁定强制其公开系统设计原则。而马萨诸塞州小型机企业的嵌入式和私有操作系统同样如此。

互联网是开放系统联网的催化剂。事实上,作为一种典型的开放系统技术,互联网承载了设计模块化所需的界面规则。通过对不同的计算机系统、零部件清单乃至设计程序信息的无缝集成,互联网很好地促进了供应商关系管理中的交流。但是,我们不能将此与能力专业化程度提高所带来的生产力进步相混淆。因为发展专业能力的过程对管理活动的强度提出了很高的要求,包括团队合作、时间以及企业间合作等各方面。

与纵向一体化相比,基于开放系统的联网为新产品开发与创新赋予了更大的灵活性。纵向一体化使企业能够在单一层级结构下运营,并指挥多部门合作,但其前提是独立掌握一系列技术,并同时为每条技术轨道都展开布局。此外,纵向一体化集成商还面临着其复杂能力与相关技能的历史包袱,即那些废弃的子系统。而这些历史包袱又严重阻碍了能力迭代与重构,以及子系统的改进。

一旦我们将能力视为分析单位,技术就成为解释工业发展和竞争优势的核心。不论是通过内部的能力/机会迭代,还是与企业网络群体之间的内外部相互作用,企业都会致力于构筑自身独特的技术能力。不论是在企业内部还是网络中的各个企业主体之间,发展技术能力的过程都是累积性的。这种积累性与集体性特征对"系统集成的地理维度"而言至关重要。

三、系统集成与生产能力

(一) 亨利·福特与系统集成

作为一种一次性的活动,系统集成并不是什么新鲜事。例如,亨利·福特(Henry Ford)就曾敏锐地意识到其中的机遇,他通过对整个系统的重新设计充分利用了零部件的技术创新。由此,福特和他的总工程师查尔斯·索伦森(Charles Sorensen)意识到了系统集成的风险与回报。为了充分利用电力,福特重新设计了汽车生产系统。对他而言,发电机不仅是一种降低用电成本的手段,更是一种通过流水线生产原则重新设计生产与制造过程的手段。这意味着生产率和绩效标准有了质的提高。

和信息技术一样,电力也经常被视为促进生产力飞跃的因素。但事实并非如此。为什么呢?虽然它们二者都是推动企业向更先进的生产系统转型的使能技术,但是,对系统、而非技术的重新设计,才是提高商业绩效的根本原因。在福特的案例中,电力是应用流水线生产原理的关键,但如果没有流水线生产原理本身,福特也就无从开创一个新的工业时代。

能否"充分利用"电力创新取决于从成批生产向大规模生产转变的程度。根据流水线逻辑设计生产过程,另一个抓住这一要害的人物就是福特的得意门生、丰田即时制的提出者大野耐一(Taiichi

Ohno）：

> 通过追踪福特及其同仁们提出的流水线生产的概念及其流变，我认为他们真正的目的是将这种生产模式从最终装配环节扩展到全生产流程之中……通过建立起一套连接全生产流程，而非最终装配环节的流水线，就可以压缩生产提前期。或许福特在使用"同步"这个词的时候就预见到了这一情况。（Ohno，1988：100）

大野耐一用一个词概括了使流水线生产以及福特汽车的革命得以操作化的关键：同步。用福特总工程师查尔斯·索伦森（Charles Sorensen，1957）的话来说："完全同步……能够很好地解释普通装配产线和大规模生产之间的差别。"

这对我们理解亨利·福特的装配线有着重要意义。它在概念上的革命性并非体现在规模经济或产线速度上，而是基于生产活动同步化的思想、连续识别并消除生产活动中的瓶颈。电力绝非什么新鲜事物，遑论装配产线。而福特的创新之处在于他能够利用前者对后者进行重新思考。

流水线意味着要重新设计机器，从而将单元驱动电机合并进来。电动马达将工厂布局与机器位置从中央能源系统的指令以及配套的轴杆和传送带的位置约束中解放出来。这使得能源首次可以被分配到单独的机器上，机器的速度和进给量也随之得以进行个性化的调整，各种机器也能够按照产品工程和物料流的活动顺序在工厂内进行放置。

同时，福特的装配线还是一个自组织的、用于识别流水线瓶颈的信号装置。一旦出现瓶颈设备或业务环节，就会产生库存。而工程上的任务就是按顺序对各种瓶颈操作加以改进，进而使其符合标准周期时间。[12] 生产率和通过量会随着瓶颈的消除而不断提高。[13]

在福特生产系统中,生产排程也是分散且自组织的。但因此认为福特式工厂可以在没有混乱的情况下始终保持正常运转也不现实。但彼时 8 000 辆 A 型车的日产量,每台车拥有 6 000 个不同的部件,这就涉及 4 800 万种部件的运行。这样看来,一个庞大的计划和调度部门又是必需的。但福特的工厂却并不存在混乱,反而运转得井然有序。而完成生产计划、实现良好秩序的关键正是运用同步的原则,即生产周期均等化。

(二)英特尔:从纵向一体化到系统集成

如果说福特是大规模生产方式的开创者,那么英特尔就是在生产环节开展系统集成的代表。事实上,尽管英特尔所面临的工艺集成挑战与福特有很多相似之处,但与福特通过设备同步化来实现工艺集成的路径相比,英特尔则要对 600 项活动进行集成,这些活动包含了一系列技术,而这些技术深深根植于企业外部的各项技术和科学研究项目之中。这套全新的生产体系需要对系统集成活动加以深化(企业内部)和延伸(企业外部)。

英特尔所面临的生产挑战,不再是实现特定技术的规模经济,而是通过持续的技术变革来实现生产效率的不断提高以及成本的持续降低。根据摩尔定律,芯片生产率的历史曲线在过去 30 年中每 18个月就会翻一番。对这一包含一系列技术的制造过程进行有效的管理、实现生产力的进步,是一项重大挑战。这就需要持续不断地集成与再集成各种技术,而这些技术本身又在被不断地重新定义。

尽管人们的关注点一直集中在工艺集成上,但系统集成在生产系统中的发展才是近几十年来生产能力的真正创新。工艺集成或精益制造并不能完全体现英特尔的独特性：工艺集成只是关于零部件设计规则的静态概念，无法体现组织对创新或技术变革的开放性。更糟糕的是，为了面对工艺集成的挑战，还有可能冻结技术进步。因为 Kaizen[1] 或持续改善管理所追求的，是在实验和技术改进的过程中保持基本技术设计规则不变。

而英特尔在集成制造上的重点是对全尺寸实验线的建设。[14] 对它而言，新产品开发同时也是新工艺开发。实验是在全尺寸制造设备上、用真实而非模拟的操作来完成的。用摩尔（Moore）的话来说：

> 对于像半导体这样复杂的产品而言，拥有一条生产线、以此作为扰动、引入旁路、增加步骤等活动的基础，是一个巨大的优势。将开发和制造相结合的定位使英特尔能够以极高的效率去探索现有技术的多样性。（Moore，1996：168）

英特尔的集成制造，即实验研究与制造共线并存这一概念，是对（复杂）系统集成挑战的回应：哪怕是个别零部件的变革也会在系统层面上产生影响，而这其中一部分影响只有在实际运行下才能被识别或测量出来。

系统集成的原则在企业内部和外部都能找到相应的应用。它把组件和接口两个层面上对技术设计规则进行持续集成的挑战引入生产组织之中。

一如企业内部的精益制造与企业间的封闭网络相辅相成，企业内部的系统集成规则也同企业间的开放式网络相互成就。其中，对于从事精益制造的企业来说，它们所面对的企业间关系是沿着一条

---

[1]　译者注：持续改善的日文词汇，由今井正明在《改善：日本企业成功的奥秘》一书中提出。

连接紧密的"生产链"所组成的纵向网络;而对于系统集成商来说,它们要将一群涉猎范围更广的专业化企业聚集成一个横向网络,进而不断增加其专业化能力。

此外,在将新技术引入生产系统的集成过程中,英特尔还擅长通过联网来利用现有的技术基础。在此期间,英特尔并没有根据自身产品的多样化用途自行设计相关的设备或与之配套的组件,而是在确定好下一代微处理器的参数后将其向芯片设备制造商以及用户公开。于是设备制造商也会在模块化设计的原则下,依据英特尔给出的相关接口设计规则与性能要求进行生产。此后,设备制造商独立且私密地设计生产设施,这些设备都会被纳入英特尔的芯片制造厂之中。这里的挑战是要符合接口设计规则的,因为这些规则本身就蕴含着摩尔定律对性能不断提升的要求。

这种快速的技术变革会不断催生新的技术问题,而为了应对这些挑战就需要不断搜索相应的解决方案。于是,技术团队必须"下沉"到各个大学与"工业区"中以寻求可用的科技知识。[15] 这意味着他们必须知道在哪里能够找到相关的专业知识与技能专长。因此,为了获取这些信息,企业往往会与大学研究团队及其他的技术导向型企业建立长期关系。

"创新的系统集成模型"明显区别于图 11.2 和图 11.3 中的"科学驱动"模型和渐进式创新模型。其中美国大型企业的"科学驱动"模型是一个单向过程,它始于实验室的基础研究,终于新产品面世。而渐进式创新模型则是一个交互的过程,它旨在建立起一套贯彻产品开发全周期、以保持领先为目的的竞争战略。新产品与其生产工艺的设计是同步的,而研发的重点则是以一种和谐的方式将技术进步纳入新产品引入阶段。

正如图 11.3 所示,系统集成的模型虽然同样以产品概念的开发

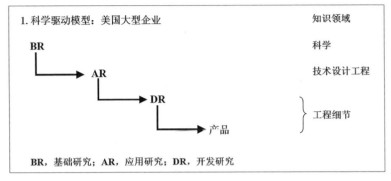

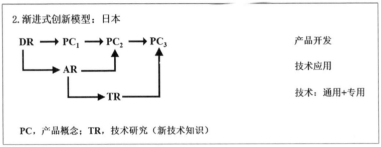

图 11.2　两类创新模型

来源：改编自《日本的工程》（*Engineered in Japan*）一书，作者 David Methé（1995），牛津大学出版社。

为起点，但却会涉及技术开发以及企业之中的系统集成活动。这一模型的成立需要满足如下两个条件：其一是技术集成团队的构建，它必须要能在跨领域的技术以及相关学科之间进行交流；[16] 其二则是关系网络的建立。作为其系统集成能力的重要特点，英特尔的技术管理流程以研究员为载体，广泛而深入地嵌入自身模拟实验室对科研前沿的探索中。硅谷正是凭借这一形式建构了自身独特的竞争优势。

　　尽管系统集成十分重要，但大学的研究实验室却并非是唯一的

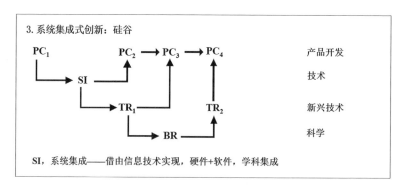

图 11.3　区域性系统集成

外部知识库。英特尔与产业区内的诸多设计节点彼此增益、彼此依赖,而这些设计节点由大量的专业制造商与研究机构组成。英特尔在这里所利用的是一个扩展的高技术产业区,这个产业区具有卓越的实验、创新和研究能力。事实上,硅谷的各个项目团队始终在6 000 余家高技术企业之间不断地完成组合和重组。因此,技术整合团队是硅谷等地区扩展研究网络的枢纽。它们能延伸到公司之外,使项目团队参与到高度创新的技术管理环境中。

通过这些方式,开放系统的商业模式完成了对技术管理概念的扩展,将基础研究纳入生产过程,使其服务于技术进步过程,但又不是所谓的驱动力。而虚拟的区域技术管理也包含着对技术知识突破性创新的追求。

四、技术的多样性与产业形态

一个地区的技术能力与海床或工业生态有异曲同工之妙,许多创业公司在这里不断地诞生、成长和消亡。然而与此同时,它们也会在技术能力和市场机会动态的推动下不断提升自身能力。在这一过程中,这个地区的技术能力海床会随着本地"居民"的持续活动而富有活力。

区域企业系统内的技术差异化对海床的肥沃程度至关重要。从能力的视角出发,亚当·斯密有关提升专业化水平的原则可以在网络化的企业系统中获得更大的多样性。

技术多样性水平的提升与创新息息相关,这种创新尤其反映为工业物种层面的创新,或曰创造新的工业子类。在这里,"物种生成"是一个自然科学中的隐喻,它是指源自新的技术组合的创新,这导致了新的产品应用以及新的产业类别。

物种的不断生成、新的工业子类与技术组合的不断创造,这一趋势是"彭罗斯式企业"内部成长动力学在区域层面的延伸。这样一个为应对市场机会而成功开发新能力的过程,为下一次技术能力与市场机会的周期创造了新的、未使用的资源。同时,它还打开了市场中的间隙,即对新利基市场的发掘,从而为新企业的创立提供了机会,而填补市场空白或利基市场的行为又创造了新的利基市场,这一过程循环往复,永无休止。

新物种的生成是专业化程度提升的结果,因为它提高了企业网络系统中的功能多样性。而多样性会促进独创性和创新。有时,伴随着新技术的出现和新产品的发布,这种多样化还会促进区域本身的蜕变。而这反过来又成为新的市场机会,使企业得以打磨技术能力,进一步提升专业化和多样化水平。

不同于任何单独的企业,工业区为全新的、计划外的技术组合创造了可能,进而开发出各种各样与研究和生产相关的活动。技术能力这种千变万化的特点是工业变革的显著特征,这在高技术工业中尤其显著,但在最古老的部门中也同样存在。例如,电子产业向信息和通信产业的转变、家具产业向室内设计与家装产业的转变,都是如此。在大多数情况下,新的工业物种的产生会涉及技术的全新组合,因此无法仅凭一家企业之力来完成。

因此,一个区域技术能力的形成可以被视为一段日积月累、众志成城的历史,而这段历史的主题就是以创业型企业为载体的技术进步。正如个别创业型企业能够发展出自身独特的技术能力一样,一个虚拟的、群体化的创业型企业就能够拓展出一个地区独特的技术能力。而这种地区层面上技术能力的发展往往会涉及一系列企业的前赴后继——新企业正是站在先前创新者进步的肩膀上前行的。因此,以工业区或集群形式表现的区域专业化其实是在创业型企业群体层面上技术/市场动力学作用的结果。

集群动力学以及区域技术能力的发展并不局限于高技术地区。就像“第三意大利”那样“低技术”、高收入的工业区同样正是以此构筑了自身的竞争优势。此类区域的竞争优势往往体现在设计能力上,这使它们早已在一系列以设计和时尚为导向的产业中建立了产业领导权。事实上,集群动力学的存在恰好解释了这种高收入与“成熟”产业区并存的反常现象。

(一)马萨诸塞州的系统集成与生物技术

据一份近期的报告显示,新英格兰是美国生物技术企业最集中的地区,那里总计有着 456 家生物科技公司,约 26 000 名员工。[18] 换言之,该地区几乎雇用了全国约六分之一的生物科技员工,几乎是其人口占比的 10 倍。

生物学在生产上的应用可以追溯到古代用酵母发酵来制作面包和啤酒,以及过去几个世纪中对农作物和动物的选择性育种。然而,现代生物技术的起源则是詹姆斯·沃森(James Watson)和弗朗西斯·克里克(Francis Crick)在 1953 年时发现 DNA 结构——DNA 是一种包含遗传信息的分子,而其中的遗传信息可以用于制造蛋白质。到 1973 年时,斯坦利·科恩(Stanley Cohen)和赫伯特·博伊尔(Herbert Boyer)则向世人展示了 DNA 重组技术。与之相关的一系列"工具"使得人类可以对 DNA 中的遗传物质进行操纵,而细胞也因此首次成为能够无限制造蛋白质(乃至整个生物体)的工厂。因此,DNA 重组技术,这一定义现代生物技术产业的技术,其实只有大约 30 年的历史。

那么为什么现代生物技术产业在马萨诸塞州发展得如此之快? 当然,这与该州所拥有的区位优势紧密相关:诸多世界一流大学、研究型医院以及联邦政府资助的研究实验室坐落于此。但强大的研发能力不足以解释该地区的产业成长。[19] 在现代生物技术发展的早期,美国、欧洲和日本的许多地区也都拥有类似的研究机构集合,但它们却几乎都无法在企业发展和就业增长上与马萨诸塞州相媲美。

基础研究能力是区域创新系统的重要组成部分,但研发与区域产业成功之间的关系既不是直接的,也不是单向的。从能力和创新的角度来看,马萨诸塞生物技术产业的迅猛发展其实是一个专业化能力不断增强和集群持续重构的过程。

具体而言,一个地区的创新能力,一方面嵌入在其专业化和多样化的技术能力之中,特别是企业中的相关能力;另一方面嵌入在与集群重构高度相关的双向专业化动力过程中。虽然目前还没有一个完整的分析,但我们可以着重关注那些已经在马萨诸塞州建立起来的特征和流程,进而讨论"系统集成的地理维度"的意义。

一个地区的技术谱系是我们理解集群动态发展过程的起点,长时间的产业成功取决于随时间推进,核心技术能力对连续性与变革性的兼顾。为了理解区域技术能力发展,我们将着眼于由商业组织、生产与技术能力以及技能形成这一"生产力三要素"框架。在系统集成的地理维度中,这三者都是关键的子系统。

（二）商业组织：新老创业型企业

在充满活力的区域创新生态中,新老创业型企业都在其内部提升专业化的技术能力、提高技术多样化水平,并通过建立伙伴关系来培养互补能力。创业型企业的飞速发展堪称新兴产业发展早期的显著特征。在降低新企业创生的进入壁垒、推动更多企业在动态调整过程中提升能力专业化水平等诸多方面,专业化企业之间的网络至关重要。

与 PC 产业相比,生物技术无疑是一个新兴产业。尽管在专业化企业多样性方面,它或许会永远处于劣势,但马萨诸塞州的生物技术产业已经具备了基于开放系统的地理集群的一些特征。

首先,马萨诸塞州在生物技术产业的所有相关产品领域都有代表性企业。这些领域包括医学治疗、人体诊断、基因组学、医疗器械、农业综合产业、科研设备供应与科学服务,等等（Massachusetts Biotech Council, 2000）。其中有相当一批企业甚至早在现代生物学革命之前就已成立。

其次,马萨诸塞州还是许多传统专业化企业的大本营,这些企业已经重新定义了自身的使命,致力于捕捉生物技术发展所带来的机遇。马萨诸塞生物技术委员会（Massachusetts Biotechnology Council）中的许多成员企业也早在生物技术产业出现（2000 年）之前就已经成立了。其中包括：先进仪器公司（Advanced Instruments）成立于

1955年,康宁公司(Corning,1904)、霍尼韦尔公司(Honeywell,1904)、哈佛仪器公司(Harvard Apparatus,1904)、实验仪器公司(Instrumentation Laboratory,1959)、微型视频仪器公司(Micro Video Instruments,1964)、猎户座研究公司(Orion Research,1964)、奥斯莫尼克斯公司(Osmonics,1969)、VWR科学产品公司(VWR Scientific Products,1854)、Abt联合公司(Abt Associates,1965)以及查尔斯河实验室(Charles River Laboratories,1946)。

再次,不论是进入还是退出,该地区的企业都保持着快速流动的态势。[20]如前所述,这种"搅局"使熊彼特式的创造性毁灭得以实现,而这些创造性毁灭又反过来促进了新技术向产品的转化。[21]

最后,马萨诸塞州还有一批独特的专业"工具"企业。[22]用渤健公司(Biogen Inc.)董事长兼首席执行官吉姆·文森特(Jim Vincent)和健赞公司(Genzyme Corp.)董事长兼首席执行官亨利·特米尔(Henri Termeer)的话来说,"基因组学、生物信息学和组合化学,这些在药物探索与开发过程中发挥革命性作用的工具被发明出来后,在这一地区得到了持续的蓬勃发展"(2000)。他们还补充道:"难怪一大批全球主要制药公司都选择在波士顿地区建立研发机构。"

(三)技术能力:专业化与融合

在经济发展的过程中,创业型企业的作用是推动累积性和集体性的进步,以此传播形成一个高度独特的区域技术能力群组。技术能力通常微妙而复杂。根据定义,能力具有组织性,必须花费一定的时间、在团队合作中逐渐发展起来,且无法从市场中购买。

生物技术产业绝不是只有一种技术,而是一系列相关技术能力的集合。在马萨诸塞州,已经有一批商业企业在推动生物技术产业中所有的通用技术,而这些技术已经成为该产业的重要组成部分。
这些技术包括(Biotechnology Industry Organization, 2001:1):

- 单克隆抗体技术
- 细胞培养技术
- 克隆技术(分子克隆、细胞克隆、动物克隆)
- 基因修饰技术
- 蛋白质工程技术
- 跨领域技术(生物传感器技术、组织工程技术、DNA 芯片技术、生物信息学技术)

新技术组合是系统集成的地理维度的一大特征。一个区域的多样化技术储备为这些新组合提供了更多的可能性。马萨诸塞州生物技术的发展以高水平的跨行业技术融合为标志,而信息技术、医疗器械与纳米技术是其中的佼佼者。

其中最典型的例子莫过于生物技术与信息技术的融合。尽管软硬件集成是几乎所有现代产业中新产品开发的核心,但当今信息技术前沿的拓展却有赖于生命科学研究的推力。例如,存储和分析人类 DNA 序列信息的计算需求要比电路设计和其他的信息密集型电子活动在数据方面的要求高出一个数量级。

信息技术是 20 世纪 90 年代马萨诸塞州发展最快的产业。从 1989 年到 1996 年,这里软件公司的数量、产量和雇员数量增长了近三倍:企业数量从 800 增加到 2 200,收入从 30 亿美元增加到 78 亿美元,雇员则从 46 000 人增加到了 130 000 人(Rosenberg, 1997)。尽管在生物技术领域拥有产品和服务业务的 IT 公司只占总数的一小部分,但"生物信息学"本身作为一个飞速发展的新兴产业子类,是工业"物种形成"中的重要案例。

许多计算机龙头企业都投资了生物信息学。例如,康柏

（Compaq）的剑桥研究实验室长期以来就专注于生物信息学。1999年,它在万宝路成立了一个生物信息学专家中心（Aoki,2000）。康宁公司专门面向ICT行业发展了自己的计算能力。它与怀特黑德生物医学研究所（Whitehead Institute of Biomedical Research）签订了一项1 000万美元的协议,用于"DNA芯片"的开发,这将为生物技术和制药企业提供一种在10 000个人类基因上测试药物的新方法（Aoki,2000）。

　　第二个典型案例是生物技术与纳米技术的融合。得益于机床工业的不断发展,马萨诸塞州的企业在降低临界尺寸方面始终保持着领先地位,而机床工业的历史又可以追溯到自19世纪早期以来,沿康涅狄格河谷地区发展起来的零件互换性原则（Best,2001）。基因组学和蛋白质组学的革命导致了对微型化的需求,从而与自然结构的尺寸相匹配,而这就进入了纳米技术领域（一纳米等于十亿分之一米,约为3~4个原子的宽度）。纳米技术可以被用来制造微型设备,如基因芯片或嵌入式药物输送设备。[23]纳米技术的结构是自组装的,这大大促进了制造技术的发展。有朝一日,DNA反应在计算上的复杂性可能会以生物计算机的形式被模拟出来。

　　生物技术和医疗器械的融合是第三个代表性案例。如生物聚合物就被用于药物控释。尽管医疗器械企业在马萨诸塞州生物技术公司中的占比仅为7%,但该地区已经是全美医疗器械企业最集中的地区之一。

　　在上述领域中,由创业型企业推动的技术融合所表现出的活力与程度再次强化了我们的观点:从研究机构和大学的技术转移(以及相关的线性或科学驱动的创新模式)这一视角来思考区域创新能力是完全错误的。不过,技能形成机构在系统集成的地理维度上扮演着与商业组织和生产能力同等重要的角色。

（四）技能形成：产业与教育的互动

纵览那些在全球竞争中获得成功的企业，它们的背后都会有一段与当地教育机构互动的历史，这对其核心技术能力的形成厥功至伟。这些技能形成机构虽然也会在一定程度上参与研发项目，但它们更重要的作用是针对该地区技术领先的企业所感兴趣的通用技术开发出一套课程。虽然说单个企业可以通过从其他公司引进必要的技能人才来实现成长，但是如果不能从推进区域技术能力的角度出发对本地区技能组合进行补充性扩展，区域发展也就成了奢望。

在这样一个系统集成的时代，开发新产品所需要的学科领域相当宽泛。即便是那些想要开发新产品的小企业也要对机械、电子、软件和产品工程学科进行集成，很多生物技术企业所需掌握的专业技能范围也相当宽广。朗道（Randox）是北爱尔兰的一家小型生物技术公司，其多学科研发团队内的专业人才包括：生物学家、合成化学家、物理化学家、神经网络专家、聚合物化学家、机械工程师、电气工程师、软件程序员、物理学家、分子生物学家、生物化学家和免疫学家（Best，2001：197）。

当我们浏览马萨诸塞州生物技术委员会的网站时不难发现，行业内的技能形成活动与生物技术技能需求之间的高度匹配性。尽管当前马萨诸塞州仍然急需受过高等教育的专业人员，但本地区的教育机构仍然是其非正式人力培养流程的一部分，以便通过研究生项目和培训项目重新配置本地区的技能形成系统，以协调行业的技能需求。

正如我们接下来将要看到的，如果一个地区未能及时将技能形成与本土技术发展结合起来，那它将无法获得必要的知识基础，以维持集群发展动力。如此一来,工业区就有可能易位。

回到本节开头提出的问题:"马萨诸塞州为什么能够建立起生物技术工业区呢?"我们的结论是:因为大波士顿地区拥有大量与系统集成能力相关的历史遗产。很难再找到一个类似的区域,在技术多样化、一体化和物种形成能力等诸多方面能与马萨诸塞州旗鼓相当,在生物技术方面尤其如此。在这种情况下,系统集成绝非单纯的模块化,而是一种新的技术管理模式和区域创新生态。[24] 集群的动态发展过程将一群原本互不关联的新老企业转化为一个更高层次的、能够自我强化的跨企业宏观组织,进而构成了一个"区域创新"系统(见图 11.3)。集群内的参与者及其互动,共同推动着技术的进步,构建了区域竞争优势。而只有在生产力三要素——开放式商业系统模式、生产能力和技能培养——的框架下,这种区域竞争优势才能与基础研究相联系。否则,基础研究就无法与该地区的生产能力相结合。

五、区域技术谱系与技能形成

在这里,我们将从以下论断出发:用于重新定义或重新配置的系统能力,是充分利用系统中各元素创新的关键。虽然所有区域都会经历衰退期,但那些成功的区域总是可以在底层技术能力和相关技能组合等方面实现稳定性与变革性的兼顾,哪怕其产品推广时间与产业子部门的发展都只是历史上的刹那芳华。例如,涡轮技术的创新曾在纺织厂能源体系中占据中心位置,而新英格兰地区也因此成为喷气发动机涡轮技术的中心。

由此一来,许多地区哪怕在市场和就业方面遭受了周期性的严重损失,甚至企业纷纷破产,却依然能够作为工业中心而经久不衰。它们是怎样做到的?问题的关键在于企业:作为区域企业集团中的成员,它们或许无法在技术和市场变迁中幸免于难,但却在巩固区域竞争优势的过程中担负着常人难以察觉的重任。哪怕自身一命呜呼,这些"创业型"企业也在日积月累下,众志成城地为一个地区的技术能力、知识基础和技能升级做出了切实的贡献。总之,一个地区独特的技术能力既相对独立于其中的创业型企业,又因它们的推动而不断发展。

现在,我们可以把集群成长与技能形成联系起来,而这正是区域经济动态发展的第三个互动领域。提升增值规模、发展区域创新能力,这远不只涉及商业组织和生产能力,它还同时包括公、私各方针对区域知识基础,尤其是对工程教育的投资。而技能形成正是对知识基础的填充,并因而支撑了本地区的创业型企业发展。尽管某一具体企业的成长可以不依赖于技能发展的区域政策,但对网络化的企业系统来说,一旦与技能形成体系脱钩,它们的成长将很快被扼杀,因为后者往往会同步响应区域技术基础扩张的技能需求。专业技能的形成对于维持一个地区特定的技术谱系而言至关重要。因此,一个区域独特的技术能力与其技能形成体系往往能够彼此成就。

如图 11.4 和表 11.1 所示,世界上那些在电子工业中实现了增加值持续增长目标的地区,往往会推进其技能形成能力在应届生的工程与科学层次这两个方向上同时转型。[25] 在这些地区里,每 1 万人中就有超过 20 名科学家和工程师(National Science Board, 1996; 1998; Best, 2001: 188)。而其他欠发达国家甚至连这一水平的十分之一都很难达到。这一政策的主要意义在于,电子及相关衍生产业的成功往往伴随着新产品开发的去中心化与扩散,而这种创新能力反过来又高度依赖于自然科学、工程学、数学和计算机科学专业的毕业生。

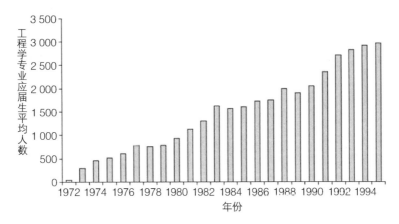

图 11.4　爱尔兰共和国工程学应届生情况

数据来源：爱尔兰国家教育文凭委员会（1995）。

表 11.1　1975—1995 年工程与科学应届生人数

	1975	1975	1995	1995
	自然科学与工程	材料与化学科学	自然科学与工程	材料与化学科学
爱尔兰	706	NA	5 456	NA
新加坡	702	NA	2 965	NA
韩　国	10 266	0	47 277	12 351
中国台湾地区	6 700	1 200	15 170	2 818

数据来源：国家科学委员会（1996，1998）。

　　技能形成的关键作用在于将区域政策制定纳入系统集成的地理维度之中。能力与创新的视角会聚焦于以下三个相互关联的政策领域：第一，创业型企业和企业间联网；第二，服务于新产品开发、技术管理、技术转型预见以及创新的一系列与生产相关的能力；第三，能为技术驱动型企业提供相应范围和水平技能的技能形成体系。但它们之间的相互作用表明,如果政策变化知识集中于其中一个领域,以生产力为引擎的快速发展就不可能实现。虽然创业型公司是创新的重要载体,但以生产力为引擎的发展是商业组织、生产能力和技能培养三方面的协同进阶。三者的这种相互关联构成了"生产力三要素"的理念。正因如此,其中某一领域的单独变化有可能不会对生产力造成什么影响,政策变革必须对这三方面统筹兼顾。因此,建立一套有效的区域治理结构对发展过程至关重要,而这一治理结构的关键就在于它能否对上述三个领域的相关政策进行有效协调。

六、总结: 区域创新系统

在第二至第五小节中,我们以系统集成为概念工具,从两方面拓展了工业区和集群的研究路径。第一,我们以世界上最成功的电子企业和地区为例,刻画了一组集群动态过程,这些动态过程驱动了这些地区的创新和以生产力为引擎的发展。我们将注意力聚焦于"创业型企业"之间的互动联系,这些联系构成了技术进步和企业间网络的驱动力。这种网络化系统与联网能力促进了区域中设计的去中心化与扩散,这不仅成为创新、部门转型和提升增加值的重要渠道,也成为新一代创业型企业的源头。第二,我们还对企业内和网络化的企业集团中技术管理能力的作用给予了特别重视。技术与组织领域中的各个开放系统能够彼此强化,并为纵向一体化(及其技术对应——整体化产品架构)和封闭式网络系统中的创新设立了新的性能标准。而创业型企业则是一系列集群动态过程的关键,包括技术多样化,技术集成、分解与再集成,以及新工业物种的形成。第三,我们将创新的技能形成维度与区域增长相联系。上述一系列过程构成了"区域创新系统"的基础。

虽然与高技术工业区相关的研究要远远多于其他主题，但它们所表现的区域创新特征其实只是在一定程度上夸大了阿尔弗雷德·马歇尔所描绘的中等技术工业区在发展早期那些常见的特征。这些特征包括：

第一，创业型企业的技术/市场动态引发了"硅谷效应"，这是**一种全新的企业创生过程**，孕育了越来越多的创业型企业。一个区域创生新企业的能力可以用所有企业中的新企业占比来衡量。有研究估计，近四分之三的硅谷公司是在过去 15 年内创建的，而在德国的"高技术"地区，这一比例不到四分之一（Kluge，Meffert and Stein，2000：100）。

新企业提高了工业区在重新配置方面的能力，并因此促进了熊彼特式创造性毁灭过程。在此过程中，新企业催生了区域技术多样化，这一方面增加了技术的专业化程度，另一方面也丰富了特定区域的独特技术能力的种类。如前所述，这正是对亚当·斯密有关推进专业化的基本原则的延伸，将其从技能层级提升到能力层级。

第二，基于开放系统的工业区从某种程度上来说就是一个集体实验室。其实，伴随着区域企业网络的形成、解体和重组，网络化的企业集团实际上一直在开展实验。而新企业进入的便利性与联网的基础设施，都刺激了技术集成团队的创建、解体与重组。作为一种经济协作模式，无论工业区在国际竞争中取得了多大的成功，它到目前为止仍然被认为只适用于"轻资产"行业，例如"第三意大利"的时尚设计业以及德国巴登-符腾堡工业区的机床与金属加工业。

第三，基于开放系统的地区增加了能够同时开展的实验数量。一家纵向一体化的企业或许可以在生产链各阶段开展几项实验，但一个工业区却能够同时开展几十项实验。通过这种方式,工业区增加了某些事情的可能性:在那些已经围绕着竞争性技术进行了大量开发工作的企业中继续引入新想法。

第四,基于开放系统的工业区促进了设计能力的去中心化与扩散。PC 产业的设计模块化就是例证。在受到反垄断裁决后,IBM 启动了这一过程,公开了自身的系统设计规则。此后,随着微软和英特尔为自己的操作系统和微处理器开发设计模块,设计模块化进程得到了极大的深入。而由此产生的设计标准为特定的应用软件创造了巨大的市场机会。但是,除此之外,设计模块化的概念还将公共接口的设计规则与组件设计的去中心化结合到了一起。这种设计能力的扩散不但提高了集体创新能力,还强化了工业区这种产业组织模式,甚至推动了系统从封闭走向开放。[26]

第五,在一个充满活力的地区中,技术的多样性将直接影响到创新的潜力,即"来自不同领域的技术出乎意料地实现了融合"(Kostoff, 1994: 61)。[27]在一项关于创新的调查中,罗纳德·科斯托夫(Ronald Kostoff)发现,广泛的尖端知识储备是创新的首要因素。用他的话来说,"只有首先在多个领域中建立起先进的知识储备,创新才能从它们的结合中诞生"。这种先进的知识储备是创新的关键因素,仅有企业家则无济于事:

> 企业家可以被视为一个个体或团队,他(们)能够吸收各种繁杂的信息,并从中寻找进一步开发的可能。而随着(区域)知识储备的建立,很多具备这种能力的个人或团体就会开发这些信息。因此,创新真正的关键路径很可能是知识储备,而非任何特定的企业家。(Kostoff, 1994: 61)

这种知识储备是由"许多不同的组织"在一系列领域中开展非任

务导向型研究而发展起来的。Kostoff 并未低估有计划研究的作用，而是强调其与非任务导向型研究的结合：“任务导向型的研究或开发会刺激非任务导向型研究，从而填补创新之前的空白。”[28]

从这一角度来看，工业区与任何单独的企业都不尽相同，它可以提供全方位的技术潜力，包括种类繁多、领域宽泛的研究与生产相关活动，这有利于培养创造力、填补空白、夯实知识基础、链接科研供需，同时诱导出一种计划外的技术融合。对总部设在其他区域的创业型企业来说，专业化地区中的创新机会极具吸引力。一如硅谷的数百家 ICT 企业会通过收购波士顿地区的企业来占据一席之地，数十家爱尔兰和以色列的软件与生物技术企业也在大波士顿地区设立了办事处。[29]之所以能够吸引到世界各地的企业，正是因为马萨诸塞州特殊的创新潜力：技能技术、系统集成商所需的技术多样性，以及宽广、扎实的供应体系为产品开发过程所带来的时间节约。

工业区是一种扎根于区域技术谱系中的区域组织能力，它是该地区企业的技术能力和市场机会之间不断迭代的结果，也是系统集成原理在地理区域中的应用。换句话说，系统集成的地理维度关心的是系统集成在构成区域经济的子系统中的应用。正如基于开放系统的商业模式促进了设计的去中心化与扩散、培养了区域创新能力一样，技术进步正使系统集成在许多生产单位中成为一种运营原则。但讽刺的是，在全球化的时代中，那些将系统集成作为生产和组织原则的区域正在发展出日益强大的本地化力量。

注释

1. 引自福克斯（Faulks，1996）。

2. 美国 ICT 产业的销售额从 1990 年的 3 400 亿美元增长到 1995 年的 5 700 亿美元，同期日本 ICT 产业的销售额从 4 500 亿美元增长到 5 000 亿美元。

3. 相关文献综述可参阅马丁（Martin）（1999）。

4. 我对贝斯特（Best）（2001）中的能力和创新视角进行了全面的发展。

5. 能力观点源自彭罗斯（1995；最初发表于 1959），拉佐尼克（1991）也有极大的贡献。彭罗斯对"资源"和"资源提供的服务"的区分是本文的出发点，而在拉佐尼克的工业发展理论中，组织能力是核心变量，并将理论的适用范围从企业发展延伸到产业发展。对能力基础观作出贡献的学者包括蒂斯（Teece）、皮萨诺（Pisano）（1994）和格兰特（Grant）（1995）。详情可参阅皮特里斯（Pitelis）（2002）对彭罗斯的评价。

6. 当然，马歇尔本人也有责任。他把供给和需求比喻为剪刀的两把刀片，其中的每一把都在价格的决定过程中发挥作用。这使他把注意力集中在静态的生产概念上，而忽略了他自己在解释工业区时所引入的动态过程。

7. 企业专业化的单位不是一个组件、部分或产品，而是一种独特的、与众不同的能力，它会在一个或多个工业部门的一系列产品和/或服务中表现出来。

8. "代表型"企业，亦即教科书企业是行业中其他公司的翻版，它并没有什么独特的能力。从新古典主义经济学的效率标准来看，生产同一产品的企业越是同构，价格竞争就越激烈，经济环境就越接近实现有效配置。

9. 这种一体化、解体和重新一体化的过程解释了新加坡和中国香港等高附加值地区的整合与包装能力（Enright，Scott and Dodwell，1997）。

10. 这种连续的合作对于开放式网络系统而言是独一无二的。

11. 这种企业间的流动抵消了克莱顿·克里斯坦森（Clayton Christensen，1997）所描述的单一企业的"创新者窘境"，但其前提是该地区盛行"开放式系统"或聚焦且网络化的商业模式。如果企业所处的区域系统中既包括现有企业也包括进攻者，那么地区技术能力就是安全的。相反，如果企业身处一个自由进入受限的地区，那么拥有颠覆性技术的企业将面临阻碍其进入的风险，就像见血封喉树会毒害周围其他植物物种的幼苗那样，苏格兰格拉斯哥的重型工程就扼杀了替代技术以及地区发展，参见切克兰德（Checkland）（1981）。

12. 相同的周期时间并不意味着每台机器都以相同的速度运行，而是意味着在每个周期循环中，为每辆汽车制造的零部件数量都是合适的。

13. 流水线原理产生了一个简单的规则用于集中工程师的注意力：平衡循环时间。最理想的情况是，每一部分的每项操作都与标准化的周期时间相匹配，这个标准周期就是生产流程节奏的调节器。一旦操作速度出现失误并导致库存积压时，同步就会失败。如果时间无法达到最优，那么工程部门必须介入予以调整。增加物料流动的方法不是加快输送带的速度，而是找出瓶颈，或最慢的循环时间，并制定行动计划来消除它。

14. 有关英特尔技术发展方法的详细信息，可以参考扬西蒂（Iansiti）和韦斯特（West）（1997）。

15. 英特尔将研究分为两种类型："需要集成制造能力的"和不需要最先进的半导体技术的"大头儿"（Moore，1996：72）。其中英特尔自身专注于前者，而后者则通过与大学之间的合作来完成。

16. 每个工程和科学学科都有一门独特的"语言"。例如，机械、电气和软件工程方法都基于不同的分析和测量单元。系统集成需要一个能够将各学科的优势进行充分结合,并开发新的产品概念的技术团队。像英特尔这样的企业,其内部培训项目大多依赖于为每个学科开发的、用以促进跨学科交流的软件。然而,我们至今还没有发明出类似《银河系漫游指南》中道格拉斯·亚当斯(Douglas Adams)所说的"巴别鱼"(Babel fish)能够用于实现星系间通信的那种设备,更不用说借助这样的设备来应对经验与团队合作上的不足。(1989:42)

17. 斯蒂芬·杰伊·古尔德(Stephen Jay Gould)(1996)认为,进步来源于多样性,而不是复杂性。他用"扑克满堂彩"的比喻说明卓越是建立在所有部分共同繁荣的基础之上的。而这种趋势可以被理解为整个系统中的变化,而非"只在某处活动"。

18. 安永会计师事务所(Ernst and Young, 2000)的报告显示,美国逾1 200家生物技术公司雇用了15.3万名员工,比1997年的10.8万名增加了42%。

19. 多年来,尽管基础研究蓬勃发展,但马萨诸塞州仍旧经历了经济衰退。

20. 在20世纪90年代的大部分时间里,马萨诸塞州新企业的数量都在增加,从1991年的15 000家增加到1999年的18 500家(Massachusetts Technology Collaborative, 2001:37)。

21. 美国制药和生物技术产业中新企业申请的专利数量占比比其他国家都高。亨德森(Henderson)、奥尔塞尼戈(Orsenigo)和皮萨诺(Pisano)(1999:table 7.3:291)的报告表明,美国43%的专利申请源于新企业,34.5%来自老牌公司(22%来源于大学),而在日本、德国、瑞士、丹麦和意大利等国家,老牌企业的贡献都达到了80%。

22. 在马萨诸塞州,这种企业往往分布于市场中的七个商业部门。

如 Genomics Collaborative，Phylos，Surface Logix，Alkermes，Millenium and ArQule。

23. "纳米技术和分子电子学的研究人员都利用了生命科学的技术发展，包括在尺寸极小的材料的合成和组装中使用酶、蛋白质和小型有机分子。这些方法可能会诱发对微型信息处理机械设备设计和制造的新途径。"——安永会计师事务所（2000：29）

24. 随着生物技术产业的发展，区域产业集聚可能会被模块化的集群与地理分割所取代。我们可能会发现，"系统集成的地理维度"与集群发展的早期阶段显著相关。然而我想说的是，尽管生物技术可能和任何行业一样，都是研究密集型的，但它对创业型企业和技术能力的关注与"高技术"和"中技术"产业别无二致。

25. 从 1978 年到 1988 年，电气工程专业的毕业生从每年 600 人增加到 1 600 人，推动了"马萨诸塞奇迹"的发生（Best，2001：155）。在集群动态发展的早期阶段，应届生人数的增加可能是最重要的。一旦一个地区在其知识基础上达到临界质量或"临界点"时，就更有可能由于向新技术和产品应用的过渡而导致企业"流失"。

26. 区域创新过程可以被称为 5Ds：破坏性（disruptive，内部/内部动态）、下沉（dip-down，快速开发新产品）、设计扩散（design diffusion，对创造力的利用）、分散（dispersed，实验室）和多样性（diversity，新技术组合）。

27. 科斯托夫（Kostoff）的调查支持了罗森博格（Rosenberg）的多项历史研究，包括创新的内在不确定性维度，以及任何有关生产率和增长的特定创新所产生的各项影响交织在一起所能发挥的作用（1976，1982）。其中研究格外强调了这种多重影响相互作用下产业组织的开放系统模型的不确定性。

28. 在建立起充足的先进知识储备之后,科斯托夫(Kostoff)确定的第二个关键条件是认识到技术机会和需求。"在很多情况下,有关系统应用的知识会激发出与系统本身发展有关的科学和技术。"第三、第四和第五个关键因素是那些拥护创新、敢于在财政和管理方面给予支持的技术型企业家。第六个,也是最后一个因素是多领域的持续创新和发展。用科斯托夫本人的话来说,"在创新之前的各个发展阶段中都需要额外的支持性发明"。科斯托夫认为,在创新成功的六个关键因素中,至少有三个与网络能力有关。

29. 大约有60家爱尔兰共和国和北爱尔兰地区的高科技企业分散在大波士顿地区(Bray 2002)。据以色列驻波士顿经济领事 Michel Habib 估计,在波士顿地区的以色列科技公司数量也从1997年的30家增加到1999年初的至少65家。这些企业涵盖了一系列技术领域,包括光学检测机器、医疗激光、数字打印设备、扫描技术和生物技术。用一位以色列经理的话来说,"我们可以利用这个领域的很多技术资源和知识"。(Bray, 1999)

参考文献

ADAMS, D. (1989). *The More Than Complete Hitchhiker's Guide*. New York: Wings. AOKI, N. (2000). *Boston Globe*, 8 November.

BEST, M. (1990). *The New Competition*. Cambridge, MA: Harvard University Press.

——(2001). *The New Competitive Advantage: The Renewal of American Industry*. Oxford: Oxford University Press.

BIOTECHNOLOGY INDUSTRY ORGANIZATION (2001). "Editors' and Reporters' Guide to Biotechnology", 3 June, www. bio. org.

BRAY, H. (1999). "Hub's High-tech Allure Drawing Israeli Firms", Boston Globe, 1 April.

——(2002). "Irish Invasion", Boston Globe, 30 September.

BROWN, J. and DUGUID, P. (2000). "Mysteries of the Region: Knowledge Dynamics in Silicon Valley", in C. - M. Lee, W. Miller, M. Hancock, and H. Rowen (eds.), *The Silicon Valley Edge: A Habitat for Innovation and Entrepreneurship.* Stanford, CA: Stanford University Press, 16 – 39.

CHECKLAND, S. G. (1981). *The Upas Tree: Glasgow 1875 – 1975.* Glasgow: Glasgow University Press.

CHRISTENSEN, C. (1997). *The Innovator's Dilemma: When New Technologies Cause Great Firms to Fail.* Boston, MA: Harvard Business School Press.

THE ECONOMIST (1995). Survey. 16 September.

——(1997). "Silicon Valley: The Valley of Money's Delight". 29 March.

——(2002). "Desperately Seeking lightness". 21 September.

ENRIGHT, M. , SCOTT, E. , and DODWELL, D. (1997). *The Hong Kong Advantage.* Hong Kong: Oxford University Press.

ERNST and YOUNG (2000). *Convergence: Biotechnology Industry Report, Millennium Edition.* Thirteenth Annual Report, October. www. ey. com/global/gcr. nsf/International/Knowledge-Center.

FAULKS, S. (1996). *The Fatal Englishman.* London: Hutchinson Radius.

GOULD, S. (1996). *Full House: The Spread of Excellence from Plato to Darwin.* New York: Random House.

GRANT, R. (1995). "A Resource-based Theory of Competitive Advantage", *California Management Review*, 33/3: 114 - 135.

HENDERSON, R. , ORSENIGO, L. , and PISANO, G. (1999). "The Pharmaceutical Industry and the Revolution in Molecular Biology", in R. Nelson and D. Mowery (eds.), *Sources of Industrial Leadership: Studies of Seven Industries*. Cambridge: Cambridge University Press, 267 - 311.

IANSITI, M. and WEST. (1997). "Technology Integration: Turning Great Research into Great Products", *Harvard Business Review*, May - June: 69 - 79.

KLUGE, J. , MEFFERT, J. , and STEIN, L. (2000). "The German Road to Innovation", *McKinsey Quarterly*, 2: 99 - 105.

IANSITI, M. and WEST. (1997). "Technology Integration: Turning Great Research into Great Products", Harvard Business Review, May - June: 69 - 79.

KLUGE, J. , MEFFERT, J. , and STEIN, L. (2000). "The German Road to Innovation", McKinsey Quarterly, 2: 99 - 105.

KOSTOFF, R. N. (1994). "Successful Innovation: Lessons from the Literature", *Research - Technology Management*, March - April: 60 - 61.

KRUGMAN, P. (1991). *Geography and Trade*. Cambridge, MA: MIT Press.

LAZONICK, W. (1991). *Business Organization and the Myth of the Market Economy*. Cambridge: Cambridge University Press.

MARSHALL, A. (1920). *Principles of Economics* (8th edn. ; original 1890). London and New York: Macmillan.

MARTIN, R. (1999). "The New 'Geographical' Turn in Economies",
Cambridge Journal of Economics, 23: 65 - 91.

Massachusetts Biotechnology Council (2000). *Massachusetts Biotechnology Directory: A Guide to Companies, Careers and Education.* Cambridge, MA: Massachusetts Biotechnology Council.

Massachusetts Technology Collaborative (2001). *Index of the Massachusetts Innovation Economy.* Westborough, MA: Massachusetts Technology Park Corporation.

MOORE, G. (1996). "Some Personal Perspectives on Research in the Semiconductor Industry", in R. Rosenbloom and W. Spencer (eds.), *Engines of Innovation.* Boston, MA: Harvard Business School Press, 165 - 174.

NATIONAL COUNCIL FOR EDUCATIONAL AWARDS (1995). *Twenty-Second Report, 1995.* Dublin: National Council for Educational Awards.

NATIONAL SCIENCE BOARD (1996, 1998). *Science and Engineering Indicators.* Washington DC: US Government Printing Office.

OHNO, T. (1988). *Toyota Production System: Beyond Large-scale Production.* Cambridge, MA: Productivity Press.

PENROSE, E. (1995; originally 1959). *The Theory of the Growth of the Firm.* Oxford: Oxford University Press.

PITELIS, C. (ed.) (2002). *The Growth of the Firm: The Legacy of Edith Penrose.* Oxford: Oxford University Press.

PORTER, M. (1990). *The Competitive Advantage of Nations.* New York: Macmillan.

ROSENBERG, N. (1976). *Perspectives on Technology.* Cambridge:

Cambridge University Press.

——(1982). *Inside the Black Box: Technology and Economics.* Cambridge: Cambridge University Press.

——(1997). "Software: Fastest Growing Industry", *Boston Globe*, 5 June.

SAXENIAN, A. (1994). *Regional Advantage: Culture and Competition in Silicon Valley and Route 128.* Cambridge, MA: Harvard University Press.

SORENSEN, C. E. (1957). *Forty Years with Ford.* London: Cape.

TEECE, D. and PISANO, G. (1994). "The Dynamic Capabilities of Firms: An Introduction", *Industrial and Corporate Change*, 3: 537 - 556.

VINCENT, J. and TERMEER, H. (2000). "New England's Important Role in the Biomedical Revolution", *Boston Globe*, 25 March: A15.

第十二章 |

模块化与外包： 全球汽车工业产品架构和组织架构协同演进的本质

酒向真理(Mari Sako)
牛津大学赛德商学院

在模块外包成为解决汽车工业各种问题的灵丹妙药之际,我们有必要清醒地审视一下,我们可以从中得到什么,又无法期待什么。最近,原始设备制造商(OEMs)和供应商都希望通过基于模块化的纵向脱钩来获取价值,但双方似乎都并不完全了解在寻求模块外包具体路径的过程中所涉及的成本和收益。鲍德温(Baldwin)和克拉克(Clark)(1997,2000)以美国计算机工业以及一度近乎垄断的 IBM 为证据,清楚地阐述了"模块化的力量"。但在汽车等许多其他工业中,工业结构从一开始就比较碎片化,"模块化进程"则面临着多种路径选择。正如本章所示,技术诀窍和技术能力在原始设备制造商和供应商之间的分布情况,将因路径选择的差异而完全不同。虽然不同路径的选择范围在一定程度上受到现有工业结构和组织能力初始条件的限制,但其中的大部分都掌握在供应链企业手中。正如斯塔尔(Starr)30 多年前所指出的,"转向模块化方法会导致大量的意外淘汰",以及"进入这种生产配置的设计和工程成本可能会非常高"(Starr, 1965：139)。问题在于,龙头汽车企业是否有足够的意志力来承担模块化所需的高昂的启动成本。反过来,这一战略选择将决定产业结构的未来走向,特别是原始设备制造商和供应商之间的权力分配。本章分析战略考虑如何调节产品架构与组织架构之间相互影响的双向关系。

本章的结构如下。第一部分提供了产品架构和组织架构中模块化的定义。通过将外包与模块化分离,识别出模块外包的三种实现路径。第二部分考察了原始设备制造商和供应商期望"模块化"的混合动机。我们认为,这些动机的不同组合使企业倾向于选择不同的路径来外包模块。最后,本章分析了这些不同路径对产业动力和供应商关系的影响。尽管本文的实证细节主要是关于汽车工业的,但许多研究结果对所有设计、生产和分销多技术复杂产品的工业都会有所启示。

一、产品架构中的模块化和
组织架构中的外包

无论是在产品架构还是组织架构中,模块化都是一组特性,其定义了(a) 整体中各元素的接口,(b) 功能-组件(或任务-组织单元)映射关系,这个映射定义了这些元素是什么,以及(c) 将整体分解为功能、组件、任务等的层级结构。现有文献对于定义模块化的上述特性多有涉及,但都不全面。本节首先在产品架构中概述这些特性,然后讨论它们与组织架构的联系。本节可以得出三点启示。第一,我们认为,在"整体化—模块化"的一维谱线上对这组特性进行排序,存在一定的困难。第二,向模块化产品架构的转变为重新考虑相应的组织架构提供了空间,但产品架构类型和组织架构之间没有简单的

确定性联系。第三，使用"架构"而非"设计"——"产品架构"而非
"产品设计"，"组织架构"而非"组织设计"——这一术语的附加价值
在于明确承认架构师的存在。架构师与设计师的区别在于前者具备
整个系统的知识，而这是有效执行系统集成的先决条件。从理论上
讲，模块化反映了一种明确的劳动分工，即具有架构设计知识的架构
师和具有每个模块知识的设计师之间的分工。然而，在技术进步的动
态世界中，这种分工似乎不可行也不可取。因此，作为"系统集成商"
的架构师具有重要地位，其中所讨论的系统包括产品和组织两方面。

（一）产品架构中的模块化

对于许多学者和从业者来说，定义模块的一个出发点是，模块内
部的相互依赖性与模块之间的相互独立性都很显著（Ulrich，1995；
Baldwin and Clark，2000）。单纯聚焦于接口，就会将产品架构定义为
"一套完整的组件接口规范"（Abernathy and Clark，1985）。与工程学
科相比，管理学研究更倾向于将接口规范视作模块化的一个重要特
性。最近，鲍德温和克拉克（2000）在其开创性著作中花了大量篇幅
详细阐述了使用不同操作手段（如拆分和替换、扩充和排除以及翻转
和移植）对产品分解模块进行混合、匹配和重用的各种方法。与之相
似，派因（Pine）（1993）继承乌尔里克（Ulrich）和董（Tung）（1991）的
思路，识别了模块连接的不同方式，其中包括组件交换和共享。有关
模块化接口更一般化的讨论集中于一组二元对比，如标准化接口与
定制化接口、开放接口与封闭（即私有）接口。在这种以接口为中心
的观点中，模块化通常以标准化和开放接口为标志，尤其是因为它们
提高了混合和匹配的可能性。但接口还有其他特性，比如可逆性（通
过拼接或螺栓—螺母而非焊接的方式连接模块时，更有利于模块拆

分）可以弥补接口标准的缺位。因此，接口规范中的模块化本身就是一组特性，这些特性增强了各物理模块之间的相互独立性（Fixson，2002）。正如本节后面所述，当我们在设计、生产、使用和再利用的不同活动中理解模块时，这种独立性的相关特性是不同的。

"应用这些接口的模块边界是什么？"当人们提出这一问题时，说明一个事实变得显而易见，即接口的性质是定义模块化的必要非充分条件。对此，乌尔里克（Ulrich）（1995）给出了一个答案，他将产品架构定义为"将产品功能分配给其物理组件的方案"。在此基础上，他从元素和接口两方面定义模块化，"模块化架构包含了从功能结构中的功能元素到产品物理组件的一对一映射，并指定了组件之间的解耦接口。而一体化架构则包含了从功能元素到物理组件的复杂（非一对一）映射，以及组件之间的耦合接口"（Ulrich，1995：422）。这种"模块化—整体化"二分法在概念上很强大，特别是它指出了模块中功能控制可以作为定义模块边界的操作指南。但是，一旦偏离了"纯模块"状态，即每个组件的功能控制都具有解耦接口，就很难沿着"模块化—整体化"的维度对不同的特性组合进行排序。例如，具有从功能到组件的一对一映射，但没有解耦接口的产品架构，与那些具有从功能到组件的多对一映射，并且具有解耦接口的产品架构相比，哪个的模块化程度更高？

任何复杂产品都可以分解为成百上千个基本组件，一组组件可以是一个模块，但我们很难确定，一组组件应该多大才可以构成一个模块。这个问题的一个解决方案是引入嵌套层级结构的概念，其中的组件和功能既是更高层次系统的一部分，又包含着多个子系统。正如40多年前西蒙（1962）指出的那样，复杂系统往往会按照层级组织起来。层级结构使重复分解成为可能，从而以更小的元素来解决复杂性问题。延续了克拉克（Clark）（1985）的思路，藤本（Fujimoto）

（1997）、北野武（Takeishi）和藤本（2001）识别了与产品和工艺技术，以及与客户和市场相关的多层级结构。具体来说，我们可以比较两个层级结构——产品功能层次（由客户需求确定）和产品组件层次——中的相应层次。然后，层级结构中每个层次的功能-组件映射可能表现出不同程度的模块化或"整体性"（参照乌尔里克的说法）。对于像计算机这样的产品，层级结构中较高层次上（如键盘的数据输入功能）映射的模块化程度可能更高，即更像一对一映射，而非一对多或多对一映射。对于汽车而言，虽然存在一些大的模块（如发动机和座椅），但它们往往包含多个功能（如座椅的舒适性、安全性等），此时那些反映为更简单的功能-组件映射的模块可能存在于层级结构中较低的层次。

任何产品的设计、生产和使用都必须明确识别组件和功能的层次结构。但是，产品生命周期的不同阶段需要不同的目标，而对此进行协调的需要又带来了另一层复杂性，即寻求产品单一最优分解的复杂性。对于设计模块化（MID），产品设计师对减少设计和开发的交付时间和成本感兴趣。实现这一目标的一种方法是由独立的设计团队开发模块。通过确保模块间的设计任务彼此独立，可以在不影响其他模块的情况下重新设计一个模块。在生产模块化（MIP）中，生产经理对提高运营效率感兴趣。此处的模块通常被解释为易于测试（这里有明显的功能控制思想）和安装（具有少量固定点）的子部件。但在产品层级结构的较低层次，通过混合和匹配标准化组件，模块化子系统本身被用作延迟定制的一种方式。因此，运营效率源自组件互换性、后期定制化以及由此产生的库存减少，而这些都是为了满足产品多样性的需求。最后，在应用模块化（MIU）环节，消费者对易用性（包括兼容性和可升级性）和易维护性（包括最小化维修和再利用成本）感兴趣。为此，模块之间甚至模块内部的轻松分离至关重要。产品生命周期中的这三个阶段,意味着这些竞争性需求很可能反映在一个模块上。例如,驾驶舱模块内高度的设计一体化——例如将暖风、通风和空调(HVAC)单元的外壳作为线束托架——与应用模块化中将维修和再利用成本降至最低的目标相冲突。相关的接口特性也不同:设计人员追求功能控制,生产者追求安装方便,消费者追求分离和再利用的便利性。因此,设计人员很少针对每个阶段对模块边界进行优化。

　　总之,作为一个概念,模块化只能定义为与模块接口、功能-组件映射以及产品生命周期各阶段层级结构有关的一组特性。在“纯模块化”情况下,接口是标准化和可逆的,所有功能和组件都有一对一映射,任何一对层级结构中彼此相应层次之间的映射也是一对一的。如果没有这样的产品架构,我们就可以认为系统集成在几乎所有的情况下都是必要的,因为它确保了由组件组合成的整个产品可以正常工作。系统集成商可以是具有架构知识的集中协调者,负责管理和调整定义接口间相互连接的设计规则。但在迭代调整的过程中,模块团队的本土知识也需要进行调整。汽车工业中一个合适的例子是,随着工程师们日益理解车身、底盘、发动机和传动系之间的微妙关联,汽车才能在不同的最高速度下达到相应的噪声、振动与声振粗糙度(NVH)等级。每辆能够正常运行的整车都依赖于此类系统集成的技术诀窍。

　　鉴于系统集成在汽车设计和生产中的持续重要性,我们也就不难理解我们所研究的两个模块(即驾驶舱和车门内部)在欧洲不同车型之间表现出不同边界。图 12.1 给出了可能包含在驾驶舱模块中的组件种类示意图,其中至少包括仪表盘(或仪表板)和横梁。实际上,在子系统离开供应商之前,供应商可能会组装其他各种部件,如仪表组、暖风、通风与空调单元、转向柱、方向盘以及安全气囊(如图

12.2 所示)。类似地,车门模块通常至少包括带车窗玻璃升降器的承载板、车窗电机和门锁装置。但在某些情况下,可能会添加其他组件,如扬声器、紧固件、线束和玻璃制导装置(如图 12.3 所示)。这些

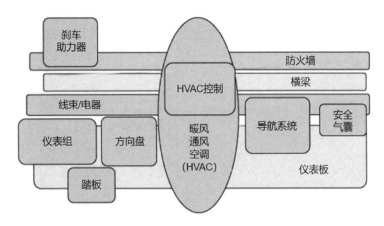

图 12.1　驾驶舱模块边界

	A	B	C	D	E	F	G
仪表盘/仪表板	X	X	X	X	X	X	X
横梁	X	X	X	X	X		X
仪表组				X	X	X	X
中央显示器/刻度盘							X
开关				X	X	X	X
中控台				X			X
音响/I.C.E				X	X		X
储物箱	X	X	X	X	X	X	X
风道		X		X	X	X	X
挡板/通风口控制		X	X	X	X	X	X
HVAC系统				X	X		X
转向柱				X	X		X
方向盘				X			
驾驶员安全气囊				X			
乘客安全气囊		X		X	X	X	X
踏板							X
线束				X	X	X	X
防火墙							X

图 12.2　欧洲各车型的驾驶舱模块边界

资料来源: 2000 年 IMVP 欧洲模块供应商调查。

	A	B	C	D	E	F	G
承载板		x	x	x	x	x	x
玻璃升降器	x	x	x	x	x	x	x
车窗电机	x	x	x	x	x	x	x
电子控制箱	x	x	x				
内锁		x	x	x	x	x	x
外锁					x		x
锁扣		x	x	x	x	x	x
水封	x	x	x	x	x	x	x
侧面撞击保护							x
线束		x	x	x		x	x
扬声器		x	x	x			x
门饰板							
紧固件				x	x	x	x
结构框架	x						
玻璃	x						
中立柱	x						
电力支持		x					
玻璃导轨				x	x	x	
内把手				x	x	x	

图 12.3　欧洲各车型的车门模块边界

资料来源：2000 年 IMVP 欧洲模块供应商调查。

图示提供了欧洲的系统性证据，表明不同车型的产品架构存在很大差异，而且由于模块边界的巨大差异。而混用和匹配，或者共用和复用模块的想法，很难跨车型实现，遑论跨厂（OEM）。

（二）组织架构中的外包

　　模块化是一个在处理复杂系统时被广泛应用的概念（Schilling，2000）。组织就是这样可以模块化处理的复杂系统：通过在组织单元之间开发精确定义的接口，并在组织层级结构的各个层次上建立清晰的任务-组织单元映射。与产品架构类似，组织架构可以定义为一种方案，这个方案既能将任务分配给组织单元，也成为组织单元之间互动、协调的载体。作为组织设计的主要出发点，任务分配揭示了组织分析中的理性主义偏见（Scott, 1998）。如果我们立足于"（模块)内部的相互依赖性与(模块)之间的相互独立性"的概念,那么具有以下特征的组织就是模块化的,对组织中那些由人组成的单元(团队、部门、科室)来说,它们的任务在单元内部相互依赖,而在各单元之间相互独立。

与模块化的产品架构一样,模块化的组织单元之间的接口必须明确定义。标准化是定义接口的多种方式之一。例如,与一个工作方式各异的工匠团队相比,一个按照标准操作流程工作的生产团队被认为可能拥有更为标准化的组织接口。标准化规则被视为在组织单元之间协调任务的工具,这一认识使得一些管理学家在定义组织模块化时主要关注接口,而非任务-组织单元映射。例如,法恩(Fine)使用了"供应链架构"的说法,并认为当这个架构能够通过地理、组织、文化和电子距离进行刻画时,就可以称之为"模块化"的(Fine,1998:136)。其中的隐含假设是,在模块化的组织单元之间按照上述维度进行任务传递时,这些任务都必须定义良好,即明言的和编码的。此外,这个定义表明,与产品架构的接口特征一样,组织架构的接口特征也具有多重性,而不同方面的特征影响着产品生命周期的不同任务或阶段(请参阅本节后面的讨论)。

除"接口"这一焦点之外,层级结构也可以是刻画组织架构的重要手段。所有组织都由某种层级结构组成,有各种可能的方式将任务分解并分配给较小的组织单元。在我们当前的情境下,组织架构中的层级结构可能表现为两种形式,即企业内部的权力结构和供应链中的供应商分层。在所有垂直关系中,没有干涉的任务授权是自治的标志。因此,对于组织单元内部和组织单元之间的水平和垂直联系,模块化的一种可能表现就是互动需求的相对缺位。实现独立或自治的一种方式是组织单元内的任务控制,而非单元之间的任务共享。例如,承担项目所有阶段的项目团队,或者可以组装整车的自主工作组,可能被认为比职能团队(必须与组织中其他职能部门进行协调)更独立于组织的其他部门。但是在开发功能中,如果一个开发团队拥有一组明确定义的、不受其他团队完成情况影响的任务,那么这个团队就是自主的,因此也是模块化的。

在经济学中,朗格卢瓦(Langlois)(1999)甚至认为,在运作良好的市场中,价格体系作为标准接口,使模块化组织单元之间无需通过其他维度的沟通即可实现彼此协调。此时,组织中的模块化完全瓦解了层级结构的必要性。但与此同时,当这种情况发生时,谈论一个由“看不见的手”协调的模块化“组织”就变得相当荒谬。如果接口仅由价格体系定义,就没有了组织架构师的角色。正是由于内部组织和供应链的协调都是基于价格机制和其他机制,这才使得组织架构师和组织设计师的区分顺理成章。

与物理产品架构的接口相比,组织架构接口的难言性另有原因。这是因为还存在着组织的过程观或自然系统观(Scott,1998),而不是将其视为有明确目标集的理性韦伯结构。组织理论中的许多经典著作都执着于组织的若干竞争性概念,如技术与制度的对立、封闭系统与开放系统的对立。更具体地说,在处理自治性和互联性之间的矛盾时,伯恩斯(Burns)和斯托克(Stalker)(1961)将互联性与机械式组织相联系,将组件自治性与有机式组织相联系。类似地,劳伦斯(Lawrence)和洛尔施(Lorsch)(1967)认为,组织内部的差异可以通过跨职能委员会等整合机制得到弥补。因此,虽然机械式组织和差异化可能与组织结构的模块化有关,但这些组织特征也与将组织捆绑为一体的整合机制有关。因此,从理性角度来理解一个组织,模块化的特点可能是解耦,也就是说,两个组织单元相互独立,彼此之间完全不存在响应或互动。但在组织的另一种观点中,解耦与组织的本质相冲突,因此也就不存在解耦的组织架构。这使我们注意到松散耦合的概念(Orton and Weick,1990):这意味着组织可以成为同时具备理性和模糊性的系统。在分解和集成产品时,我们需要具有架构设计知识的架构师。而在区分和整合一个组织时,我们同样需要"组织架构师",他/她可以设计一个组织,并自发地和有意识地适应组织设计中的变化需求。因此,"看得见的手"必须继续很好地存在。

外包基本上是从一个组织单元到另一个组织单元的任务再分配过程,而这些组织单元在所有权上有所不同。在模块外包的情境下,原始设备制造商可以只考虑外包设计和开发,或者只外包生产和组装,或者两者都外包。在设计开发阶段,模块供应商可全权负责模块开发,或与原始设备供应商组建设计团队,共同办公、共同开发。因此,模块设计可以不在同一组织(以所有权为标准)内部,但文化和地理上的接近性对于成功的共同开发非常重要。在生产组装阶段,供应商园区和模块化联盟的发展表明,模块外包与更"一体化"组织的发展齐头并进,而地理上的邻近性则促进了更多的互动和沟通。此时,尽管企业之间的所有权存在差别,但邻近性却是必要条件,这也充分反映了组织整合的重要性。

原始设备制造商对各种外包任务顺序的决策会影响组织架构。在图12.4中,对于明确定义的演变路径,有一个基本假设:原始设备制造商首先外包模块的物流和组装,然后再通过各种形式向供应商移交更多的责任,如质量保证、采购和供应模块组件(即对二级供应商的控制),最后才是工程和开发。如果遵循这一演变,则能够实现原始设备制造商和供应商的激励相容。对于原始设备制造商而言,随着对关系信心水平的提高,逐步外包被认为可以最大限度地降低被供应商俘获或套牢的可能性,供应商最终可以通过设计集成工作获得更大的附加值,这使他们首先愿意进入低利润的组装业务。然而,事实上,在巴西等新兴市场地区,本土供应商从未敢越雷池一步,而是安心组装在别处设计的模块。与此同时,Intier(麦格纳的汽车分支机构)等全球模块供应商,大力投资有关整车的系统知识,以便能够从一开始就赢得设计和开发模块的业务。

	物流和模块组装		采购和质量保证		开发和供应	
	OEM	供应商	OEM	供应商	OEM	供应商
物流		◯		◯		◯
组装		◯		◯		
质量	△	△	△	◯		
采购	◯			◯		
供应	◯			◯		
工程	◯			◯		
开发	◯			◯	◯	◯

图 12.4　外包给模块供应商的任务排序

图 12.5 作为证据,以欧洲生产的驾驶舱组件为例,表明到底是原始设备制造商还是模块供应商控制着二级供应商选择权。它告诉我们原始设备制造商选择零部件供应商的做法有多广泛,而这一现实与作者采访中的言论相去甚远,这些言论称原始设备制造商只控制安全气囊等具有战略重要性的部件。供应商受访者还嘲笑原始设备制造商不愿放手,正如"影子工程"一词所示。但这种设计和供应商看似浪费的选择重叠其实是原始设备制造商保留其系统集成能力的一种尝试。因此,可以对图 12.5 作出多种解释。一种可能性是,这是一种过渡阶段,而其发展目标则是原始设备制造商专注于造型和营销,完全退出制造和组装。在这种情形下,一些原始设备制造商希望将系统集成任务委托给能够设计整车的强大供应商。而另一种可能性是,该表描绘了一幅更静态的博弈状态图,原始设备制造商希

	A	F	G	H	I	J	K	L	M
仪表盘/仪表板	△	x	x	x△	x△	x△	x	△	x
横梁	△	x	x	○	x△	○	○		△
仪表组	△			△	△	△	△	△	x
中央显示器/刻度盘				△					x
开关	△			○	△	△	△	△	△
中控台	△			x	△				x
音响/I.C.E				△			△	△	x
卫星导航等				△	△				
储物箱	△	x	x	x△	△	x	x	△	○
风道	△	△		x○	△	x	x	△	○
挡板/通风口控制	△	△	△	○	△	○	x	△	○
HVAC系统	△			△	△	△	△		x
转向柱	△			△	△	△	△		x
方向盘	△			△					
驾驶员安全气囊	△			△					
乘客安全气囊	△	△		△	△	△	△	△	x
踏板					△	△			△
线束	△			x	△	△	x	x	x
其他接线				x					
防火墙					△				△
无钥匙进入				△					
转向柱罩				x△	△				
隔音				△					

图 12.5 对驾驶舱零部件的控制

注：×,由模块供应商内部生产；O,从模块供应商选择的供应商处采购；△,从原始设备制造商指定的供应商处购买。

资料来源：2000 年 IMVP 欧洲模块供应商调查。

望在内部保留系统集成知识。

（三）模块外包的三个途径

一旦我们认识到模块外包需要对外包的不同任务进行排序,情况就会变得相当复杂。但我们可以做一个简化,分析只有一组任务需要外包的情形——要么只设计,要么只生产,要么外包设计和生产。假设一家原始设备制造商具有非模块化的产品设计和高度纵向一体化的内部结构,从初始位置到模块外包的最终位置,这家企业可以选择三条轨迹：(a) 在模块外包之前,先在内部设计并生产模块；

（b）在转向模块化设计之前,外包非模块化组件;（c）同时实施模块化设计和外包(图 12.6)。

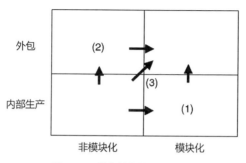

图 12.6　模块外包的三条途径

　　在第一条路径中,只有当模块化设计能够带来显著的性能改进,并解决了因设计集成、工效学或复杂性而产生的问题时,才有可能采用模块化设计。到模块外包的时候,原始设备制造商将能够指导供应商,并且大部分模块设计和架构知识将保留在原始设备制造商手中。在第二条路径中,外包而非模块化是最初的驱动力,当外包先于模块化时,模块化的好处可能需要一段时间才能显现。这不仅仅是因为我们不清楚原始设备制造商或供应商最终是否会带头提出模块化设计和组件集成。在第三种情况下,如果市场上已存在有能力的模块供应商,则可以同时实施模块化和外包。原始设备制造商可以实现更快的创新速度,但也面临着失去内部能力和控制的危险。与此同时,供应商面临着影响技术创新方向、获得更大份额的研发回报的机会。因此,模块外包的路径对于能力和技术诀窍在原始设备制造商和供应商之间的最终分布具有明确的影响。

　　此外,供应链的整体复杂性水平可能会下降,也可能不会下降,这取决于上述能力分布。具体而言,内部生产模块或拥有解决方案供应商的原始设备制造商可能会受益于模块化带来的整体改进。相比之下,如果外包模块的原始设备制造商并不具备内部解决方案,那么最终可能无法改善整个供应链的复杂性,因此对这些模块支付的费用要高于内部生产模块的成本。

(四)对产品架构和组织架构间联系的启示

工程科学中关于产品架构和组织架构之间联系的主流观点是从产品架构开始的,并制定出相应的组织设计。这种基于产品架构的理性组织设计的一个具体例子是从设计结构矩阵(DSM)衍生出任务结构矩阵(TSM)(Baldwin and Clark,2000,在 Eppinger 之后)。桑切斯(Sanchez)和马奥尼(Mahoney)(1996)则基于稍有不同的视角,讨论了模块化在产品设计中的战略应用,进而提出了产品设计组织。因此,非模块化产品最好在非模块化组织中生产。但是,模块化产品需要模块化组织,这种对应关系有利于增强组织的灵活性,也有利于消除层级协调。

本章采取了不同的立场。第一,产品架构中的模块化为组织设计提供了更大的选择余地,从而在存在这种选择的关键时刻提供了追踪"路径依赖"的机会。第二,组织惯性很可能使反向因果关系(从组织架构到产品架构)变得重要。因此,产品架构的选择会影响组织设计,而现有的组织结构和能力也会影响产品设计(Gulati and Eppinger,1996)。公平地说,桑切斯(Sanchez)和马奥尼(Mahoney)也认识到了这种双向因果关系,"虽然组织表面上设计产品,但我们也可以认为产品设计组织"(Sanchez and Mahoney,1996)。随之而来的是一个经验性问题,即衡量哪个因果方向在一段特定时期更强。

鉴于上述观点,产品架构导致组织架构的看法并不绝对。在汽车工业中,因为开放的和精确定义的接口降低了进入壁垒,所以产品模块化可能会被认为是与外包同步进展的,这种同步性即便不是直接挂钩,也是最终结果。但是,IBM 采用了一种明显的非模块化组织结构来管理其 System 360 大型机,尽最大努力保持私有接口,以防他人提供兼容性模块。这一事实清楚地表明,产品模块化决策与外包决策是分开的。

此外,其他行业也有证据表明,组织架构影响产品架构的反向因果关系可能非常强烈和显著。当然,磁盘驱动器行业的经验表明,至少在一段时间内,一个由小型的、高度专业化的企业构成的产业组织与模块内部创新紧密相关(Chesbrough and Kusunoki, 2001)。这些专业化企业在狭窄的领域内拥有特殊技能,这使其没有多少动机去改变产品架构。因此,至少在短期内,产品架构受到组织架构的约束。类似地,亨德森(Henderson)和克拉克(Clark)(1990)表明,在光刻机行业,架构创新的变迁,而非模块内部的创新是绝大多数企业的"拦路虎"。这些例子表明,组织远不能利用给定产品架构中元素的专业化来优化组织架构,反而似乎限制了产品架构的变化。当这种变迁真的发生时,它就会作用于企业组织的劳动力、能力和权力,从而使其行动缓慢,甚或遭遇内部阻力。

如果组织架构和产品架构之间存在双向关系,那么我们可以预期,一组产品架构的涌现将植根于组织的历史。例如,那些供应链架构高度集成化的企业可能会保留更加整体化的模块产品架构。如果是这样的话,即使一些非日本制造商采用了模块化设计,整体化产品架构也可能在日本持续存在,除非某个模块上出现了激进的解决方案,使其技术和经济效益超过了源自供应链密切协调的、成熟的集成优势。同样,在技术知识的深度和多样性方面进行了大量投资的企业不太可能推进模块化产品架构,因为这可能会为竞争对手提供模块内优势,并降低自己集成技能的价值。

相比之下,模块化概念在美国和欧洲的流行,部分原因可能是它被希望能够保持或恢复与供应商之间的市场化交易,而不必锁定在任何承诺的关系中。然后,在那些以市场为基础的,而非长期和义务性供应商关系中,我们会看到进一步的模块化。在汽车工业中,有证据表明,在考虑模块化产品架构方面,美国和欧洲的原始设备制造商要远远领先于他们的日本同行。人们可能会认为其中的一个原因是,美国和欧洲的原始设备制造商早前的组织架构及供应链。然而,除了早前的组织架构外,战略驱动因素的组合也存在差异,这使得某些原始设备制造商比其他同行更愿意外包模块。下一节将讨论与全球汽车工业相关的这些驱动因素。

二、模块化战略:为什么原始设备制造商和 供应商对"模块化"感兴趣?

汽车工业一直是 20 世纪生产管理创新实践的源泉。20 世纪第一个 10 年之后,通过利用标准化和可互换零件,福特的装配流水线为汽车生产方式带来了革命性变化,使得大规模生产在大部分地区取代了手工生产。第二次范式转变到来的标志是丰田生产系统的出现及其扩散(以精益生产的形式),这种生产方式强调消除浪费和良好的功能质量。现在,许多原始设备制造商和供应商的重点是产品设计和生产中所谓的模块化战略。什么样的机会和威胁促使原始设备制造商和供应商愿意"模块化"? 本节识别了四个战略驱动因素,并讨论了它们对原始设备制造商—供应商关系的影响。在适当的情况下,我们将其同计算机工业进行了比较。很明显,汽车工业的模块化不仅仅是一种工程原理,更是企业战略的一部分。原始设备制造商采用模块的动机是多方面的,动机上的差异导致了模块外包驱动力的程度差异。

(一) 营销战略

也许最热门的模块化驱动因素是一些原始设备制造商对标戴尔公司的兴趣。戴尔代表了将互联网的力量与"按订单生产"(BTO)和大规模定制(Pine,1993)相结合的"最佳实践"。借助标准化部件的混合与匹配,大规模定制使得多种产品的共线组装成为可能。并由最终用户指定确切的组合和匹配,这种延后定制可以提高运营和物流效率。

目前还没有一家原始设备制造商拥有类似戴尔的网站,使最终购买者能够跟踪工厂生产的汽车。在现实中,离真正实现"BTO"还有很长的路要走,因为涂装环节的缺陷加大了生产环节的不可预测性,并且很难将特定客户指定给白车身(BIW)(Holweg and Pil,2001)。汽车是一种比计算机复杂得多的产品,通常包含 4 000 个组件,而计算机只有 50 个左右的组件,这就使汽车的产品种类大为增加。尽管存在这些复杂情况,但主要的原始设备制造商正在探索提高"BTO"能力的方法,以便通过多选项的个性化定制,在工厂安装环节满足消费者对高度复杂的汽车的需求。如果消费者要求缩短交付期(比如从订单日期起一周内),基于标准化接口的模块化就成为"BTO"的重要补充。从这个意义上讲,对 BTO 的需求可能会推动模块化设计和生产的实施。

尽管如此,当组件紧凑、轻质化且便于运输时,BTO 要容易得多。但汽车中的大块组件(如座椅和前端部件)就不具备此条件。这就是为什么汽车的产品多样化往往反映在颜色、装饰以及轮毂、后视镜、音频单元和导航系统等选项上，而不是将汽车分解成大块，再做混合和匹配。因此，要实现汽车的个性化和独特的观感，大规模定制的对象往往是产品层级结构中较低层次的特定部件，并与一个相当整体化的产品架构相结合，而这个整体化架构更强调用户所看重的整车产品的"可驾驶性"和其他理想功能。

特别是在车载通信系统出现之后，汽车的电子化可能会使汽车在升级和兼容性方面的需求越来越像计算机。正如计算机需要软件升级一样，汽车导航系统的升级要比白车身升级更加频繁。这种对升级能力的需求可能会促进汽车软件的标准化，但这并不一定反映为物理部件的模块化。

大规模定制并不是一个新的想法，但 B2C 电子交易可能会使其受欢迎度和可能性都大幅提高，因为原始设备制造商积累了关于消费者喜好的系统信息，这些信息通常由经销商保留、更新。利用这些信息提高客户忠诚度的潜力十分巨大。但到目前为止还没有证据表明，如果提供选择，消费者会希望对大块头模块进行混合和搭配，比如保留马自达的发动机和座椅，并将其插入捷豹。

（二）生产战略

实现工厂运营效率一直是汽车工业的一个长期目标。事实上，作为一种生产原则，模块化可以算是一种百年传统，其历史可以追溯到所谓的美国生产系统，其核心思想——可互换部件——的形成要远早于大规模生产（Best，1990）。最终，基于时间动作研究，以福特装配流水线为代表的大规模生产实现了工作方法的标准化。"标准化"的含义是规定每项具体生产任务的执行顺序和确切时间。事实上,今天主要的原始设备制造商会将"产品架构"定义为"创建顺序",这就表明了装配工艺在汽车制造中的重要性。

　　作业时间标准化使得装配工人能够满足大规模生产的基本要求,即生产线作业平衡。如果难以实现标准化,就要把那些复杂的、工效不佳的任务从主线上移除,而那些从主线上制造的子系统后来被称为模块。在 20 世纪 80 年代,雷诺汽车公司进行了一次工效学审查,最终将那些高难度任务从主装配线上分离出去,在企业内部重新组织了动力系统、仪表盘、前端和车门的装配线。大约在同一时间,卡西诺工厂的大规模自动化促使菲亚特重新考虑其装配组织。自动化必然会带来一定程度的灵活性,而菲亚特的应对措施是将一条很长的总装线替换为一条较短的总装线和多条子装配线的组合。此时,模块被定义为"用于最终组装的,并且能够在组装之前进行检查和测试的一组组件"。在这个阶段,模块由原始设备制造商在内部组装,还没有外包的概念。

　　20 世纪 90 年代,引入生产模块的最新举措源自原始设备制造商的一个愿望:妥善管理由产品种类日益多样化导致的共线生产复杂性。产品多样性要求制造灵活性,这通常意味着需要工厂工艺设备——如 CNCs(计算机数控)和机器人——提高灵活性、压缩调整准备时间。但正如乌尔里克(Ulrich)所说,"一个制造系统创造多样性的能力,在很大程度上并不是取决于工厂设备的灵活性,而是取决于产品架构"(Ulrich, 1995:428)。为了实现灵活性,产品架构必须允许在不同排列中使用相对较少的组成模块。这种排列过程不是别的,正是组装过程,这就使企业能够以定制化为目的,延后一些最终组装工作。在汽车等产品中,通过组装而非组件制造来实现产品多样性至关重要:因为汽车有许多金属零件,这就不可避免地会产生工装成本和准备成本(Whitney, 1993)。

然而，要想理解 20 世纪 90 年代制造商在引入生产模块的后期最终转向外包的原因，我们必须转向下一个驱动因素——财务。

（三）财务战略

自 20 世纪 90 年代以来，一些主要的原始设备制造商开始表示模块化意味着模块外包。"在我们的工厂外进行组装和测试"被写入菲亚特对模块的定义中，而福特则相当耸人听闻地表示，它打算将其最终组装业务的关键部分外包出去，这"可能标志着福特公司不再将总装作为核心活动，并逐步退出——将福特从一家汽车制造商转变为一个全球消费品和服务集团"（《金融时报》，1999 年 8 月 4 日）。

无论是在新兴市场还是在没有工会的工作场所，外包总是与低工资的剥削联系在一起。这可以从以下事实中得到证明：在绿地投资项目中，同时实施模块化和外包的情况最为常见。但人们也普遍认为，较低的工资率本身只是竞争优势有限而短暂的来源（Rommel 等人，1996）。一方面，工资差距会随着时间的推移而缩小；另一方面，较低的生产率可能会抵消工资优势。总装厂往往希望模块供应商与自己非常靠近，或者位于供应商园区，抑或是模块化联盟的一部分。这种地理接近性与总装厂和供应商之间高度的业务同步性，对缩小工资差距造成了压力。

尽管模块化在运营和劳动力方面面临质疑，但让人们对其一直感兴趣的一个更强大的力量，就是将原始设备制造商账簿上的资产转移给供应商的目标。在绿地项目中外包模块，使原始设备制造商能够将初始投资成本和风险转移给供应商。据说，这可以提高原始设备制造商的资产回报率（ROA），进而帮助它们提高股东价值。在互联网繁荣期间，汽车企业的估值下降：在 2002 年年中，车企的市值仅占欧洲总市值的 2.5%、美国的 1.2%,这使人们愈发坚信有必要进行"资产出表"。然而,我们对导致股东价值提升的因果关系方向和资产出表的确切机制仍存在疑问。

我们的研究中有一些证据表明,资产回报率较低的原始设备制造商更热衷于模块化,尽管这不同于模块化会带来更好的 ROA 的主张。小型车,尤其是 B 级车和 C 级车部门的低盈利能力使它们面临着严重的财务压力。与美国相比,欧洲市场的主导车型是小型车,这也解释了为什么欧洲原始设备制造商比其北美同行更早表示出对模块外包的兴趣。然而,至少有两个理由对原始设备制造商这一财务战略的可行性提出了警告。

首先,在现有的组装厂,尤其受到工会的反对,外包仍相当缓慢。在美国汽车工人联合会(UAW)的强烈反对下,通用汽车不得不放弃黄石项目[1],这造成了一种观念,即"模块化"是一个肮脏的字眼,是外包和削减工会工资的委婉说法。因此,即使管理层希望加快进度,也不可能简单地进行"缩编加分钱"(Lazonick and O'Sullivan, 2000)。

其次,假设规模较小的供应商比原始设备制造商面临更高的融资成本,那么将资本投资的负担转向供应商的后果之一,就是总体资本成本会更高。这些更高的资本成本必须以某种方式被吸收,比如对原始设备制造商所需的模块提高报价,抑或由供应商尝试通过并购、继续成长和巩固,以降低资本成本。无论何种方式,原始设备制造商都开始颠覆交易成本经济学的逻辑,让供应商投资于服务特定

---

[1] 译者注:黄石项目(Yellowstone Project)于 1998 年启动,是通用汽车在当年年中汽车工人大罢工之后的一个重要决定,旨在降低成本(当时每售出一辆小型车,公司便损失约 500 美元~600 美元)、提高生产率,具体办法就是引入模块化组装,由供应商协助设计,并在发货前组装部分零件。

客户的专用资产（如由供应商所有的专用工装），并承担相应成本（Williamson，1975）。这必然会强化供应商推进工装通用化、复用化的动力。

（四）技术战略

模块化的最后一个战略驱动因素是技术。汽车一直是一种复杂的多技术产品。随着时间的推移，汽车所采用的新技术的范围不断扩大，其中尤以电子产品成分、新材料（以铝、镁和塑料替代钢铁）以及新能源（尤其是液化石油气、电力和燃料电池）的增长为最。一些原始设备制造商，即便没有上述财务压力，也正在通过重新定义其核心竞争力和将越来越多的研发责任转移给供应商来应对这一现象。通过让供应商承担研发的前期成本和风险，原始设备制造商希望将供应商卷入设计或概念竞争，从而更方便自己获得供应商开发的技术。但随着研发外包的推进，供应商自然会希望通过为之前的想法（未申请过专利）申请专利来建立更严格的独占机制。

新技术能否提升产品架构的模块化或整体化，取决于创新的价值体现在什么层次（模块内、跨系统或部件级别）上。如果产品架构具有一定程度的稳定性，则模块设计团队的并行处理可能会激发创新，所谓"并行"意味着每个团队都可以在模块内自由地采用新技术，而不影响其他模块（Tomke and Reinertsen，1998）。即便如此也存在一个问题，即任命哪个供应商为一级供应商充当模块内的设计集成商是最好的。例如，出于历史原因，仪表板供应商（采用塑料技术）通常是驾驶舱模块的一级供应商，这需要其掌握仪表和电子方面的其他技术。为了加强驾驶舱的设计集成，最好指定一家具有电子和电气能力的供应商作为一级模块供应商。

在一种更加动态化的情境下,模块化通常只是产品架构的短期方案。面对不确定性,在产品架构的整体化方面犯错误比在模块化方面犯错误更有利于促进创新(根据 Ethiraj 和 Levinthal 2002 年的仿真)。此外,如果技术变革能够导致模块化和整体化之间的转换,那么最好在组织架构的整体化方面试错,以免切萨布鲁夫和库什努基(Kusunoki)(2001)所说的"模块化陷阱"。在这样的陷阱中,由于组织结构的惯性更适于模块化的产品架构,所以当整个行业的技术开发从模块化阶段向更加整体化的阶段转变时,企业无法充分挖掘这种转变所带来的好处。避免模块化陷阱的一个解决办法是遵循布鲁索尼(Brusoni)、普伦奇佩和帕维特(2001)的指示:多技术企业需要掌握的知识要比它们做得多,以应对其背后变化速度各异的多种技术。技术进步速度的差异性使得系统集成能力变得更加重要,因为它需要解决模块间或系统间不可预测的相互依赖性。

出于这一原因,原始设备制造商可能会选择将生产或组装外包出去,但不会外包技术知识。但后者是一个战略选择问题。原始设备制造商面临着两种选择:一是保持产品架构师的地位,从而在各种技术和总体产品架构知识方面保持领先地位;二是跟随其他原始设备制造商的架构决策,成为一名模块生产商。前者的可持续利润来自架构和技术创新,而后者的竞争优势可能来自其他领域,如品牌管理。

上述分析与传统的企业边界选择的交易成本解释略有差别,因为这些选择通常不被认为是战略性的,而是产生于与资产专用性和机会主义相关的运营成本。在一项关于汽车工业的研究中,蒙特维德(Monteverde)和蒂斯(Teece)(1982)提出"当生产过程(广义上)产生专门的、无法申请专利的技术诀窍时,组装厂会选择纵向一体化"。然而,即使是可以申请专利的技术诀窍,也可以在企业内部或外部进行创造,而这一决策取决于原始设备制造商是否继续担当产品架构师的战略考虑。

(五) 将战略驱动因素与模块外包相联系

总而言之,原始设备制造商模块化的动机是多方面的,这是由营销、生产、金融市场和技术各方面不断变化的现象驱动的。结果表明,在汽车工业中,考虑模块历史最长的是生产领域,而其他三个驱动因素则是最近才引入的。此外,自 20 世纪 90 年代以来,在许多原始设备制造商的"模块化战略"中,财务激励似乎是最重要的。

但这四个驱动因素的不同组合导致了模块外包路径的不同选择。正如我们所看到的,生产策略可能会导致在子部件环节更多地采用外包,但生产策略本身与这些模块是否外包无关。财务驱动因素本身会使原始设备制造商首先倾向于外包。但是如果没有生产、营销或技术方面逻辑的配合,制造商可能无法从外包组件转换到外包模块。

外包是关于组织架构的决策,也是关于企业边界选择的决策。它表明,这一决策是一个战略选择问题。但这一选择通常会受到劳动力和资本市场条件的影响,正如鲍德温(Baldwin)和克拉克(Clark)(2000)在计算机的研究案例中所显示的那样。他们认为,借助 IBM 的 System 360,IBM 内部的一些设计团队决定以独立企业的形式分拆出去,而 IBM 外部的其他设计团队则与 IBM 展开正面竞争。鲍德温和克拉克将美国计算机工业的这种纵向分离归因于模块化设计原则和风险资本可获得性的结合,其中后者资助了模块化设计团队。

根据这一分析框架,我们可以解释计算机工业和汽车工业模块演变之间的差异,以及每个工业中不同国家企业间的差异(图 12.7

给出了计算机与汽车的比较总结)。计算机工业中应用模块的触发
因素是用户对兼容性的需求。应用模块化(MIU)的起点意味着,在
设计模块化(MID)环节,整体设计规则着眼于模块化的、可插拔式的
计算机,并在此基础上被有意识地建立起来。模块化的产品架构导
致了一个模块化的组织,即在一个企业内部设有独立的设计团队。
这个工业在美国最终实现了纵向脱钩、引入了模块供应商,但在日本
却没有,这可能是由于美国同时具备技术劳动力的企业间流动性和
新创企业的风险资本可获得性,而日本在这些方面相对缺失。

模块化驱动因素	计算机 MIU → MID	汽车 MIP → MID
组织适应	先有模块化设计团队和初创企业,后有外包	供应商的外包、分层和整合
劳动力市场	技术劳动力的流动性	原始设备制造商和供应商之间的工资差异
资本市场	初创企业风险资本	投资银行对并购的建议

图 12.7　计算机和汽车的比较

在汽车工业中,采用模块化的起点是生产环节,特别是那些复杂
的、工效学困难的任务的组装。生产模块化(MIP)最初由原始设备
制造商自己承担,进而使得向一级供应商外包模块组装成为可能。
但与计算机行业不同,汽车工业面临着产能过剩、增长缓慢和全球化
的问题,这使得其采用模块化的过程中没有出现计算机工业中那些
衍生企业和新创企业。因此,劳动力市场的关注点就顺理成章地从
技术劳动力的流动性转向了运营商工资成本的节约。而在资本市场
上,投资银行的建议导致了供应商的大量合并,这些企业都希望成为
或继续作为模块供应商而存在,这也完全不同于计算机工业中风险
资本支持下的纵向脱钩。在日本,节省劳动力成本和并购的新机会
都要逊于欧洲和美国。而这些差异是欧洲和美国比日本更热衷于模
块化的原因。

⸙　三、结　　论

　　本章有两个主要目的：阐明产品架构和组织架构的概念，理解战略考虑如何影响产品架构与组织架构之间相互影响的双向关系。经验证据主要集中在汽车工业，并与计算机工业进行了一些比较。而对相关关键概念——产品架构中的"模块化"以及组织架构中的"外包"——的讨论都基于系统集成的概念，其中的"系统"既是产品又是组织。

　　就第一个目标而言，产品或组织架构被视为一组特性，这些特性定义了(a)整体中各元素的接口，(b)功能-组件(或任务-组织单元)映射关系，这个映射定义了这些元素是什么，以及(c)在产品周期的不同阶段，将整体分解为功能、组件、任务等的层级结构。即使在定义接口时，也存在多个维度，这就使我们无法在整体化—模块化的一维谱线下对不同类型的架构进行排序。在产品和组织领域中，明确识别分解的层级结构有助于阐明分析。在产品架构中，产品周期的不同阶段对模块化提出了不同的要求。特别是 MID、MIU 和 MIP 这三个领域有着各自不同的目标集，在产品层级结构的不同层次上对整体化和模块化提出了不同程度的要求。在面临技术变革时，选择最佳模块边界也不是一件容易的事，因为模块化产品架构要求具备相当高的稳定性，而不会随着时间推移，在每个时间段都有一组不同的模块边界。出于上述所有原因，具有整个产品范围内系统知识的产品架构师，仍将是汽车工业中的重要角色。

　　本章还讨论了产品架构和组织架构之间的关系是如何因为一些原因而变得脆弱的。早已存在的组织架构可能会成为产品架构变革的"绊脚石",这就使得产品架构和组织架构之间的变革具有双向因果关系。我们识别了三条模块外包的不同路径,每条路径都会导致技术诀窍和能力在原始设备制造商和供应商之间不同的分布状态。路径选择部分取决于最初的组织架构。不同于美国/欧洲原始设备制造商对模块外包的疯狂背书,日本倾向于坚持整体化的产品架构,而日本原始设备制造商和供应商之间业已存在的、更深入的组织整合,是理解这一问题的关键。

此外,一组战略驱动因素被认为调节着产品架构和组织架构之间的联系。

第一,在营销环节,原始设备制造商追求 BTO 的政策可能会鼓励产品模块化,但从理论上看,这又不会影响外包(即组织模块化)。

第二,提高生产效率的政策可能会导致创建子装配线,但仅从这一战略出发,还无法确定这些子装配线是否外包。

第三,在技术战略方面,选择继续作为产品架构师,而不是"模块化者"(跟随其他原始设备制造商的架构决策),很可能会在不改变组织架构的情况下改变产品架构(从整体化到模块化,再回到整体化),因为组织架构仍然能够"知道的比做的多"(Brusoni, Prencipe and Pavitt, 2001)。

第四,通过减少资产来提高股东价值的财务战略与外包(即组织架构的变化)相关性,而又不必改变产品架构。汽车工业和计算机工业之间的比较还表明,劳动力和资本市场条件是影响外包决策的重要因素。这些战略驱动因素组合的差异与早已存在的架构差异相结合,毫无疑问地导致了汽车制造商之间在产品和组织架构上的多样性。

总之,本章超越了先前关于产品模块化对组织设计影响的一般性讨论,特别是在汽车工业证据的支持下,讨论了模块化可能会给设计、开发和生产的组织带来的变化。产品架构中的模块化为替代性组织架构提供了更大的选择范围,但组织形式和边界的准确选择取决于企业战略、要素条件和现有的能力分布。

致谢

作者衷心感谢国际汽车计划(IMVP)的资助和宝贵讨论。本文结合了作者对欧洲和北美的原始设备制造商和模块供应商进行访谈所获得的见解。感谢所有抽出时间慷慨作答的人。

参考文献

ABERNATHY, W. J. and CLARK, K, B. (1985). "Innovation: Mapping the Winds of Creative Destruction", *Research Policy*, 14: 3 - 22.

BALDWIN, C. Y. and CLARK, K. B. (1997). "Managing in the Age of Modularity", *Harvard Business Review*, September - October: 84 - 93.

—— (2000). *Design Rules: The Power of Modularity*. London: MIT Press.

BEST, M. (1990). *The New Competition: Institutions of Industrial Restructuring*. Cambridge, MA: Harvard University Press.

BRUSONI, S., PRENCIPE, A., and PAVITT, K. (2001). "Knowledge Specialization, Organizational Coupling, and the Boundaries of the Firm: Why Do Firms Know More Than They Make?", *Administrative Science Quarterly*, 46: 597 - 621.

BURNS, T. and STALKER, G. M. (1961). *The Management of Innovation*. London: Tavistock.

CHESBROUGH, H. and KUSUNOKI, K. (2001). "The Modularity Trap: Innovation, Technology Phase Shifts, and the Resulting Limits of Virtual Organizations", in I. Nonaka and D. J. Teece (eds.), *Managing Industrial Knowledge: Creation, Transfer and Utilisation.* London: Sage, 202 – 230.

CLARK, K, (1985). "The Interaction of Design Hierarchies and Market Concepts in Technological Solution", *Research Polity*, 15/5: 235 – 251.

ETHIRAJ, S. K. and LEVINTHAL, D. (2002). *Modularity and Innovation in Complex Systems* (mimeo). Philadelphia, PA: Wharton School.

FINANCIAL TIMES (1999). 4 August.

FINE, C. H. (1998). *Clockspeed: Winning Industry Control in the Age of Temporary Advantage.* New York: Perseus Books.

FIXSON, S. (2002). "Linking Modularity and Cost: A Methodology to Assess Cost Implications of Product Architecture Differences to Support Product Design", *Doctoral Dissertation*, MIT.

FUJIMOTO, T. (1997). *The Evolution of a Manufacturing System at Toyota.* New York: Oxford University Press.

GULATI, R. K. and EPPINGER, S. D. (1996). *The Coupling of Product Architecture and Organizational Structure Decisions.* (Working Paper 3906), Cambridge, MA: MIT International Center for Research on the Management of Technology.

HENDERSON, R. M. and CLARK, K. B. (1990). "Architectural Innovation: the Reconfiguration of Existing Product Technologies and the Failure of Established Firms", *Administrative Science Quarterly*,

35: 9 - 30.

HOLWEG, M. and PIL, F. (2001). "Successful Build-to-Order Strategies start with the Customer", *Sloan Management Review*, Fall: 74 - 83.

LANGLOIS, R. N. (1999). *Modularity in Technology, Organization, and Society* (mimeo). Storrs, CT: University of Connecticut.

LAWRENCE, P. R. and LORSCH, J. W. (1967). "Differentiation and Integration in Complex Organizations", *Administrative Science Quarterly*, 12: 1 - 47.

LAZONICK, W. and O'SULLIVAN, M. (2000). "Maximizing Shareholder Value: A New Ideology for Corporate Governance", *Economy and Society*, 29/1: 13 - 35.

MONTEVERDE, K. and TEECE, D. (1982). "Appropriable Rents and Quasi-vertical Integration", *Journal of Law and Economics*, 25: 321 - 328.

ORTON, J. D. and WEICK, K. E. (1990). "Loosely Coupled Systems: A Reconceptualization", *Academy of Management Review*, 15/2: 203 - 223.

PINE, B. J. (1993). *Mass Customisation: The New Frontier in Business Competition.* Boston, MA: Harvard Business School Press.

ROMMEL, G. , BRUCK, P. , DIEDERICHS, R. , KEMPIS, R. D. , KAAS, H. W. , FUHRY, G. , and KURFES, V. (1996). *Quality Pays.* London: Macmillan Business.

SANCHEZ, R. and MAHONEY, J. T. (1996). "Modularity, Flexibility, and Knowledge Management in Product and Organization Design", *Strategic Management Journal*, 17: 63 - 76.

SCHILLING, M. A. (2000). "Towards a General Modular Systems Theory and its Application to Interfirm Product Modularity ", *Academy of Management Review*, 25/2 : 312 - 334.

SCOTT, R (1998). *Organizations: Rational, Natural, and Open Systems* (4th edn.). Englewood Cliffs, NJ : Prentice Hall.

SIMON, H. (1962). "The Architecture of Complexity", *Proceedings of the American Philosophical Society*, 106/6 : 467 - 482.

STARR, M. K. (1965). " Modular Production—A New Concept ", *Harvard Business Review*, 43/(November - December) : 131 - 142.

TAKEISHI, A. and FUJIMOTO, T. (2001). "Modularisation in the Auto Industry : Interlinked Multiple Hierarchies of Product, Production and Supplier Systems ", *International Journal of Automotive Technology and Management*, 1/4 : 379 - 396.

TOMKE, S. H. and REINERTSEN, D. (1998). " Agile Product Development : Managing Development Flexibility in Uncertain Environments", *California Management Review*, 41/1 : 8 - 30.

ULRICH, K. (1995). " The Role of Product Architecture in the Manufacturing Firm", *Research Policy*, 24 : 419 - 440.

ULRICH, K. T. and TUNG, K. (1991). *Fundamentals of Product Modularity*. (Working Paper WP3335 - 91 - MSA), Cambridge, MA : MIT Sloan School of Management.

WHITNEY, D. E. (1993). *Nippondenso Co. Ltd: A Case Study of Strategic Product Design* (mimeo). Cambridge, MA : C. S. Draper Laboratory.

WILLIAMSON, O. E. (1975). *Markets and Hierarchies: Analysis and Antitrust Implications*. New York : Free Press.

第十三章

汽车工业的模块化：产品、生产和供应商系统彼此互连的多层级结构

武石彰（Akira Takeishi）
日本东京一桥大学创新研究所

藤本隆宏（Takahiro Fujimoto）
日本东京大学经济学院

一、引　言

　　近年来，"模块化"的概念在汽车行业中引起了越来越多的关注。在这个行业中，"模块化"的含义和目的因地区和公司而异，这样一个全行业共用的词语却没有明确的定义。然而，行业中的各种模块化实践也有一个相对共同的特征，即需要在子系统层面设置更大的单元，并且通常需要将这些子系统外包给供应商，这在欧洲汽车行业中尤为常见。

　　这一事实表明，"模块化"至少有三方面内容：（a）"产品架构的模块化"（设计中的模块化），这在技术管理领域中经常被讨论；（b）"生产模块化"；（c）"企业间系统的模块化"（将较大单位的子系统外包给外部供应商）。在讨论模块化时，这三个方面经常被混

淆。虽然欧洲汽车工业主要对外包感兴趣,但日本汽车行业一直关注生产中的模块化。两者都没有提到"产品架构的模块化"。然而,当我们深入研究汽车行业正在进行的实践时,我们可以发现一些可能导致产品架构模块化的变化。

在汽车行业中,我们可以观察到这种复杂的、多方面的、有时会令人困惑的模块化过程。如果我们能够提出一个单一的概念框架,在其中可以以某种方式对汽车行业的所有趋势进行一致分析,这将有助于更好地理解模块化的概念。因此,本章侧重于汽车行业,并试图提供一个框架来理解该行业的模块化过程。本章还旨在探讨产品系统、生产系统和企业间系统这三个系统之间的动态交互和架构变化。截至目前,汽车行业的模块化仍处于主导设计确立之前的流动和转变阶段,这就为我们提供了一个特别有趣的领域,可以实时见证这种动态交互和架构变化。

本章下一节阐述了一个概念框架,该框架将汽车的开发和生产活动视为产品、生产和企业间系统的多层次结构,该框架为后续分析提供了平台,随后介绍了汽车行业的模块化。我们考察了该行业的实际情况以及这些变化背后的合理性,同时比较了日本、欧洲和美国汽车行业的模块化实践。[1] 然后,我们讨论了生产和供应商系统中的一些变化将会如何导致产品架构的变化。本章最后总结了前文的分析,并讨论了模块化对汽车行业未来的影响。

二、分析框架:汽车开发/生产系统的多层级结构

在考察汽车行业中正在实施的模块化实践之前,我们想提出一个概念框架作为分析的前提。本章的目的之一是在同一框架内讨论

"产品系统模块化""生产系统模块化"和"企业间系统模块化"的概念,并确定它们之间的区别和联系。该框架基于"多层级"概念。它将汽车的开发-生产活动视为相互关联的多层级结构。它认为,产品、生产和企业间系统的层级结构构成了一个复杂系统,三个系统相互关联,该框架基于藤本(Fujimoto)(1999)的研究。

架构是人工系统的基本设计概念。西蒙(Simon)(1996)早已指出,一个复杂的系统通常可以被描述为一个层级结构,它由相互关联的子系统组成,每个子系统在结构上都是层级化的,直至我们抵达基本子系统的某个最低层次。企业开发-生产系统也不例外。

汽车的开发-生产活动可以理解为从开发到生产、营销到消费,最后再回到开发的信息流过程(图 13.1)。在产品市场概念、产品功能设计、产品结构设计、产品工艺设计、生产工艺和产品结构的每个阶段创造价值的信息资产都可被视为彭罗斯(Penrose)(1959)所说

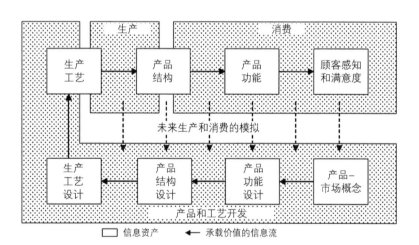

图 13.1　产品开发、生产、消费过程中的信息流通

注:为直观起见,图表中省略了环境不确定性、供应商系统和销售系统。

资料来源:改编自藤本(Fujimoto)(1989),以及克拉克(Clark)和藤本(Fujimoto)(1991)。

的"生产性资源"。这些资源在汽车制造商和(一级、二级和更低级别)供应商之间的分配和协调方式定义了汽车开发和生产的企业间系统或供应商系统。

如图 13.2 所示,每一个生产资源都表现为层级结构,并包含多个子系统。因此,汽车开发和生产系统是多层级的,包括市场需求层级、产品功能层级、生产过程层级等,各层级之间相互关联。然后,我们可以将产品或工艺的架构定义为这些层级之间的相互关系。

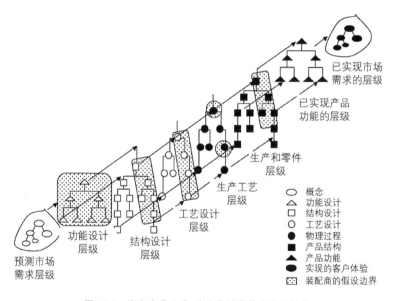

图 13.2　汽车产品开发、生产和消费的多层级结构

注:请注意,功能层级结构和结构层级结构之间的连接通常比此图所示的更为复杂。

我们用"多层级"的概念来解释模块化的三个方面(产品、生产和企业间系统的模块化)。首先,"产品的模块化"是根据"产品-功能层级结构"和"产品-结构层级结构"之间的相互关系定义的。我们可以用图 13.3(a)来说明这种相互关系(Goepfert and Steinbrecher,

1999）。图 13.3（a）的左图是所谓"整体性"产品的示意图。由于构成产品功能的要素（左三角形）与构成产品结构的要素（右三角形）以复杂的方式相互关联，子系统［S1］的设计者必须考虑以下因素：

(a)

产品模块化
（产品功能和产品结构的多层级结构）

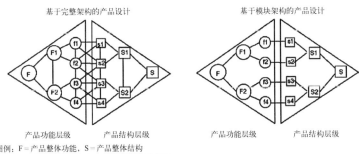

基于完整架构的产品设计   基于模块架构的产品设计

产品功能层级   产品结构层级   产品功能层级   产品结构层级

图例：F＝产品整体功能，S＝产品整体结构
F1、F2＝产品子功能，f1-f4＝产品子系统的子功能
S1、S2＝大模块，s1-s4＝小模块
———＝连接
＊为了简化图表，F和S以及F1、F2、S1、S2之间的连接被省略

(b)

生产模块化
（产品结构和生产工艺的多层级结构）

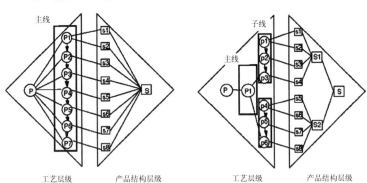

生产（装配）工艺的非模块化   生产（装配）工艺的模块化

工艺层级   产品结构层级   工艺层级   产品结构层级

图例：P＝生产整体工艺，S＝生产整体结构
P1、P2＝工艺主线，p1-p2＝工艺子线，S1、S2＝大模块
———＝产品设计和工艺设计的连接s1-s4＝小模块
➝＝工艺流
▭＝装配线

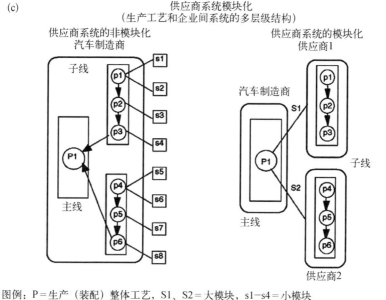

图例：P＝生产（装配）整体工艺，S1、S2＝大模块，s1−s4＝小模块
P1＝工艺主线，p1−p2＝工艺子线
　━━━━▶ ＝工艺流　　　　　　　　　　　▭ ＝装配线
　━━━━ ＝企业间关系　　　　　　　　　◯━◯ ＝企业间劳动分工

图 13.3　产品、生产和供应系统的多层级结构

　　（a）与其他子系统功能上的相互依赖（例如：s1←f1←s2 和
s1←f2←s2）；

　　（b）与其他子系统结构上的相互依赖（物理干扰，例如 s1←s2）；

　　（c）与整个系统的设计相互依赖（与整个系统设计一致，s1←
S1←S）；

　　（d）子功能之间的相互依赖（例如：f1<=>f2 和 F1<=>F2）。

　　"产品模块化"减少了相关元素之间的这种相互依赖。它使子系
统与功能之间的一一对应成为可能,例如使子系统［S1］的设计者能
够仅关注子功能［F1］和［S］（作为一个整体的产品结构）。子系统变

成了一个"具有自包含功能的模块",从而可以更加自主地设计。如果尽可能简化和标准化各要素之间的接口,则可以进一步地降低模块化之后所保留的相互依赖性。

我们可以用图 13.3(b)来说明"生产模块化"。它由"产品-结构层级结构"(右三角形)和"产品-工艺层级结构"(左三角形)组成。为了更简单明了,我们在这里只关注整个制造过程中"产品-工艺层级结构"的装配工作。需要指出的是,图 13.3(b)中的"产品-结构层级结构"是"产品结构和生产工艺的多层级结构"的一部分,而后者与前文的"产品功能和产品结构的多层级结构"相应,且可能表现出不同的层级模式。其中,建立前文的层级结构是为了追求每个子系统的"功能独立性"(即单个子系统实现产品功能的程度),而此处的层级结构是由"结构内聚性"组成的(即一组部件可以作为一个单元进行物理处理的程度)。这种层级结构旨在促进"结构内聚模块",这使得对材料处理和质量控制的管理变得更容易。我们可以通过观察产品设计的零部件清单来理解这两种层级的区别,而产品设计的零部件清单与生产管理的零部件清单是不同的。

图 13.3(b)的左图表示的是非模块化的生产过程。如果缺少"具有结构内聚性的大型模块",那么产品就必须由同一层级上的八个小模块(s1～s8)在一条长的主装配线上组装而成。相反,在图 13.3(b)的右图中,右侧有两个结构内聚模块"S1"和"S2",左侧有两条用于组装它们的子装配线和一条用于最终产品的较短的主线(见西蒙 1969 年的著名钟表匠故事)[1]。可以说,具有内聚模块的"产

---

[1] 译者注:这个故事的主人公是两名钟表匠——霍拉和坦普斯。他们都用 1 000 个零件组装手表,并且在组装时总会有新主顾上门打断组装工作。坦普斯用一次性装成的办法进行组装,在还没有装成时被接待顾客打断,就会立刻散掉而又得重新组装。霍拉则是经过设计,把每 10 个零件装配成一个组件,每 10 个组件装配成一个部件,每 10 个部件(转下页)

品—结构层级"被转化为具有一条主线和两条子装配线的"产品工艺层级"。

最后,让我们解释一下"企业间系统的模块化",这一环节涉及外部供应商对子部件的组装和交付。开发和生产的企业间分工——汽车制造商内部运营/外包,或自制/外购之间的界限——可以被定义为开发生产活动的每个步骤,即产品功能设计、产品结构设计、生产工艺设计、生产准备、生产。这里我们关注的是生产工艺环节的劳动分工,这也是我们在谈论自制/外购决策时经常提到的。也就是如图13.3(c)所示,画出所涉企业在生产工艺层级结构上的边界。"企业间系统的模块化"旨在将大单元中的子系统(内聚模块)外包给供应商,这引起了欧洲汽车行业越来越多的关注。图13.3(c)的左图是一个有较高内部化比例的生产示意图,其中小模块(s1~s8)是由外部供应商交付。而图13.3(c)的右图代表的是基于高度模块化的供应商系统的生产,其中大型模块由外部供应商在其子装配线上组装,并将其交付给汽车制造商的生产主线,完成最终产品组装。这一过程同样可以用于描述产品设计外包[所谓的"批准图纸"(approved drawings)或"黑箱部件"]。

总体来说,模块化的三个方面及其相互关系可以在三对图中所示的、相同的多层级框架内加以说明。产品工程师、工艺工程师和采购经理必须就产品和工艺层级结构以及企业间边界作出决策,同时保证它们之间的密切协调。显而易见的是,模块化的这三个方面不能混淆。与此同时,同样显而易见的是这些决定的相互关联性。它

(接上页)　装配成一只手表。这样霍拉接待顾客被打断工作时只会损坏一小部分工作。经计算,霍拉装配好4 000只手表,坦普斯才装配好1只。所以后来霍拉发家了,而坦普斯却很潦倒。见司马贺:《人工科学:复杂性面面观》,上海科技教育出版社,2004年,第174页。

们是对产品功能、产品结构和生产工艺的相关层级结构进行决策的
过程。这些决策之间总有可能产生不一致或冲突。从某种意义上
说,模块化最关键的挑战是如何通过协调来避免或克服这种不一致
和冲突。

到目前为止,我们从相当静态的角度讨论了这三个决策过程。
然而,现实中的大多数情况是,这些决定可能是在一段时间内以累积
的方式作出的。因此,我们必须考虑"路径依赖性",其结果可能取决
于具体的决策顺序。

下一节探讨西方和日本汽车工业中"模块化"的实际做法。让我
们先简要总结一下我们的分析。西方汽车制造商强烈倾向于"企业
间系统的模块化",即外包,这刺激了"生产的模块化"。它们面临的
一个挑战是如何应对"采购/生产模块化"和"产品架构模块化"之间
的不一致或冲突。相反,到目前为止,日本汽车制造商一直专注于内
部的"生产模块化",并且对西方同行所采用的激进外包保持观望态
度。但日本汽车制造商似乎在寻求"产品架构的模块化",而这有赖
于内部子装配线上装配模块的功能性和质量一致性。由于西方和日
本汽车工业在实施模块化方面一直实施不同的路径,它们的产品架
构、产品工艺层级结构以及内部运营/外包边界可能会随着它们的出
现而变得多样化。

三、世界汽车工业的模块化

(一) 欧洲和美国汽车工业

20世纪90年代中期,大众和梅赛德斯-奔驰(现为戴姆勒-克莱

斯勒)这两家德国汽车制造商成为推进汽车工业模块化进程的推手。它们于 1996 年和 1997 年投产的新装配厂开始大规模引入模块化,特别是大众在巴西雷森迪、捷克博莱斯拉夫和前东德摩泽尔的工厂,以及梅赛德斯-奔驰在美国万斯和法国哈姆巴赫的工厂。

这些工厂有两个特点。一是它们用相对较大的部件组装汽车。汽车是由许多部件组成的系统。在将部件装入汽车的过程中,中间阶段有许多可供选择的管理单位。这些工厂已摈弃了传统的汽车组装方式。在传统工厂中,单个部件(如仪表板、量仪和线束)在总装线上被逐个固定在车身上。而在这些新工厂中,这些部件在单独的生产线上进行分装,然后作为模块被安装到最终装配线上的车身中。在我们上一节讨论的框架中,这是通过设置一个新的中间层来重新设计生产工艺层级结构[如图 13.3(b)右边的图所示]。世界上的汽车制造商都将汽车分成若干部分,以便管理开发和生产过程。随着一些汽车制造商在开发和生产过程中通过模块化对层级结构进行了大幅度的重新设计,其他汽车制造商也开始探索新的层级结构。

这些工厂的第二个特点是,它们让外部供应商开发和组装子装配线。在前面的框架中,这意味着缩小企业间系统层级结构中内部运营的范围(将公司间边界提升到更高的层级),如图 13.3(c)的右图所示。MCC 在汉巴赫的工厂就是这种外包的典型例子。MCC 是梅赛德斯-奔驰和瑞士手表制造商 SMH 的合资企业,主要生产组装双座小型车"Smart"。一组被称为"系统合作伙伴"的供应商围绕着 MCC 的装配厂。他们制造驾驶舱、后轴、车门等大型模块,并将其直接交付给 MCC 的总装线。MCC 甚至外包了车身焊接和喷漆业务,而传统上这些工作是由汽车制造商完成的。美国的汽车制造商还没有像这些德国公司如此激进地追求模块化。但是,他们已经表示打算让他们所谓的"全方位服务"系统供应商在开发和生产中处理更大的部件。

三方面原因导致了西方汽车制造商扩大外包范围的举动。首先,他们希望利用供应商较低的劳动力成本。其次,他们可以通过让供应商承担更重要的责任来降低投资成本和风险。[2]再次,他们减少一级供应商数量的政策也加速了模块化进程。这个思路最初来自日本汽车制造商的做法(Clark and Fujimoto, 1991; Cusumano and Takeishi, 1991; Nishiguchi, 1994)。然而,与他们的日本同行相比,欧洲制造商已经让他们的供应商处理更大的模块。因为他们的汽车业务已经很难盈利,由此导致的强烈的危机感似乎成为其积极外包的基础。换句话说,他们一直在寻求将外包作为重新设计"业务架构"尝试的一部分(Fujimoto, Takeishi and Aoshima, 2001)。

为了响应和促进制造商的这种需求,美国和欧洲的供应商之间的并购重组日益频繁。他们的目标是将自己打造成模块供应商,并让自己有资格去管理更大部件模块的开发和生产活动,基于此拓展与主要汽车制造商的业务。[3]

然而,在某些情况下,模块供应商只负责子部件的组装,而每个部件仍由现有供应商制造和设计。此时,汽车制造商仍然控制着零部件供应商的选择,以及对价格、质量和设计的管理。汽车制造商之所以选择这样做,部分原因是他们认为模块供应商没有能力处理模块的所有方面。他们还担心,面向少数供应商的大规模外包会使自己无从知晓零部件的成本和技术,减轻供应商的竞争压力,进而削弱他们自己的谈判能力。然而,这种有限的外包可能只提供了廉价劳动力的有限优势。它对供应商也没有吸引力,因为他们只被当作简单的分包商,没有什么附加价值,却被要求投入大量资金并承担风险。汽车制造商仍在探索在其开发和生产活动中应在何处划定界限。

（二）日本汽车工业

与美国和欧洲的汽车工业不同,日本汽车工业在模块化方面似乎缺乏动力。但是,当我们通过访谈和问卷调查近距离理解日本企业的所作所为时,我们发现它们是在基于不同目的、以不同方式处理这个问题。

首先,让我们看看问卷调查的结果。[4] 我们在 1999 年 2 月和 3 月对 153 家一级供应商进行了问卷调查。在本次调查中,由于缺少通用的定义,所以没有使用"模块化"一词。但是,为了捕捉行业的最新变化,调查中的部分问题涉及模块化的几个重要方面。调查对象被问及过去 4 年(典型的车型转换周期)中有关部件设计和生产的 19 项措施的变化程度。

通过对受访者的答复进行因素分析,我们确定了以下四个因素:(a) 部件标准化,(b) 向整体架构的转变,(c) 功能独立/接口简化,(d) 子(系统)装配范围的扩张。该因素分析的结果表明,由于模块化涉及诸多维度,因此很难概括其含义。[5]

表 13.1 给出了各项的平均分数。过去 4 年最大的变化是"向整体架构的转变"。分配给各个部件的功能变得更加复杂(项目 17),与其他部件进行结构或功能协调的必要性有所增加(项目 18 和 19)。这些变化与模块化方向相反。值得注意的是,随着每个客户(汽车制造商)(第 6、7、13 和 14 项)内部共用部件的增加,我们看到了架构模块化的迹象。然而,零部件共用的范围通常被限定在特定车型的不同型号,或者最多在同一汽车制造商的不同车型之间。不同汽车制造商几乎没有尝试过彼此共用零部件(第 8 项和第 15 项)。此外,在部件的功能独立性和接口简化方面的进展也微乎其微(项目

11、12 和 16）。在极少数情况下，汽车制造商要求其供应商对一组较大的部件进行组装（项目 2~4）。

表 13.1 日本汽车工业部件开发和生产的最新变化（对一级供应商的问卷调查结果）

	汽车制造商内部部件设计的标准化	架构完整性	功能独立性/接口合理化	子部件扩展范围	分数
1. 使用相同的基本结构减少零件总数		·			0.31
2. 组成部件的零件数量增加				·	0.02
3. 部件的装配步骤增加				·	0.09
4. 零部件已合并到另一个装配零部件中					0.07
5. 采用一体成型零件所导致的组装工艺精简和成本降低					0.47
6. 同一汽车制造商的不同车型共用部件设计	·				0.44
7. 部件设计在同一车型的不同型号之间共用	·				0.57
8. 部件设计在不同汽车制造商之间实现标准化					0.19

续　表

	汽车制造商内部部件设计的标准化	架构完整性	功能独立性/接口合理化	子部件扩展范围	分数
9. 组件设计在当前车型和早期车型间共用					-0.11
10. 同一车型的型号数量减少					0.19
11. 与其他组件的接口(如接触点)数量减少			·		0.13
12. 简化了与其他组件的接口(如接触点)设计			·		0.19
13. 车型中接口(如接触点)设计标准化	·				0.28
14. 同一车型不同型号的接口(如接触点)设计标准化	·				0.40
15. 不同汽车制造商的接口(如接触点)设计标准化					0.09
16. 车型功能变得更加独立			·		0.11
17. 车型功能变得更加复杂(承载更多功能)		·			0.62
18. 与其他部件的功能协调需求增加		·			0.62

续　表

	汽车制造商内部部件设计的标准化	架构完整性	功能独立性/接口合理化	子部件扩展范围	分数
19. 需要与其他部件进行结构协调（如检查、匹配和干扰）		·			0. 63
平均分	0. 42	0. 62	0. 19		0. 28
				0. 05	

注：该表基于 1999 年 2 月和 3 月在日本对 153 家日本一级供应商进行的问卷调查结果。受访者回答了每个项目的变化程度。得分为："变化" =2，"无变化" =0，"变化不利" =-2。列是通过因子分析确定的四个因子，"·"表明该项目与相应的因子有很强的相关性。底部行中的分数是与因子有强相关性的项目的平均分数。有关问卷调查的详细信息，请参见藤本（Fujimoto）、松尾（Matsuo）和武石（Takeishi）（1998），因子分析结果请参见具（Ku）（2000）。

来源：日本一级供应商问卷调查（1999）。

　　总而言之，尽管一些汽车制造商对使用标准化部件和接口表现出了一些兴趣，但产品架构已经变得更加一体化。另一方面，欧洲和美国汽车行业普遍采用的模块化类型几乎没有任何进展，即将大型部件中的部件外包给供应商。

　　然而，上述调查只告诉了零部件供应商看到了什么。如果我们看看汽车制造商内部正在发生的事情，情况就不同了。图 13.4 显示了我们对八家日本汽车制造商的采访（1999 年 3—7 月进行）结果，采访的主题是针对某些车型，了解仪表板周边部件进入主装配线之前的组装程度。纵轴是该车型组装的部件类型的数量，横轴是该车型引入市场的年份。所有汽车制造商的调整得分都以平均值为中心。我们可以看到正相关。车型越新，子部件的组装范围就越广。换言之，在汽车装配厂内部的大型单元中安装子部件已经取得了一

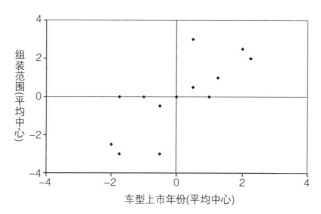

图 13.4　日本汽车制造商装配厂仪表板周围部件组装范围的变化

注：该图描绘了仪表板周边部件的组装范围与相关车型上市年份之间的关系。得分均以各汽车制造商的平均分为中心。对于上市年份，该分数衡量的是特定车型推出年份与该厂商所有样本车型推出的平均年份之差。在该汽车制造商的样本车型中，分数越高，车型越新。对于组装范围，分数衡量的是相关车型的组装数量与汽车制造商所有样本车型的平均组装数量之差。在样本汽车制造商的车型中，分数越高，组装的范围就越大。考察的组装部件包括：仪表板、测量仪器、刻度板、杂物箱、线束、空调开关、空调装置、空调鼓风机、空调导管、通风口、音响系统和导航系统、转向轴、转向柱、转向开关、点火装置、转向柱换挡、安全气囊（驾驶员用）、安全气囊（乘客用）、杯托、烟灰缸、踏板和横梁（23 个部件）。

资料来源：对八家日本汽车制造商的采访（1999 年春夏季进行）。

些进展。

　　那么，为什么日本汽车制造商提倡在内部使用零部件呢？它们这样做的部分原因是受到了欧美竞争对手积极采用模块化的刺激。然而，一些汽车制造商对模块化的兴趣也另有起因。这是基于他们对"自主和完整"装配线的追求。

　　日本汽车制造商习惯于建设高度集成的装配线以实现最高效率，丰田著名的生产线就是其中一个缩影。为了消除任何不创造价值的时间和活动，即"浪费（muda）"，他们灵活地组合了不同的任务。提高每一条总装线的整体效率一直是首要任务。出于同样的原因，日本汽车制造商对工人提供了多任务、多技能的培训（tanoko）。简而言之,图 13.3(b)的左图所示的层级结构是最受欢迎的。装配工艺和工人分配的顺序总是被重新安排,以便在不断变化的条件下实现最大的效率。而如图 13.3(b)右图那样引入子装配线,需要将一组特定的任务与主装配线相隔离,这就阻碍了任务安排的灵活重组,不利于从整体上优化系统。例如,即使出现问题,指定到子装配线上的工人也不能帮助主装配线上的同事。正因如此,日本汽车制造商一直不愿在自己的工厂里设置子装配线。然而,自 20 世纪 90 年代初以来,由于种种原因,他们开始转变认识。

第一,汽车制造商愈发重视员工的工作满意度。这种态度上的转变源于泡沫经济时期工人的严重短缺(Fujimoto and Takeishi, 1994)。另一个影响因素是,企业需要面对日益增多的女性和老年工人,采用子装配线在两个方面提高了工人的满意度。一方面,在子装配线上工作可以让工人保持舒适的工作姿势(更好的人体工程学)。假设你的工作是在仪表板周围安装各种部件。如果你在一条主线上工作,你可能不得不斜靠在仪表板上,这种姿势很折磨人。相比之下,如果你在子装配线上工作,你可以保持一个相对舒适的工作姿势,站着把所有部件连接到面板上。此外,人们认为处理一组功能相关的任务有助于理解工作的重要性。这将会激励和满足工人。

第二,他们愈发重视独立的质量控制系统。根据这一想法,为了尽早发现缺陷,每个子配件完工之际都要进行质量检查,而不是在其作为部件送上最终生产线时再做检查。采用独立的质量控制有助于采用完工后检查的部件。这与上述工作的意义密切相关。如果你能检查一下你刚完成的部件的质量,你就能感受到工作的意义和成就。

随着日本汽车制造商对工人满意度和独立质量控制的日益重视,他们已经用新的独立生产线取代传统的一体化生产线,并为此采用了越来越多的子部件。[6]然而,正如之前的问卷调查以及我们对汽车制造商的采访所证实的那样,他们一直不愿将零部件外包给外部供应商。这与欧洲汽车行业相比有很大的不同,在欧洲,模块化通常通过外包来实现。

这种不情愿是有原因的。第一,外包模块的成本优势在日本并不大,因为与西方同行相比,日本汽车制造商和一级供应商的工资差距不大。第二,为了确保外包子部件在较短的交付周期内按顺序交付主线,供应商的车间应位于距离装配厂很近的地方。然而,目前在日本建设此类新设施的投资机会相当有限。即便存在这种可能,汽车制造商担心每个工厂可能过于依赖所选定的特定供应商。第三,汽车制造商一直怀疑供应商是否有能力处理更大范围的任务,因为日本供应商长期以来一直专注于单个功能部件的开发和生产。同样,日本汽车制造商也不愿意失去对任何相关零部件的技术和成本的了解。在美国和欧洲,为了开发和生产更大的模块,一些零部件供应商积极开展并购,但由于日本缺少这些供应商,所以日本汽车制造商仍然把主要精力放在内部部件组装上。

四、重新定义产品架构

正如我们到目前为止所讨论的,汽车行业的模块化集中在重新定义生产系统和企业间系统的层级结构上。前者需要进一步应用子部件/子装配线,这种变化在日本、欧洲和美国的汽车工业中都很常见。后者涉及在更大范围内采用外包,这在欧美很普遍,但在日本并不明显。

但对生产系统和企业间系统层级结构的重新定义与产品系统的模块化存在本质区别(如图13.3所示)。就产品架构而言,汽车通常被归类为相对整体化的产品(Fujimoto，2001)，因此很难进一步模块化。但是，如果探究行业中正在发生的事情，我们会发现，对生产和企业间系统层级结构的重新定义可能导致产品架构模块化的一些动向。

在这些动向中，需要对进入子装配线的零部件进行重新设计，日本汽车制造商已经解决了这一问题。使用子部件有一些缺点。由多个零部件构建的子部件因其尺寸和重量的特殊性而难以处理。这样的子部件也很难完全适配到其他子装配线或车身上。而且从装配精度上看，以子部件为单位的组装要逊于单个零部件的组装。如果仅仅为了保证操作的方便性和精度，就要增加一些额外的零件或固定装置，由此导致的成本和重量增加将是不可接受的。此外，除非重新定义某些部件的功能，否则通常无法检查组装模块的质量。[7]

为了解决模块化带来的这些问题，日本汽车制造商非常重视对子部件模块内的部件进行重新设计。这些工作包括将一些部件集成到其他部件中以降低成本和重量，以及重新分配功能以实现独立的质量控制(例如，使仪表板模块的功能更加独立，以便能够独立测试其电气系统的质量)。这些尝试正是对产品架构的重新定义。将某些部件集成到其他部件中意味着使某些部件集的产品体系结构更加完整。要使一组部件的功能更加独立，就需要对该集合进行模块化。

这种重新设计的尝试是因重新定义生产系统层级结构而触发的，并且可能导致重新定义组织边界(遵循"生产系统模块化"→"产品架构模块化"→"企业间系统模块化"的路径)(见图 13.5)。根据藤本(Fujimoto)和奇(Ge)(2001)的说法，"批准图纸"(或"黑箱部件")更有可能用于那些可以明确规定质量控制责任的部件。换句话说，这些部件可以外包，因为分配给它们的功能可以作为独立的、自给自足的单元由外部供应商管理。如果产品架构的重新定义允许我们在更大的单元中重新定义质量控制责任的范围,那么该范围内的开发和生产可以更容易地外包给外部供应商。这将进一步地促进开发和生产的外包。[8]

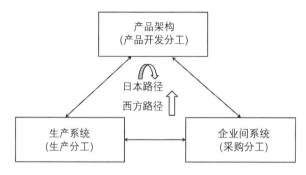

图 13.5　汽车工业的模块化动力

　　一些西方汽车制造商将"一组可测试的部件"作为模块化的重要条件。这表明独立(可测试的)功能的分配已经被作为外包的重要前提。这意味着"企业间和生产系统的模块化"会促进"产品架构模块化"(图 13.5)。

　　以这种方式开发的产品中,最杰出的例子可能是前述 MCC 工厂生产的 Smart。这款车由一个非常独特的身体框架、名为 TRIDION 的驾驶室和塑料车身面板组成。与采用整体式车体的普通乘用车结构不同,Smart 的产品结构是由模块构建的。全球最大的零部件供应商之一博世(Bosch)曾以 Smart 为例,指出模块化生产取得成功的一个要件是设计一款针对模块进行优化的汽车。这种汽车的开发可以被描述为这样一个过程:汽车制造商与外部供应商的分工加速了功能和结构之间关系的重新定义,因而界定了合同和评估措施的清晰条件,产品架构也因此变得模块化。

　　在日本和欧洲的汽车工业中,产品架构可以在模块化过程中重新定义。但是它们所选择的不同路径将使它们的新架构存在本质差别(图 13.5)。在日本,汽车制造商领导并团结一众供应商,解决了重新定义产品架构的问题。[9] 在欧洲,汽车制造商通常将较大的零部件集外包给单一供应商(该供应商已通过并购成为模块供应商),并根据这种关系中的企业间边界重新定义产品架构。如果对整个产品的了解是重新定义产品架构最重要的要求,那么日本汽车工业这种制造商主导的风格可能有优势。另外,在欧洲和美国,在供应商主导下重新定义产品架构,可能会带来任何组装商都可能认识到的更具创新性的架构。

虽然汽车行业最近的模块化过程可以总结为上述讨论内容,但有三点需要指出。

第一,在某种程度上,我们指出的地区差异是经过简化的。如果我们更仔细地观察每个区域,就会发现每个区域都会有变化。例如,在日本,我们观察到一些案例(虽然不是很多),一些供应商在被并入汽车制造商之后试图为后者提供模块化产品。这种尝试指向了供应商主导的模块化。一些欧洲汽车制造商强调内部生产。例如,大众集团旗下的奥迪公司在德国英戈尔斯塔特工厂专注于内部生产。它向外部供应商外包了一部分子部件,但正计划使其回归内部运营,这一策略与许多日本汽车制造商相似。其他一些欧洲汽车制造商也越来越怀疑将更大的零部件集合的生产和开发外包给供应商的好处。这条道路在每个地区将如何演变还尚待观察。

第二,该行业的模块化基本上是针对个别车型。即使是西方汽车制造商,也会为特定的工厂或车型使用特定的模块,但尚未出现跨车型、跨厂区采用相同模块的情况。而日本汽车工业中的子部件和设计合理化同样如此。从这个意义上讲,汽车行业的模块化是封闭的模块化。它从本质上区别于个人电脑、自行车和立体声部件系统中被观察到的开放式模块化,在后一种情形中,标准化的接口和部件在企业间广泛共享。如果汽车制造商将设计任务以非常大的单位外包给某个特定的供应商,那么给予该供应商的自由度可能允许其在一定程度上追求部件共享和标准化。然而,对于所有车型来说,零部件和模块的最优化对提升车型完整性至关重要,因此我们还没有看到任何面向不同汽车制造商的接口通用化和标准化的大规模尝试。[10]

第三,为了优化,汽车制造商和供应商之间的密切协调仍然是至关重要的,而汽车制造商又很需要有效协调所需的能力和知识(Takeishi,2001,2002)。企业间系统模块化有可能损害最优化。例如,相对于汽车制造商来说,具有更强谈判能力的模块化供应商可能不会响应客户的优化要求。或者,在更大规模的零部件外包过程中,汽车制造商可能会失去自己对零部件的了解,没有这些知识,他们就无法更好地协调和集成各个车型。在这种情况下,为了保持产品完整性和客户满意度,企业间系统的模块化就会减缓甚至逆转。在检验和决定企业间模块化应该走多远这一问题上,汽车制造商或"系统集成商"的角色非常重要。系统集成商的任何判断失误都很容易失去竞争优势。

五、讨论:汽车行业模块化的动力学

汽车行业的模块化仍处于试错阶段。该行业只是在近几年才开始解决这一问题。模块化的背景和目的因地区和企业而异。因此,它将如何演变以及它将产生什么影响仍然是相当不确定和不可预测的。因此,我们的讨论也只不过是猜测。然而,可以肯定地说,正在进行的模块化过程为我们提供了一些有趣的案例,用于研究我们提出的多层级框架中架构变化的动力学特征。

　　这个动力结构的中心是生产系统、企业间系统和产品架构之间的交互作用。生产系统和/或企业间系统层级结构的变化使它们与产品架构的关系趋于紧张，从而刺激了产品架构的重新定义。

　　鲍德温（Baldwin）和克拉克（Clark）（2000）指出，模块化问题涉及"设计模块化""使用模块化"和"生产模块化"，尽管他们的讨论主要集中在"设计中的模块化"。萨科（Sako）和默里（Murray）（1999）认为，上述每一种模块化问题都有自己的最佳架构，因此在模块化过程中应该保持它们之间良好的平衡关系。这说明模块化的这三个方面彼此关联，并且需要密切协调。萨科和默里进一步指出，必须确保产品架构和组织架构（企业内部和企业间组织）之间的协调。为了呼应他们的论点，本章提出企业间系统的变化可能会导致产品架构的变化。众所周知，产品架构模块化有时会改变产业分工的结构（从垂直产业结构到水平产业结构）（Fine，1998）。本章认为产品架构和企业间系统之间的关系是双向的，不仅前者可以影响后者，而且后者也可以影响前者。

　　如本章第二节中的分析框架所述，产品系统层级结构，即产品结构和产品功能中的层级结构，与生产系统和企业间系统层级结构相对应。为了实现分工合理化，复杂系统的层级结构应运而生（Simon，1969）。每一种产品、生产和企业间系统都有自己的劳动分工逻辑。生产系统和企业间系统的层级结构在各自的情境中发生变化（例如，工人满意度的提高、企业间工资差的运用、风险和投资负担的再分配，等等）。而生产和企业间系统的这种变化会促使产品架构发生变化。设计活动的条件并不是产品架构变化的唯一诱因。例如，欧洲汽车制造商正在探索企业间生产和产品系统的新架构，以寻求更有利可图的商业模式（尽管结果尚待观察）。

　　依循其自身的情境和逻辑,汽车工业中的模块化随着每个产品、生产和企业间系统的层级变化而推进;与此同时,随着这些多层级系统之间的动态交互而演变。如果确系如此,汽车制造商成功实现模块化的关键可能在于其开发、生产和采购各职能部门间,及其同供应商之间的密切合作与协调。这就是汽车制造商作为一个系统集成商应该做的事情。

　　考虑到在业务环境、能力与战略以及模块化路径等方面的差异,我们可能会看到多种模块化模式并存于世界汽车工业。此外,多种模块化模式有可能共存于不同产品线和市场细分。如果存在某一特定的模块化模式能够导致卓越的竞争领导力,那么整个行业都有可能向这一模式趋同。模块化的未来取决于哪种模式能够让汽车制造商设计和生产能为消费者带来最大利益的汽车。

　　中长期技术创新的未来也很重要。保护环境的迫切需要加速了新能源(如混合动力发动机和燃料电池)替代传统内燃机的竞争。随着信息和通信技术的迅速发展,智能交通系统(ITS)也在不断发展。信息技术在车辆中的重要性日益提高,这使得软件的作用变得更加重要,这也促进了基于软硬件分离的模块化。当这些新技术投入实际使用时,就要完全重新设计汽车的架构,这些变化将不可避免地影响生产和企业间系统。在这种情况下,我们可以预见,汽车行业的新架构(产品、生产和企业间系统)将在不断进行的模块化尝试和不断涌现的新兴技术创新的动态交互中建立起来。

　　虽然到目前为止,我们主要关注汽车行业,但我们的多层级架构应该适用于其他行业。任何行业或业务都涉及产品(无论是实物还是服务)、工艺和企业间系统。正是每个层级系统的架构及其相互作用决定了行业的竞争环境和动态。我们希望本章能够为不同行业的进一步研究提供有价值的框架。

致谢

　　对于供应商问卷调查的受访者和参与者的合作,我们表示诚挚的感谢。我们也感谢具承桓(Seunghwan Ku)在数据分析方面的帮助和贡献。这项研究得到了日本学术振兴会(JSPS)未来项目研究基金、JSPS 科学研究资助基金和麻省理工学院国际汽车计划的资助。

注释

1. 本章基于 1999 年至 2000 年期间对日本和其他国家的汽车制造商和零部件供应商进行的一系列访谈,这些访谈是麻省理工学院国际汽车计划"模块化和外包"研究项目的一部分。我们还对日本零部件供应商进行了问卷调查。

2. 例如,据说装配厂积极地将较大的模块外包给供应商,因为即使生产规模相对较小,它们也可以从这些投资中获得回报。然而,一些欧美汽车制造商的受访者指出,节省劳动力和投资成本未必是模块化的重要优势。在汽车制造业中,劳动力成本在总生产成本中所占比例并不那么大。此外,如果供应商的装配厂与汽车制造商的总装厂相邻,那么装配商和供应商之间的工资差距很有可能会缩小。供应商分担的投资成本也将反映在其零部件的价格中。对于业务规模相对较小的供应商而言,他们支付的资本成本很可能高于客户。

3. 例如,参见《汽车新闻》(1998 年 6 月 22 日)。李尔公司就是此类供应商之一。该公司最初是一家座椅制造商,于 1993 年收购了福特的座椅生产部门。此后,该公司通过收购 12 家供应商扩展到新的零部件领域,并已发展成为一家龙头供应商,其产品覆盖整个汽车内饰,包括座椅、仪表板、车门装饰件、车顶装饰件、后视镜、地毯和空调。

4. 关于调查问卷的细节,见藤本(Fujimoto)、松尾(Matsuo)和武石(Takeishi)(1999)。

5. 因子分析由具(Ku)进行,并在具(Ku)(2000)中报告。

6. 一些汽车制造商还试图将其主线划分为一些独立子块。关于这种新的装配系统,请参见藤本(Fujimoto)(1999)。

7. 日本式生产通常对不同车型实施混线生产,这也阻止了汽车制造商采用子装配线。假设制造商决定在某一车型中使用子装配线,那么不同型号在主线上的装配工作将非常不均匀,从而导致操作效率低下。但请注意,这个问题将随着时间的推移得到解决。

8. 值得注意的是,正如前面所讨论的那样,从历史上看,日本汽车制造商在开发和生产中外包的"黑箱零件"比欧洲和美国汽车制造商更多。"黑箱零件采购系统"是如何在日本出现和发展的?根据藤本(Fujimoto)(1999)的说法,其中一个因素是,在20世纪60年代和70年代,汽车制造商缺乏内部工程师,因此不得不在车型系列化的过程中将更多的工程活动外包给供应商。这就重新定义了部件开发中企业间系统的架构,并减少了汽车制造商过多的工程工作量。企业间系统的这种变化如何影响产品架构和工艺架构,这是一个有待分析的有趣问题。

9. 由于供应商对单个部件有深入了解,因此即使是由汽车制造商在内部完成装配,他们的合作对于任何模块的开发也都是必不可少的。在日本汽车工业中有一种独特的方法叫作"协同生产"(kyogyo):在同一汽车制造商的领导下,多家供应商共同合作,开发更大的部件单元。有关通过"kyogyo"简化设计的示例,请参见《日经机械报》(*Nikkei Mechanical*, January),1999年1月。

10. 汽车工业对标准化的抵制由来已久。1910年,美国汽车工程师协会(SAE)提议将整个行业的零件标准化。它希望通过确保不同汽车制造商的不同零件之间的兼容性,使装配工作更加高效。虽然规模相对较小的汽车制造商支持这一提议,但由于福特和通用等主要制造商的抵制,这一提议并未成为现实。他们不想失去他们已经确立的强势地位(规模经济)并坚持自己的标准(Langlois and Robertson 1992)。

参考文献

AUTOMOTIVE NEWS (1998). 22 June.

BALDWIN, C. Y. and CLARK, K. B. (2000). *Design Rules: The Power of Modularity*. Cambridge, MA: MIT Press.

CLARK, K. B. and FUJIMOTO, T. (1991). *Product Development Performance: Strategy, Organization, and Management in the World Auto Industry*. Boston, MA: Harvard Business School Press.

CUSUMANO, M. A. and TAKEISHI, A. (1991). "Supplier Relations and Management: A Survey of Japanese, Japanese-transplant, and US Auto Plants", *Strategic Management Journal*, 12/8: 56 – 88.

FINE, C. H. (1998). *Clockspeed: Winning Industry Control in the Age of Temporarym Advantage. Reading*, MA: Perseus Books.

FUJIMOTO, T. (1999). *The Evolution of a Manufacturing System at Toyota*. New York: Oxford University Press.

——(2001). "Akitekucha no Sangyoron" [Industry Analysis by Architecture], in T. Fujimoto, A. Takeishi, and Y. Aoshima (eds.), *Bijinesu Akitekucha: Seihin, Soshiki, Purosesu no Seniyakuteki Sekkei* [*Business Architecture: Strategic Design of Products, Organizations, and Professes*]. Tokyo: Yuhikaku (in

Japanese), 3 − 26.

——and GE, D. S. (2001). "Jidosha Buhin no Akitekuchateki Tokusei to Torihiki Hoshiki no Sentaku [Architectural Characteristics of Auto Components and Choices of Transaction Systems]", in T. Fujimoto, A. Takeishi, and Y. Aoshima (eds.), *Bijinesu Akitekucha: Seihin, Soshiki, Purosesu no Seniyakuteki Sekkei [Business Architecture: Strategic Design of Products, Organizations, and Professes]*. Tokyo: Yuhikaku (in Japanese), 211 − 228.

——MATSUO, T., and TAKEISHI, A. (1999). "Jidosha Buhin Torihiki Patan no Flatten to Henyo: Wagakuni Ichiji Buhin Meka heno Anketo Chosa Kekka wo Chushin ni [Development and Transformation of Car Component Transaction Patterns: Results from a Questionnaire Survey with Japanese First-tier Suppliers]", *Discussion Paper CIRJE − J − 17*, Faculty of Economics, University of Tokyo (in Japanese).

——and TAKEISHI, A. (1994). *Jidosha Sangyo 21 − seiki heno Shinario [The Automobile Industry: A Scenario Towards the 21st Century]*. Tokyo: Seisansei Shuppan (in Japanese).

——and AOSHIMA, Y. (eds.) (2001). *Bijinesu Akitekucha: Seihin, Soshiki, Purosesuno Seniyakuteki Sekkei [Business Architecture: Strategic Design of Products, Organizations, and Processes]*. Tokyo: Yuhikaku (in Japanese).

GOEPFERT, J. and STEINBRECHER, M. (1999). *Modular Product Development: Managing Technical and Organizational Independencies* (*mimeo*).

Ku, S. (2000). "Nihon Jidosha Sangyo ni Okeru Mojuraka no Doko to

Kigyokankeini Kansuru Kenkyu: Mojuraka ni Taisuru Flihanteki Kento wo Chushinni" [A Study of Modularization and Inter-firm Relationships in the Japanese Automobile Industry: A Critical Examination of Modularization], *Unpublished Master's Thesis*, Faculty of Economics, University of Tokyo (in Japanese).

LANGLOIS, R. N. and ROBERTSON, P. L. (1992). "Networks and Innovation in a Modular System: Lessons from the Microcomputer and Stereo Component Industries", *Research Policy*, 21: 297–313.

NISHIGUCHI, T. (1994). *Strategic Industrial: Sourcing the Japanese Advantage*. New York, NY: Oxford University Press.

PENROSE, E. T. (1959). *The Theory of the Growth of the Firm*. Oxford: Basil Blackwell.

SAKO, M. and MURRAY, F. (1999). "Modules in Design, Production, and Use: Implications for the Global Automobile Industry", paper submitted to MIT IMVP Annual Sponsors Meeting, Cambridge, MA.

SIMON, H. A. (1996)(1969). *The Science of the Artificial (3rd edn.)*. Cambridge, MA: MIT Press.

TAKEISHI, A. (2001). "Bridging Inter and Intra-firm Boundaries: Management of Supplier Involvement in Automobile Product Development", *Strategic Management Journal*, 22/5: 403–433.

——(2002). "Knowledge Partitioning in the Inter-firm Division of Labor: The Case of Automotive Product Development", *Organization Science*, 13/3: 321–338.

第十四章 |
美国国防工业中的系统集成——
谁来做？ 为什么重要？

尤金·戈尔茨（Eugene Gholz）
美国肯塔基大学帕特森外交与国际商务学院

现代系统集成技术是在冷战时期的美国国防部门中发展起来的（Sapolsky，本书第二章）。它们被积极地用于为那场冲突开发技术，并在很大程度上取得了成功。如今，美国军方又打算利用信息革命从根本上提高能力，以增强美国的国家安全。每个军种（陆军、海军/海军陆战队和空军）都开发了各自专用的信息强化操作模式，而且它们共同（称为"协同"）开展作战实验，并为所谓的军事革命制定总目标。这一愿景的实现部分地取决于武装部队能够以内部组织变革，实现新的、信息导向的作战方式；也取决于能够获得新的武器和通信技术。转型的第一个关键步骤——明确科学进步应用于军事情境的方式，从而将技术进步转化为创新——依赖于美国在系统集成方面独一无二的能力。

事实上，军事领域的信息革命是战争"系统方法"的典范，而美国在冷战早期就开始采用这种方法。第二次世界大战期间，陆军认识到联合作战的优势，将步兵、炮兵和装甲合并成一整套克服防御障碍的系统。在此后的冷战阶段，航空被完全整合到这一揽子武装力量之中,进一步提高了联合作战能力(Herbert, 1988)。反潜战同样借鉴了第二次世界大战的经验取得了一定的成绩,类似 SOSUS 网络[1]那样,就以更加系统的方式综合使用了航空、水面和水下平台以及独立传感器(Sapolsky and Cote, 1997)。防空、超视距攻击目标、战略弹道导弹和许多其他类别的武装力量都是多种武器和支持系统协同使用的产物(Michel, 1997; Hughes, 1998; Friedman, 2000)。在现代军队,特别是在美国军队中,不同类型的部队相互协作,从而实现了整体战斗力的"1+1>2"。网络中心战(NCW)已经从海军内部扩散至所有军种,如今其倡导者认为,改良的通信网络和传感器技术将允许新的、更加分散化的美军作为一个系统协同工作,提高了他们执行传统任务的效率,并使其得以从事后冷战时期那些过于困难或过于危险的任务。

以网络为中心的转型愿景很大程度上依赖于各类平台利用不同互联网络实时共享信息的能力。实现网络中心战的愿景需要将网络链接在一起,在持续变化中维护网络,在竞争性的系统设计中做出明智权衡,以及赋予各平台不同的操作职能。因此,转型须高度重视系统集成能力以及拥有这些能力的组织。

系统集成的基本定义强调互操作性——基于定义良好的接口之间的充分沟通,每个军事系统与其他系统协同工作的基本要求(Johnson, 2003,本书第三章)。网络中心战的概念显然强调了这种系统间的兼容性,并且在转型语境下对系统集成的非正式讨论通常

---

[1]　译者注:SOSUS,声音监测系统(Sound Surveillance System),诞生于 20 世纪 50 年代,是放置在海底用于检测低频噪声源的水听器网络。基于声呐技术和深海通道理论的发展,技术人员读取和分析 SOSUS 监听的声波数据,辨别声音特征及来源。冷战期间,美国海军用其检测和追踪由大型柴油潜艇组成的苏联潜艇。冷战结束后,该系统更多用于科学研究领域,例如跟踪研究鲸鱼、定位海底火山喷发和监测海洋温度变化等。

只涉及互操作性要求(Svitak，2002)。然而，确保互操作性只是系统集成商的一部分任务。

　　在整个采购过程中，系统集成商担负多个关键角色，第一步就是将源于军事理论的目标转化为适用于开展采购方案的技术要求。这一过程的关键是权衡不同系统之间的能力——给定一组能力需求，系统之上的系统(system of systems)中哪个组件对应于执行它们哪一项能力？在目前分析网络中心战的早期阶段，系统集成将定义构成网络的节点、每种类型节点的基本能力、必须参与各种操作的节点数量，等等。在采购过程后期，系统集成商将继续控制技术标准和接口(确保互操作性)、管理承包商和分包商之间的协作、测试产品及其子部件，并支持用户随着任务和技术演进对产品开展定制化和现代化改造的努力。

　　本章将指出，作为其更广泛转型努力的第一步，军方必须开展某些组织创新以推动系统集成。第一部分定义了国防部门的系统集成。第二部分描述了当前为军事客户提供系统集成能力的若干组织。第三部分回顾了成功的系统集成性能中的主要问题，即评估系统集成组织对军事转型潜在贡献的关键指标。第四部分讨论了转型初期所必需的组织变革，其目标则是培育足够的系统集成、将系统集成商的工作聚焦于在军事领域推动信息技术革命的关键任务。转型的倡导者们一般不太关注这类组织变革的议题，他们通常会讨论改变军队的作战指挥链及其晋升模式(对这些问题更好的评估，见Harknett等人，2000；Stanley-Mitchell，2001)。利用以网络为中心的系统增强战斗力是军队的一项长期能力，从这个角度来看，这些传统议题的确非常重要。然而，为了获取这些系统，军方首先需要对那些能够定义网络本身的系统集成组织进行投资。

一、国防中的系统集成

国防部门的系统集成包含多个层次,所有层次都涉及技术替代方案的决策,以及不同设备的联结以确保异构部件的共同运作(摘要见表14.1)。首先,在"最低"层次,武器系统集成是将各种组件(通常由一批分包商提供)整合成地对空导弹、火控雷达等单一产品。[1] 国防部门的主承包商所拥有的一些关键设施专门从事这一类型的系统

表14.1 国防工业系统集成层次概要

	组件系统集成	平台系统集成	架构系统集成
特色技能	特定核心领域的技术能力	项目/分包商管理	系统定义
关键实施任务	工程开发、零部件生产	生产、系统组装	权衡研究、客户界面
组织示例	分包商:诺斯罗普·格鲁曼公司电子系统和雷神公司导弹系统	主承包商:洛克希德·马丁航空公司和通用动力公司的巴斯钢铁厂	技术顾问:MITRE 和 SAIC[1]

注:此表中列出的技能、任务和组织并不是排他性的,条目只是突出了不同级别系统集成的不同侧重点。例如,平台系统集成必然涉及许多与分包商重叠的技术能力,而组件系统集成往往涉及项目和分包商管理中的一些组装任务和核心能力。

---

[1] 译者注:SAIC,科学应用国际公司(Science Applications International Corporation)于1969 年在美国特拉华州成立,是在国防、航天、民用和情报市场提供技术、工程和信息技术(IT)服务的领先供应商。它主要为大型、复杂的政府项目提供工程、系统集成和信息技术服务,重点是高端、差异化的技术服务。

集成,例如亚利桑那州图森市的雷神公司专事导弹生产,而马里兰州林西克姆的诺斯洛普·格鲁门则擅长雷达。其次,平台集成将各种类型的设备(武器、推进器、传感器、通信设备等)组合成像战斗机一样具备任务能力的形式。它不一定比武器系统集成复杂多少,也不一定是附加值更高或更低的活动,不同类型的系统集成必须具体问题具体分析。然而仍有一些主承包商——如得克萨斯州沃思堡的洛克希德·马丁公司、缅因州巴斯的通用动力公司巴斯钢铁厂——将这种能力定义为其核心竞争力之一。

　　这场转型的真正重点——目前国防型组织最愿意追求的系统集成层次——是"系统之系统的集成"或"架构系统集成"。它连接不同类型的平台以助于军事联合行动,为各军种的作战专业知识(如何作战的知识)提供相应的技术支持。这种做法本质上是将理论家的目标陈述转化为一系列可以写入军需采办共同体与工业界正式合同的要求。它涉及不同技术路线之间的广泛权衡,如软、硬件解决方案之间的选择,网络数据传输的相关决策(原始数据或处理后的数据)。历史上,系统之系统的集成是由军队内部的组织(如海军水面作战中心、达尔格伦分部等支持系统指挥的实验室),或与其关系密切的组织(包括MITRE[1]在内的联邦研发中心等专业组织)完成的。网络中心战强调简化平台、分布式能力,以及基于先进通信网络的军事资产互连,这将迫使军需采办共同体比以往任何时候都更加依赖系统集成的最高层级。

　　军事导向型系统集成技能是以先进的、跨学科技术知识为基础的——这些知识足以充分理解所有的系统和子系统,并在此基础上做出优化权衡。它还需要行动者对军事目标和行动有细致的理解,以及足以消除军事、经济和政治利益分歧的信任基础。即使某些系

---

[1]　译者注:见第二章。

统集成组织仍然具备一定的生产能力（这对集成过程是福是祸尚难定论），但系统集成是一项独立于平台建设、子系统开发和制造的任务。虽然系统集成是国防工业体系中的一个独立部门，但它的边界并没有这么严密，所以经常会有其他部门的成员（如平台建设者）过来"串门"、担纲系统集成任务。传统国防工业主承包商、专业系统集成公司、联邦研发中心和其他准公共组织以及军事实验室，共同构成了多种多样的系统集成能力组合。因为这些类型的组织都理解系统集成在转型中的关键作用，所以大多数都在设法建立自己作为系统集成商的口碑，例如，主承包商会打着巩固"系统集成能力"的旗号去收购其他公司，而军方实验室通过改写任务说明书去强调系统集成（Chuter，2002；Tumpak，2002）。

在推进转型的过程中，能够提供系统集成服务的组织，在早期发挥着关键的作用。国防工业的其他部门（如造船厂这样的平台制造商）的项目目标是基于以网络为中心的"系统之系统"的总体定义而延伸出来的。在转型早期，系统集成商需要确定网络中每种类型的节点需要哪些能力，并考虑不同的能力分布方式所带来的技术、运行和经济影响。庞大复杂的冷战防御努力使美国为这项工作做好了充分准备。作为冷战期间弹道导弹和防空计划的一部分，专事于集成"系统之系统"的组织应运而生。在合作开发用于海上战略、导弹防御和其他系统类型任务的设备的过程中，它们都发挥了至关重要的作用。在转型的起点上，转型的倡导者就应当识别并利用已有的系统集成技能。

二、"系统之系统"组织概述

许多组织至少已经掌握了一些能够为美军集成"系统之系统"的专

长。表 14.2 列出了一组例子,其中尤以支持海军军需采购的组织为多。

表 14.2　海军相关的系统集成组织示例

	政　府	民办非营利性组织	民办营利性组织
政策分析	系统指挥（SPAWAR[1]，NAVSEA[2]，NAVAIR[3]）	海军分析中心，国防分析研究所，兰德公司	ANSER，TASC，博思艾伦咨询公司
科学研究	海军研究实验室，圣地亚哥 SPAWAR 系统中心[a]	应用物理实验室（APL），林肯实验室,软件工程研究所（SEI）	
技术支持	圣地亚哥 SPAWAR 系统中心[a]	APL，MITRE，航空航天公司	SAIC，SYNTEK
生产			洛克希德·马丁-海军电子和监视系统,雷神指挥控制通信和信息系统
测试和舰队支持	圣地亚哥 SPAWAR 系统中心[a]		

注:一些组织额外的小规模活动使他们在上述矩阵方格中的能力有限,例如圣地亚哥 SPAWAR 系统中心制造了用于水面战斗的 Link 16 天线。上述设计旨在获取组织的核心能力,而不是辅助性工作。

[a]海军的每个采购系统指挥部都有类似 SPAWAR 系统中心的相关技术组织,例如海军空战中心——中国湖(China Lake)和海军水面作战中心——达尔格伦。

[1]　译者注:SPAWAR,空间与海战系统司令部(Space and Naval Warfare Systems Command),总部设在圣地亚哥,是美国海军和海军技术授权及采购司令部的一个组织,负责 CISR(指挥、控制、通信、计算机、情报、监视和侦察)以及商业信息技术和空间系统。

[2]　译者注:NAVSEA,海军海上系统司令部,全称为 Naval Sea Systems Command。

[3]　译者注:NAVAIR,海军航空系统司令部,全称为 Naval Air Systems Command。

作为客户,各军种必须明确项目目标,但对军方来说,其实很难独自在技术层面上完成对"系统之系统"的集成。而军需采办共同体则依托于系统指挥部,其核心竞争力在于理解政府法律法规,实时监督供应商遵守成本、进度和其他合同条款的情况;采办代理人通常并不非常理解前沿技术和不同公司的创新能力。军方强大的内部技术支持(如此前海军的技术机构)在冷战后期被逐步淘汰,技术任务被越来越多地外包给私营企业(Sapolsky, Gholz and Kaufman, 1999)。系统指挥部仍然可以利用附属实验室的专业能力(例如,圣地亚哥SPAWAR 系统中心的 C^4ISR),这些实验室保持着重要的利基能力、研究专长以及开发和测试新设计端到端的全部关键有形资产(如船模停泊区)。不幸的是,以科学为导向的军事实验室和以管理为导向的系统指挥部之间的关系通常较为紧张。管理部门频繁地从实验室"精选"研究人员进入系统指挥部,这使科学家们经常感觉他们的研究和技术能力的连续性受到破坏。在系统指挥人员看来,科学家应该支持他们对技术性建议和技术本身的迫切需求,而非致力于那些将来未必能获得回报的研究项目。

对包括军方内部实验室在内的所有技术顾问组织来说,"纯"科学与系统获取之间的艰难衔接都是一种挑战,而这种困难在军事指挥链中被放大了。一方面,内部技术能力受到公务员规则的限制,这些规则使军方很难招募到顶级科学家和工程师。另一方面,同样是这些规则使内部技术人员免于竞争和预算的威胁。例如,私营国防工业的科学家和工程师可以获得适当的合同补偿来促使他们为军队努力工作,因此作战海军通常认为他们比海军实验室和技术顾问更好合作。这使得作战海军往往无法积极地支持海军实验室的工作[2]。为此,实验室不得不通过其他途径去寻求"工业资助",从海军的其他部门、政府机构,甚至私营企业中寻求"业务",围绕短期可交付的定制产品形成外部合同、组织项目团队,而这又使前述紧张关系进一步加剧。

作战人员确实支持实验室系统,但支持只会以一种特定的方式发生,其代价则是掏空实验室分析替代性方案和在技术路径之间做出高水平权衡的能力。海军的系统中心尤善舰队支持。但是为了快速响应舰队需求而建立的亲密关系削弱了系统集成商的标准化水平和接口管理作用,而且快速的现场修复(特别是特定系统或子系统的修复)所需的技能与整个系统之系统实现全面最优化所需的技能并不相同。

实验室的重点是测试系统性能、证明原型符合规范,并从提交的材料中确定哪份最符合军事采购标准。这种偏好在组织间渗透力极强,以至于军方实验室的多位科学家都在访谈中以性能测试和互操作性的标准来定义系统集成。尽管实验室人员知道在项目绩效评估标准确定之前,技术建议对备选方案分析过程的重要性,但他们还是强调物理系统测试的反馈对于提高后续项目定义能力具有相当的价值。另外,在系统开发过程中,除内部实验室以外其他组织虽然不参与最后的客户验收测试,但也进行了大量的测试和原型评估。如果确如内部科学家所认为的那样,测试能够有助于维持技术技能并揭示演化研究的重要方向,那么将主要的测试设施(军方独有的智力和物质资本的残余物)出售给那些足以全面担当"系统之系统"集成商的组织就是正确的。其目标是让系统指挥部有足够的技术能力充当"聪明的买家",他们可以对技术建议做出反应,并对那些外部组织提出的系统集成方案做出选择,即便这些外部组织都在"系统之系统"层次上拥有全套设施和技能。

随着各军种在未来展望中日益重视高层级系统集成,专事平台设计和生产的传统主承包商已经开始尝试提供架构系统集成。在电子领域和网络型活动具备核心能力的企业也在寻求平台系统集成工作,他们认为平台间集成(互操作性)在平台本身的设计中变得越来越重要。多年来,主承包商一直专注于理解军事客户的独特需求,包括聘请退役军官担任企业战略规划部门的重要职位。私营公司在很大程度上也不受公务员规则的约束,必要时可以灵活聘用顶级技术人才[3],还可以为渴望股权薪酬的科学家提供股票期权。[4] 另外,如果技术团队成员彼此之间因协同效应或共同经历产生了十分融洽的关系,并且可以创造额外价值,那么私营公司就有动力去维持这种累积的人力资本。管理技术人员是包括国防工业主承包商在内的技术型私营企业的核心竞争力。[5]

然而,平台系统集成和"系统之系统"的集成并不是同一个任务,我们甚至不清楚对这两方面的技能开发是否存在协同效应。平台集成商可以通过一系列不同活动来提高自身性能:重复设计或原型开发、生产与应用技术实验室/基础科学研究机构/学术机构及/或操作用户社区保持密切关系。[6] 它们的独特优势在于将系统工程能力与复杂的制造过程知识相结合,使其能够在设计过程中利用生产效率优势。当然,在讨论系统集成时,主承包商会强调生产能力的重要性,一如军方实验室会强调全尺寸系统测试的重要性。然而,尽管这一优势确有其重要性,但在国防部门分量相对较小,原因在于其生产周期往往很短,而且公差极小的生产工艺往往要依靠手艺才能实现,这就将大幅削减成本的可能性降到了最低。这类生产问题在"系统之系统"集成的交易空间中权重不高,尽管"系统之系统"领域的专家在进行总体分析和需求定义时仍应该努力考虑平台搭建者的担忧,但在转型计划和采购过程中,"系统之系统"应优先关注平台与网络的接口。

此外,利益冲突的可能性或者至少表面上的利益冲突(将这一术语用于政府机构时有更严格的标准）使得国防工业中架构系统集成和生产彼此分离。生产主承包商具备相应的技术能力,代表以网络为中心的国防工业中那些可能的合作伙伴去审视分包商的产品,包括那些创新型企业的产品,换言之,他们可以在某些方面满足对系统集成商的关键技术和管理要求。他们还可以就接口、网络标准和其他需求定义做出技术决策,通过垂直整合平台导向型和组件导向型的设计和生产组织,大型主承包商可以用最低的交易成本来提供技术系统集成服务。但是,现有主承包商的业务扩张面临着一个关键的非技术障碍:缺乏信任。制造商确实会在产品交付用户之前进行测试,但正如军方实验室所强调的那样,客户也要具备独立的能力来核实产品性能。此外,客户有理由担心制造商的权衡分析可能会受其自身擅长方案的诱导,甚至由于生产承包商对特定系统和解决方案有更好的技术理解,所以这种诱导和偏向都是下意识的。

　　这种偏向问题在国防工业体系中最早的表现是:1959年美国国会调查汤普森·拉莫·伍尔德里奇公司(下文简称为TRW)的卫星和导弹生产业务与其下属的空间技术实验室(下文简称为STL)的关系,其中后者在空军的开发和生产项目(包括TRW竞标的一些项目)中发挥了技术指导作用。即便最终没有发现甚至指控任何具体的渎职行为,无论是政府信任的保护者还是与TRW竞争这些空间系统合同的国防工业玩家,都无法接受这种情况。为此,STL从TRW中彻底分离出来,成为一个独立的、非营利、非生产、专门从事系统集成的航空航天公司(Aerospace Corporation),并最终成为联邦研发中心(Baldwin, 1967: 45 – 613, 8 – 9; Dyer, 1998: 225 – 239)。[7]

　　随着其他联邦研发中心和类似的大学应用研究中心的建立,这些组织创新逐步扩散开来,使军需采办组织得以在冷战期间将技术顾问工作外包出去,以使自己免于利益冲突之类的丑闻(Smith,

1966：18）。[8] 以 MIT 的林肯实验室为代表的联邦研发中心,它们专事特定类型军事研究(如林肯实验室就擅长先进电子技术)的特征与军方内部实验室颇有几分相似,也与前沿学术研究有着更紧密的联系。尽管不同的联邦研发中心的核心任务存在一定程度的重叠,但航空航天公司(空间系统)、MITRE(防空)和 APL(海军系统)这些联邦研发中心则专事于"系统之系统"的集成。[9]

各联邦研发中心的历史优势在于其提供高质量、客观性建议的声誉。它们可以凭借灵活的薪资谈判和准学术地位来吸引高素质人才。它们保证不争夺生产合同,并在保护专有信息的同时向所有承包商提供平等的机会,这使它们获得了独一无二、自主的技术能力(美国总会计师事务所 US General Accounting Office,1986：4)。然而,它们也经常因效率低下且成本相对较高而受到批评,尽管联邦研发中心的领导者经常声称他们的非营利身份使其收费水平低于同等水平下的营利性技术顾问,但其他很多人(特别是科学应用国际公司这种营利性公司的领导人)指控联邦研发中心的工作缺乏营利动机,导致了无效绩效和虚报人头的可能(Office of Technology Assessment OTA,1995：28－33；US General Accounting Office,1996：5－6)。[10] 目前国会立法限制了联邦研发中心的可用预算,并且阻止军方新建任何研发中心。[11]

营利性、非生产性企业也许能在避免非营利性地位相关争议的同时提供联邦研发中心的功能。像 SYNTEK 这样的小型工程公司可以在承诺不参与生产的前提下向军方提供技术建议,但很难想象在目前的采购规则下,这样的企业可以培育一个具备独立研究能力和日程的主要实验室。如果没有这种可以直接获取的科学资产,那么我们就有理由质疑此类咨询公司在"系统之系统"层次上保持高水平集成技能的能力。[12] 更大型的营利性公司能够做到这一点,例如,拥有贝尔通信研究所（Bellcore）的科学应用国际公司——它曾是区域性贝尔运营公司（由贝尔实验室的一部分发展而来）的前研究部门，但为了支付此类实验室的间接成本，它们拒绝承诺放弃所有生产工作。尽管国防工业中的营利性公司已经学会组建团队开发主要系统，甚至有时与竞争另一合同的对手加入同一团队，但真正的问题在于这些营利性承包商彼此之间愿意分享多少专有数据。尽管不参与生产的承诺能够消除阻碍平台公司成为架构系统集成商的部分恐惧，但是一些重要的营利性咨询公司仍然受限于客户和竞争者对其独立身份真实性、长期性的怀疑。

三、系统集成性能指标

到目前为止，可用于比较系统集成能力的指标不多，因此项目经理很难对技术建议来源做出选择，也很难确定前期系统集成工作所需的资金。卡内基梅隆大学的软件工程研究所（SEI）是一家研究型的联邦研发中心，它开发了一个计算机相关技能评级系统，其中包括软件工程和系统工程。SEI"能力成熟度模型"的评分依据是复杂项目管理流程合规度的业务承诺，具体而言，这些评级强调持续控制文件和接口，在组件和子系统同时改进的过程中确保系统的整体性能。这些面向软件的流程至少与更广泛的系统集成任务相关联，并且它们可以为后续工作提供一个有效的模型，以便定义整体系统集成能力指标。[13]

然而，如果更广泛地讨论系统集成与转型之间的关系，则没有必要制定如此详细的系统集成商评价指标。关键问题是：哪些系统集成组织可以提供实施转型所需的支持？各军种如何最大限度地推进

"系统之系统"的集成?

（一）技术意识

　　系统集成的基础是对支撑系统组件的各学科最前沿技术了如指掌。系统集成商必须能够为组件开发商和制造商设定合理且可实现的目标,哪怕他们并不了解这些组件的具体设计工作。为了解决问题,有时组件制造商只能付出高昂的代价,而有时则会更容易些,比如改变不同组件的要求,抑或改变接口标准以降低其他组件制造商的成本。此时,系统集成商有责任了解各种组件的规格,并对此作出必要的权衡。系统集成商所掌握的子系统技术知识越多,就越能胜任这一角色。系统集成商可以通过很多方式获得这种技术知识,包括系统而持续地培训和培养有判断力的工程师、雇用子系统承包商的员工,以及将员工调派到其他组织中参与部件设计和生产的全流程。

　　转型似乎并不影响技术意识对系统集成性能的指标性意义。在某种程度上,网络中心战采用不熟悉的组件系统,这有损于现有系统集成组织的技术意识。例如,新兴的无人机技术可能会接替许多以往分配给载人系统的任务,这就要求系统集成商熟悉无人机的最新技术,以便在两者之间作出选择。然而,系统集成商并不需要具备实际的设计和建设能力(无论是载人系统还是无人系统),具体的技术知识并不是系统集成商的核心能力,相反,通过与子系统承包商、学术专家和/或内部研究人员合作来获得这种知识的能力才是系统集成的必要条件。

　　拓展技术意识的来源和类型可能是系统集成商的核心能力。当然,对系统集成商来说,越不熟悉一个特定项目的组成技术,就越不适合从事这项工作。即使是那些拥有最广泛架构系统集成能力的组织也有自己的专长,比如航天公司擅长空间系统,而 MITRE 擅长指挥和控制。

　　然而网络中心战对新专长的需求并不明显。相反,它似乎更需要一些基于现有专长的高端应用组合——将空间系统作为监视和通信中继站,对指挥、控制网络和作战管理计算过程的高强度开发,等等。如果将网络视为网络中心战系统集成任务的新一代焦点,毫无疑问,MITRE、APL、防务信息技术公司(Logicon)以及科学应用国际公司等营利性公司都掌握了必要的技术意识。可能甚至连软件工程研究所进军集成领域的行为也为其转型[从一个纯粹的研究性联邦研发中心转向致力于在网络技术(类似于 APL)领域打造研究和系统集成综合体]打下了一定的基础[14]。虽然商业互联网的发展远远超出了其在国防领域的源头、ARPANET,但 DARPA 最初的项目仍然被视为军方以"系统方法"利用先进技术的经典范例(Hughes,1998)。

　　然而,打造了现有组织专长的组织框架能否用于解决网络中心战的新问题,仍然有待回答。在应对网络中心挑战的过程中,每个系统集成商都会提出自己的最佳系统方案,并指出备选方案的缺陷,这就导致了不同集成商方案之间的相互竞争。而美国政府的多元主义正是基于这样的原则:理念冲突能够产生最佳的政策方案,并有助于弥补每个现有组织对其技术专长的隐性偏见。APL(应用物理实验室)会指出航空航天公司基于空间系统的解决方案的所有缺陷,而航空航天公司也会通过阐述 APL 假设性带宽消耗方法的风险进行反击。尽管如此,对相互竞争的主张做出评估仍是买家/客户的责任,这样才能做出符合海军利益,甚至美军整体利益的决策。

　　另外,将现有系统集成商的相关技术小组联合成立一支团队,也许能够为以网络为中心的系统集成提供综合性的技术基础。十大联邦研发中心和国家实验室联合起来通过名为"POET"的团队向弹道导弹防御组织(BMDO)提供技术支持。[15] 全面评估 POET 的技术性能超出了本章的范围,但一些初步观察是相关的。一方面,POET 显而易见地提供了在极大范围内获得顶尖技术人才的机会。[16] 另一方面,参与的组织也保留了传统的客户、任务和文化,这样它们就不必为导弹防御工作投入最好的资源或全部精力。[17] 而为军事领域信息技术革命提供支持的系统集成团队将获得类似的优势,也将面临类似的限制。

为了利用现有系统集成商的全部资源去应对网络中心战的新挑战,最好的方式也许是在官僚体系内部建立一个新的系统集成商。但是,没有必要从头开始创建这样的组织,而复制现有组织的人力资本投资又过于昂贵。创建者在创建 MITRE,使其担纲 SAGE 防空系统的系统集成商之时,MITRE 的核心团队可以追溯到林肯实验室第六分部,当时其业务重点是研究而非系统集成。此后,MITRE 的技术意识扩展到新领域,将 BOMARC 这样的防空导弹整合到最初旨在提示战斗截击机的防空系统之中(Baum, 1981:38 – 39; Jacobs, 1986:131; Hughes, 1998:62)。如今,也许可以将现有组织剥离出来的各种技术小组融合起来,再次形成一个新的联邦研发中心。为了服务于新的客户和组织使命,[18] 新机构将在培养技术意识方面,继续维持自己已经熟悉的核心能力。

为转型提供系统集成服务的三种候选组织形式——现有技术顾问之间的竞争、现有技术顾问之间的合作以及成立新的技术顾问——都依赖于现有机构的已有技能,它们是沿着技术意识性能指标形成的、持续创新所需要的渐进式变革。技术顾问的财务所有权结构没有基本技能基础重要,后者源于现有的系统集成小组。

（二）项目管理技能

效率几乎从来都不是军需采办项目的唯一目标。除服务于经济目标之外,这些项目还需要满足军事需求和政治约束(McNaugher,1989a:3–12)。尽管如此,由于作战人员总想获得更多的系统,技术人员总是可以利用额外资源进一步提高性能,政治家总会面临包括降税压力在内的非国防优先事项,所以努力控制成本一直是国防政策的一项重要内容。所有这三种项目小组也试图将他们的支出纳入预算,因此他们需要尽可能准确地估计项目成本和进度。

因为必须整理大量信息来反映当前的和预计的进展状况,所以对于拥有大量异构组件的复杂采购(一个系统之系统)来说,很难得出可靠的估计。参与者也有动机去隐匿部分信息,使其免于监督:一来他们认为挫折只是暂时的(在不得不报告问题之前,他们会追平原有进度计划、达成预期绩效轨迹或成本预测);二来他们担心全面披露有利于竞争者,或导致重新谈判费用和剥夺利润的压力。在几乎不存在渎职行为的前提下,管理者学会了以有利的方式报告数据,这样可以提供一个有倾向的进展概况,从而保护正在进行的项目免受监督(Sapolsky,1982)。[19]他们还积极推进采购改革和新式管理,以此确保未来的成本降低。无论改革的效率效益能否真正实现,这些新玩法都促使政客们立即为项目投票(Williams,2001)。

"系统之系统"的集成商拥有足够的专业知识,使其身处诸多约束还能做好项目管理。在项目管理任务中,一个系统集成商表现得越好——制定准确的进度表、预测可达到的技术目标,以及将必须参与系统合同的组织间的交易成本最小化,买方雇用他的动机就越大。项目管理技能是系统集成组织的关键绩效指标。

转型需要项目管理的持续创新。最终,为了使网络中心战有效协助作战人员,许多不同的项目(船舶、飞机、无人驾驶车辆、弹药、传感器等)需要按正确的顺序向军方交付彼此兼容的系统,进度表需要计时以便按时间网络化各种部署计划。像北极星舰队弹道导弹这样的冷战项目,要求在导弹和制导、通信和导航以及潜艇平台等各方面进行重大创新,也面临着同样的管理和时间安排问题。正是为了管理这种大规模、异质性的采购,这种"系统之系统"的集成(Sapolsky,1972)才被发明出来。网络中心战可能需要集成更多样化的组件,这使得"系统之系统"的集成任务变得更加困难。但系统集成正在利用现代信息技术来管理复杂的分包商网络,寻找可能有助于解决军事创新问题的技术领先者,以及与潜在的新供应商进行互动,并通过创新来支持分包商网络管理的核心任务。

在平台集成层面,转型下的项目管理任务与之前相比几乎没什么变化。任何平台集成商是否具备参与转型的良好条件取决于对其技术技能的需求——网络中心战是否需要在国防工业部门进行持续性或破坏性创新。平台集成任务依旧包括分包商关系管理和军事系统的详细设计。在以持续性创新为主的部门,平台集成商的分包商数据库和程序数据库能否支持其成功应对政府合同背景中的社会和政治约束,将直接决定采购项目的成败。尽管采购改革倡导者借用了转型倡导者的措辞,即"采办革命"或"商务革命",但采办革命的过程与军事转型是分离开来的。

在架构系统集成层面,项目管理方面最大的转型挑战是整合多个强势客户组织计划与进度表的需求。网络中心战的技术指导主体得以控制项目管理技术层面的机制可能会发生变化(客户关系的变化将在下面关于客户理解的部分中讨论)。但核心的项目管理任务不会有太大变化:"系统之系统"的集成商需要将一些新的技术任务整合到军事系统开发中,但是,如果存在破坏性创新,它就会落在平台或组件层面,而不是"系统之系统"工程的组织和管理技术上。

转型要求沿着熟悉的性能轨迹开展高水平的系统集成,尽可能提高主系统采购的效率和进度精确性。冷战时期"系统之系统"集成的核心部门(从架构集成的交易成本的角度来看,至少包括联邦研发中心和营利性系统集成专家)可以为转型努力提供必要的技术支持。

(三)感知到的独立性

"系统之系统"集成商的一个重要任务,是定义各种系统组件(以及整个系统)的技术要求,这就要求它能够立足于系统性能,而非设计与制造组织的利益去做出权衡。因为军用系统有多个目标:作战性能峰值、对采办项目和国家安全战略的持续政治支持,以及采购、维护、训练和作战的资源支出最小化,所有这些使得架构系统集成的任务变得极其复杂。[20]这种复杂性再加上所需的技术专长,从根本上保证了"系统之系统"集成的详细决策不会对军方客户、国会出资人或国防工业中的主承包商和供应系统组件的分包商完全透明。这些团体都必须相信,在制定架构定义决策时,系统集成商已经考虑并保护了它们的利益,而且任何认为其信任受到侵害的组织都有机会通过公开投诉来引起公愤。但它们被这样一种认识所束缚:过于频繁或过于大声的抱怨会破坏整个国防建设进程。冷战期间,它们跟随着"系统之系统"集成商的演变过程,与之合作,从而最大限度地控制了系统定义中的偏见问题,这也使得消除偏见成为"系统之系统"集成商的关键绩效指标。

国防采购中的金钱激励加剧了架构系统集成商保持独立的困难程度。同所有组织一样,系统集成商有动机去支持使其组织回报最大化的解决方案,从而维护和利用他们自己在军工复合体组织网络中连接客户和生产者的枢纽地位。[21] 因为科学家基于特有专长提出特定类型的技术解决方案,从而强化了特有专业知识的价值,所以这种偏见可能完全是下意识的。此外,由于项目利润往往受(正式和非正式地)项目收入的一定比例的限制,而且大部分采办支出集中于采购阶段而非系统开发阶段,所以国防工业的利润更大比例地集中于生产,而非研究或技术顾问组织(McNaugher, 1989b; Rogerson, 1998)。在后冷战时期的威胁中,没有能与美国比肩的竞争者,那些工人规模庞大的生产型企业(而非技术型组织),已经极大地强化了自己的政治砝码,要求国会的拨款者提供财政支持(Gholz and Sapolsky, 1999)。因此,纯粹的"系统之系统"集成商的财务预期反而不好,却还面临着垂直整合系统集成与生产能力的压力。不断威胁着选择最佳技术方案的自由始终处于受威胁的边缘,而威胁来自各军种官僚利益和平台生产商政治权力的压力。由于这种压力众所周知,因此客户对系统集成商的信任也受到了威胁:他们会怀疑后者是否会顾及军队利益,而不只是牟取自身利益。

即使是旨在保持决策独立性的组织,也会像大多数系统集成公司一样,存在一些基于经验的偏见。它们为特定的客户服务,且客户需求非常清晰。因此,感知到的独立性意味着它们在自己的议题领域内理应扮演诚实的中间人。然而,在与外部势力的地盘争夺战中,它们可能倾向于特定类型的解决方案。因此,航空航天公司可能会毫无偏颇地告诉空军如何组织和装备自己的空间能力,但当就其他政府部门提出的天基解决方案(而非非天基方案)进行辩论时,就不会毫无偏颇了。在其直接专长领域之外,它们必须对航空航天公司的解决方案和其竞争对手的备选方案进行仔细权衡。

总而言之,在冷战期间,作为非生产性技术顾问的联邦研发中心/大学应用研究中心体系运行良好(OTA, 1995)。作为与政府合同关系的一部分,它们承诺不进行生产活动。生产商公司和联邦研发中心之间不可避免地存在一些紧张关系,因为后者坚定地认为要从事一些与生产相似的原型构建工作,以维持其系统集成技能。这些紧张局势在软件行业尤其可能被激化,因为在代码编写项目中开发和生产阶段经常存在交集。

　　例如,APL(应用物理实验室,下文简称为 APL)因同时参与生产与系统集成而受到强烈批评,当前关于海军协同作战能力(CEC)最佳技术选项的争议尤为明显。Solipsys 是一家近期创立的软件公司,其创始人是一位 APL 前员工。在梦想破灭、自主创业之后,他创建了一个竞争性系统——战术通信网(TCN)。Solipsys 声称其在海军内部遭遇了不公平听证,其中至少一部分原因就是 APL 既是海军的技术顾问,也是协同作战能力的开发者。无论协同作战能力与战术通信网在技术上孰优孰劣(相关观点差别很大)[22],如果 APL 没有因开发并参与某一选项的生产而厚此薄彼,并因此受到指控的话,争议也就不会那么激烈。2004 年,在采办协同作战能力第二板块,并对其中的两种技术路线进行抉择时,海军在评估这些竞争性技术主张的过程中遇到了一个真正的问题:经常在其系统集成竞争中担任技术顾问的 APL 与竞争结果之间存在利益冲突(Rotnam, 2002)。[23] 即使海军找到了作出正确决策的方法,利益冲突的主张也会像过去那样继续出现,这可能会导致对协同作战能力计划的额外监督、增加成本,并破坏海军为网络中心战制定"共同作战蓝图"关键早期采购步骤所要争取的政治支持。

　　过去,对"浪费、欺诈和滥用"的指控以及成本和计划失败的丑闻已经对军事投资造成了干扰,而利益冲突可能会威胁到以网络中心战为目标的转变。冷战时期,美国国防预算大周期的峰值就与采购丑闻相关联，至少从表面上看，当时的丑闻扭转了国防预算趋势。即使存在一些结构性因素——如不断变化的威胁环境、各军种关键设备的代际变化——会终结上述采购下行周期，有关控制滥用国防采购的呼声也大概率地成为国防预算下滑的直接原因（McNaugher，1989；McKinney 等人，1994）。现在，"未来数年国防预算"要求在下一阶段大幅增加采购支出、启动国防预算新周期。从某种程度上讲，军力领导层希望用这笔钱获得实施转型的系统，这也使得这一周期不会因为丑闻而过早结束。

（四）客户理解

　　军队及其所有群体（主要是三军及其重要的下级组织，如海军飞行员、潜艇和水面作战军官）是一个复杂的组织，有着悠久的制度历史、独特的传统和几代人的作战经验形成的组织偏见。更正式地说，存在着大量的战略、战术、条令和训练过程，将海军同其他军种、政府和私营部门组织区分开来。其他军种和辅助情报组织也同样形成了各自的组织特征及其对作战和国家安全战略的不同观点（Builder，1989）。因为集成组织的架构定义和项目管理决策必须服务于客户的真正目标，而这个目标可能很难用一份简单的、特定计划的书面"目标声明"来表述，所以每个"系统之系统"集成商的成功都取决于它对军事环境的深刻理解。面向海军的系统集成商（如 APL、SYNTEK 及洛克希德·马丁海军电子和监视系统）已经掌握了大量有关海军作战方式及其原因的隐性知识，如果没有这些知识，他们就无法获得必要的信任以执行"系统之系统"集成的服务。虽然客户理解对任何组织都很重要，但对于架构系统集成组织来说是唯一至关重要的绩效指标。

　　对客户的理解是一个"移动靶"。在这个指标上,仅靠长期经验是不够的。系统集成商必须对其军事作战知识库进行持续投资。他们必须时刻关注近期演习、作战部署、军事理论和国家重大战略的变化,并从中提取知识,以便跟上"正确"的技术意识。在理想状态下,系统集成组织的成员应该参与军事演习和操演,因为各军种会在此期间测试新的作战概念、引入未来平台和子系统的虚拟原型。多种形式的团队合作只是有助于人员和组织去更好地理解彼此的个性特点。而客户理解的很大一部分工作是去长期维护超越个人和项目的组织间关系。

　　不幸的是,"客户理解"可能会增强机构的惰性,并使现状具体化。在许多方面,这类似于官僚主义的"俘获",即监管机构从行业而非公共利益的角度看待问题。但要避免这些危险的最好的办法,既不是建立防火墙,也不是人为地从外部引入变化。相反,客户和系统集成商都必须有意识地区分两点,一是追求整体成功的客户理解,二是阻碍变革或保护机构利益的密切关系。简而言之,当需要以损害客户短期利益的方式去保护其长期健康时,要确保系统集成商能够自由且受保护地作出这种选择。

　　"系统之系统"集成商权衡和分析多种方案的客观需要,有可能会对其客户的现有方案和短期计划构成威胁,这就使相关组织处于一个微妙的位置。各军种对批评持谨慎态度并且担心在与其他军种的预算竞争中失利,一如个体平台制造商即便对独立系统集成商在某个项目上的疏忽有所不满,但也深知系统集成对于维持国防投资整体成功的重要性。"系统之系统"集成商的客户必须相信系统集成商将客户的真正利益放在心上。[24]

　　在架构系统集成的层面,转型的最大挑战是"系统之系统"横跨多个组织边界的要求。在更广阔的转型愿景——强调所有军种之间的合作,而非单一军种内部的联络——下,这一要求尤其严峻。各军种内部的不同团体有着强大的、独立的身份,对如何作战有各自的想法,对日程安排和资金分配也有各自偏好的优先序。每个军种都试图影响转型过程,包括对"系统之系统"的定义,而施加影响的方式包括推出自己认可的系统集成贸易空间的定义,捍卫和资助特定计划,并迫使整体系统集成商将其整合到以网络为中心的部队结构中。架构系统集成商必须理解并平衡多个客户组织的相互冲突的动机。

大多数组织很难将多个目标纳入组织本身(Wilson, 1989)。这一问题表明,作为转型的一部分,向真正的联合系统的方法转变,从而将全国的所有军事资产包罗其中,可能需要建立一个单独的联合采办机构,以此接入各个"系统之系统"集成商。另外,在"系统之系统"集成商及其服务客户(那些实际操作军事系统的组织)之间插入一个组织层级,这样有可能会降低集成商的客户理解程度,及其分析替代方案的作用。对转型系统采用单一买家有可能威胁到军种间竞争所额外提供的路径多样性,扼杀创新和/或增加"战略性单一文化"对技术故障和竞品研究的脆弱性(Cote, 1995)。

各军种的转型愿景需要"系统之系统"的集成组织对客户有深入的理解。它们的技术建议必须基于与军队所有部门的既有沟通渠道,尤其包括一些作战人员社区和专门管理采购过程的系统指挥部。但也有一类"系统之系统"组织,它们只是从整个军事体系的某一特定子集发家——比如当需要将空间和地面系统作为网络中的替代系统进行分析时,却只能支持空间系统——对它们来说,一旦进入"更高"层级的"系统之系统"的集成环境,可能难以开发互联网络和完善客户理解。然而,正如成熟的架构系统集成商有能力将自己的技术意识扩展到新领域一样,这些组织也有能力聚焦于培养客户认知,并以此作为保持业务的关键手段。转型不会改变客户对这一组织目标的理解,但在技术意识方面,跨组织边界的难度至少与跨学科边界一样,甚至较之尤甚。

四、组织系统集成对转型的贡献

显然,转型依赖于很强的互操作性,这也是"系统之系统"集成的关键组成部分之一。因此,变革和系统集成是以一种非常明显的方式相互联系的。然而,在转型的早期阶段,"系统之系统"集成的另一组成部分更为重要:为组件系统(由节点和网络元素构成)确定目标与要求的权衡研究。

显而易见,某些现有系统集成机构(例如 APL 和 MITRE)已经拥有了与网络中心战计划密切相关的专长。而这些现成企业在定义基于信息技术的未来军事走向方面应该发挥重要的作用。类似地,一些拥有高水平系统集成小组的生产型主承包商,他们在技术意识和项目管理基础上的优势使其有可能加入架构系统集成的核心供应商序列。但是,为了达到感知独立性与客户理解这些性能指标所需的承诺,这些主承包商的技能就更有可能最优化地用于平台服务而非架构系统集成。例如,洛克希德·马丁(Lockheed Martin)在宾夕法尼亚州福吉谷有一个大型的系统集成团队,该团队尤善于卫星和情报搜集。即便军方不打算将高级的系统集成/技术决策权下放给生产型主承包商,但洛克希德·马丁显然需要保留一些专有的系统集成能力。考虑到生产型企业并不是这类核心能力的主要制度起源,国防工业体系中的每一个成员都必须作出相应的商业决定,以确定分配给系统集成的内部资金的数量。

在转型过程中,没有理由将平台制造主承包商引入"系统之系统"的集成过程。这些主承包商想要加入的理由是：他们认为至少短期内系统集成是挣钱的"风口"，而且是未来国防工业最大的责任。此外,随着支持转型的政治压力越来越大,而那些被认为与转型无关的项目越来越容易被取消(如陆军的十字军战士自行榴弹炮),主承包商正在想方设法将他们的活动与转型挂钩。他们的逻辑一如既往:如果一种特定的采办改革很受欢迎,你的项目应成为新技术的"示范者";如果系统分析和计划评审法的网络计划图是展示预算和进度控制的方法,那么你的项目应该使用他们;如果军方正在推进以信息技术为基础的军事革命,那么你应该强调自己的项目与军方蓬勃发展的信息网络的连通性。

对一名主承包商来说,保护业务基础的最佳方式就是成为系统集成代理商。因为顾问的工作包括对主承包商的技术方法和生产技能给予尴尬的批评,所以国防部门的生产公司很有可能抱怨外部系统集成公司在特定项目中的角色。而避免此类批评的方法之一是让主承包商进行系统集成工作。然而,鉴于独立性对高质量系统集成的重要性,而先期的技术咨询和协调有助于转型计划按照进度和预算进行,生产承包商应该意识到支持系统集成组织符合自身利益(尤其是在经费主要来自军事基础设施预算而非具体项目的情况下)。

另外,由于系统集成性能指标不易操作化,且与国防合同的传统框架相关联,所以各军种在选择"系统之系统"集成的技术顾问时仍然非常困难。自上而下开发的系统集成技能指标无法替代组织竞争。多样化的系统集成组织可以提供不同的技术路径和对"系统之系统"的提议,并且可以对彼此的提议作出技术评论和批评,为军方客户提供足够的建议以便在转型早期作出明智的选择。

"系统之系统"集成角色的竞争也可以帮助缓解资源约束,而这种约束源自把整个国防预算押在当前运营,而非技术咨询和长期投资上。基于兼并的国防工业部门整合以及冷战后长期生产需求的减少，已经限制了生产合同竞争。在目前的国防预算中，为每种武器系统维持多条生产线的间接费用也高得令人无法接受。然而，技术顾问组织之间的竞争却相对容易维持，尽管每个组织都有不同的设计理念或技术重点，而那些专门的系统集成商应该能够在采办过程的生产阶段帮助监测技术效率。与此同时，为了在即将到来的军事转型中争夺技术顾问角色的份额，这些组织相互监督对方的表现，指出竞争对手提议中的技术缺陷，并帮助解决有关系统集成投资方式与额度的政策问题。利用专业系统集成组织之间的竞争应该是一种相对低成本的方法，以应对预算压力和军事转型投资高资源需求之间的矛盾。

　　然而，最终必须有人承担责任。系统集成组织之间的竞争可能会让每个人都保持诚实并过滤想法，但对个人决策而言，军方本身必须通过竞争的要求进行排序并作出决策。

　　在冷战期间，重大的采办项目或相关集团常常催生新的采购和咨询组织。一个新的采办组织、系统集成商伙伴关系可能会促进转型努力。网络中心战的支持者经常指出，当前的采办系统是在一个又一个平台的基础上组织起来的，这自然就降低了关键网络投资的重要性。这种潜在的问题非常类似于通过传统采办渠道投资导弹防御时所遇到的障碍，后者导致了20世纪80年代战略防御倡议办公室（BMDO的前身）的创建。国防部长或各军种部长应考虑依托一个新的采办组织，为网络中心战提供一个类似的基点，以此调动官僚们的兴趣，使其成为面向转型的预算推手。由于该网络的目的是至少能将众多作战群（例如水面舰艇、飞机和空间系统）与系统相连，这个新设机构应该直接向相关采办决策的最高管理层报告。

　　这个新设机构还可以负责支持新建一个技术咨询组织，专事开发未来军事的网络和节点要求。这个组织很可能会从现有系统集成商那里借用人员甚至智力资本(例如,经验数据库),并开发必要的新能力来应对复杂的网络中心环境。任何这样的新系统集成商都需要一个高级别赞助商、一个合理的预算、隔绝不可避免的官僚内斗,以及最重要的——有足够的时间来发展可信任的关系,并记录所有系统集成企业的成功特征。转型背后的政治压力可能不允许决策者坐等这些条件齐备。在里根时代,导弹防御资金激增导致了一个新的采办组织的成立,以此遏止各军种系统司令部的官僚身份将他们的努力从导弹防御向传统系统转移,然而,对导弹防御系统多样化组件的技术支持又从根本上依赖于现有组织所拥有的系统集成技能。因此,由现有系统集成机构组成的 POET 团队成功地提供了技术支持。

在当前的政策环境下,力量的天平正在偏转,负责平台制造的主承包商压倒了此前的联邦研发中心等专门化系统集成公司和技术熟练的专业服务公司。如果军方成功地扭转这一趋势,并创建一个由"系统之系统"集成商组成的非生产性团队,这或许就足以被认为是一场胜利。它将提供最低限度的保护,使其免于丑闻的干扰,从而避免军事领域的信息技术革命偏离轨道。尽管有些人质疑 POET 是否优化了导弹防御系统的技术支持,但一个类似于 POET 的网络中心战团队可能会在改进美国未来战争方式的技术方面取得重要进展。无论转型倡导者最终采用何种特殊的制度形式,获得顶级的系统集成能力仍将是美国军方采办组织的重要标志。

致谢

本章的部分研究得到了海军战争学院的"军事转型和后一时代的国防工业"项目的支持。作者要感谢彼得·东布罗夫斯基(Peter Dombrowski)和哈维·M. 萨波尔斯基关于系统集成的有益讨论。

注释

1. 其他主承包商也为传感器设备、推进设备和其他主要平台组件执行类似的、特定产品的系统集成。

2. 有关海军作战指挥官和海军研究办公室研究科学家之间紧张关系的相关讨论,见萨波尔斯基(1990：86,89,96–98)。

3. 国防业务仍然是一个政治性业务,认为效率永远唯一甚至是最高目标是不现实的。国防合同将特定的社会目标强加给了国防工业的劳动力,比如倾向于指导小型、少数人所有的或处于不利地位的分包商。

4. 最近有国防工业领军人物抱怨其公司股价在 20 世纪 90 年代末科技泡沫期间的表现,使得人们再次关注到这一问题,但对于国防部门的高端工程工人来说,这实际上是一个过时的问题。参见鲍姆(Baum)(1981：129–131)。

5. 面对投资者要求短期收益的压力,私人公司有时会被指责低估研究人员的连续性。目前还不清楚为什么投资者会在评估研究团队的价值时犯系统性错误：他们可以简单地将研究投资的未来收益折现为净现值,以便进行投资比较。在 20 世纪 90 年代,投资者往往高估技术进步的前景,在国防工业中也是如此[这一预期一度与互联网企业的预期相混淆(Gholz, 1999)]。

6. 这些系统集成技能的每一个来源都在一个或多个访谈中被引用——通常是以自我服务的方式。也就是说,与学术密切联系的系统集成组织将强调获得基础科学研究的重要性,而与主要国防生产组织有联系的组织将强调生产经验是系统集成技能的关键基础。

7. 类似的情况导致 MITRE 公司的成立。参见雅各布斯(Jacobs)(1986：137–141)。

8. 史密斯(Smith)预测,随着军队内部技术能力的提高,联邦研发中心的作用将逐渐消失。但由于本文中讨论的原因,以及史密斯报告中提及的联邦研发中心的成功(从而降低了军方对内部系统集成能力的需求),军方从未开发出足够的专长来取代联邦研发中心。营利性系统集成承包商(如科学应用国际公司)对联邦研发中心的威胁比任何复兴的政府实验室都要大。

9. 约翰斯·霍普金斯大学的应用物理实验室(APL)目前还不是一个技术性的联邦研发中心(直到 1977 年),但它仍然是一个与美国海军有长期的合同关系的非营利性的系统集成组织。与联邦研发中心一样,APL 并不主要从事生产,有时还在主要的海军系统合同中充当技术指导代理人。就目前而言,APL 可以与 MITRE 和 Aerospace 组成一个系统集成联邦研发中心,尽管它与林肯实验室一样,都有一个强大的研究计划。

10. 科学应用国际公司(SAIC)明确承认了联邦研发中心的技术能力,并在 1996 年试图购买航空航天公司,它们声称自己可以在保持技术的同时出于利润动机增加效率。来自空军的阻力阻止了这一有争议的举动,Aerospace 的许多科学家也对此次收购表示怀疑,并宣布称如果 SAIC 的交易成功,他们可能会考虑离开该公司。参见约翰·明茨(John Mintz)(1996)。

11. 参与这些国会决定的一些人认为联邦研发中心的高成本是形成这些限制的关键问题,其他人则看到了围绕导弹防御系统的持续争议的影响。最近有人建议创建一个战略防御倡议研究所来支持导弹防御工作。

12. 例如,SYNTEK 通过雇用一些在军事实验室(20 世纪 60 年代和 70 年代)获得工作经验的技术专家而受益,当时实验室在架构定义中扮演着更重要的角色。SYNTEK 的高管们担心,他们的技能将难以在未来几代技术人员中延续下去。(2000 年 9 月作者访谈。)

13. 软件工程研究所(SEI)已经着手开发一个新的能力成熟度模型来评估"集成"技能：在 OSD(国防部长办公室)的指导下,他们正在尝试将软件系统工程程序应用到软硬件集成之中。其目标是为降低复杂项目中的失败率开发最佳实践方法。即使 SEI 的研究进行了这样的延伸,它仍然处于系统集成的整体系统的"较低"水平。

14. 在访谈中,一些受访者指出,因为 SEI 和 MITRE 都在争取 Hanscom 空军基地的空军电子系统司令部的关键客户的注意,所以能力成熟度模型-集成(CMM‐Ⅰ)项目正在引起两者之间的紧张。

15. 将 BMDO 重组为导弹防御局,同时创建一个为导弹防御提供技术支持和系统集成的"国家队"。国家队涉及生产平台的主承包商,特别是将部署作为分级导弹防御系统的一部分的平台。

16. 2001 年 8 月作者访谈。

17. 2002 年 7 月作者访谈。

18. 有人提出了一个向导弹防御计划提供技术支持的类似想法：要么将已建立的联邦研发中心人员重新分配到新的战略防御计划研究所(SDII),要么在已建立的联邦研发中心设立一个新的部门。后因 POET 之故,这一思路被拒绝,因为新设联邦研发中心的方法进度太慢,而且成本太高。另一些人认为,SDII 的提议被导弹防御的政治对手所阻挠,他们希望通过拒绝向战略防御倡议办公室提供高质量的技术建议来阻碍这一努力。参阅鲍科姆(Baucom)(1998)。

19. 监督官员和/或公司伪造报告的情况确实会偶尔发生,但这些案例确实是例外而不是常规(Wall 2001)。

20. 这些任务之间的冲突阻碍了系统方法向采办环境之外成功扩散
    (Rosen 1984)。

21. 关于这种组织行为方式的一般性讨论,见普费弗(Pfeffer)
    (1987)。

22. 参阅巴利斯勒(Balisle)和布什(Bush)于 2002 年和 2002 年 7 月
    及 8 月的回应。

23. 2002 年 5 月作者访谈。

24. 这一要求是政府机构难以在内部进行系统集成的另一个原因:
    系统指挥中的下属项目经理可能不会冒险批评他们的上级或上
    级偏爱的项目(OTA 1995:5)。半公共的联邦研发中心也面临
    着类似的压力,即不能过多地批评它们的客户,但它们的支持和
    晋升前景并不会直接受制于它们技术建议的潜在目标。营利性
    系统集成公司的地位与联邦研发中心类似,与联邦研发中心相
    比,它们可能对赞助机构的短期预算压力更为敏感,此外,如果
    它们与某个特定合同指挥部的关系暂时恶化,它们可能有更多
    的独立性来寻找替代客户。

参考文献

BALDWIN, W. L. (1967). *The Structure of the Defense Market 1955 – 1964*. Durham, NC: Duke University Press.

BALISLE, P. and BUSH, T. (2002). "CEC Provides Theater Air Dominance", *US Naval Institute Proceedings*, 128/5: 60 – 62.

BAUCOM, D. (1998). "The Rise and Fall of the SDI Institute: A Case Study of the Management of the Strategic Defense Initiative", *Incomplete Draft*, August.

BAUM, C. (1981). *The System Builders: The Story of SDC*. Santa Monica: System Development Corporation.

BUILDER, C. H. (1989). *The Masks of War*. Baltimore, MD: Johns Hopkins University Press.

CHUTER, A. (2002). "Honeywell Eyes PCS Systems Integration", *Defense News*, 29 July – 4 August: 4.

COTE, Jr., O. R. (1995). "The Politics of Innovative Military Doctrine: The US Navy and Fleet Ballistic Missiles", PhD Thesis, Massachusetts Institute of Technology.

DYER, D. (1998). *TRW: Pioneering Technology and Innovation Since 1900*. Boston, MA: Harvard Business School Press.

FRIEDMAN, N. (2000). *Seapower and Space: From the Dawn of the Missile Age to Net-centric Warfare*. Annapolis, MD: Naval Institute Press.

GHOLZ, E. (1999). "Wall Street Lacks Realistic View of Defense Business", *Defense News*, 20 December: 31.

——and SAPOLSKY, H. M. (1999). "Restructuring the US Defense Industry", *International Security*, 24/3: 5 – 51.

HARKNETT, R. J., and THE JCISS STUDY GROUP (2000). "The Risks of a Networked Military", *Orbis*, 4/1: 127 – 143.

HERBERT, P. (1988). "Deciding What Has to be Done: General William E. DePuy and the 1976 Edition of FM 100 – 5, Operations", Leavemvorth Papers, No. 16. Fort Leavenworth, KS: Combat Studies Institute, US Army Command and General Staff College.

HUGHES, T. P. (1998). *Rescuing Prometheus: Four Monumental*

Projects that Changed the Modem World. New York: Vintage Books.

JACOBS, J. F. (1986). *The Sage Air Defense System: A Personal History.* Bedford, MA: MITRE.

McNAUGHER, T. L. (1989a). *New Weapons, Old Politics: America's Military Procurement Muddle.* Washington, DC: Brookings Institution.

—— (1989b). " Weapons Procurement: The Futility of Reform ", in M. Mandelbaum (ed.), *America's Defense.* New York: Holmes & Meier, 68 – 112.

E. McKinney, E. Gholz, and H. M. Sapolsky (eds.), *Acquisition Reform* (MIT Lean Aircraft Initiative Policy Working Group Working Paper #1). Cambridge, MA: MIT Press.

MICHEL III, M. L. (1997). *Clashes: Air Combat Over North Vietnam 1965 – 1972.* Annapolis: Naval Institute Press.

MINTZ, J. (1996). " Air Force Halts Merger of 2 Companies ", *Washington Post*, 16 November: Dl. OFFICE OF TECHNOLOGY ASSESSMENT (OTA), US CONGRESS (1995). *A History of the Department of Defense Federally Funded Research and Development Centers* (*OTA – BP – ISS – 157*). Washington, DC: US Government Printing Office.

PFEFFER, J. (1987). " A Resource Dependence Perspective on Intercorporate Relations ", in M. S. Mizruchi and M. Schwartz (eds.), *Intercorporate Relations: The Structural Analysis of Business.* New York: Cambridge University Press, 25 – 55.

ROGERSON, W. (1998). " Incentives in Defense Contracting", Paper presented at the MIT Security Studies Program, October, 1998.

ROSEN, S. P. (1984). "Systems Analysis and the Quest for Rational Defense", *Public Interest*, Summer: 3 – 17.

ROTNAM, G. (2002). "US Navy to Set New CEC Requirements", *Defense News*, 22 – 28 July: 44.

SAPOLSKY, H. M. (1972). *The Polaris System Development Bureaucratic and Programmatic Success in Government.* Cambridge, MA: Harvard University Press.

——(1982). "Myth and Reality in Project Planning and Control", in F. Davidson and C. L. Meadow (eds.), *Macro-engineering and the Future.* Boulder, CO: Westview Press, 173 – 182.

——(1990). *Science and the Navy: The History of the Office of Naval Research.* Princeton, NJ: Princeton University Press. and COTE Jr. , O. R. (1997). "The Third Battle of the Atlantic", *Submarine Review*, July: 40 – 42.

——, GHOLZ, E. , and KAUFMAN, A. (1999). "Security Lessons from the Cold War", *Foreign Affairs*, 78/4: 77 – 89.

SMITH, B. L. R. (1966). *The Future of the Not-for-Profit Corporations* (*P – 3366*). Santa Monica, CA: RAND Corporation.

STANLEY-MITCHELL, E. (2001). " Technology's Double-edged Sword: The Case of US Army Battlefield Digitization", *Defense Analysis*, 17/3: 267 – 288.

SVITAK, A. (2002). "Disjointed First Steps: US Services' Transformation Plans Compete, Don't Cooperate", *Defense News*, 19 – 25 August: 1.

TUMPAK, S. (2002). "Limit Super Primes", *Defense News*, 15 – 21 July: 23. US General Accounting Office (1986). *Strategic Defense Initiative Program: Expert's Views on DoD's Organizational Options*

and Plans for SDI Technical Support (*GAO/ NSIAD* − *87* − *43*).
November. Washington, DC: US General Accounting Office.

——(1996). *Federally Funded R&D Centers: Issues Relating to the Management of DoD-Sponsored Centers* (*GAO/NSIAD* − *96* − *112*).
August. Washington, DC: US General Accounting Office.

WALL, R. (2001). " V − 22 Support Fades Amid Accidents, Accusations, Probes", *Aviation Week and Space Technology*, 29 January: 28.

WILLIAMS, C. (2001). " Holding the Line on Infrastructure Spending", in C. Williams (ed.), *Holding the Line: US Defense Alternatives for the Early 21st Century*. Cambridge, MA: MIT Press, 55 − 77.

WILSON, J. Q. (1989). *Bureaucracy: What Government Agencies Do and Why They Do It*. New York: Basic Books.

第十五章 |
创新系统的恒动边界： 连接市场需求和使用

莫琳·麦凯尔维(Maureen McKelvey)
瑞典查尔姆斯理工大学

一、引　言

　　本章重点关注创新系统不断变化的边界,以了解系统集成商需要如何将创新和发展与市场需求和使用联系起来。关注这些不断变化的边界意味着关注创新系统随着时间的推移而发生的整体变化。其中,为新的开发活动创造动力的那些行动者、关系、力量,都是这种边界变化的体现。本章的大部分内容集中于两个经验案例:制药和开源软件。这两个经验性部分以一种将理论和分析观点嵌入经验性证据的方式来呈现材料。本章表明,创新系统为理解未来可能存在的轨道提供了一个有用的工具,它能够为我们刻画不断变化的边界会影响如何将组件服务、商品和知识整合为一个系统。

　　本章认为,创新系统的边界随着时间的推移而变化。这意味着新行动者可能加入,旧的行动者可能退出,或者新型行动者(如大学或风险投资者)在某些时候可能对创新过程变得重要。这种认为创新边界随着时间的推移而变化的观点,可以帮助我们更好地理解将所有组件整合为一个系统的方式、原因与影响。在某些情况下,某些企业可以充当系统集成商(Davies,本书第十六章;Prencipe,本书第七章;Sako,本书第十二章)。然而,在其他情况下,需要通过更加分布式的协调机制来协调所有不同行动者的活动。一个例子是通过市场交易进行协调,市场交易发送价格信号来影响许多分散的个体。另一个例子是更松散的协调网络,如开发者社区或非正式关系。这意味着,如果边界发生变化,那么创新系统内这些不同的协调方式的类型和相对重要性也会随之发生变化。如果出现这种情况,就意味着分布式协调机制就有可能取代企业,成为系统集成商,反之亦然。

对系统和网络的分析在社会科学中非常流行,其中多与创新研究有关。"系统"或"网络"的一般定义包括相互关联的组件和网络链接,它们激活、促进或者阻碍了行动者实现某些目标的过程。例如,创新系统涉及这样一组信息结构、组织、制度和企业,它们使创新能够在限定的企业群体中发生(McKelvey, 1997a)。创新系统的文献会强调系统新奇的经济方面,比如其对经济增长、生产力或企业生存的影响(Lundvall, 1992; Nelson, 1993; Edquist, 1997; Edquist, Hommen and McKelvey, 2001),但也并非总是如此(Edquist and McKelvey, 2000)。为了将网络关系的频率和强度与结果相联系,来自社会学(Powell and Smith-Doerr, 2000)和经济学(Orsenigo, Pammolli and Riccaboni, 2001)的网络方法对网络进行了分析。网络是否会影响经济增长和企业生存?许多系统集成文献[如复杂产品系统(CoPS)的研究]重点关注了技术的复杂性和系统性,以及企业在这些领域竞争的可能性(Prencipe, 1997; Brusoni, Prencipe and Pavitt, 2001)。与之类似,可以通过分析创新企业中的技术、产品和组织来理解这些互动(Pavitt, 1998)。

本文介绍的两个经验案例更侧重于将高风险、高成本的创新和开发活动与当前的、预期的/未来的市场需求和使用相联系的过程。[1]
本文遵循马莱尔巴(Malerba)(2002),使用行动者、关系和系统性结
果的概念,将这些创新过程描述为创新系统。这三个要素为我们提
供了一个平台,用于比较随着时间的推移在不同系统中发生的事情
以及不同行动者可能扮演的角色。这两个案例尽管存在一些相似之
处,但案例分析的聚合度不尽相同,阐述的要点也不尽相同。这些差
异对于我们的总体目标有所帮助,例如,确定创新系统边界随时间变
化的原因与方式,以及这些变化对系统集成企业的影响。

　　因此,本章重点关注创新和发展过程(在制药业和开源操作系统
中),以了解行动者的选择、网络关系和系统性结果如何与对未来回
报的预期相联系。通过这一过程理解系统集成,本章的一个贡献是
提供了创新对产业的基本影响的洞察,反之亦然。企业必须创新才
能与时俱进,社会似乎也是如此。由此,第二个贡献是使系统集成的
分析更加动态。本章为创新系统内搜索活动的不同动力和方向提供
了解释,因而,不同的动力和方向导致不同的未来结果或轨道。市
场、用户和技术是完成这一分析的术语体系,例如,未来的市场(制药
业)和未来的用户(软件)以及未来的技术发展(制药业和软件)。这
意味着技术变革和市场变革密切相关。

　　每个行动者都对未来有自己的期望:未来的创新机会、风险、成
本、可能的市场,等等。将创新系统的结果与行动者的期望相联系的
原因在于,激励结构以及信息获取途径显著地影响搜索活动的速度、
方向和结果(McKelvey,2001d)。不同企业、组织和个体开展的搜索
活动反过来会影响创新和发展过程的结果。这导致了对系统协调及
其中行动者的关注。因此,从这个角度来看,这里的系统协调意味着
行动者的个体决策在某种程度上受更高层次的社会经济结构的影响,
这些结构会影响着搜索活动的动机、速度和方向。

在研究这一具体问题时,本章聚焦于创新系统不断变化的边界,而不是聚焦于作为系统集成商的特定企业。在某些文献中,对"协调"的讨论主要着眼于所涉企业的类型,例如,垂直一体化的制造企业,抑或通过协作安排联系起来的小企业群体。本文中创新系统的协调是指微观层面的行为和与更广泛的社会经济结构相关的结果之间的联系。产业创新系统有助于我们描述随时间不断变化的行动者、关系和系统性结果。系统的这些特征是分析工具,有助于将企业选择与具有潜在经济价值的新奇相关的内、外部信息源联系起来。

第一个要点基于第二节的制药业案例,它说明:创新系统的恒动边界会影响相关的系统集成商与组件供应商的参与方式、原因以及涉及对象。因此,不断变化的边界不仅会影响在位企业和新进入者的创新机会,还会影响网络关系的主导模式,包括信息获取途径。在不同时期和不同地理位置,创新系统对某一特定企业的相对影响可能不同。整个产业创新系统既包括一些设计和销售组件的企业,也包括更多从事集成活动的企业——将多种知识领域和多种商品与服务整合成最终产品。然而,在一段时期内作为系统集成商的企业可能会受到新进入企业的挑战,从而转变为零部件供应商,并/或试图将系统瓦解为由企业控制的过程。

基于第三节开源计算机软件的案例,我们得出的第二个要点是:用户和/或买方对创新过程的影响部分取决于他们作为开发者的角色,并且部分取决于企业获得经济回报的可能性。他们作为开发者的角色(以及经此参与更复杂的创新过程组织)会影响所开发产品的类型和特征。在这一过程中,整合能否实现的潜在机会,以及由何种类型的行动者来开发这一机会都可能有所不同。作为一种促进开发活动的激励机制,市场机制可以同组织社会行动者各种创新活动的其他方式同时发挥作用。

以上有关市场作为一种协调机制形式的推理，决定了在分析创新过程和生成产品的过程中，对"用户"和"买家"的区分尤为重要。作为一种协调机制，市场会发送不完全信号，这意味着非买家用户会影响创新活动的初始动机。在理解创新过程时，还存在其他协调机制，例如，刺激企业从事研发活动，刺激大学发展科学、工程或其他技术知识的激励机制。因此，我们认为，创新系统有时更倾向于开发新想法，而在其他时候通过售出产品发出的市场信号对行动者的决策和行为有更大的影响。如果创新系统的边界发生变化，那么协调机制和系统集成商企业的角色也会发生变化。

本章下面的内容组织如下。第二节通过理解不断变化的知识和不断变化的药物需求影响全球制药业的在位者和新进入者的原因和方式，探讨现代生物技术与制药企业之间的联系。第三节探讨了开源软件，尤其是 Linux 的发展，以考察不同可能的激励机制和不同方式的组织搜索活动对软件开发的影响。这两部分因此构成了案例梗概，而这些是基于作者和合著者的其他经验性工作及理论工作。本文呈现的案例强调了经济转型和不断变化的制度边界的几个主要特征。第四节总结全文，并重申了本文的理论观点，即理解复杂的、知识密集型产品（如商品和服务捆绑）的需求变化对买方、卖方和其他社会行动者角色的影响。

二、现代生物技术和制药行业
不断变化的边界

制药业是一个规模庞大、高增长、全球化和创新密集型的行业。这个行业的产品，即药物，被用于满足消费者在医疗保健领域的需

求,而这一领域对社会来说处于根本地位,且其重要性正迅速提升。医疗保健和治疗的供给需要对多样化商品和服务的组合进行创新,这显然使其成为一个复杂产品系统。然而,通常情况下,在医疗保健领域,没有一个行动者可以承担起系统集成的全部任务,但在制药业中可以找到这样的行动者。药品本身就在医疗保健部门中占有重要的位置,且占比可观。而作为一种产品,药品基本上是由制造业生产的。

但是,本节并不打算探讨制造和销售环节的细节,这里重点关注的问题都与发现过程中的搜索活动有关,这些活动直接关系到产品的预期未来回报。寻找和推出新药需要在搜索环节产生高昂的成本,需要新的医学和生物学知识以及最新的市场知识。麦凯尔维(McKelvey)和奥尔塞尼戈(Orsenigo)(2001a, b)以及麦凯尔维、奥尔塞尼戈和帕莫利(Pammolli)(2003a)从产业创新系统的视角分析了欧洲制药行业以及制药和新生物技术之间的融合。这项工作解决的问题是,我们如何以及为什么能够利用和发展演化的概念与理论,同时分析特定部门随时间的变化? 在这些文章中,麦凯尔维和奥尔塞尼戈(2001)奠定了本节的基础。这篇文章立足于动态选择环境影响企业创新战略(和竞争力)的理论解释,讨论了在特定国家背景下分析制药企业群体的原因与方式。基于这一思路,着重关注动态选择环境与企业的双向影响,这涉及(a)企业的学习制度,(b)大学-产业关系,以及(c)由规制和市场塑造的需求。

自 20 世纪以来,制药业就是欧洲工业的传统支柱产业,且至今仍为欧洲在高技术产业的贸易平衡作出最大贡献。然而,在过去 20 年中,欧洲制药业在与美国的竞争中一直处于劣势。此外,欧洲国家内部也发生了重大变化(Gambardella, Orsenigo and Pammolli, 2000)。事实上,在过去 20 年中,世界制药业经历了深刻的变革。该行业经历了一系列影响价值链各环节的技术冲击和制度冲击。这些冲击导致国内、区域和全球市场范围内企业组织与市场结构的深刻变化。

在价值链的一端,今天所谓"分子生物学革命"的兴起和生物技术的出现从根本上改变了药物发现的前景和过程。在另一端,医疗保健费用和处方药支出的增加引发了一系列的成本控制政策。在这两者之间,对新药审批的要求越来越严格,这意味着要进行更大规模、更昂贵和基于国际的临床试验。立法的发展和法院对有关知识产权问题的解释的演变,以及国内市场对外国竞争的日益开放,也对竞争和产业演进的模式产生了重大影响。

总体而言,这些趋势意味着开发新药所需的资源急剧增加。与此同时,它们重新定义了企业间竞争的性质。事实上,竞争优势的根本来源在于研发、营销和渠道能力的整合。这些不同类型互补能力的整合对企业提出了新的要求。

面对这些挑战,单个企业和国家产业的反应截然不同。企业不得不重新设计它们的能力和战略。特别是,研发和营销方面不断上升的成本以及新逻辑诱发了产业内的并购(M&A),进而导致集中化和全球化水平的提高。与此同时,企业和其他机构行动者(如大学和公共研究中心)之间正在出现新的劳动分工和合作模式。个体企业和国家的关键竞争性资产日益取决于知识结构以及竞争力和国际化的程度。这些竞争性资产包括,但不限于:大学和其他公共研究中心一流科研的可获得性、生物医学研究系统的结构、在营销和研究方面的企业间联盟模式。制药业在过去几十年中的这些变化可以被理解为一种发展,这种发展会影响知识能力和经济价值在系统中现有行动者和潜在行动者之间的分配。

直观地说,制药业很自然地适合作为一个产业创新系统(SSI)或一个网络来分析(Galambos and Sewell, 1995; Powell, Doput and Smith-Doerr, 1996; McKelvey, 1997b)。关于创新系统的概念起源于

演化经济学和制度经济学（见 Edquist and McKelvey，2000）。创新系统文献已经对国家、区域、产业和技术层面进行了分析。更重要的是，创新系统文献强调互动学习和知识的重要性，以解释产业、国家和区域的相对竞争力。就本章而言，马莱尔巴（2002）对产业创新系统（SSI）的定义是一个可用的起点：

> 一个产业创新和生产系统由一组异质性主体组成，它们为了产生、选择和使用（新的和已有）技术，并为了创造、生产和使用与某一产业相关的（新的和已有）产品（"产业产品"），而进行市场和非市场互动。

因此，该产业创新系统的定义用三个要素来定义整个产业系统，即（a）行动者，（b）互动类型，以及（c）系统的产出或功能。产业创新系统的这三个要素提供了一个分析工具，这一工具有助于理解和重新定义特定产业中竞争的性质。

上述发生在制药业和新兴生物技术与制药交叉领域的新变化影响了产业创新系统。我们可以通过分析这些变化对制药产业创新系统中行动者、关系和系统性结果的影响来理解它。

在行动者方面，涉及的类型有很多。大型制药企业是将创新和开发与市场需求联系起来的重要行动者。此外，还有各种各样的行动者或直接或间接地参与到创新活动中，其中包括：（不同类型的）企业，大学、公共和私人研究中心等其他研究组织，金融机构，监管机构和消费者等。自 20 世纪 80 年代以来，基于知识领域和通用技术方面的新发现，各种专门从事生物技术开发的企业开始涌现。随着有经验的人离开大型在位企业，像风险资本家这样的金融机构在促成小企业的初创方面发挥了重要作用。我们可以将上述行动者视为不同类型的专家或创新搜索活动的组件供应商。他们为商品和服务提供不同类型的知识和资源。在多重视角下,大型制药企业扮演着将创新搜索过程的所有要素与医药市场相联结的角色。从这个意义上讲,它们通常充当着一种系统集成商。

在关系方面,这些不同的行动者经由一个网络联系在一起,其中的关系类型、数量和频率各不相同。例如,制药企业开发和销售新药的能力取决于政府机构制定的规章制度,它们也可能选择外包某些活动,如临床试验。而且网络中的这些关系通常是非对称分布的,其中存在一些强节点,关系强度和频率也有差别。大企业仍可能主导某些网络。而这种非对称属性同样体现在行动者获取信息,进而影响需求的方式上。这显然可以帮助它们保持自己系统集成商的角色,以应对创新系统边界的不断变化。然而,大企业也面临着其他行动者的挑战,这些行动者可能获得更有价值的信息和/或开发网络来组织替代性药物的发现、生产和销售。

在系统性结果方面,制药产业创新系统将资源用于开发新的科学和技术知识,以及销售新产品和/或提供服务。企业花费大量资源来寻找新药,从这个意义上说,大型企业不得不探索更多的"搜索空间"来寻找新分子。然而,近些年来,与第二次世界大战后的黄金时期相比,用于寻找新药的搜索空间似乎在缩小。当然,这给制药企业带来了压力,迫使它们去寻找更大的重磅炸弹药物,以抵消研发和监管的成本。

基于这一描述,制药业显然可以描述为一个系统边界不断变化的产业创新系统。随着时间的推移,行动者、关系和系统性结果的变化既影响个体行动者的创新机会,也影响未来的轨道。有趣的是,这个行业中的不同选择原则表现出混合和部分交叉重叠的特征,这会影响个体行动和系统性结果。这些选择原则既影响创新搜索,也影响未来的潜在利润。一方面,尽管参与到科学社区中会带来经济利益,企业会允许员工像基础科学家一样行事,并发表论文,哪怕如此参与科学家共同体会带来经济利益(Pavitt, 1990; Rosenberg, 1990)。另一方面,在与专利和许可相关的问题上,大学的行为越来越像私营企业。事实上,选择和学习的混合形式的出现(McKelvey, 1997b)已经成为该行业近年来最有趣的特征之一。

这种系统恒动边界的观点可以用来确定四个问题,它们将制药-生物技术产业的经验分析与创新系统的理论观点联系起来。这些都是理解经济竞争的一种手段,并因此成为理解现代知识经济转型的一种手段。这四个问题是:

第一,行动者的相对重要性以及行动者之间彼此关系和联系的具体形式,这些都可能随时间和国家的不同而不同。

第二,制药产业创新系统一直在随着时间而变化,变化方式包括新的行动者和新关系以新的形式出现,以及这些关系强度的变化。

第三,由于环境选择压力以及企业内部行动,参与创新的企业和组织的关键能力及竞争性资产发生了变化。

第四,由此导致国际制药产业创新系统中的竞争模式和选择过程也会随之变化。

定义我们分析视角的这四个问题,以及欧美制药企业的经验证据(但此处无法详述),使我们能够识别两类企业,并由此认为,它们的轨道选择与它们的创新系统相关联。所有这四个问题反过来又影响到一个企业是否能成为一个系统集成商和/或其他协调机制能否实现系统集成。

在经验研究的基础上,麦凯尔维和奥尔塞尼戈(2001b)论证并表明,对制药企业创新战略和竞争力的分析应综合考虑动态选择环境中的各方面压力。因此,在现有的、复杂的制药组织环境中,个体制药企业不仅仅要对市场信号做出反应。[2] 也许与市场信号一样重要的是,企业作为一个组织必须将当前和未来可能的需求以及新知识和创新机会的信号转化为现有与潜在的产品。

将创新转化为面向市场的产品,这一企业特定的过程既需要企业内部活动,也需要外部关系。换言之,实现这些转变需要一定程度的行动、策略、惯例以及知识和经验。这种将投入转化为产出的过程是企业特定的,并因此在某种程度上是企业独有的,但一些市场和技术知识也会与竞争对手共享。

基于主导战略,进而基于竞争类型,我们可以定义两类企业。第一类企业所遵循的战略更专注于生产和模仿,因此它们倾向于以价格为主导的竞争。第二类企业所采取的战略更注重创新,尤其是重磅炸弹药物,这使它们更倾向于以创新为主导(并通过专利来维持)进行竞争,尽管价格竞争在这里也越来越重要。在国家选择环境方面,我们也可以定义两类特征——而且它们可以随着时间推移而相互转化。如果就决策的政治类型来说,关于制药业的第一类决策主要围绕着政治选择过程展开,如向所有居民提供医疗保健,保护本土企业等。第二类则允许很多基于市场选择的决策,在此过程中,政治决策和医疗保健提供者的行为方式扩大了受市场影响的决策范围。

第一类企业在替代品上以模仿和低价格来进行竞争,这些替代产品主要是普通药物和/或现成药物。它们在研发上的花费要少得多,在针对其他主体或通过网络关系获取外部信息上花费的资源也少得多。第一类企业往往是为服务于区域市场而生,进而服务于国内市场,尽管它们做的仿制药品日益成为一种全球性的大众市场产品。相比之下,这类企业更重视制造和分销渠道,而不是资助与未来重磅炸弹药物相关的最新知识。尽管市场压力越来越大,但无论是基于高效生产和价格竞争的目的,还是考虑国家价格管制的保护,这一类企业可能会随着时间的推移继续存在。

第二类企业依赖于重磅炸弹药物,基于专利和其他产权的保护、研发的巨大回报和可观的利润。这类企业倾向于进入市场广阔和/或持续扩张的药物领域。这种创新战略要想成功,需要企业在扩展的医药研发过程中进行广泛的投资,包括对内部能力的投资或对外部知识来源的控制(Orsenigo、Pammolli and Riccaboni,2001)。因为任何关于搜索策略和潜在重磅炸弹药物的最终特征的信息都可能非常有价值,所以它们需要与其他企业和其他类型的行动者进行广泛的接触与交易。赢家通吃。

根据四种类别,表15.1和表15.2总结了我们上述的经验证据,这四种类别将主导企业战略与主导选择环境联系起来。它们提供了一个框架,既可用于确定这两个维度上某些组合的相对集中度和频率,也可用于了解企业的选择范围。

表15.1　制药业: 主导企业战略与国家选择环境相联系

	以政治决策为中心的选择	以基于市场的决策为中心的选择
创新企业战略	转型期	主导全球趋势;美国领先。全球竞争,基于创新(随着时间推移,与价格联系日益紧密)
生产与模仿型企业战略	此前,尤其是在欧洲大陆	基于价格的全球竞争

表15.1给出了现有的不同时期和不同地理区域的多种组合。表15.2则将上述信息与相对频率联系在一起。因此,表15.1和表15.2提供了系统不断变化的边界的直观概述。

表 15.2　制药业：不同组合的相对频率

	以政治决策为中心的选择	以基于市场的决策为中心的选择
创新企业战略	++	++++
生产与模仿型企业战略	++++	++

　　最后,研究创新系统不断变化的边界对系统集成有一定的意义。这些不断变化的边界显然会影响一些企业是否可以充当系统集成商,或者松散的协调机制是否会导致一个更加分布式的创新系统。创新系统的特征会随着时间推移而发生变化,这似乎会导致系统集成和协调许多个体的不同方式。

　　在某些情况下,改变边界不会对现有的权力分配产生很大影响。例如,大型制药企业在规模方面以及专业药品的跨职能(研发、测试、生产和销售)整合方面仍然占据主导地位。在一些方面进行外包,而其他方面则保留在企业内部。然而,近年来,由于知识和需求方面的变化,大型制药企业的盈利能力和主导地位受到了挑战。因此,企业与其创新战略之间的关系会随着时间的推移而改变。这一论点直接对应于那些遵循创新和重磅炸弹药物战略的制药企业。

　　这些创新型企业会更有动机在内部从事搜索活动,并与网络相连。为了将创新机会转化为利润,它们有更多的动机参与并努力控制研发,并将医学和其他知识的经济价值占为己有。而在面对复杂的、多知识领域时,企业内部知识存在明显的局限性,它们也有更多的动机来监测、识别和获取其他行动者持有的专用资产。它们需要内部活动和外部活动来整合商品和服务。这些专用资产可能由其他行动者所持有,从而使创新企业有动机去提高系统的整体互动性。

　　然而,随着创新系统边界的变化,一家或几家企业相对于较松散系统的相对优势也会发生变化。企业可能会试图取代该系统,从而更直接地控制它。换言之,在某些时候,如果企业能够掌控相关知识和独占经济回报,那么系统可能会再次被单一企业所取代。使网络转为单一企业的机制包括: 并购、重新通过内部研发来整合以往从外部获得的新知识,等等。在其他时候,系统会扩展。出现这种情况,可能是因为新进入者为了探索新的创新机会而销售产品,也可能是因为新的(类型的)行动者拥有更有价值的知识和其他资产。

　　制药-生物技术创新系统的恒动边界决定了,时间至关重要。近几十年来,选择创新战略的制药企业面临着许多市场挑战,从而面临着强大的适应压力,甚至是在全球范围内的适应问题。除了需要了解和整合新的科学领域,由于医疗服务提供商试图实施成本控制政策、以及对仿制药的政策放宽等因素,这些企业的盈利能力也面临巨大压力。

　　更抽象地说,在极端压力下,在前一时期具有创新精神的企业现在面临着两种截然相反的、可替代的未来选择。它们要么可能会坚持前一时期的战略,这会对企业行为和系统性结果产生影响,要么尝试转移到其他轨道。就制药企业而言,之前拥有创新主导战略的企业不得不作出决定。一方面,个体企业可以"选择"像过去一样,通过基于重磅炸弹的创新战略和竞争力继续竞争。在这种情况下,个体企业面临着越来越大的压力,去寻找资金来资助研发支出、维持外部网络联系,而与此同时不断增加的投资又必须来自未来重磅炸弹药物的盈利。在这种情况下,这些企业可以最大限度地利用国际产业创新系统,在潜在创新机会上获得先发优势,从而提高关系的互动性和频率,也可以尝试将创新系统中最有价值的部分瓦解至企业层面,从而获得控制权。这些工作的开展,通常是通过与国际竞争者的合并来实现的。

另一个结果是专注于生产和模仿,从而远离创新。因此,企业可以选择放弃围绕这些巨大的、重磅炸弹药物的创新战略的博弈。在前一时期具有创新精神的企业可能会试图退回到模仿型企业行列,而非在国际舞台上合并和/或斗争。[3]在这种情况下,企业应关注生产和分销的成本,同时减少内部研发和对国际网络的参与。这些企业将不再通过创新进行竞争,转而专注于制造和销售不受专利保护的、可复制、可替代的产品。此时,企业只需一个较小的、有着些许不同的结构和组成部分的创新系统。

总之,将制药业视为一个产业创新系统,有助于我们了解企业(基于创新的未来产品选择)影响创新系统中行动者、网络和系统性结果的全球变化的方式与原因。随着时间的推移,市场、制度和知识的变化会影响个体企业的选择,也会影响系统内互动的相对频率和强度。

如本节所述,这一观点意味着,企业作为整个制药系统的关键集成商,其创新机会可能会因时间和国家边界的不同而显著不同。核心产品企业从创新搜索流程到最终产品的整合机会不断变化。这些变化也影响到那些希望开发和销售组件服务与商品的企业。总而言之,产业创新系统可以帮助我们分析一家大企业在某一点上成为系统整体集成商的时机和原因,而在其他点上,许多小企业和大企业通过其他机制在整个系统中进行经济与知识协调。

三、Linux: 软件领域的用户、开发者和系统集成商

与药品一样,软件也是一种复杂的知识密集型产品(Steinmueller,

2003)。软件开发之所以有趣,不仅是因为其产出的商品和服务在现代经济中无处不在的重要性,还因为软件在开发中(有时在使用中)需要高度密集的知识。与本章第二节中制药产业创新系统一样,本节仍然主要关注创新活动,但关注的对象是计算机软件操作系统。

本节关注系统结构的变化如何以及为什么会将市场和非市场因素结合起来,我们的意思是有必要进一步探讨创新和需求(包括市场需求和用户)之间的联系,影响企业和其他行动者行为的方式与原因。市场/非市场因素影响到搜索的方式、原因、承担主体、由此导致的软件开发的具体特征,以及通过市场销售的商品和服务的潜在捆绑。这里的一个重要问题是,这些系统结构和组织搜索活动的方式是否会影响软件未来的发展动力和特征,以及具体的影响方式(如果存在影响的话)。这些问题反过来影响到企业能否充当系统集成商,或者松散的协调机制是否能占据主导地位。

本节关注 Linux 的发展,Linux 是一个开源软件操作系统,用户、开发者和系统集成商在其中的界限是模糊的。基于麦凯尔维(2001a,b,c)所报告的工作,本节分析了 Linux 开发在系统边界变化中所扮演的角色。麦凯尔维(2001b,2001c)定义了"互联网创业"的概念,以试图掌握现代软件创新的特征。对互联网创业的定义包含了以下特征:(a)多人分散于不同的组织和/或地理区域;(b)尽管分散各处,但人们仍然可以通过实时互动或时滞互动来创造新奇点;(c)用户和开发者可能是同一个人;(d)复制和分发信息可能没有成本,也可能有昂贵成本;以及(e)通过互联网或万维网在世界范围内即时分发软件和通信。综合来看,与企业通过研发来开发知识的传统模式相比,这些特征也许使一种新的知识创造方式逐渐成为可能。[4]

互联网创业是一种新兴现象吗?这种模式是否有可能击败,或至少严重威胁到那些在研发上投入大量内部资源并攫取利润的高技术企业？答案分别是"是"和"否"。互联网创业"是"一种新兴现象，是由于通过这种方式组织搜索活动获得了发展动力。而"否定"其潜在优势是由于软件创新系统能够以多种方式来组织搜索活动。"互联网创业"并不会成为一个完全替代以企业为基础的开发活动的威胁。相反，企业和更松散的网络之间的互动越来越多，也为企业开辟了更多的搜索空间。这种组织搜索活动的方式是对企业搜索活动和企业攫取经济收益的一种补充，而不是替代。

在这种情况下，系统集成似乎是通过一套松散协调的经济机制和社会机制实现的。即使在开源软件中，原则和协调控制的集中度方面的差异，决定了建立的制度结构也存在差异。许多创新搜索活动可能（至少部分地）不是按照传统的两极模式展开的，要么是市场化模式，要么是组织化模式——由一家大型企业整合整个系统。然而，这种松散的系统集成似乎很可能与现有的替代选择并存。

本节着重说明开发活动的市场和非市场方面相互作用的原因和影响。本节对 Linux 中开发活动的描述将参照上节内容，从行动者、网络关系和系统性结果三方面展开。软件开发似乎是一个非常有趣的演化竞争案例，它与演化经济学的理论发展高度相关（McKelvey，1996；Metcalfe，1998）。

要对开源软件进行理论和经验上的论证，重要的是要证实有多种可供选择的方式用于创造新奇点和创造经济价值。免费软件、共享软件、开源软件等与面向用户的商业捆绑软件竞争。这些不同的方式有时并行发展，但有时会趋同或分化。

此时，无论是"所有用户＝买方"，还是"用户＞买方"，都会影响创新和开发的潜在经济回报。企业需要以某种方式承担其开发成本，如果不是由未来市场承担，那么谁来承担？毕竟，被多种名目和认证标记为"开源"的软件,意味着用户同意放弃一些产权回报以换取开放渠道。

因此,从创新系统的恒动边界来看,开源软件很有意思。在这里,用户可能与买方竞争,但用户通常也是开发者。潜在用户必须选择是通过市场购买来获得操作系统,还是通过其他分销渠道获得替代品。Linux 和微软是操作系统竞争的有趣案例,因为它们即使不一定要争夺买家,它们也要争夺用户。这些用户可能希望该软件用于各种用途,例如运行台式电脑或其他企业网络服务器[5]。用户可以选择不同渠道来获取软件:购买操作系统许可证、购买许可证和服务协议、购买软件配置(即使不需要许可证)、编译自己的软件,等等。上述分销渠道的示例分别对应于购买 Windows/Word,从一个企业那里购买 Windows/Word 和服务,购买开源软件包(如 RedHat),从网络、光盘、同行等处获取程序,无需购买许可证或配置(如自制Linux)。

因此,这一经验案例突出了以下问题:(a) 竞争性的软件开发导致了替代性的产品特性,以及(b) 获取用户的竞争影响了企业进一步创新和开发的动机。此外,在这一领域进行创新的企业在广泛传播开放信息的同时,还可能同时出售商品和/或服务的产品与部件。

Linux 是一种可以通过公开渠道获得的操作系统软件,或者称为开源软件。Linux 是一种基于 UNIX 的操作系统。UNIX 最初只有一个用户,但许多其他用户已经对其进行了进一步的开发。大约 1998 年初秋及以后,Linux 越来越受到专业人士、管理人员和大众媒体的关注。许多文章强调了在黑客或开源程序员社区中的社区价值观和分享意愿。然而,本节后面讨论的一个论点是,相较于流行观点,Linux 的实际开发和实际使用要依赖于更广泛的开发者和用户,而这对我们理解恒动的系统边界非常必要。

　　Linux 的故事中最令人惊奇的部分可能是,它被认为是微软的替代或挑战(Hall, 1999)。毕竟,近几十年来,就当前的销量和硬件安装基础而言,微软一直主导着个人计算机软件,利润丰厚。在对标准普尔 500 美国企业的分析中,《商业周刊》(1999)将微软列为 1998 年表现最佳的企业。**那一年,微软的销售额为 3 760 亿美元,利润为 60 亿美元。这意味着 1998 年的净利润率为 38.2%,比 1997 年的利润增长了 63%**。相比之下,Linux 在 1999 年初的用户总数估计有 700 万至 1 000 万,销售捆绑版本的企业主要是小型初创企业。在 21 世纪的前 10 年,无论是从用户数量、应用程序类型还是地域分布来看,Linux 操作系统的使用量都在持续增加。

　　产品特征的差异有助于理解竞争,并且竞争对于企业是否愿意承担成本和风险,并从事创新搜索活动而言至关重要。一家企业能否投入足够的资金来打造一个商业化生产的微软的替代品？尽管最初的用户基数很低,但是自 1997 年左右首次流行以来,Linux 持续扩散并获得用户。微软销售一种标准化的大众市场产品,这种产品可预装在许多计算机硬件上。网络外部性显而易见,因为几乎每个人似乎都在 20 世纪 90 年代转而使用微软[6]。微软出售许可权。Linux 是一种非营利性的操作系统,无论是在操作系统方面还是相关软件方面,它可以提供或多或少地直接替代微软的产品。开源软件分销既可以通过市场形式(如购买特定软件包),也可以通过非市场形式(如用户在互联网和光盘的帮助下自主装机)。Linux 内核既不出售,也不授权,但其周边的商品和服务可以通过市场方式获得。

　　在继续从行动者、关系和系统性结果的角度分析 Linux 系统的恒动边界之前,有必要针对主流媒体观点——开发开源软件的"黑客文化"说几句话,与这里提倡的观点相反,必须将 Linux 现象理解为一种更广泛的使用现象。开源软件的使用和开发密切相关,这与制药业开发和使用相分离的模式(临床试验除外)截然不同。在开源软件领域,用户可以直接参与软件开发。在制药业中,三期临床测试的科学验证环节需要用户参与,但用户没有对潜在的医学知识或医药知识本身作出贡献。

主流媒体观点认为,Linux 是由一小群黑客开发的,他们试验、改进并提供反馈(Raymond, 1999; Sawhney and Prandelli, 2000; Tuomi, 2001, 2002)。尽管分布式网络要基于世界各地的计算机、线路、服务器等物理基础设施,但替代选择被认为是基于共识而选择出来的最佳代码段。这与微软的案例形成了鲜明对比:微软试图尽可能多地控制内部软件开发和利润。互联网黑客社区内一篇有影响力的著名文章《大教堂和市集》认为,公共领域软件模式优于企业内部组织模式。[7] 然而,如果我们看看更广泛的 Linux 使用现象,很快就会发现:相对于 Linux 用户的总数,很少有用户真正开发内核;一些用户从事互补软件位的开发,但大多数用户使用 Linux 而不直接参与软件开发。即使不编写代码,最后一类用户仍可能通过讨论组或传播试错信息的其他形式,参与软件扩散的整个过程。因此,用户是推动 Linux 开发流行和前进的关键。Linux 依赖于一系列用户。他们可能会影响软件开发的未来动力和未来产品特性。

我们可以识别 Linux 软件的某些特性,这些特性可能会吸引更多的用户,并吸引不同于初始用户的新型用户。这包括三方面:(a)使用类似软件的技能和经验的作用,(b)广泛的潜在应用领域,以及(c)互补的软、硬件方案导致整个软件的有用性。

第一,由于 Linux 是基于 UNIX 的,而 UNIX 是大学中常用的操作系统,这就意味着许多用户既熟悉它,又容易获取它。第二,该操作系统有一个模块化结构,这使它能够用于众多可能的应用程序。因为 Linux 可以在许多不同类型的硬件上运行,并且被认为是灵活且方便定制的,所以该操作系统有可能吸引对不同应用程序感兴趣的各种用户。第三,操作系统的使用依赖于相关软、硬件等一系列互补资产。只要核心社区或其他行动者愿意开发这些互补的软、硬件方案,整个软件的总吸引力就会增加。实际上,对于 Linux,商业企业可以进入、销售围绕基本内核的打包软件,并销售与配置软件、安装、帮助功能等相关的服务。

产业创新系统的三个组成部分(行动者、关系和系统性结果)有助于系统阐述此处的结论部分,即恒动边界对系统集成的影响。

在行动者方面,前面的讨论表明实际上有一系列行动者在使用 Linux,而且我们可以根据他们在开发过程中的参与对其进行分类。前述论点是,相对于 Linux 用户的总数,很少有用户真正开发内核;一些用户从事互补软件位的开发,而大多数用户使用 Linux,但并不从事直接的软件开发。因此,我们可以根据行动者在系统中的活动对他们进行概念化,例如,与 Linux 这一现象的联系。

这两大类用户可进一步细分为四种类型。遵循先前提出的论点,表 15.3 将用户参与软件开发方面的分析与基于用户知识和技能的分析联系起来。就参与开发而言,用户可以是开发者,也可以是用户。就知识和技能而言,用户可以是高级用户,也可以是基础用户。[8]

表 15.3　Linux：将用户参与软件开发与技能相联系

	开发者	用户
高级用户	Linux 开发者社区	专业程序员;一些业余程序员
基础用户	业余程序员试错;可以制定本地解决方案	想要简单明了的解决方案的用户

因此,表 15.3 显示了四种类型的可能用户的范围,包括从 Linux 开发者社区到希望使用简单解决方案的用户。根据前面提到的经验证据,理解这些术语对应的潜在行动者的范围还为我们预测 Linux 系统中这些类型行动者的相对频率提供了可能。表 15.4 显示了预期频率。

表 15.4　Linux: 不同类型用户的预期频率

	开 发 者	用　户
高级用户	++	++++
基础用户	+++	++++++

这些已识别的用户群体、预期频率以及对开源软件开发的系统整体动力的理解,对我们的下一个要点,即网络关系有重要意义。

在网络关系方面,开发 Linux 需要多种类型的关系。本节开头定义的"互联网创业"观就所涉及的关系类型提出了具体观点,这些关系可能在时间、地点、背景等方面有较大差异。

事实上,上述关于面向更多和更广泛潜在用户、增加软件包总体吸引力的论点,对与创新和发展相关的 Linux 网络关系的概念化有影响。这些影响对于识别特定的行动者和关系都是有效的。分析一个系统或网络的传统方法是观察特定单位(企业、个人、组织等),然后看该单位与其他行动者的关系,这与一些理论/分析论点相关。

与之相反,本文的论点是,理解开发者、"用户即开发者"和用户是理解系统内整体开发动力的关键。因此,网络不必依赖于一组固定的特定个体,也不必依赖于其他个体是否加入。[9]

在系统性结果方面,本文分析的整个系统着重围绕开发一个具有互补软件的核心操作系统。这与上述制药业的讨论不同,制药业专注行业内整体的新药开发。对于 Linux 来说,如果我们对推动创新和开发过程的因素做出不同假设,那么这部分分析将重点关注未来开发的预期相对率和类型。

前文已说明,开源软件开发速率是加入网络的人数的函数,并与用户特征有关,其中包括他们进行改进的资格、使他人获取改动的意愿,等等。

这种观点对开发速率有重要意义,因此我们可以从软件开发速率的角度识别两种可能的、截然相反的系统性结果,即(1)高开发速率和(2)无开发。如果软件是在没有成本、没有所有权的公共空间中开发的,那么软件开发速率可能会非常快,也可能会完全消失。(1)"快速"。如果越来越多的用户采用它,特别是如果这些用户拥有适当的专家技能,并且愿意与他人分享他们的改进和测试结果,那么它可能会开发得非常快。通过电子邮件和互联网等手段,这种形式的分布式发明得以迅速发展,因为网络使世界上任何地方的变化都可以被其他人立即获得。(2)无开发。然而,如果没有人使用软件,抑或实际用户和潜在用户停止开发软件,那么软件开发的速率就会减慢甚至停止。如果用户基数在数量和范围上都有所增加,那么"用户即开发者"的那个小群体将发挥越来越重要的作用。因此,如果用户使用它,但不在系统测试故障这种更广泛意义上去改进或测试它,那么变化速率可能会非常慢。它可能缓慢到直至软件停止开发,甚至完全消失。

因此,如果假设个体是开源软件的主导行动者,那么软件开发将因此不仅依赖于对用户的未来吸引力,而且尤其依赖于对那些"用户即开发者"的未来吸引力。然而,完全消失的可能性反过来取决于核心资产软件和互补资产软件的扩散程度。如果它们被广泛扩散,那么使用本身将使创新和发展的动力更有可能持续下去。这一假设依赖于网络外部性的观点,即现有的用户基础和基础设施反映了一种投资,这种投资可以将现有(或发展中)的系统与竞争系统区分开来(Katz and Shapiro,1985,1986)。

如果我们放弃个体是主要开发者的假设,开源软件可能会有不同的系统性结果。假设网络外部性成立,那么使用量将会增长,对核心商品/服务与互补商品/服务的市场机会也会随之增长。此时,即使无法直接销售开源软件,企业也有理由从事开源软件的开发。

因此,那些可能从开源软件的稳固的网络外部性中获益的企业是最有可能投入资源并从事软件开发的。通过上述对 Linux 的分析,我们可以识别的企业类型包括"捆绑"开源软件分销的企业、销售其他互补商品和服务的企业及销售硬件的企业等。麦凯尔维(2001b)假设企业将在开发和扩散 Linux 方面发挥越来越重要的作用,其重要性与黑客社区不分上下。[10] 在某种程度上,在市场需求和使用逐渐趋同的情况下,开源软件的创新和开发过程将与商业软件趋同。

这识别了一个可能的系统性结果,即为了销售与商品和服务捆绑相关的组件或系统集成方案,企业将越来越多地参与开源软件开发。这种系统性结果反过来可能会反馈并影响个体化的"用户即开发者"的动力。个体可能决定继续为软件开发作出贡献,或者将其留给企业。那么,实际的和潜在的"用户即开发者"是否会继续改进,将部分取决于他们对参与开源软件开发的企业的理解。

总之,对于 Linux 和其他开源软件来说,理解导致创新系统未来不同结果的动力是一个关键问题。行动者、关系和系统性结果共同决定了过去的轨道,以及未来的系统走向。这些组合影响(a)该软件的吸引力,(b)系统网络外部性的相对强度,以及(c)动力是否会继续增长或逐渐减弱。简言之,这些恒动的系统边界将影响当前和未来的搜索活动,特别是搜索的速度、方向以及创新成果。

四、结论与意义

本章将需求和使用相联系,分析了制药业和开源软件产业的创新系统的恒动边界。每一部分都阐述了案例中可见的行动者、关系和系统性结果,尤其是上述系统要素影响未来创新的方式。

在行动者方面,这两个案例清楚地表明,随着时间的推移,旧行动者可能继续存在,而新行动者可能加入并为创新和发展作出贡献。这意味着,虽然现有的大企业可能在某一点上占据主导地位,但是它们正在受到挑战。

在制药业中,现有企业继续存在,但会参与合并、联盟等进程,而新进入者包括一些行动者,比如专注于将科学发现进行商业化开发的专业生物技术企业。在开源软件行业,早期进入 Linux 社区的是那些"开发者即用户"的个体,但很快就有其他类型的行动者加入,如开发人员(尤其是企业中的开发人员)和用户(尤其是个体用户;使用的扩散)。与制药业相比,开源软件的使用活动更直接地影响了创新和开发过程。

即使新、老行动者加入/参与创新系统的整体激励相当(如渴望获得适当的经济回报),新行动者也可能开展新的搜索活动组织方式,这涉及其他社会行动者。此外,他们可能会将搜索活动"推"到新的方向,从而使未来产品(商品或服务)具备与以往产品不同的特征。

在制药业中,新进入者以研发过程为中心,间或涉及最终产品和药物,将新的医学知识、生物工程知识和其他科学知识商业化。随着时间的推移,为了开发创新机会和销售未来产品,在位企业不得不改变其内部知识能力和网络中的外部知识关系。它们通过这种方式、对关系(见下文)和国家选择环境做出反应。在特定时期,企业会对高度本地化的激励机制做出反应,这些激励机制的差异会影响行动者未来的竞争力。

在 Linux 中,从事软件开发的企业和个体用户这两类新进入者会影响未来的软件开发。一种方式是开发互补的软件和硬件,从而使未来的潜在用户可以将多种软、硬件的整体组合作为替代性选项。另一种方式是,那些更纯粹的用户更想要一些与初代开发者不同的产品特性。如果他们的愿望得到满足,他们的使用需求会影响软件整体组合的特性。

在关系方面,随着在位者内部发生变化、在位者退出以及新进入者的加入,网络显然会随着时间的推移而变化。随着关系集合的变化,系统边界也会随之变化。这会影响创新过程的未来可能结果。

在制药业中,由于知识、新奇点的供给和需求的变化,关系的数量和类型随着时间的推移而增加。然而,研究表明,企业与其他行为者的历史关系会影响企业的未来竞争力。竞争力被认为部分取决于企业战略的选择,而创新是定义企业战略的重要参照系——例如,企业战略是创新的还是模仿的。因此,关系会影响企业竞争力,而对不同国家的企业(群体)选择的轨道的影响将更加深远。在 Linux 中,由于企业和用户的进入,网络也在随着时间的推移而变化。大部分争论是关于系统对新用户的整体吸引力,以及整个系统能否保持一定水平和多样化的关系。有人认为,这些因素为整个发展过程提供了更多动力,这与将网络视为特定关系本身大不相同。

在系统性结果方面,研究表明,当前创新系统存在不同的未来可能结果。有人认为,实际采取的未来轨道将取决于多种因素的组合。这一分析通过综合考虑单个组件和系统边界,分析了不同可能的系统性结果。[11]

在制药业中,制药企业的战略选择被概括为创新战略,如重磅炸弹药物(以及日益激烈的价格竞争),或者生产和模仿战略,如通过生产更知名的药物来降低生产和分销成本。企业战略选择的组合,及其他行动者与其关系的组合,将影响未来制药业的整体创新和发展,例如,可以在多大程度上治疗新的疾病,或者更准确、更有效地治疗现有疾病。

在 Linux 中,许多关于系统性结果的讨论都将"使用"视为创新和发展动力的影响因素。有人认为,行动者是否继续创新以及哪些行动者为额外的软件开发投入资源将影响开源软件开发的速度以及未来可用软件的特性。

综上所述,这里提出的论点表明:

- 随着时间的推移,创新系统的边界不断变化;
- 恒动边界会影响在位企业和潜在进入企业,或其他有助于创新的社会行动者;
- 不同可能的系统性结果,取决于与创新和发展激励相关的行动者和网络的组合。

这三个表述重申了本文所述的创新系统分析的动态性质,以及行动者的动机和能力与激励和知识生产的整体社会经济结构之间的明确联系。

在提出这些论点时,本章明确指出,由于需求和使用相关联,创新系统的恒动边界可以通过经验论据和理论/分析论据相结合的方式加以论证。经验证据支持理论解释,反之亦然。创新系统的恒动边界可以部分地解释为,新的创新机会是如何出现的,这与不断变化的需求有关,也与试图为创新和发展过程作出贡献的特定行动者的相对机会和问题有关。

　　本章所提出的动态系统观点基于对创新两个主要方面变化的理解,这两个方面是信息/技术和市场/使用。驱动创新系统的部分动力,一方面来自创新和发展的变化,另一方面来自市场需求和使用的变化。反过来,这两种类型的变化将共同影响创新系统的边界。随着这些边界的变化,整个系统的整合对象和方式也会因其影响,随之改变。恒动边界显然会影响到谁将整合需求体系以及将涉及哪些行动者的问题。

注释

1. 这些案例基于作者的其他工作,如各节开头所引。本文的分析不同于其他文章的分析,因为本文重点关注于不断变化的系统边界。反过来,引用的作者早期作品又包含对大量文献的引用,这些文献是经验论据和理论论据的基础。

2. 请注意,在制药业中,产品的"市场"被宽泛地理解为产品的供给和需求。正如它所表达的,这个市场显然是一个社会和政治过程,这与自由市场的理想主义概念大不相同。制药业中所表达的市场显然受到中间组织和关注的影响,如福利政策、政府安全监管、医生向终端消费者开处方的权力等。

3. 请注意,这也意味着群体的构成是一个动态的过程,由其他竞争者(包括直接竞争者和间接竞争者)之间的互动和竞争构成。竞争没有既定的或稳定的结果。

4. 参见麦凯尔维(1996)对知识生产过程的分析。

5. 参见麦凯尔维(2001a)中对微软、网景和 Linux 的分析。

6. 参见凯蒂(Katz)和夏皮罗(Shapiro)(1985,1986)以及利博维茨(Liebowitz)和马戈利斯(Margolis)(1994)。

7. 这篇关于 Linux 模式为何有效的特别文章(以及其他著作)从

1999 年 4 月 7 日 就 可 以 在 www. tuxedo. org/ esr/writings / cathedral-bazaar 上获得。它最初是为亚特兰大的一次会议所做，那次会议似乎是关注 Linux 社区的一次重要事件，也是引起更广泛 IT 社区关注的一次重要事件。

8. 假设一些基本水平的技能和经验是有用的。例如，如果将 Linux 与微软进行比较，那么在不同的系统下，对用户的要求似乎也有所不同。

9. 有关组织创新活动的三种主导的商业模式以及随着时间的推移可能产生的结果的讨论，请参见麦凯尔维（2001 a）。

10. 当企业能够计算和/或说服自己将获得一些回报时，它们将投资于开源软件。回报很可能来自通过另一种产品（无论是商品还是服务）表达的需求。此时，企业不得不相信开源软件替代品的增长速度快到足以产生足够的规模经济效益。例如，使用向新用户、新硬件和新应用扩散可能很重要。从长远来看，为了继续投资于开源软件开发，这些企业必须直接或间接地从中获得一些财务回报。

11. 因此，不存在有关系统产出功能性或必要性的假设。

参考文献

BRUSONI, S. , PRENCIPE, A. , and PAVITT, K. (2001). "Knowledge Specialization, Organizational Coupling, and the Boundaries of the Firm: Why do Firms Know More Than They Make?", *Administrative Science Quarterly*, 46/4: 587–621.

BUSINESS WEEK (1999). "The Best Performers", 29 March: 42–99.

EDQUIST, C. (ed.) (1997). *Systems of Innovation: Technologies, Organizations and Institutions*. London: Pinter Publishers/Cassell

Academic.

——and MCKELVEY, M. (eds.) (2000). *Systems of Innovation: Growth, Competitiveness, and Employment* (2 vols.). Cheltenham: Edward Elgar.

——, HOMMEN, L. , and MCKELVEY, M. (2001). *Innovations and Empl/yment in a Systems of Innovation Perspective.* Cheltenham: Edward Elgar.

GALAMBOS, J. and SEWELL, J. E. (1995). *Networks of Innovation: Vaccine Development at Merck, Sharp & Dohme, and Mulford, 1895 – 1995.* New York: Cambridge University Press.

GAMBARDELLA, A. , ORSENIGO, L. , and PAMMOLLI, F. (2000). *Global Competitiveness in Pharmaceuticals: A European Perspective.* Report prepared for the Directorate General Enterprise of the European Commission.

HALL, J. M. (1999). " The Economics of Linux ", *UNIX Review's Performance Computing*, 17/5: 70 – 73.

KATZ, M. and SHAPIRO, C. (1985). " Network Externalities, Competition, and Compatability ", *American Economic Review*, 75/3: 424 – 440.

——(1986). " Technology Adaptation in the Presence of Network Externalities ", *Journal of Political Economy*, 94/4: 822 – 841.

LIEBOWITZ, S. and MARGOLIS, S. (1994). " Network Externality: An Uncommon Tragedy1 ", *Journal of Economic Perspectives*, 8/2: 113 – 150.

LUNDVALL, B. -A. (ed.) (1992). *National Systems of Innovation: Towards a Theory of Innovation and Interactive Learning.* London:

Pinter Publishers.

MALERBA, F. (2002). "Sectoral Systems of Innovation and Production", *Research Policy*, 31: 247 – 264.

McKELVEY, M. (1996). *Evolutionary Innovation: The Business of Biotechnology.* Oxford: Oxford University Press.

——(1997a). "Using Evolutionary Theory to Define Systems of Innovation", in C. Edquist (ed.), *Systems of Innovation – Technology, Institutions and Organizations.* London: Pinter/Cassell, 200 – 222.

——(1997 b). "Coevolution in Commercial Genetic Engineering", *Industrial and Corporate Change*, 6/3: 503 – 532.

——(2001a). "The Economic Dynamics of Software: Three Competing Business Models Exemplified through Microsoft, Netscape and Linux", *Economics of Innovation and New Technology*, 11: 127 – 164.

——(2001b). "Network-based Dynamics: Does Linux Represent a Real Competitor to Microsoft?", in R. Coombs, K. Green, V. Walsh, and A. Richards (eds.), *Demands, Markets, Users and Innovation.* Cheltenham: Edward Elgar.

——(2001c). "Internet Entrepreneurship: Linux and Open Source Software", Discussion Paper at CRIC (Center for Research on Innovation and Competition): University of Manchester, www. lesl. man. ac. uk/cric.

——(2001d). "The Search for Innovations: Innovation Management in a Dynamic Selection Environment", paper presented at the 2001 DRUID Conference for Nelson & Winter, www. druid. dk.

——and ORSENIGO, L. (2001a). "Pharmaceuticals as a Sectoral System of Innovation", EU Report to the Project ESSY, European Sectoral Systems of Innovation.

——(2001b). "European Pharmaceuticals as a Sectoral Innovation System: Performance and National Selection Environments", paper presented at the Second EMAEE – European Meeting of Applied Evolutionary Economics, 13 – 15 September, 2001.

——, and PAMMOLLI, F. (2003a). "Pharmaceuticals seen through the Lens of a Sectoral Innovation System", in F. Malerba (ed.), *European Sectoral Systems of Innovation.* Cambridge: Cambridge University Press.

METCALFE, S. (1998). *Evolutionary Economics and Creative Destruction.* London: Routledge.

NELSON, R. (ed.) (1993). *National Systems of Innovation: A Comparative Study.* Oxford: Oxford University Press.

ORSENIGO, L., PAMMOLLI, F., and RICCABONI, M. (2001). "Technological Change and Network Dynamics: The Case of the Bio-pharmaceutical Industry", Research Policy, 30/3: 485 – 508.

PAVITT, K. (1990). "What Makes Basic Research Economically Useful?", Research Policy, 20: 109 – 119.

——(1998). "Technologies, Products and Organization in the Innovating Firm: What Adam Smith tells us and Joseph Schumpeter doesn't", *Industrial and Corporate Change*, 7: 433 – 452.

POWELL, W. W. and SMITH-DOERR, L. (2000). "Networks and Economic Life", in N. Smelser and R. Swedberg (eds.), *The Handbook of Economic Sociology.* Princeton, NJ: Princeton

University Press.

——, DOPUT, K. W., and SMITH-DOERR, L. (1996). "Interorganizational Collaboration and the Locus of Innovation: Networks of Learning in Biotechnology", Administrative Science Quarterly, 41: 116 – 145.

PRENCIPE, A. (1997). "Technological Competencies and Product's Evolutionary Dynamics: A Case Study from the Aero-engine Industry", Research Policy, 25: 1261 – 1276.

RAYMOND, E. (1999). "The Cathedral and the Bazaar", www. tuxedo. org/esr/wri tings/cathedral-bazaar.

ROSENBERG, N. (1990). "Why Do Firms Do Basic Research (With Their Own Money) ?", Research Policy, 19: 165 – 174.

SAWHNEY, M. and PRANDELLI, E. (2000). " Communities of Creation: Managing Distributed Innovation in Turbulent Markets", California Management Review, 42/2: 24 – 54.

STEINMUELLER, W. E. (2003). "Software as a Sectoral System of Innovation", in F. Malerba (ed.), European Sectoral Systems of Innovation. Cambridge: Cambridge University Press.

TUOMI, I. (2001). "Internet, Innovation, and Open Source: Actors in the Network", First Monday. www. firstmonday. dk/issues/issues 6_l/tuomi.

——(2002). Networks of Innovation: Change and Meaning in the Age of the Internet. Oxford: Oxford University Press.

第十六章 |
整体解决方案——不断变化的系统集成业务

安德鲁·戴维斯(Andrew Davies)
英国萨塞克斯大学科技政策研究所

一、引　言

　　近来有关商业战略的文献认为,企业应该减少对独立实体产品制造的关注,而将更多的注意力转移到面向用户需求的高附加值服务和解决方案的交付上(Quinn,1992;Slywotzky,1996;Slywotzky and Morrison,1998;Hax and Wilde,1999;Sharma and Molloy,1999;Wise and Baumgartner,1999;Cornet 等人,2000;Bennett,Sharma and Tipping,2001;Foote 等人,2001;Galbraith,2002)。上述这些文献的作者都认为,企业的竞争优势绝不只是提供服务,而是如何将服务与产品相结合,以提供高附加值的"整体解决方案",以此满足客户的商务或运营需求。

　　然而,尽管这种企业战略的最新趋势已经吸引了管理顾问、相关作者以及从业者的关注,但令人惊讶的是,除了个别例外(Hax and Wilde,1999;Galbraith,2002),关于这一主题的学术研究简直寥寥无几。为了缓解这种失衡,本章将专注于讨论由怀斯(Wise)和鲍姆加特纳(Baumgartner)(1999)提出的、有关企业向服务转型这一命题下最具逻辑性和说服力的案例。这两位作者认为,企业正在以自身的制造业务为基础,向下游移动,即提供服务和覆盖产品全生命周期的分销、运营、维护和融资解决方案。

　　本章旨在检验怀斯和鲍姆加特纳的如下观点:企业正在通过研究领先的跨国公司近期的战略变化,从而将服务和解决方案提供纳入自身业务范围。这些领先的跨国公司大都服务于资本品工业中重要的高成本部分,即复杂产品系统(CoPS)供应商,如飞行模拟器(Miller 等人,1995)、移动电话网络(Davies,1997)和航空发动机(Prencipe,1997)。与消费品工业面向最终消费市场、生产大批量标准化产品的模式相比,复杂产品系统往往都是以单件小批生产来满足政府、相关机构或企业客户的一些特殊需求(Hobday,1998)。

　　而系统集成是复杂产品系统供应商的核心活动(Miller 等人,1995;Hobday,1998)。它是对产品和系统的设计与集成,其中的各个组件往往是由企业内部开发或从外部制造商处采购而来。本章所使用的原始案例源自一项为期三年的合作研究项目,涉及阿尔斯通、爱立信、泰雷兹、阿特金斯和大东电报局等五家复杂产品系统供应商。[1]对这些企业的研究使我们有机会去审视当企业面临挺进高附加值服务以及解决方案环节的挑战时,其系统集成业务是如何不断变化的。案例研究表明,这些企业绝不是为现有产品简单地加入服务,而是改变自身战略、占据价值链中新的位置,并发展出提供整体解决方案的能力。

　　基于案例研究的相关证据,本章认为,制造业和服务业都可以成为企业向整体解决方案业务提供商转型的起点。怀斯与鲍姆加特纳认为企业在价值链上的移动是单向的：只能从它们的制造"核心"业务向下游移动，进入服务环节。他们并未意识到，企业向整体解决方案提供商转型的过程中存在着多样化的路径。阿尔斯通、爱立信和泰雷兹，这三家案例企业的确是从设备制造商起步，然后逐渐进入下游的服务行业，但其他案例企业、阿特金斯和大东电报局则是从服务供应商起步的。尽管二者还没有进入上游的生产领域，但它们已经开始提高自己整合外部制造商设备的能力了。与此同时，它们还接管了此前由客户自主负责的各项下游业务。因此，上述所有企业——无论它们最初是制造商还是服务供应商，是位于上游还是下游，都开始从自身原本的角色向整体解决方案提供商转型。

为了提供整体解决方案，案例企业正在培养四套不同的能力：系统集成、运营服务、商业咨询以及金融服务。系统集成是企业解决问题的核心能力，开发这一能力可以让企业根据客户的运营需求、交付不同的产品和服务组合。对客户的运营系统以及自主设计、集成、测试和交付的产品的深刻认识，使系统集成商在执行第二项核心能力（在产品生命周期内提供相应的运营和维护）时处于有利地位。此外，企业还在培养两套"外部"能力（商业咨询和金融服务），从而能够提供全套服务，并以此达成整体解决方案、满足客户需求。

本章将分为两部分，其中第二节将尝试在怀斯和鲍姆加特纳（1999）的基础上建构起一个框架，旨在说明复杂产品系统供应商是如何为了提供服务和整体解决方案而改变自己在价值链中的位置的。第三节则详细考察了前述五家案例企业向服务和解决方案供应商转型的经验证据。

二、向服务和整体解决方案
提供商转变的原因

（一）重新划定企业边界：集成与专业化之争

价值链中的哪些活动应该在企业内部完成，又有哪些应该从外部供应商处获得？对这一问题的回答是企业最重要的战略选择之一。在 20 世纪，大型纵向一体化企业成为工业化国家中许多技术领先部门的主导组织形式（Chandler，1977，1990）。这些企业的成长动力一方面源于自然扩张，另一方面则源自它们对此前在市场上独立经营的小型企业的经营业务进行内部化。在大多数情况下，纵向一体化被认为是沿着价值链向供应端"后向"移动，直指供应源，以确保原材料和其他生产要素的稳定流动。这种"后向一体化"的优势并不局限于那些以大批量、低成本的方式生产日益标准化的消费品的企业。那些技术复杂的资本品，亦即复杂产品系统，它们的供应商同样需要对设计、制造和营销进行集成，在统一的组织框架下确保产品规格和服务可以根据不同客户的需求进行定制和调整（Chandler，1980：24－25）。

自 20 世纪 80 年代后期以来，许多企业放弃了传统的"后向一体化"战略，转而采用基于劳动分工的专业化战略。为了获得竞争优势，这些大型一体化企业专注于自身价值链上少数"核心活动"，并将以往那些自主承担的次要活动外包出去（Quinn，1992；Hamel and Prahalad，1994；Domberger，1998）。这些专业化企业将精力都投入到那些已经具备核心能力的业务，然后再把相关组件及其他要素的需求外包出去。

有学者认为,外包和纵向脱钩的趋势已经催生出一种全新的专业化企业,这类企业的核心活动正是系统集成(Rothwell, 1992; Granstrand, Patel and Pavitt, 1997; Brusoni and Prencipe, 2001; Dosi 等人,2003,本书第六章; Pavitt, 2003,本书第五章; Prencipe, 2003,本书第七章)。它们将细节设计和制造外包给外部供应商以及合同制造商,同时在内部维持必要的系统集成能力以协调外部供应商网络。系统集成商绝非简单的产品组装者,因为他们自己需要设计和集成最终产品的所有组件,不论其供应源是内部的还是外部的。同时,他们需要针对下一代产品所需的技术知识进行协调和内部开发。

然而,许多商业战略主题的文献提出另一重要洞见,即一些不利于专业化的新趋势。怀斯和鲍姆加特纳(1999)认为,从通用电气、波音到福特和可口可乐,世界上那些最大的制造企业能在竞争中脱颖而出都是基于一种新的纵向一体化形式,并被认为是沿着价值链移动,挺进服务环节。这些作者认为,世界上仍然有许多企业并没有放弃制造业,而是在这一核心活动的基础上向下游移动,进入全产品生命周期中开展维护、金融和运营等服务活动。怀斯和鲍姆加特纳以强有力的证据证明:随着生产实体产品的利润越来越低,企业一定会被提供高附加值服务的机会吸引到下游去。

由于上述两位作者以一个有效的框架表明了企业将如何在价值链中重新定位以提供高附加值服务,本节将重点介绍他们的贡献。在怀斯和鲍姆加特纳看来,企业面临的战略选择绝不止于在专业化和前向一体化之间二选一。相反,由于不同企业在价值链中的起点不同,它们向服务和解决方案提供商转型的路径也各不相同。但是,尽管存在这样的路径多样性,所有想通过为客户提供独特解决方案来寻求增值的企业都必须发展其作为系统集成商的核心能力。

（二）重新思考企业战略：向下游服务转型

一方面是停滞不前的产品需求，另一方面是不断增长的产品安装基础（表现为已购产品数量的不断积累和更长的产品寿命），这一局面使经济价值不断向下游转移，从制造流向服务（Slywotzky, 1996；Wise and Baumgartner, 1999：134）。而作为衡量企业绩效的关键指标，增加值是指企业产出的市场价值与其投入的成本之差（Porter, 1985：38；Kay, 1993：23；DTI, 2002）。

在许多行业中，来自下游服务活动的收入往往是企业基础产品销售收入的 10 ~ 30 倍，这对企业充满了吸引力（Wise and Baumgartner, 1999：134）。换言之，在产品全生命周期中，购买成本其实只是运营和维护的总成本的一小部分。例如，据爱立信估计，对它们的客户来说，设备成本在整个移动电话网络设计-建造-运营总成本中的占比很小，仅占 6%。通信运营商 80% 以上的成本都发生在后期的运营、维护和网络管理环节，而且整个成本周期长达十年。

与产品制造相比，下游服务不仅能为企业提供新的收入来源，而且往往有着更高的利润率和更低的资产占用率。通过将服务纳入自身的产品领域，企业能在产品全生命周期中获利，并以此获得更持续的收入来源。这使得服务收入在许多大型制造企业总收入中的占比越来越高。以 IBM 为例，在其 2001 年的收入结构中，服务占比（43%）已经超过了硬件和技术占比（42%），成为其最大的利润来源（Gerstner, 2002：363）。

复杂产品系统供应商提供的高成本产品（如铁路车辆和移动电话网络），其销售往往没有固定周期，这就导致收入的不稳定性。对他们来说，服务所带来的持续收入承诺充满了吸引力。一旦其产品需求面临停滞或收入和利润率同时萎缩,这些企业就会变得极其脆弱,因此,像爱立信、诺基亚和摩托罗拉这些移动设备制造商,目前就面临着第三代移动网络(3G)的需求下滑,但他们仍然通过为 2G 产品用户提供服务来开发其他的收入来源。

在怀斯和鲍姆加特纳(1999)看来,高附加值服务的吸引力正在鼓励企业重新思考其制造业战略的重点。在很多行业中,"后向一体化"、开发优质产品以及规模经济,这些制造业竞争优势的传统来源已经不足以确保企业在竞争中获胜(Slywotzky and Morrison, 1998:249; Wise and Baumgartner, 1999)。因此,越来越多的企业在竞争中开始以它们的"核心制造能力"为基础,在提供高附加值的服务领域进行"前向一体化",以此满足每个客户的需求。

(三)下游商业模式

怀斯和鲍姆加特纳(1999: 137 - 139)给出的三种下游商业模式已经被复杂产品系统供应商所采用。

1. **嵌入型服务**。数字技术使得下游服务(如维护或故障报告)可以被嵌入实体产品中。通过将过去在内部由人工处理的相关活动自动化,嵌入型服务或"服务技术"(Quinn, 1992: 6)能够降低客户的维护和运营成本。例如,奥的斯电梯公司向下游移动的方式,就是推出自家的奥的斯在线(OtisLine)服务,以此协调全美范围内的维修活动。在训练有素的员工的操作下,计算机控制中心可以直接通过电梯上的微处理器和相关软件接收维修信息。通过将此前由人工完成的活动自动化,OtisLine 不但降低了企业的维护成本和误测率,而且为后续的设计改进提供了极具价值的用户使用模式信息(Quinn, 1992: 181)。

　　2. 综合型服务。那些无法嵌入产品中的服务,如产品生命周期中的融资、运营和维护环节,会以综合型服务的方式出现。例如,除了设计和制造喷气式发动机,通用电气的航发部门还会负责维修和备件供应,并为其他制造商的设备提供服务(Slywotzky and Morrison,1998:86)。与此前将提供备件、维修这样的服务活动视为确保未来产品订单的方式不同,企业已经开始反过来将产品销售看作是打开未来服务供给大门的途径了。通过与有利可图的客户建立起稳定的合作关系,供应商有机会在整个产品的生命周期中成为向该客户提供服务的首选合作伙伴。如果想要维持客户忠诚,企业也必须持续提供最低成本的产品购买和使用服务。

　　3. 整体解决方案。在怀斯和鲍姆加特纳(1999)以及其他许多作者(Slywotzky, 1996; Slywotzky and Morrison, 1998; Hax and Wilde, 1999; Sharma and Molloy, 1999; Cornet 等人,2000; Bennett, Sharma and Tipping, 2001; Foote 等人,2001; Galbraith, 2002)看来,同时提供产品和服务,从而以整体解决方案的形式满足客户需求,这是企业向下游移动最具创新性的方法之一。早在 20 世纪 90 年代初,IBM、通用电气和 ABB 等世界领先的制造商就已经率先完成了向服务业的进军,并成为创立整体解决方案、提供商业模式的先行者,引发了其他复杂产品系统供应商的效仿。例如,通用电气就大幅扩张了其金融服务部门、GE 资本,并将金融服务作为自身整体解决方案包的一部分,从而把产品、维护、服务和金融进行绑定结合,最大限度地满足了客户需求(Slywotzky and Morrison, 1998:82)。2002 年,GE 资本为GE 贡献了总收入的 49%。

　　通过提供不同的产品服务组合,整体解决方案能够为每位客户都创造独有的收益,进而实现了自身的增加值。为了以单一来源满足客户在产品和服务上的需求,即成为一家"一站式"解决方案提供商,企业必须要承担起相应的风险与责任,去接管那些此前由客户自行负责的活动,并且能够以创造性的方式令各环节协同工作、浑然一体,从而使自己的解决方案为客户创造更多价值。当这种解决方案集成包的价值超过各单一环节的价值加总时,整体解决方案提供商就能获得高额的利润。

正如一些作者所言,从满足客户需求的角度提供解决方案,意味着企业必须从客户的视角出发来看待价值链(Slywotzky and Morrison, 1998: 18; Wise and Baumgartner, 1999: 135; Galbraith, 2002)。有关价值创造的传统的产品中心观认为,制造商把精力都集中在实体产品的生产、销售与物流环节。除了基本的技术支持和短期保修外,一旦产品交付给企业院墙之外的客户,厂家与产品的关系就基本结束了,此后的运营、维护和融资就随之变成了客户的责任。

采用以客户为中心的思维意味着企业必须重新思考:从客户的角度来看,价值是如何被创造出来的? 这就需要立足于全产品生命周期(从销售到报废),充分了解客户为使用和运行产品所执行的所有活动(Slywotzky and Morrison, 1998: 18; Wise and Baumgartner, 1999: 135; Cornet 等人, 2000; Prahalad and Ramaswamy, 2000; Foote 等人, 2001; Galbraith, 2002)。通过与客户的充分沟通,供应商得以确定他们的需求以及优先事项,然后以此为前提来开发自身能力,从而以独特的产品、服务和解决方案来满足客户需求。ABB 是首批采用以客户为中心方法的企业之一。在 20 世纪 80 年代,ABB 面向地方客户的利润中心开始负责倾听客户的意见,以确定它们对工业、运输和电力系统的需求,然后将这些反馈与 ABB 专业化供应商全球网络中的产品和服务相匹配,进而给出相应的解决方案(Slywotzky and Morrison, 1998: 243)。

（四）复杂产品系统的特征

怀斯和鲍姆加特纳（1999）部分地解释了制造业企业跨行业进入服务领域的流行趋势。但他们却没有考虑到,无论是被单独提供还是作为产品的补充,这些服务的性质和类型是如何被实体产品的特定特征所塑造的。换言之,企业所能提供的服务和解决方案是因行业而异的。在此前跨部门研究的基础上（Hobday, 1998）,我们可以将复杂产品系统与消费品进行比较,以明确前者提供的服务的独特性。

由于复杂产品系统是为了满足大型企业、相关机构和政府客户的需求而定制的高成本商品,因此尽管同样都是产品的补充,但它的服务不同于那些大批量、低成本生产的标准化商品。相比于与普通消费品相补充的低成本标准化服务,复杂产品系统的服务:

- 是为了满足每个客户特定的需求而量身打造的;
- 其服务的范围更加宽泛,为每件产品提供的服务强度也有所增加;
- 在普遍漫长的产品生命周期中为企业提供更加稳定和高额的收入;
- 贯穿于产品交付客户的前—中—后的整个流程。

这些服务供给的特征反映了复杂产品系统在产品设计、生产和使用中的特殊性质。复杂产品系统的市场结构往往是由双向寡头垄断或由寡头垄断:少数供应商向少数大客户提供高附加值的产品和服务。与消费品市场销售过程中的市场交易不同,复杂产品系统的供应商与其客户进行的是长期的企业间交易。这使得供应商有机会为了满足某一买家的需求而提供一系列的定制化服务,而且这些服务贯穿了从提出产品概念到生产再到报废的全产品生命周期。

　　在消费品领域,服务往往是在产品卖给最终消费者之后提供的,这些服务包括消费信贷、维修合同以及短期保修等售后服务形式。每位客户根据自身需求从这些预先设定好的标准化服务组合中进行选择。对复杂产品系统来说,在产品交付客户之后所提供的服务是为满足每个客户的独特需求而专门开发的。例如,阿尔斯通交通运输公司成立了一个专业化组织,专事于在 20 年的合同期限中对伦敦地铁北线上运行的各趟列车进行维护。供应商只有首先了解客户在使用产品过程中所开展的每项活动,才能在漫长的产品生命周期的不同阶段中提供量身定制的服务。

　　由于怀斯和鲍姆加特纳假设服务都是在产品交付客户之后才提供的,因此他们没有意识到,复杂产品系统供应商提供的很多服务都是在产品制造之前和制造期间提供的。[2] 这些设计-施工总承包模式下的相关活动,要么是由因项目而临时成立的内部机构负责,要么是由分包商、供应商和客户组成的企业联盟负责(Hobday, 2000: 873)。系统集成商和主承包商负责管理项目以及客户沟通,但也必须依赖于内、外部承包商提供的专业服务,这些服务包括项目管理、工程、设计和技术咨询等方面,并在项目生命周期的不同阶段适时开展(Gann and Salter, 2000)。这些阶段可以分为与客户的投标前谈判、合同竞标阶段,以及项目实施阶段,其中后一阶段可以进一步细分为概念设计、细节设计、集成和测试,以及交付客户等环节。

　　除这些服务之外,近来对整体解决方案的需求鼓励着复杂产品系统供应商去发展自己提供商业咨询和金融服务的能力,这对早期的投标前阶段至关重要。目前,由复杂产品系统供应商提供的商业咨询服务包括向客户提供一系列"如何做"的建议,这些建议涵盖了规划、设计、建造、融资采购,以及购买后的产品运维等内容。在项目生命周期中,不同客户对这种咨询服务的需求程度各不相同。一般而言,客户能力水平越低,他们需要供应商提供服务的时间节点就越早。技术经验有限的客户可能需要在投标前的阶段就建立合作伙伴关系,以便在确定和集成系统之前就能够讨论经营计划、用户需求和概念化的解决方案。而更有经验的客户可能只会在后期寻求支持。

　　一旦客户需要融资购买那些高成本产品,金融服务就会在谈判阶段发挥至关重要的作用。例如,ABB 在 1983 年成立的金融服务部门就为客户提供一种价值共享合同,该合同一方面降低了用户购买产品的价格,另一方面为 ABB 换取了在未来的运营过程中对产品价值创造进行分成的权力。实质上,ABB 在这一过程中是因为给客户带来了更高的效率才获得了相应的回报。同时,价值共享合同还为其提供了在谈判阶段与客户进行战略性讨论的机会,并由此"为 ABB 敲开了一系列原本遥不可及的项目的大门"(Slywotzky and Morrison, 1998:245)。

(五)复杂产品系统中的整体解决方案

　　在消费品行业和复杂产品系统工业中,整体解决方案的提供方式也各不相同。在消费品中,整体解决方案通常以"捆绑产品和服务"的形式提供。这意味着无论客户需求或能力存在多大的差异,他们都会以同一价格获得标准化的"产品和服务包",或者说"捆绑的产品和服务"(Porter, 1985:425)。比如,在 20 世纪 80 年代初,IBM 就以硬件、软件和服务支持打包的形式销售低成本、标准化的个人电脑。

　　在复杂产品系统中,不太成熟的买家或客户更重视捆绑方案,他们希望得到那种供应商负责一切的便利。波特(Porter)(1985)引用了商用飞机制造商塞斯纳的例子。塞斯纳以单一价格向企业客户提供捆绑方案，包括飞机、维修、飞行员、机库、办公空间和着陆费（Porter，1985：431）。另外，更老练的复杂产品系统买家对捆绑方案的接受度较低，因为他们希望自己集成捆绑方案，或者因为他们需要不同的产品和服务集合，抑或因为他们对各种产品和服务的需求强度存在差异。

为了满足客户的不同需求和能力，复杂产品系统的整体解决方案提供商通常采取"混合捆绑"的策略，即向客户提供两种选择：从单一来源购买整个捆绑方案，或是购买部分捆绑方案。例如，IBM 和太阳微系统等 IT 供应商所提供的解决方案，允许每个企业客户选择能满足其需求的服务级别，从单独的软件包，到围绕客户 IT 各方面需求的完整解决方案；从设计和集成系统到管理和运行计算机。

（六）复杂产品系统中的增值活动

为了理解服务适配到复杂产品系统供给过程的方式，我们有必要确定从制造、交付到使用产品的全过程中，都有哪些增值活动向终端客户提供了服务。在怀斯和鲍姆加特纳的框架中，价值链分析关注的是"单个企业"如何管理上下游活动以增加企业竞争优势。为了理解一个"产业"内的价值增值是如何发生的，本章采用"价值流"这一更准确的比喻，以指代特定产品或服务生命周期中，从原材料到终端客户的全套增值活动（Womack and Jones，1996：314）。[3]

向下游移动，以控制有利可图的分销活动，是怀斯和鲍姆加特纳给出的第四种下游商业模式，它在汽车、家电和软饮等消费品行业中尤为重要。[4] 在这些行业中，虽然以往的传统是由制造商来提供消费信贷和维修合同，并借此赚取利润的，但现在分销商越来越多地承担起这些高利润活动。通过控制客户的最终渠道,大型分销商或零售商能够提升自己相对于上游供应商的议价能力,还能获得客户忠诚度。为了防止盈利能力受分销商侵蚀,一些消费品供应商正试图向下游移动,以控制终端客户的渠道。福特最近就改变了自己传统的汽车分销模式,开始争取对经销商的控制权、收购领先的汽车组件和服务链,并在车辆生命周期内与汽车买家建立更紧密的联系。

在复杂产品系统工业的寡头市场上,供应商直接向大客户进行销售,分销控制就不那么重要了。例如,由于铁路和移动网络设备制造商已经与客户(即铁路和移动通信运营商)建立了直接关系,他们在向下游移动时就不会面临"渠道"冲突。然而,如果他们过于激进地进入买家的领域,或者未事先征得同意就向下游移动,那他们可能会面临与客户的冲突。

而在一些复杂产品系统工业中,因为供应商能够通过独立企业控制市场渠道、自主销售产品,所以他们向下游的移动会被制止。例如,在商业 IT 和电信市场中,像埃森哲这样的商业咨询机构会利用其规模和全球声誉,来开发和控制商业用户渠道。为了克服向下游移动时的渠道冲突,企业可以与渠道控制者建立伙伴关系,也可以收购渠道。例如,为了巩固对全球商业客户渠道的控制,最近 IBM 就宣布扩张其负责商业咨询和外包的全球服务部门,而方法则是收购普华永道的咨询业务。

如图 16.1 所示(Davies 等人,2001),为了说明在复杂产品系统中进行的独特活动,既往研究已经识别出一个典型的复杂产品系统工业中"价值流"的四个主要阶段。每个复杂产品系统的产品生命周期可能会在此基础上略有增减。前一个增值阶段的产出将成为下一阶段的投入。每个阶段都会积累相应的价值,并最终构成完整的价值流。价值流的每个阶段都会逐渐靠近其最终用户,如铁路乘客。

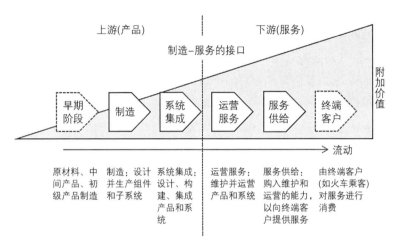

图 16.1　复杂产品系统中的价值流

这些阶段包括：

1. 制造。第一阶段负责获取原材料和子部件，并将其转化为物理组件和子系统，以满足整体的系统设计要求。

2. 系统集成。第二阶段通过设计和集成物理组件（产品的硬件、软件和嵌入式服务）来增值。在最终产品中，这些组件必须作为一个整体来工作。[5] 系统集成商负责管理一众内、外部承包商，这些承包商负责设计和制造组成系统的组件。

3. 运营服务。在下一阶段，运营商或企业用户通过运行和维护系统来提供服务，例如企业电信网络、行李处理、飞行仿真训练和火车服务。

4. 服务供给。在一些产业中，服务通过中介组织（我们称之为服务供应商）提供给最终用户。这些企业从外部运营商处购得它们所需的系统容量，并专注于品牌、营销、分销和客户关怀活动。

这四个阶段可以用 20 世纪 90 年代中期移动通信的例子来说

明。爱立信和诺基亚这样的供应商过去主要作为设备制造商,向移动通信运营商提供搭建移动通信网络所需的设备,如基站、传输设备和交换机。当时,移动通信运营商有足够的专业知识在内部完成系统集成。到了 20 世纪 90 年代后期,一种新型的服务供应商进入市场,即所谓的"移动虚拟网络提供商"。维珍移动专注于通过品牌形象、广告和客户关怀活动来发展客户基础,与此同时从其他运营商那里购买网络容量,以承载其无线通信流量。

如图 16.2 所示,增值不是一个简单的、渐进的线性过程,其中涉及产品开发前期和后期阶段之间一系列的动态反馈回路与迭代(Hobday,1998:694)。系统集成商要确保,制造商在生产的早期阶段就能够根据总体设计去生产作为"集成包"的组件。通过"用中学"(Rosenberg,1982),运营商和服务提供商可以识别出改进系统性能的机会,并将所学经验反馈到未来的产品设计中。除了这些主要的增值阶段,金融服务、商业咨询和其他服务也通过在上下游不同阶段提供投入,支持和巩固了价值创造过程。

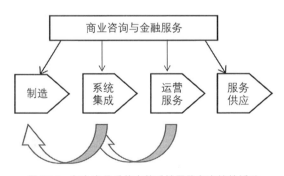

图 16.2　复杂产品系统中的反馈回路和支持性活动

划分出上下游阶段这两部分的线,对应于传统的"制造业—服务业"二分法。不同的部分面临着不同的商业问题,在不同的市场环境中运营,需要不同的组织和能力。上游阶段通过技术开发和制造、理解客户需求、管理项目和进行系统集成,实现实体产品增值。下游阶段通过执行无形的、基于服务的活动来实现增值,这些活动包括管理和维护系统运营、客户关怀、广告、收费、品牌推广、营销和其他服务活动。

（七）价值流中不断变化的边界

自 20 世纪 90 年代中期以来,上游供应商和下游客户之间的传统边界被不断重新划定。复杂产品系统的买家专注于向最终用户提供服务,并外包非核心活动。现在普遍认为声誉、品牌推广、收费和营销等无形服务才是客户竞争成功的核心因素,而设计、构建或维护这些服务所依托的系统则没那么重要。为了满足这一需求,供应商正在从客户那里接手系统集成与运营活动等一部分业务活动。而在全面外包的解决方案中,用户直接向供应商企业转移了自己的资产和员工。复杂产品系统的买家正与其供应商建立长期伙伴关系,以确保这些方案提供商能与自己共同承担执行外包活动的风险。

由于电信和铁路等前国有部门的自由化和私有化,复杂产品系统的用户外包进程已然加速。具有不同需求和能力的各种客户现在都在竞争激烈的市场中运营。像沃达丰这样有经验的在位客户通常希望在内部开展更多业务。而内部能力有限的低成熟度客户,如维珍移动等虚拟网络供应商则倾向于依赖供应商,由后者按需提供完整解决方案。

私人资金在公共部门项目中的不断膨胀,也使得英国的供应商有动力向下游移动。在 1992 年提出的私人资金行动计划(以下

简称 PFI)中,私营企业可以负责从学校到复杂武器系统的各种公
共部门项目的"设计、融资、融资和运营"。根据 1997 年通过的政
府和社会资本合作(以下简称 PPP)政策,公共项目由私营公司提
供部分资金,国家同时分担部分风险。PFI 和 PPP 的供应商执行了
从系统集成到服务供应的所有价值流活动,包括融资和商业咨询
服务。

　　怀斯和鲍姆加特纳,以及斯莱沃斯基(Slywotzky)和莫里森
(Morrison)(1998)等其他商业战略作者都指出,向下游移动的趋势
指向了客户外包和"前向一体化"。但他们并未认识到上游的核心制
造活动发生的重要变化。自 20 世纪 90 年代初以来,从消费品工业
到复杂产品系统工业,许多大型的纵向一体化制造商已将其大部分
制造活动外包出去,协调外部组件供应商网络,并集中精力进行系统
集成(Brusoni, Prencipe and Pavitt, 2001; Prencipe, 2003,本书第七
章; Pavitt, 2003,本书第五章)。[6] 在复杂产品系统中,系统集成日益
重要,飞行模拟行业是一个早期范例。过去,飞行模拟器制造商制造
了最终产品中 70% 的组件,但 20 世纪 90 年代中期以来,这些企业集
中精力进行系统集成,从外部制造商处获得的部件比例高达 70%
(Miller 等人,1995)。

　　通过为系统集成商制造部件和产品,像伟创力这样的新型合
同制造商和专业化部件供应商正在成长。这些企业通常与系统集
成商合作,为整体解决方案提供关键的硬件、软件和服务。通过有
效的外包和管理上游制造商,企业因对系统集成的专注而获益,因
为与产品制造相比,系统集成活动需要更少的资产,却产生了更高
的利润。

　　怀斯和鲍姆加特纳以及许多商业战略研究者没有认识到,对
解决方案的提供至关重要的是系统集成能力,而非全方位的制造。

系统集成商要确保,对客户而言,整体解决方案的价值要大于其各组成部分价值之和。有了系统集成商,客户不用自己动手将产品或服务组装或集成整体解决方案,系统集成商还承担了与解决方案各组成部分(硬件、软件和服务)供应商的谈判。由于系统集成商对客户的运营需求以及它们设计的产品有深入的了解,所以它们是提供服务、来监控、运营、维护、融资和支持产品的最佳候选企业。

由于复杂产品系统买家有将系统集成外包的趋势,这种活动越来越多地由两种截然不同的企业,或综合这两方面属性的"混合型"组织执行:

● **纵向一体化**的制造商,设计和集成来自内部产品部门的部件,并提供与内部开发的技术和产品相关联的服务。

● **专业化**的系统集成商,为外部供应商制造的组件和产品提供设计、集成和检修服务。

而 20 世纪 90 年代中期之后,许多纵向一体化制造商开始提供一种系统集成服务:为客户安装其竞争对手提供的组件和产品。例如,传统上,IBM 的服务是用来维护和运营 IBM 设备的。现在,为了向客户提供最佳解决方案,IBM 提供系统集成服务,为客户设计、集成和运行由其主要竞争对手(如惠普和太阳微系统)提供的系统(Gerstner,2002:130)。

在复杂产品系统价值流中,供应商和客户活动的边界不断变化,这就引出关于企业活动重心及其核心能力的问题。一些作者认为,企业发展出独特的或核心的能力,来执行它们在产业中最初从事的活动,并创建与产业特征和增值阶段相适应的组织形式(Penrose,1959;Richardson,1972)。最近的研究则表明,企业将如何沿着其初始核心能力所设定的路径实现成长和多样化(Teece and Pisano,

1994）。

换言之,在价值流中存在一个"重心",这个重心源自企业在其起家的行业中取得初始成功的领域(Galbraith, 1983: 316)。企业可能处于同一产业,但由于其起点、经验和初始成功不同,它们的"重心"或核心能力也不同。斯莱沃斯基和莫里森(1998: 19)认为,当一家企业学会根据客户需求提供解决方案,并因此获得成功时,它的重心就会向客户靠拢。我们将在下一节看到,一家企业的重心"建立了一个基础,从而使后续的战略变革得以发生"(Galbraith, 1983: 319)。但是,如果不挑战现有的权力结构,不摒弃传统的思维方式和部分旧的文化,不创建新组织、建立新能力,就很难实现这种重心转移。

三、复杂产品系统中向服务和解决 方案的转变：案例研究的证据

本节将利用价值流框架,研究复杂产品系统工业中、向提供高价值服务和整体解决方案转变的经验证据。这些证据源自一个为期三年的大型合作研究项目的第一年的研究结果,该项目涉及对5个复杂产品系统国际供应商的案例研究：

- 阿尔斯通运输——轨道车辆和信号系统
- 爱立信移动系统——移动通信网络
- 泰雷兹培训与模拟——飞行模拟器
- 阿特金斯——基础设施和建筑环境
- 大东电报局全球市场部——企业电信网络

（一）研究方法

我们选择了一种案例研究的方法，来考察一系列战略决策活动：挺进服务和解决方案，提供的决策、在价值流中占据新位置的决策，以及发展开展新活动所需能力的决策。案例研究为比较提供了丰富的数据源，因为这些企业在不同产业中运营，并在价值流的制造和服务环节执行一系列不同活动。在 2000 年，我们对以上 5 家企业开展了深度访谈，每家企业的访谈都涉及 10 名高级经理和工程总监。这使我们有机会去研究那些激励企业采取服务主导战略的主要动机和驱动因素。我们要求经理们描述和解释 1995—2000 年间每家企业在活动重点上的战略变革。在此基础上，在 2001—2002 年间深入分析了每家企业的整体商业组织和两个主要项目，以核实每家企业挺进服务和解决方案环节的程度和性质。

跨部门的企业样本旨在研究不同产业间企业战略的异同之处。我们在这里全面总结了一些"重磅"发现［进一步的细节，可见于戴维斯(Davies)等人（2001）］。由于所分析的企业数量有限，我们的研究发现还处于提出假设的阶段。我们期待今后的经验研究能够去进一步验证这些活动的性质，以及企业向服务和综合解决方案转型的行为模式。

每家企业都进行了持续的战略变革，并改变了自己在价值流中的位置，挺进了高价值服务供给的领域。虽然有几家企业最初在现有的产品范围内增加服务，但表 16.1 中总结的经验证据表明，截至 2000 年，这 5 家企业都在开创新的商业模式，以便提供整体解决方案。我们的研究表明，通过提供整体解决方案占据高价值空间的企业，并不止来自向下游移动的制造业，也有些是向上游移动的服务业企业。

表 16.1　向整体解决方案的转变

企　业	传统产品或服务重心 （1995）	整体解决方案 （2000）
阿尔斯通运输——铁路	*产品* ● 子系统（如推进、牵引、驱动、电子信息系统等） ● 轨道车辆 ● 信号和列车控制系统	运输解决方案（如"列车可用性"） ● 系统集成商——项目管理、固定基础设施和融资的交钥匙解决方案 ● 维修、翻新、部件更换和服务产品——"全列车寿命管理"
爱立信——移动通信系统	*产品* ● 移动电话 ● 移动系统 ● 子系统产品：无线电基站、基站控制器、移动交换机、操作系统和客户数据库	设计、构建和运营移动电话网络的交钥匙解决方案： ● 移动通信系统——整体供应商、系统集成商和合作伙伴 ● 全球服务——支持客户网络运营的服务和商业咨询
泰雷兹培训与模拟——飞行模拟	*产品* 商用和军用飞机的独立飞行模拟器	培训解决方案（如"按培训付钱"） 培训服务：网络化培训、独立培训中心，以及合成培训环境
阿特金斯——基础设施和建筑环境	为基础设施项目提供工程咨询、项目管理和技术服务	建筑环境整体解决方案： ● 跨产业部门的基础设施设计、构建、金融和运营 ● 产业整体解决方案（TS4i）为设计、建设、维护和融资提供一站式服务

续　表

企　业	传统产品或服务重心 (1995)	整体解决方案 (2000)
大东电报局全球市场部——企业网络	为跨国公司提供"管理网络服务"： ● 网络设计 ● 提供电信基础设施和应用程序 ● 网络管理	针对跨国公司在全球范围内整体电信和 IT 需求的全球外包解决方案： ● 网络设计 ● 提供电信基础设施和应用程序 ● 网络管理 ● 网络所有权 ● 网络运营 ● 商业流程应用程序 ● 服务等级协议

（二）从制造业大本营转移

几家案例研究的企业已经从传统的制造业大本营转向下游的服务和整体解决方案供给。像阿尔斯通、爱立信和泰雷兹这些企业，它们传统的价值流重心环节，即生产实体产品已经没有那么多利润，这使它们将越来越多的生产活动外包出去，并对价值流进行了前向整合（见图 16.3）。这些企业正专注成为系统集成商和运营、维护及金融产品的服务提供商。

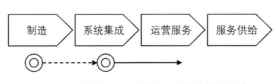

图 16.3　前向整合：阿尔斯通、爱立信和泰雷兹

1. 阿尔斯通运输

阿尔斯通集团是世界上最大的能源和交通基础设施制造商之一,在这个高度多元化的企业中,其运输部门从事火车和信号系统的设计、制造、建设和售后服务。自20世纪90年代中期以来,阿尔斯通一直在"从商品销售商向系统和服务提供商转型"(Owen,1997)。它外包了多达90%的车辆产品零部件,但仍继续设计和生产牵引系统等关键子系统。系统集成和售后服务正在成为企业日益重要的增值来源。

英国铁路市场变革是阿尔斯通进军服务业的催化剂。1993年英国铁路公司的解体导致市场对维修外包合同的需求持续增长。1998年,基于对全球业务的战略考察,阿尔斯通意识到轨道车辆维修服务市场的巨大增长(特别是英国),随后创建了服务业务部门。通过这一部门,阿尔斯通提供轨道车辆维护的全面服务,而这一功能此前一直被国家铁路公司所垄断。

除了这些具体服务合同,阿尔斯通还为其客户——英国培训运营公司——提供全产品生命周期的"列车可用性"整体运输解决方案。例如,1995年阿尔斯通赢得了伦敦地铁北线列车更新的PFI合同。该合同没有具体规定车队的整体规模,只是要求在20年合同期内每天有99列火车可用。为了实现客户的列车可用性目标,阿尔斯通已经建造了106列列车,并设立了一个为其服务的维修机构。

2. 爱立信

自20世纪80年代末以来,爱立信已经从一家基础广泛的公共电信设备制造商,转型聚焦到特定的高增长产品领域:移动通信市场。到1999年,全球40%的用户已接入爱立信系统(爱立信,1999:46)。

1996年,爱立信公司执行委员会完成了公司历史上规模最大的规划研究。这份题为《2005——爱立信迈入 21 世纪》的报告为爱立信当前的战略奠定了基础,即创建一个为移动通信运营商提供"解决方案和服务"的组织(Ericsson, 1996: 7)。该报告认为,电信市场的去管制动向和日益激烈的竞争迫使运营商去贴近价值流终端的最终用户。运营商正集中精力向最终用户提供有竞争力的服务,并要求供应商在网络设计、构建和运营等环节承担更多责任。

作为这一战略决策的结果,爱立信正从制造业中心地带转向提供更高附加值的服务领域。现在爱立信把越来越多的产品(包括交换设备、3G 无线基站和手机)外包给伟创力生产。1999 年,爱立信整合了服务提供和商业咨询业务的资源,创建爱立信服务公司,"从而加强了爱立信作为整体供应商、系统集成商和合作伙伴的地位"(Ericsson, 1999: 7)。2000 年 6 月,爱立信成立了一个新部门——爱立信全球服务,以此为全球移动通信运营商提供系统集成和服务活动。

3. 泰雷兹培训和模拟

泰雷兹培训和模拟是泰雷兹——欧洲最大的国防和电子制造商之一——航空航天板块的一部分,也是模拟系统和培训服务行业领先的国际供应商。

在国防领域,泰雷兹最近改变了飞行模拟市场的战略,转而聚焦于成为飞行培训服务的系统集成商和提供商。直到 20 世纪 90 年代,泰雷兹还向国防客户(主要是空军和国防部)提供独立的全飞行模拟器和基于计算机的培训设备。泰雷兹设计、制造并集成最终产品的关键部件,其客户利用模拟器来培训飞行员。然而到 2000 年,为了专注于系统集成,泰雷兹外包了大部分生产环节。它与组件供应商网络紧密合作,以确保产品完全符合客户的要求。

泰雷兹防务公司接管了以往由军方客户负责的飞行员培训和其

他服务。用泰雷兹副董事长的话来说,"几年前你可以卖掉一个产品单元然后走人,但现在的利润更多地取决于销售服务,取决于销售模拟器服务的小时数"(Mulholland, 2000)。泰雷兹为军事客户提供了模拟器和作为"培训解决方案"的培训服务。在告别产品销售"一锤子买卖"的模式的过程中,泰雷兹激活了一个更持久的收入来源:在模拟器20~25年的生命周期中,全程提供操作模拟器和培训飞行员的服务。

然而,在飞行模拟器的民用市场上,专业的独立培训学校通过购买模拟机和控制市场渠道,阻止了其他厂商进入下游服务的尝试。这些培训学校扮演着类似消费品分销商的角色,以抵制泰雷兹和其他厂商进入培训市场。在各大航空公司外包培训业务的过程中,培训学校承包了这些培训任务;相比之下,泰雷兹和其他生产商虽竭力进入这一领域,却颗粒无收。

(三) 从服务大本营转移

作为电信运营商的大东电报局以及作为工程设计咨询服务的专业提供商的阿特金斯集团,则是从服务行业开始挺进整体解决方案。虽然这两家企业都在不断扩大下游服务范围,但它们也在强化自己作为系统集成商的上游能力,以更好地利用外部组件制造商。

1. 大东电报局全球市场部

在20世纪90年代中期,大东电报局是一家全球领先的通信运营商,其用户包括个人用户和企业用户。1998年,大东电报局全球业务部成立,聚焦于服务互联网协议(IP)和数据服务领域的高利润业务需求。该组织的核心是一家系统集成商——全球市场部,该部门专司设计和集成企业网络,其中所用设备来自与外部制造商(如北电和思科)的密切合作、共同开发,而所用网络设施则由大东内部提供。

至 2000 年,大东电报局重新制定战略,计划从全球电信网络运营商转向"整体解决方案"提供商,为跨国公司用户提供语音、数据和 IP 服务。

整体解决方案的需求最早出现于 1997 年,当时大东电报局一批最大的跨国客户开始提出需求,希望为其全球电信和 IT 需求提供更复杂、更高价值的外包解决方案,这类客户的代表包括渣打银行、安达信咨询公司、大通曼哈顿银行和康柏电脑公司等企业。

但这些客户并不想亲身直面与不同国家众多运营商谈判的困难,而是希望外部供应商能够满足它们端到端的全球 IT 和电信需求,并为此提供唯一接入点。在全球外包合同中,大东电报局需要在固定合同期限和固定价格下,承建自有网络,并达成服务绩效。

为了满足客户的需求,全球市场部的首席执行官大卫·塞克斯顿(David Sexton)认为,"供应商必须将其角色重新定义为创造价值的集成商,而非低成本的零部件供应商"(C&W, 1999:5)。为此,大东电报局已经扩大了价值流上的业务范围(参见图 16.4)。这一方面涉及系统集成能力的开发:通过后向一体化,设计和安装由不同厂商提供的不同系统(语音、数据和 IP),以便满足客户需求;另一方面,大东电报局也需要进行前向一体化:接手客户外包的一系列活动,如电子商务、安全、应用软件供应和其他业务流程。为了提供满足客户需求的整体解决方案,大东电报局一直在寻求与埃森哲和普华永道等大型商业咨询机构建立合作,因为这些机构控制着企业用户渠道,并借此开展最有利可图的业务。

图 16.4　后向和前向整合:大东电报局

2. 阿特金斯

阿特金斯是一个项目管理、技术咨询和支持服务提供商,其营业范围横跨交通、物业管理、国防和公共卫生等多个领域。在20世纪90年代,阿特金斯逐步多元化,业务范围已经从最初高度专业化的工程设计和技术咨询业务,扩展到更广泛的系统集成服务和外包解决方案提供业务。阿特金斯主要通过提供专业化的整体解决方案和销售服务,为不同行业的客户创造价值(见图16.5)。

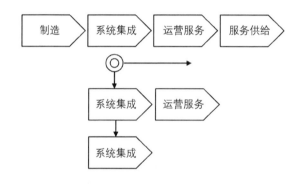

图 16.5　专业解决方案提供商:阿特金斯

在借助横向一体化实现快速发展,并在相关行业招聘人员和收购互补业务之后,阿特金斯填补了自己的系统集成能力组合缺口。比如说,在20世纪90年代末,阿特金斯铁路通过收购英国铁路公司电力轨道装置、NTES(轨道车辆设计)[1]、欧泊(Opal,信号业务)[2]

---

[1]　译者注:NTES,网络列车工程服务有限公司(Network Train Engineering Services Ltd.),1996年被阿特金斯收购。

[2]　译者注:Opal,欧泊工程有限公司(Opal Engineering Ltd.),1997年被阿特金斯收购。它与前述 NTES 合并为阿特金斯铁路公司。

和安达(Adtranz,信号业务)[1]获得了相应的专长和互补技术。在此基础上,该公司通过收购专业服务(如设施管理和物业服务)提供商进入了运营服务行业。

通过参与20世纪80年代的英吉利海峡隧道项目,阿特金斯了解到BOOT(构建—拥有—运营—转让)这种新型的、私人企业出资的项目形式,20世纪90年代之后这种项目形式开始广泛传播。在BOOT项目中,私人企业承包商能够主导融资、建设、拥有、运营和建成设施的转让移交。20世纪90年代,阿特金斯在英国政府的PFI和PPP计划中赢得了大量社会融资合同,从而将自己在英吉利海峡隧道的经验成功变现。企业客户对外包和支持服务的需求也推动了企业的发展。到1999年,企业中55%的员工都在围绕客户需求提供外包解决方案,而这项业务对企业营业利润的贡献达到了59%(WS Atkins, 1999: 9)。

基于1998年的一项战略性评估,阿特金斯进行了重组,以满足客户通过长期合同、提供"越来越多的服务"的需求(WS-Atkins, 1999: 6)。企业的战略愿景是成为一个聚焦于客户、立足于服务的组织,是"世界上为建筑环境提供技术服务和整体解决方案的首选供应商"(WS-Atkins, 1999: 4)。1999年4月,集团进行了二次重组,从而聚焦于全英范围内三个行业的国家级商务流(房地产、运输和管理与工业),提供跨行业的整体解决方案。

(四)以整体解决方案交付为目的的能力建设

案例研究表明,企业正在寻求各种途径(无论是从制造业还是服

---

[1]　译者注:ABB戴姆勒-奔驰运输股份公司(ABB Daimler-Benz Transportation GmbH)的简称。它成立于1996年,是一家总部位于德国柏林的大型轨道车辆制造公司,在2001年被庞巴迪(Bombardier)收购,当时安达是全球第二大此类设备制造商。

务业起步)提供整体解决方案。本部分概述了案例研究企业正在开发的整体解决方案能力的不同组合,如表 16.2 所示。

表 16.2　整体解决方案提供商的能力

企　业	系统集成	运营服务	商业咨询	融　资
阿尔斯通运输	利用内、外部开发的设备,设计和搭建火车和信号系统。在大型交钥匙工程中担任主承包商	维护、升级和操控列车	以咨询为基础,以便满足客户需求	供应商融资和资产管理
爱立信	利用内、外部开发的设备(如多供应商系统),设计、制造和整合移动通信系统	维护、支持、升级和运营移动通信网络	满足爱立信和外部客户需求的两家商业咨询机构	正在考虑,但尚未提供供应商融资
泰雷兹培训与模拟	飞行模拟器的设计和整合;协调外部承包商的组件供应	为飞行员培训和模拟器设施管理提供服务;与通用电气资本培训合资	满足客户需求的咨询机构	模拟器收益共享协议,如与联合航空公司之间的分成
阿特金斯	跨部门设计和整合外部制造商设备,如铁路和行李处理系统;协调外部承包商的组件供应	维护、运营和为终端用户提供服务,例如成立独立的服务提供商,处理服务的设计、构建、融资和运行	以咨询为基础,以便满足客户需求	与苏格兰皇家银行成立合资公司(TS4i),为设计、建设、维护和融资提供整体解决方案

续　表

企　业	系统集成	运营服务	商业咨询	融　资
大东电报局全球市场部	利用外部提供的设备设计和整合网络;开发能力,对互联网和 IT 进行集成;协调外部承包商的组件供应	设计、构建、运营和管理全球客户的 IT 和电信需求	以咨询为基础,以便满足客户需求	有时在合同期间承担网络所有权

1. 系统集成

为了让自己的实体产品能够更轻松地部署服务,从而形成针对客户需求的解决方案,5 家案例企业都在开发自己的系统集成能力。阿尔斯通、爱立信和泰雷兹三家制造企业将大部分组件制造环节外包从而专注于成为系统集成商。过去这些企业都是用内部开发的组件来设计和整合系统的。到了 20 世纪 90 年代末,阿尔斯通和爱立信已经能够在竞争对手的设备上提供外加服务,从而实现系统集成。阿尔斯通能够设计和组装其竞争对手庞巴迪和西门子[1]提供的轨道车辆。类似地,爱立信可以设计和集成所谓的"多供应商系统",即由多家制造商设备组成的网络,而这些制造商包括诺基亚、西门子和美国朗讯等行业领先的竞争对手。

作为没有内部制造能力的服务提供商,大东电报局和阿特金斯

---

[1]　译者注:此处原文为"Systems",应为"Siemens"之误。译者在此参考了作者在同一时期另一篇相近主题的研究,见 Andrew Davies," Are Firms Moving 'Downstream' into High-Value Services?" in Tidd Joe and Hull Frank M. , *Service Innovation: Organizational Responses to Technological Opportunities & Market Imperatives*, Imperial College Press, 2003, p. 334。

是纯粹的系统集成商。它们专事于利用外部制造商的组件提供系统集成服务，而很少，甚至从不进行内部技术开发。大东电报局正在与北电、思科等新晋的"一流"IP供应商建立合作关系，以便为企业客户提供由大东负责设计、安装、维护和支持的系统。阿特金斯设计并（在项目层面）管理了系统集成，而系统部件来自不同行业的外部制造商。例如，其铁路部门就从阿尔斯通、庞巴迪、西门子以及其他更多的专业供应商那里购买和整合设备。

　　由于客户对交钥匙解决方案的需求，系统集成商所从事的活动范围正在扩大。根据交钥匙解决方案的合同，供应商负责一个全副运转的系统，覆盖从设计、集成、构建、测试到交付的全套活动。顾客所要做的就是交付即用。如果为满足客户需求而提供的完整解决方案需要其他产品、服务或能力，系统集成商会与合作伙伴以合资或联营的形式来进行这些工作。例如，阿尔斯通运输公司就建立了系统业务部门，在联营企业的框架下整合内、外部合作伙伴开发的组件、子系统和服务。通过将项目管理、系统集成、金融工程、固定基础设施和土木工程等各方面的技能进行整合，系统业务部门能够以一个交钥匙包的形式提供轨道基础设施、轨道车辆和信号系统。

　　2. 运营服务——嵌入型和综合型

　　整体解决方案所需的第二类核心能力是运营服务供给。基于自己的系统集成能力，供应商正跨越以往的业务边界，以嵌入或综合等不同形式进一步提供维护、翻新和运营产品等一系列服务。阿尔斯通和爱立信都提供了高价值的嵌入型服务。阿尔斯通开发了一个列车管理系统，负责监控维珍铁路公司（Virgin Trains）运营的摆式列车车队的故障。在远程控制系统的支持下，驾驶员和操作员可以在列车运行过程中实时解决问题。爱立信提供了一种全天候的、软件控制的网络管理服务，从而对用户移动电话网络的性能和可靠性进行实时改进。

在从销售到报废的产品全生命周期中，这 5 家企业都提供了管理、维护和运营产品的综合型服务。阿尔斯通和爱立信设立了新的业务部门来提供这些服务。例如，阿尔斯通的服务业务部会提供被称为"列车全寿命管理"的服务，通过维护、翻新、备件、资产管理等各种方式，在列车运行生命周期的所有阶段创造价值、实现价值。典型的生命周期一般超过 30 年：2 年用来设计、开发和制造铁路列车，剩余 28 年用来提供服务。举例来看：建造一个 70 列柴油列车的车队，其成本约为 6 500 万英镑，使用期间产生的价值约为 2 亿英镑。

接管运营活动使供应商有动力在最初的设计阶段就着力提高系统的可靠性和易维护性。而参与服务活动的过程，使供应商能够利用服务中产生的问题和机会来提高系统性能。由此得到的经验教训可以反馈到当前和后续的系统设计和建造之中。像阿尔斯通、爱立信和泰雷兹这样的制造商，它们同时负责技术开发、系统集成和提供运营服务，这使它们能够在同一企业的不同部门之间建立新的反馈回路。系统设计师和服务提供商在同一闭环内运作，同一企业负责闭环内的运营绩效和成本。相比之下，像阿特金斯和大东电报局这种纯系统集成商，它们依赖于外部制造商的设备和技术开发，因而无法利用这些动态反馈回路。

如图 16.6 所示，这就可以在系统集成和服务活动之间建立起创新改进的良性循环，从而在未来设计出更可靠、更高效的系统（Geyer and Davies，2000）。例如，阿尔斯通已经不仅负责铁路列车的制造和销

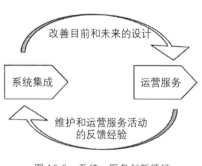

图 16.6　系统—服务创新循环

售,把列车的维护、全面检修和运营交由买家(列车运营商)安排;它
们还开始对列车进行维护、升级、改装和重新配置(当列车使用形式
发生变化时),并且安排由最初负责制造和设计的工厂对列车进行回
收。在这个闭环中,铁路列车一直处于设计师和建造者的监控之下。
在伦敦地铁北线扩建合同的案例中,阿尔斯通负责维护和运营服务
的经理人员深入参与前端的列车设计环节。在他们的建议下,列车
设计人员从易维护性和易用性的角度出发,所做的设计修改超过
250 处。

3. 商业咨询

作为整体解决方案包的一部分,企业正在发展它们的商业咨询
能力,以便为客户提供计划、设计、建造、融资、维护和操作系统等方
面的建议。企业扩展其商业咨询能力的方式包括:与拥有这类能力
的企业成立合资企业、收购该领域的现有企业及在内部发展商业咨
询能力。

爱立信和阿特金斯等案例企业已经通过成立专门的商业咨
询组织,在内部形成了这类技能。例如,爱立信成立了两个组织
来提供这些服务:爱立信商业咨询公司(Ericsson Business
Consulting)负责提供商业计划方面的建议,从而帮助爱立信的其
他部门完成交钥匙解决方案;爱立信的另一个子公司——埃杰科
姆(Edgecom)则为用户提供移动通信策略方面的建议,例如,商
业计划撰写、网络设计生成、融资和资产管理,以及为 3G 服务开
发应用程序。阿尔斯通和泰雷兹已在其现有业务单元内部开发
了一种基于咨询的方法。相比之下,大东电报局一直在寻求与大
型商业咨询机构建立战略合作伙伴关系或成立合资企业,因为在
全球的企业网络市场上,这些大型企业主导着价值流,并控制着
获客途径。

4. 融资

提供融资是许多整体解决方案提供商正在开发的第四个能力。虽然私人融资日益增长的重要性通常与大型公共部门的 PFI 和 PPP 项目有关,但在资本密集型的电信、铁路和其他大型基础设施系统等行业中,私人融资已在近年来成为以产业为主导,提供供应商融资和资产管理服务的引领者,其重要性也随之提高。

供应商融资是由构建新系统的高成本所致。例如,在 3G 移动电话市场,供应商融资可以帮助资金有限的移动运营商建立 3G 移动通信网络,而运营商则只需在日后偿清。但供应商们提供融资的方式各不相同。虽然诺基亚会利用供应商融资来获得市场份额,但是爱立信却不太愿意为此曝光财务信息。

作为一种用户服务,资产管理也在变得越来越重要,比如列车运营公司就希望以此降低成本和延长已有产品运行寿命。在 2000 年,阿特金斯与苏格兰皇家银行成立了一家合资企业,通过这家企业为用户提供设计、建造、维护和融资的一站式整体解决方案。对那些资产价值在 500 万～2 000 万英镑之间的合同,合资企业可以为用户管理相应的资产,如移动电话基站、行李处理系统和发电站等。银行负责提供资金以及股本储蓄等特定金融服务,而阿特金斯负责设计、施工管理和资产管理。

(五)整体解决方案战略的多样性

综合来看,这些能力描述了企业在提供整体解决方案过程中执行的所有活动。从不同的初始位置起步,所有转向整体解决方案的企业都在发展自己作为高附加值系统集成商的核心能力,为内、外部开发制造的各种产品提供服务。在系统集成的基础上,这些企业也会提供运营服务,以帮助用户使用、维护产品,并为其融资。基于这两套核心能力,企业在提供"非核心"的商业咨询服务和金融服务时路径不一。阿特金斯等企业将此同样视作其整体解决方案的核心组件。相比之下,爱立信虽已大力进军商业咨询领域,但并不愿深入参与供应商融资服务。

　　案例研究也为我们提供了一个机会来区分不同类型的整体解决方案提供商。如图 16.7 的矩阵,这里有两个不同的维度:系统集成的范围以及行业活动的范围(垂直或水平)。首先,提供解决方案的企业正在开发设计、集成和交付的能力,其中泰雷兹的系统是"内部"开发的,阿特金斯和大东电报局的系统是用"外部"开发组件组装的,阿尔斯通和爱立信的系统则兼而有之。

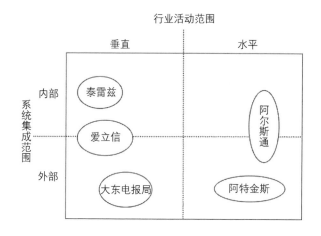

图 16.7　整体解决方案提供商定位

　　其次,纵向一体化的企业为特定行业(垂直细分市场)的用户提供解决方案,大东电报局开发的全球外包解决方案是其中的典型;横向一体化的供应商则为不同行业的相似用户(水平市场)提供解决方案,阿特金斯的解决方案就属此类。爱立信为单一行业提供内、外部系统集成服务;阿尔斯通则是一家多元化企业,为能源和交通系统行业的用户提供解决方案。该矩阵可以用来分析多元化企业内某事业部的定位:以泰雷兹训练与模拟公司为例,它就是基于内部开发的系统为垂直行业提供解决方案。

(六) 整体解决方案提供商面临的挑战

除发展新能力之外,在价值流中适应新定位的企业还面临着诸多更广泛的组织挑战。

1. 管理价值流中的流动边界

整体解决方案提供商必须在跨界进入用户的核心活动之前,就了解自己能够沿着价值流走多远。自 20 世纪 90 年代中期以来,供应商和用户之间的边界一直在不断变化。特别是当一个供应商需要处理与不同用户(如运营商和服务提供商)的动态边界时,管理这种流动边界就成为一个主要问题。例如,为了避免与自己的用户竞争,过去爱立信一直克制自己,避免从设备制造和集成跨界进入运营领域。虽然爱立信最近转向了移动通信网络的技术运营领域,但仍然没有跨过最终边界、向最终消费者提供服务。

2. 创建新的企业

企业转向整体解决方案面临的一个主要挑战,是需要调和上游制造和下游服务活动之间的差异。像阿尔斯通和爱立信这样的制造型企业,在管理同一组织内彼此分隔,但又紧密结合的制造和服务业务时总会面临一些困难。它们可能会遭遇制造优先事项和服务所需资源之间的利益冲突。许多企业正在改变它们的业务结构,但结构调整的频率表明,它们尚未确定一个坚实的战略与结构。

部分企业正在尝试通过设立新的业务组织去解决这些紧张关系,从而将提供整体解决方案的业务纳入自己的范畴。例如,爱立信成立全球服务部,就是要用单一事业部满足用户对解决方案的全部需求。为了将服务变成解决方案中的标准化组件,爱立信开发了名为"服务解决方案"的模块化服务组合,用来达成用户的业务和运营目标。该服务组合从最初的业务理念和规划开始,到网络集成和服务启动,直至最终的技术运营。立足于自身特定的需求和能力,运营商可以选择单独的服务模块,也可选择打包提供的整套服务。

3. 接受风险

在基于服务的合同中,延迟交付、质量问题和成本超支的风险在合同期间从买方转移到了整体解决方案提供商。如果服务的规范定义得不充分,供应商承担的风险可能会相当高。但这 5 个案例的证据表明,复杂产品系统供应商准备接受这些风险。因为用户外包了关键活动,所以供应商和用户都需要寻找监控系统性能的新方法。许多关系都依赖于服务等级协议(SLAs)。在合同阶段起草的服务等级协议确保了在系统使用期限内,交付和管理系统的风险和责任将从用户转移到供应商,而明确的报酬结构也与系统性能相挂钩。

4. 从独有解决方案向可复用解决方案发展

整体解决方案供给的性能取决于企业从独有方案向可复用方案转变的速度和成效(Davies and Brady, 2000; Galbraith, 2002)。供应商面临的挑战是创建新的组织,以此打包并交付高效的解决方案,满足不断增长的用户需求。供应商通常会与领先用户一起投资开发解决方案,这样,这套解决方案就可以卖给许多其他类似的用户。解决方案必须是可复用的,唯有如此,供应商的前期固定投资才能获得回报。换言之,"如果每个解决方案都是独特的,企业就不能在其中赚很多钱"(Galbraith, 2002: 203)。

每个案例企业都尝试从最初的整体解决方案项目中获取知识，并将这些经验转移到其他项目及其组织的其他部门。例如，在 1998 年，大东电报局赢得了其第一份全球外包合同，为安达信咨询公司（即今埃森哲）设计、集成、管理和运营一个网络。在预见到全球外包解决方案的巨大需求之后，大东电报局开发了一个从这一初始项目中学习的流程，并着眼于交付可复用解决方案的目的，最终改变了整个组织（Davies and Brady，2000）。

四、结　　论

本章首先讨论了企业最近的新趋势，即专注于提供高附加值的服务和解决方案，而不再只是提供独立的实体产品。对商业战略文献的回顾确定了复杂产品系统工业挺进服务的多种商业模式：嵌入型服务、综合型服务和整体解决方案。案例企业首先通过为现有的产品增加服务进入这些新市场，但到了 20 世纪 90 年代末，它们都专注于以整体解决方案供给为目标的战略制定。

我们尝试着开发了一个新的概念框架，借此理解企业进入挺进整体解决方案供给环节的路径多样性，从而重新认识了怀斯（Wise）和鲍姆加特纳（Baumgartner）有关"'向下游移动'是企业进入整体解决方案供给的唯一出路"的观点。本章第三节的经验证据表明，处于价值流不同位置的复杂产品系统的供应商，绝不止"向下游移动"这一条出路，而是沿着价值流或向上，或向下，进入整体解决方案供给环节。一方面，像阿尔斯通、爱立信和泰雷兹这样的制造商正在退出制造业的传统重心领域，转而专注于成为系统集成商和负责产品运营与维护的服务提供商。阿尔斯通和爱立信还可以对竞争对手的产品提供集成与支持服务。另一方面,像阿特金斯和大东电报局这样的服务型企业,也在专注于强化自己作为系统集成商的上游能力,甚至进一步向下游发展,挺进那些以往由用户内部执行的服务环节。

受到整体解决方案这一"重心"的吸引,案例企业正在开发一套新的能力,从而将自己同传统的制造或服务型企业区别开来。这些能力包括:系统集成、运营服务、商业咨询和融资。无论这些企业最初是制造型还是服务型,提供整体解决方案都意味着企业的重心开始向系统集成转移。自主掌握有关产品和用户需求的知识,使系统集成商能够提供运营服务。通过有效地外包和管理上游部件供应商,这些企业能够集中精力做好核心的系统集成和运营服务活动,同时建立自己的商业咨询和金融服务能力,以提供符合用户需求的完整解决方案。

开发整体解决方案商业模式类型学的后续努力,应充分考虑上述案例企业战略变化的多样性和频率,以及这些努力失败的可能性。一方面,阿尔斯通、爱立信和泰雷兹正专注于成为以自主开发产品为基础的系统集成商和服务提供商。但与泰雷兹不同的是:当用户需要的时候,爱立信和阿尔斯通还开发了集成竞争对手设备的能力。参与技术开发的企业可以从动态反馈回路中获益,从而将运营性能知识应用于当前和未来产品的技术改进。

另一方面,像阿特金斯和大东电报局这样的服务型企业,最近开始强化自己的系统集成能力,使用外部制造商提供的设备为用户提供最优解决方案。但与阿尔斯通和爱立信不同,这些服务提供商需要依靠外部制造商来改进产品和技术。大东电报局只在一个行业内,为一类用户群体(企业用户)提供解决方案,而阿特金斯则为多个行业中的相似用户开发解决方案。

由于本章案例研究的企业样本数量有限,我们无法推测向整体解决方案转型的趋势是否反映了复杂产品系统工业中更广泛的变化趋势。在过去的几年里,一些企业进入服务和整体解决方案供给领域的失败引发了人们的质疑,即企业是否还会沿着这条道路继续探索前进。例如,最近一些商业媒体报道了像 IBM 这样的整体解决方案先行者和其服务部门正在面临的问题,以及阿特金斯、信佳(Serco)[1]这类服务支持型企业从 PFI 和 PPP 合同中赚钱的困难。为应对这种不利环境,那些最近进入解决方案供给领域的企业可能会修正它们的战略,甚至考虑退回到在制造业或服务业中的初始重心位置。

致谢

感谢迈克尔·霍布迪(Michael Hobday)、安德烈亚·普伦奇佩(Andrea Prencipe)、阿蒙·萨尔特(Ammon Salter)、大卫·甘恩(David Gann)、保罗·南丁格尔(Paul Nightingale)和威廉·胡尔辛克(Willem Hulsink)建设性的评论。

注释

1. "掌握复杂产品系统中的服务能力:一个关键的系统集成挑战"——由英国工程和物理科学研究委员会(EPSRC)系统集成计划资助(批准号 GR/59403)。

2. 怀斯(Wise)和鲍姆加特纳(Baumgartner)观点的一个核心问题是,他们假设所有这些服务都位于价值链的下游。这种思考价值链

---

[1] 译者注:信佳集团(Serco Group plc)是一家总部位于英国的外包服务公司,成立于1929 年,其业务涵盖交通系统、医院、监狱、呼叫中心的运营,也提供航空航天、军事武器相关的辅助服务。根据斯德哥尔摩国际和平研究所发布的"2013 年全球 100 大国防承包商"列表,Serco Group 排在全球第 39 位,是英国最大的国防承包商之一。

的方式依赖于制造业和服务业之间的传统区别：制造业涉及管理物理活动来制造一种有形的物理产品，而与这些物理产品相关的服务包括增加产品价值的所有下游活动，这些活动对用户来说是无形的。"服务"的这个定义忽略了奎因（Quinn）的观点，即许多在价值链制造端执行的"功能"——如研发、产品设计和工程设计等——在对外销售时都是"服务"（Quinn, 1992：175）。

3. 波特在后来的工作中认识到，企业在一个行业中竞争的价值链嵌入在一个"更大的活动流"中，他称之为价值体系（Porter, 1990：42）。

4. 在典型的消费品行业中，产品价值在以下阶段中不断增加：原料提取→初级制造→产品设计制造→批量生产阶段→营销阶段→分销至最终消费者阶段。

5. 利用系统工程技术，系统集成商能够为每个组件的性能准备概念性设计，以确保组件和接口是兼容的，并且如果用户规格在项目过程中发生变化，则只需修改单个组件的设计（Johnson, 2003：本书第三章）。

6. 这些作者虽然强调了专业化的好处，但其对系统集成的定义暗示了某种形式的后向一体化。对这些作者来说，系统集成是传统上以制造业为基础的企业所进行的活动，包括：（a）结合不同的知识体系、开发多种技术；（b）设计物理组件并将其集成到一个系统中。对于系统集成（类别b），本章针对复杂产品系统企业，提出一个更狭义但更具包容性的定义：设计和集成由外部制造商提供的系统，但是不参与技术开发。

参考文献

BENNETT, J. , SHARMA, D. , and TIPPING, A. （2001）. "Customer

Solutions: Building a Strategically Aligned Business Model", in *Insights: Organization & Strategic Leadership Practice*. Boston, MA: Booz Allen & Hamilton, 1 – 5.

BRUSONI, S. and PRENCIPE, A. (2001). "Unpacking the Black Box of Modularity: Technology, Products and Organization", *Industrial and Corporate Change*, 10/1: 179 – 205.

——PRENCIPE, A., and PAVITT, K. (2001). "Knowledge Specialization, Organizational Coupling, and the Boundaries of the Firm: Why do Firms Know More Than They Make?", *Administrative Science Quarterly*, 46: 597 – 621.

CABLE & WIRELESS (1999). *Global Outsourcing and the Networked Economy: Telecom's Opportunity to Deliver Real Competitive Advantage*. London: Cable and Wireless.

CHANDLER, A. D. (1977). *The Visible Hand: The Managerial Revolution in American Business*. Cambridge, MA: Harvard University Press.

——(1980). "The United States: The Seedbed of Managerial Capitalism", in A. D. Chandler and H. Daems (eds.), *Managerial Hierarchies: Comparative Perspectives on the Rise of the Modem Industrial Enterprise*. Cambridge, MA: Harvard University Press, 9 – 40.

——(1990). *Scale and Scope: The Dynamics of Industrial Capitalism*. Cambridge, MA: Harvard University Press.

CORNET, E., KATZ, R., MOLLOY, R., SCHADLER, J., SHARMA, D., and TIPPING, A. (2000). "Customer Solutions: From Pilots to Profits", in *Viewpoint*. Boston, MA: Booz Allen &

Hamilton, 1 - 15.

DAVIES, A. (1997). "The Life Cycle of a Complex Product System", *International Journal of Innovation Management*, 1/3: 229 - 256.

——and BRADY, T. (2000). "Organizational Capabilities and Learning in Complex Product Systems: Towards Repeatable Solutions", *Research Polity*, 29: 931 - 953.

——TANG, P. , HOBDAY, M. , BRADY, T. , RUSH, H. , and GANN, D. (2001). "Integrated Solutions: The New Economy between Manufacturing and Services", Brighton: SPRU-CENTRIM, 1 - 43.

DEPARTMENT OF TRADE AND INDUSTRY (DTI) (2002). *The Value Added Scoreboard*. London: DTI Business, Finance and Investment Unit.

DOMBERGER, S. (1998) *The Contracting Organization: A Strategic Guide to Outsourcing*. Oxford: Oxford University Press.

ERICSSON (1996). *Annual Report*. (1999). *Annual Report*.

FOOTE, N. W. , GALBRAITH, J. R. , HOPE, Q. , and MILLER, D. (2001). "Making Solutions the Answer", *The McKinsey Quarterly*, 3: 84 - 93.

GALBRAITH, J. R. (1983). "Strategy and Organization Planning", *Human Resource Management*, Spring - Summer reprinted in H. Mntzberg and J. B. Quinn (eds.), *The Strategy Process* (2nd edn). Upper Saddle River, NJ: Prentice Hall, 1991: 315 - 324).

——(2002). "Organizing to Deliver Solutions ", *Organizational Dynamics*, 31/2: 194 - 207.

GANN, D. M. and SALTER, A. J. (2000). "Innovation in Project-based, Serviceenhanced Firms: The Construction of Complex Products and Systems", *Research Policy*, 29: 955 – 972.

GERSTNER, L. V. (2002). *Who Said Elephants Can't Dance? Inside IBM's Historic Turnaround.* London: Harper Collins Publishers.

GEYER, A. and DAVIES, A. (2000). "Managing Project – System Interfaces: Case Studies of Railway Projects in Restructured UK and German Markets", *Research Policy*, 29: 991 – 1013.

GRANSTRAND, O., PATEL, P., and PAVITT, K. (1997). "Multi-technology Corporations: Why they have 'Distributed' rather than 'Distinctive Core' Competencies", *California Management Review*, 39/4: 8 – 25.

HAMEL, G. and PRAHALAD, C. K. (1994). *Competing for the Future.* Boston, MA: Harvard Business School Press.

HAX, A. C. and WILDE, D. L. (1999). "The Delta Model: Adaptive Management for a Changing World", *Sloan Management Review*, Winter: 11 – 28.

HOBDAY, M. (1998). "Product Complexity, Innovation and Industrial Organization", *Research Policy*, 26: 689 – 710.

——(2000). "The Project-Based Organization: An Ideal Form for Managing Complex Products and Systems?", *Research Policy*, 29: 871 – 893.

KAY, J. (1993). *Foundations of Corporate Success.* Oxford: Oxford University Press.

MILLER, R., HOBDAY, M., LEROUX-DEMERS, T., and OLLEROS, X. (1995). "Innovation in Complex System Industries: The Case of Flight Simulators", *Industrial and Corporate Change*,

4/2: 363 - 400.

MULHOLLAND, D. (2000). "Technology Threatens Sector's Profits, Companies Need to Shift Business to Service, Upgrade Sales", *Defence News*, 1 February.

OWEN, D. (1997). "GEC Alstom in Career Discussions", *Financial Times*, 19 November.

PENROSE, E. (1959). *The Theory of the Growth of the Firm* (3rd edn., 1995). Oxford: Oxford University Press.

PORTER, M. E. (1985). *Competitive Advantage: Creating and Sustaining Superior Performance*. London: The Free Press.

——(1990). *The Competitive Advantage of Nations*. London: Macmillan Press.

PRAHALAD, C. K. and RAMASWAMY, V. (2000). "Co-opting Customer Competence", *Harvard Business Review*, January - February: 79 - 87.

PRENCIPE, A. (1997). "Technological Competencies and Product's Evolutionary Dynamics: A Case Study from the Aero-engine Industry", *Research Policy*, 25: 1261 - 1276.

QUINN, J. B. (1992). *Intelligent Enterprise: A Knowledge and Service Based Paradigm for Industry*. New York: The Free Press.

RICHARDSON, G. B. (1972). "The Organisation of Industry", *Economic Journal*, 83: 883 - 896.

ROSENBERG, N. (1982). "Learning by Using", in N. Rosenberg (ed.), *Inside the Black Box Technology and Economics*. Cambridge: Cambridge University Press, 120 - 140.

ROTH WELL, R. (1992). "Successful Industrial Innovation: Critical

Success Factors", *R&D Management*, 22/3: 221 – 239.

SHARMA, D. and MOLLOY, R. (1999). "The Truth About Customer Solutions", in *Viewpoint*. Boston, MA: Booz Allen & Hamilton, 1 – 13.

SLYWOTZKY, A. J. (1996). *Value Migration: How to Think Several Moves Ahead of the Competition*. Boston, MA: Harvard Business School Press.

——and MORRISON, D. J. (1998). *The Profit Zone: How Strategic Business Design Will Eead You to Tomorrow's Profits*. Chichester: John Wiley & Sons.

TEECE, D. and PISANO, G. (1994). "The Dynamic Capabilities of Firms: An Introduction", *Industrial and Corporate Change*, 3/3: 537 – 556.

WISE, R, and BAUMGARTNER, P. (1999). "Go Downstream: The New Profit Imperative in Manufacturing", *Harvard Business Review*, September – October: 133 – 141.

WOMACK, J. P. and JONES, D. T. (1996). *Lean Thinking Banish Waste and Create Wealth in Your Corporation*. New York: Simon & Schuster.

WS ATKINS (1999). *Annual Review*.